Terapia cognitivo--comportamental breve para prevenção do suicídio

A Artmed é a editora oficial da FBTC

B915t   Bryan, Craig J.
          Terapia cognitivo-comportamental breve para prevenção do suicídio / Craig J. Bryan, M. David Rudd ; tradução : Sandra Maria Mallmann da Rosa ; revisão técnica : Neury José Botega – Porto Alegre : Artmed, 2024.
          ix, 301 p. ; 25 cm.

          ISBN 978-65-5882-223-3

          1. Psicoterapia. 2. Terapia cognitivo-comportamental. 3. Suicídio – Prevenção. I. Rudd, M. David. II. Título.

                                   CDU 616.89-008.441.44

Catalogação na publicação: Karin Lorien Menoncin – CRB 10/2147

Craig J. **Bryan**
M. David **Rudd**

Terapia cognitivo--comportamental breve para prevenção do suicídio

Tradução
Sandra Maria Mallmann da Rosa
Revisão técnica
Neury José Botega
Psiquiatra, professor titular pela Faculdade de Ciências Médicas da Universidade Estadual de Campinas e membro-fundador da Associação Brasileira de Estudos e Prevenção do Suicídio.

Porto Alegre
2024

Obra originalmente publicada sob o título *Brief Cognitive-Behavioral Therapy for Suicide Prevention*, 1st Edition.
ISBN 9781462536665

Copyright © 2018 The Guilford Press
A Division of Guilford Publications, Inc.

Colaboraram nesta edição:

Coordenadora editorial
Cláudia Bittencourt

Capa
Paola Manica | Brand&Book

Preparação de original
Camila Wisnieski Heck

Leitura final
Nathália Bergamaschi Glasenapp

Editoração
Ledur Serviços Editoriais Ltda.

Reservados todos os direitos de publicação, em língua portuguesa, ao
GA EDUCAÇÃO LTDA.
(Artmed é um selo editorial do GA EDUCAÇÃO LTDA.)
Rua Ernesto Alves, 150 – Bairro Floresta
90220-190 – Porto Alegre – RS
Fone: (51) 3027-7000

SAC 0800 703 3444 www.grupoa.com.br

É proibida a duplicação ou reprodução deste volume, no todo ou em parte, sob quaisquer formas ou por quaisquer meios (eletrônico, mecânico, gravação, fotocópia, distribuição na Web e outros), sem permissão expressa da Editora.

IMPRESSO NO BRASIL
PRINTED IN BRAZIL

Autores

Craig J. Bryan, PsyD, ABPP, é diretor-executivo do National Center for Veterans Studies e professor do Departamento de Psicologia e do Departamento de Psiquiatria da Universidade de Utah. É diretor associado da revista acadêmica *Suicide and Life-Threatening Behavior* e anteriormente atuou no conselho de administração da American Association of Suicidology. O Dr. Bryan recebeu honrarias, incluindo a Charles S. Gersoni Military Psychology Award da Divisão 19 (Society for Military Psychology) e a Peter J. N. Linnerooth National Service Award da Divisão 18 (Psychologists in Public Service), da American Psychological Association, além da Edwin S. Shneidman Award, da American Association of Suicidology. Recebeu a Presidential Scholar and Beacon of Excellence da Universidade de Utah. De 2005 até 2009, prestou serviço ativo na Força Aérea dos Estados Unidos como psicólogo clínico, incluindo uma missão no Iraque, em 2009. Os principais interesses de pesquisa do Dr. Bryan incluem prevenção de suicídio e transtorno de estresse pós-traumático. Publicou mais de 150 artigos científicos e vários livros, a maioria dos quais foca em prevenção de suicídio, trauma e saúde mental nas forças armadas.

M. David Rudd, PhD, ABPP, é presidente da Universidade de Memphis, onde também é professor eminente de Psicologia. É cofundador e diretor científico do National Center for Veterans Studies na Universidade de Utah. O Dr. Rudd é membro da American Psychological Association, da International Academy of Suicide Research e da Academy of Cognitive Therapy e foi eleito Distinguished Practitioner and Scholar da National Academies of Practice in Psychology. Anteriormente, foi presidente do Texas State Board of Examiners of Psychologists, presidente da Texas Psychological Association, presidente da American Association of Suicidology e membro do American Psychological Association's Council of Representatives. A pesquisa do Dr. Rudd foca no tratamento de pacientes suicidas. Publicou mais de 200 artigos científicos e inúmeros livros sobre os cuidados clínicos de indivíduos suicidas e é considerado um líder internacional em prevenção de suicídio.

Sumário

PARTE I – Histórico e base conceitual

1. Por que terapia cognitivo-comportamental breve para prevenir suicídio? ... 3
2. Conceitualizando o suicídio: o modo suicida ... 21
3. Princípios básicos do tratamento com pacientes suicidas ... 37
4. Avaliação do risco de suicídio e sua documentação ... 49
5. Monitorando o progresso do tratamento ... 57
6. Um panorama da terapia cognitivo-comportamental breve ... 69

PARTE II – A primeira sessão

7. Descrevendo a estrutura da terapia cognitivo-comportamental breve ... 91
8. A avaliação da narrativa ... 95
9. O registro do tratamento e a conceitualização de caso ... 107
10. O plano de resposta a crises ... 121

PARTE III – Fase um: regulação emocional e gerenciamento de crise

11. Planejamento do tratamento e a declaração de compromisso com o tratamento ... 135
12. Aconselhamento sobre a segurança dos meios e o plano de apoio a crises ... 151

13	Focalizando o distúrbio do sono	167
14	Treino de habilidades de relaxamento e *mindfulness*	175
15	A lista de razões para viver e o *kit* de sobrevivência	183

PARTE IV – Fase dois: enfraquecendo o sistema de crenças suicidas

16	Folhas de atividade ABC	197
17	Folhas de atividade Perguntas Desafiadoras	205
18	Folhas de atividade Padrões de Pensamento Problemáticos	213
19	Planejamento de atividades e cartões de enfrentamento	221

PARTE V – Fase três: prevenção de recaída

20	A tarefa de prevenção de recaída e encerramento do tratamento	233

APÊNDICE A – Formulários e apostilas do paciente

A.1	O modo suicida	247
A.2	Folha de informações ao paciente sobre terapia cognitivo-comportamental para prevenir tentativas de suicídio	248
A.3	Modelo de plano de tratamento	251
A.4	Declaração de compromisso com o tratamento	252
A.5	Plano de segurança dos meios letais	253
A.6	Plano de apoio a crises	254
A.7	Apostila: melhorando seu sono	255
A.8	Folha de atividade ABC	258
A.9	Folha de atividade Perguntas Desafiadoras	259
A.10	Folha de atividade Padrões de Pensamento Problemáticos	261

APÊNDICE B – Ferramentas do clínico

B.1	*Checklists* de fidelidade	265
B.2	Modelo de documentação para avaliação do risco de suicídio	270
B.3	Modelo de plano de resposta a crises	272
B.4	Possíveis sinais de alerta	273
B.5	Estratégias comuns de autogerenciamento	274
B.6	Roteiro de relaxamento	275
B.7	Roteiro de *mindfulness*	276
	Referências	279
	Índice	291

Acesse a página do livro em loja.grupoa.com.br e faça o *download* de materiais para usar com seus pacientes.

PARTE I

Histórico e base conceitual

1
Por que terapia cognitivo-comportamental breve para prevenir suicídio?

Em 2014, mais de 41 mil indivíduos morreram por suicídio nos Estados Unidos (Centers for Disease Control and Prevention, 2016). De 1970 a 2000, a taxa de suicídio na população geral nos Estados Unidos declinou aproximadamente 20%, de estimados 13,2 por 100 mil para 10,4 por 100 mil. Perto da virada do século, no entanto, essa tendência decrescente se inverteu, e a taxa de suicídio aumentou constantemente até 13,4 por 100 mil em 2014.[1] Ainda que as taxas de suicídio tenham aumentado entre a maioria dos grupos demográficos, o aumento mais pronunciado ocorreu entre homens brancos na meia-idade (i.e., 45 a 64 anos). Tendências similares têm sido observadas em todo o mundo, embora tenham sido identificadas diferenças entre as faixas etárias (Chang, Stuckler, Yip, & Gunnell, 2013). Na Europa, por exemplo, os suicídios aumentaram mais drasticamente entre homens jovens entre 15 e 24 anos. Para cada morte por suicídio, estimam-se de 10 a 30 tentativas de suicídio (Centers for Disease Control and Prevention, 2016). À luz dessas tendências, tem sido crescente o interesse na identificação e no desenvolvimento de intervenções e estratégias de prevenção que reduzam a morte por suicídio e o comportamento suicida em geral.

Nos Estados Unidos, a pesquisa focada na compreensão e no tratamento de indivíduos suicidas iniciou com determinação durante a década de 1950, impulsionada em grande parte por Edwin Schneidman e Norman Farberow, ambos psicólogos clínicos, e Robert Litman, psiquiatra, no Los Angeles Suicide Prevention Center. Embora o número de pesquisadores sobre suicídio tenha crescido rapidamente desde então, foi somente na década de 1990 que os pesquisadores clínicos, tanto dos Estados Unidos quanto ao redor do mundo, começaram a aplicar métodos científicos rigorosos para desenvolver e avaliar criticamente a eficácia dos tratamentos para redução de ideação suicida e prevenção de tentativas de suicí-

---

[1] N. de R. T.: No ano de 2021, a taxa de suicídio nos Estados Unidos, com os últimos dados consolidados, foi de 14,1 por 100 mil habitantes, mantendo-se a tendência de alta (https://www.cdc.gov/nchs/products/databriefs/db464.htm, acessado em fevereiro de 2024). No Brasil, nesse mesmo ano, a taxa foi de 6,6. Entre 2010 e 2019, enquanto a população cresceu 10%, o número de suicídios aumentou 43% (Brasil. Ministério da Saúde. Secretaria de Vigilância em Saúde. Mortalidade por suicídio e notificações de lesões autoprovocadas no Brasil. Boletim epidemiológico. 2021; (52) 33).

dio. Apesar desses esforços, a taxa de suicídio na população geral nos Estados Unidos começou a aumentar em 1999 e, em 2014, atingiu seu ponto mais alto em quase 30 anos (Centers for Disease Control and Prevention, 2016).

As abordagens tradicionais para o tratamento de pacientes suicidas foram em grande parte influenciadas por um *modelo de fatores de risco* para o suicídio, que procura entender os pensamentos e os comportamentos suicidas identificando e descrevendo seus correlatos. Por exemplo, vários correlatos bem estabelecidos de pensamentos e comportamentos suicidas incluem gênero masculino, raça branca ou caucasiana, idade acima de 45 anos e diagnósticos psiquiátricos (Franklin et al., 2017). Dentro da categoria geral de diagnósticos psiquiátricos, os transtornos do humor e os transtornos por uso de substância tradicionalmente têm sido implicados (Kessler, Borges, & Walters, 1999; May & Klonsky, 2016; Nock et al., 2008). O modelo dos fatores de risco não propõe necessariamente algum processo subjacente específico ou causa para o comportamento suicida, mas pressupõe que é o acúmulo de múltiplos fatores que contribui para pensamentos e comportamentos suicidas. O tratamento informado por esse modelo visa a reduzir esses fatores de risco, partindo do princípio de que assim reduzirá a incidência e/ou gravidade dos pensamentos e comportamentos suicidas. Contrariando esse pressuposto, os resultados de uma metanálise recente de 50 anos de estudos de pesquisa mostraram que o modelo dos fatores de risco tem impacto relativamente pequeno na prevenção do suicídio ou no desenvolvimento de tratamentos eficazes (Franklin et al., 2017). A utilidade do modelo dos fatores de risco para o suicídio tem sido cada vez mais questionada.

O *modelo psiquiátrico sindrômico*, em que pensamentos e comportamentos suicidas são considerados sintomas de doença psiquiátrica, é uma subcategoria específica do modelo mais geral dos fatores de risco. Segundo essa perspectiva, os pensamentos e os comportamentos suicidas são descritos e organizados de acordo com características dos comportamentos (p. ex., método, letalidade e intenção), de modo semelhante aos esquemas de classificação diagnóstica (p. ex., a *Classificação internacional de doenças*, da Organização Mundial da Saúde, e o *Manual diagnóstico e estatístico de transtornos mentais*, da Associação Americana de Psiquiatria). No campo médico, uma síndrome é classificada como uma doença depois que as suas características são associadas aos seus processos e causas subjacentes. Quando aplicado ao suicídio, o modelo psiquiátrico sindrômico implica o papel central da doença psiquiátrica – ou seja, trate a doença psiquiátrica, e o risco de suicídio se resolverá. Consequentemente, se um paciente suicida é diagnosticado com depressão, o clínico deve tratar a depressão para prevenir tentativas de suicídio, mas, se um paciente suicida tem transtorno de estresse pós-traumático, o clínico deve tratar o trauma. Ainda que o modelo psiquiátrico sindrômico tenha predominado no nosso entendimento clínico do suicídio por décadas, e seja a perspectiva a partir da qual a maioria dos clínicos aborda o tratamento de pacientes suicidas, as evidências acumuladas falharam em apoiar a eficácia desse enquadramento conceitual (p. ex., Tarrier, Taylor, & Gooding, 2008). Isso pode se dever em parte ao fato de que a maioria dos transtornos psiquiátricos está correlacionada a *pensamentos* suicidas, mas não a *comportamentos* suicidas (Kessler et al., 1999; May & Klonsky, 2016; Nock et al., 2008). Isso sugere que tratamentos que priorizam os transtornos psiquiátricos podem não ser suficientemente específicos para os mecanismos que dão origem ao comportamento suicida. Como resultado, eles reduzem os sintomas psiquiátricos, mas não o risco de tentativas de suicídio.

Um terceiro enquadramento geral para compreender comportamentos suicidas é o *modelo funcional*. Segundo esse modelo, pensamentos e comportamentos suicidas são concebidos como o resultado de processos psicopatológicos subjacentes que se precipitam especificamente e mantêm os pensamentos e os comportamentos suicidas ao longo do tempo (Hayes, Wilson, Gifford, Follette, & Strosahl, 1996). Segundo essa perspectiva, os pensamentos e os comportamentos suicidas não são o resultado de algum processo psicológico particular *per se* (p. ex., doença psiquiátrica), mas o resultado do modo como o processo psicológico é vivenciado pelo indivíduo dentro do contexto da sua história pessoal, do ambiente imediato e de respostas comportamentais. Clinicamente, o modelo funcional sugere que o alvo primário do tratamento não é a doença psiquiátrica em si, mas o contexto que cerca a emergência e a manutenção do risco de suicídio ao longo do tempo.

Para destacar as diferenças entre esses modelos, considere duas mulheres diagnosticadas com depressão maior secundária a problemas conjugais. As duas têm níveis comparáveis de gravidade da depressão, mas uma dessas mulheres (Paciente A) faz uma tentativa de suicídio depois de uma discussão com seu parceiro, ao passo que a segunda mulher (Paciente B) tem ideação suicida depois de uma discussão similar, mas não faz uma tentativa de suicídio. Segundo o modelo dos fatores de risco e o modelo psiquiátrico sindrômico, os sintomas suicidas das duas mulheres são explicados em parte pela depressão subjacente. Não há uma explicação clara de por que apenas uma dessas mulheres fez uma tentativa de suicídio, mas ambos os modelos presumiriam em geral que, como a Paciente A fez uma tentativa de suicídio, mas a Paciente B não, a Paciente A deve ter um número maior de fatores de risco que a Paciente B. O modelo dos fatores de risco sugeriria que os perfis dos fatores de risco diferenciais para as duas mulheres precisariam ser identificados, para que fosse possível desenvolver um plano de tratamento para cada uma. Esses planos de tratamento procurariam, de modo geral, reduzir ou eliminar os fatores de risco de cada mulher. O modelo psiquiátrico sindrômico adotaria uma abordagem similar, embora mais focada: a abordagem de tratamento indicada para ambas as mulheres deveria focar na redução da depressão. Como a Paciente A fez uma tentativa de suicídio, o modelo psiquiátrico sindrômico presumiria que ela tem um perfil clínico global mais grave quando comparada com a Paciente B. A Paciente A, portanto, teria maior probabilidade que a Paciente B de receber tratamento em um contexto de internação, pois tem mais probabilidade de ser vista como exigindo um nível mais alto de cuidados.

Em contraste com essas duas abordagens, o modelo funcional pressupõe que os sintomas suicidas surgidos nas duas mulheres são explicados apenas em parte pela sua depressão; é oferecida uma explicação mais completa, levando em consideração sua depressão no contexto da história de cada mulher e das circunstâncias que cercam a emergência de seus episódios suicidas. Assim, para entender por que a Paciente A fez uma tentativa de suicídio, mas a Paciente B não, procuraríamos identificar diferenças no modo como as duas mulheres responderam à discussão com seus cônjuges em vários domínios: cognição (p. ex., por que ela acha que a discussão aconteceu? O que ela acha que a discussão diz sobre seu relacionamento e/ou sobre ela como pessoa?), emoção (p. ex., quais emoções ela sentiu?), comportamento (p. ex., quais atitudes ela tomou depois da discussão? Como ela tentou lidar com suas emoções?) e somático (p. ex., quais sensações corporais ela teve durante e depois da discussão?). Em suma, a Paciente A fez uma tentativa de suicídio não porque estava deprimida, mas porque vivenciou a discussão de uma maneira que foi moldada por experiências prévias e por uma deficiência geral na eficácia da autorregulação e do enfrentamento. Portanto, o tratamento ambulatorial para a Paciente A provavelmente será diferente do tratamento para a Paciente B e focaria nesses déficits na autorregulação e no enfrentamento, em vez de focalizar exclusivamente na depressão.

A superioridade das abordagens de tratamento baseadas no modelo funcional em relação às abordagens de tratamento baseadas no modelo dos fatores de risco ou no modelo psiquiátrico sindrômico está agora bem estabelecida empiricamente. Em uma metanálise de 24 estudos investigando a eficácia do tratamento para ideação suicida e tentativas de suicídio, por exemplo, os tratamentos que focavam diretamente nos pensamentos e comportamentos suicidas como o resultado principal (isto é, uma abordagem funcional) contribuíram para melhoras estatisticamente significativas e maiores no risco de suicídio em relação aos tratamentos que focavam primariamente no diagnóstico psiquiátrico (Tarrier et al., 2008). À luz desses estudos, o consenso entre os pesquisadores do suicídio é o de que o tratamento de indivíduos suicidas deve focar diretamente no próprio risco de suicídio em vez de no diagnóstico psiquiátrico. Infelizmente, apesar das evidências científicas que apoiam essa perspectiva, a maioria dos profissionais de saúde mental continua a ser fortemente influenciada pelo modelo psiquiátrico sindrômico, uma situação que se deve, em grande parte, ao ensino e ao treinamento insuficientes para os clínicos em modelos de assistência mais recentes e melhores (Schmitz et al., 2012).

A EVOLUÇÃO DA TERAPIA COGNITIVO-COMPORTAMENTAL PARA PREVINIR TENTATIVAS DE SUICÍDIO

Embora os pesquisadores clínicos do suicídio como um todo provenham de uma variedade de disciplinas (p. ex., psicologia, serviço social, psiquiatria, sociologia) e tradições clínicas (p. ex., biomédica, psicodinâmica, cognitivo-comportamental, interpessoal) notavelmente variadas, os avanços mais significativos no desenvolvimento de tratamentos para pacientes suicidas seguramente provêm da tradição cognitivo-comportamental. Isso não significa que não tenham sido adquiridos conhecimentos importantes com pesquisadores clínicos treinados em perspectivas e tradições teóricas diferentes, mas que os modelos cognitivo-comportamentais podem se "adequar" mais facilmente à abordagem funcional do suicídio. De fato, a ênfase do modelo funcional na compreensão dos antecedentes contextuais e das consequências dos pensamentos e comportamentos suicidas (p. ex., pensamentos, emoções e respostas comportamentais) se compara aos princípios conceituais nucleares da teoria cognitivo-comportamental.

Ao considerar-se a eficácia do tratamento para comportamentos suicidas em geral, deve primeiramente ser mencionado que nenhum tratamento demonstrou prevenir *morte* por suicídio. Isso se deve, em grande parte, aos custos muito altos para conduzir e implementar tal estudo; morte por suicídio ocorre com tal infrequência que exigiria uma amostra muito grande de participantes para examinar a morte como um resultado. Para colocar isso em perspectiva, em dois estudos de terapia cognitivo-comportamental breve (Brown, Ten Have, et al., 2005; Rudd et al., 2015), apenas três de 272 participantes morreram por suicídio durante o período do estudo. Em outras palavras, somente 1% dos pacientes morreu por suicídio. Essa taxa básica baixa é significativa quando consideramos que aproximadamente 90% dos participantes desses dois estudos tiveram pelo menos uma tentativa de suicídio durante sua vida (na maioria dos casos, a tentativa de suicídio foi no último mês) – ou seja, esses participantes tinham risco muito alto. Assim, os pesquisadores precisariam incluir em um estudo um número muito grande de indivíduos com alto risco (mais de 1.500) para mostrar que um tratamento poderia reduzir pela metade o risco de morte por suicídio. Tragicamente, o custo da condução de um estudo em grande escala como esse, que necessitaria da participação colaborativa de muitos locais de pesquisa, é muito maior do que muitas agências financiadoras considerariam viável.

Como morte por suicídio (ainda) não é um resultado viável para os propósitos de pesquisa, os estudos da eficácia dos tratamentos tipicamente usam substitutos para morte por suicídio que ocorrem com maior frequência, como tentativas de suicídio e ideação suicida. Estudos que avaliam os efeitos do tratamento em tentativas de suicídio como o resultado principal são geralmente considerados mais rigorosos e informativos do que estudos que consideram os efeitos do tratamento na ideação suicida, ao passo que estudos que avaliam os efeitos do tratamento nos diagnósticos psiquiátricos e outros fatores de risco para suicídio são, em geral, considerados os menos informativos. Isso ocorre porque tentativas de suicídio representam maior aproximação da morte por suicídio do que ideação suicida ou diagnóstico psiquiátrico (é preciso fazer uma tentativa de suicídio para morrer por suicídio) e porque tentativas de suicídio são um fator de risco mais forte para morte posterior por suicídio do que ideação suicida e diagnóstico psiquiátrico. Por exemplo, na metanálise clássica de 249 estudos que investigaram suicídio como um resultado de doença psiquiátrica, Harris e Barraclough (1997) encontraram que indivíduos com história de tentativa de suicídio tinham uma taxa de mortalidade padronizada de aproximadamente 40, o que significa que indivíduos que tentaram suicídio têm 40 vezes mais probabilidade de morrer por suicídio do que aqueles sem tal histórico. Por comparação, as taxas de mortalidade padronizadas para transtornos psiquiátricos comumente associadas a suicídio eram muito mais baixas: 20 para transtorno depressivo maior, 19 para transtorno por uso de substância, 15 para transtorno bipolar e 8,5 para esquizofrenia. Em pesquisas, tentativa de suicídio é, portanto, considerada o melhor substituto disponível para morte por suicídio.

Outra consideração importante no que diz respeito à eficácia de um tratamento é a natureza do grupo-controle ou do grupo de comparação do tratamento, sem a qual não é possível determinar se uma opção de tratamento é eficaz. Como é antiético *não* tratar indivíduos agudamente suicidas, estudos de pacientes suicidas *precisam* incluir um tratamento ativo como a condição de controle. A condição de controle mais comum em estudos do tratamento para prevenir tentativas de suicídio é o *tratamento usual*, também conhecido como *cuidados usuais*. O tratamento usual envolve a entrega de tratamento de saúde mental tradicional, como é tipicamente oferecido pelos profissionais de saúde mental. Na maioria dos estudos, o tratamento usual geralmente envolve alguma combinação de psicoterapia individual e medicações psicotrópicas e também pode incluir terapia de grupo, aconselhamento para abuso de substância e manejo de caso. Em essência, os clínicos que fornecem o tratamento usual são simplesmente solicitados a fazer o que normalmente fariam com um paciente suicida; não é pedido que eles mudem nada na forma como conduzem o tratamento. Os tratamentos só são considerados "eficientes" para prevenção ou redução do risco de tentativas de suicídio se reduzirem o risco de tentativas de suicídio em relação a outra abordagem de tratamento que seja amplamente utilizada por clínicos de saúde mental. Em outras palavras, um tratamento eficaz é aquele que "venceu" outra forma de tratamento em uma comparação direta. Até o momento, as terapias cognitivo-comportamentais reuniram as evidências de eficácia mais consistentes, indicando que superaram outras formas de terapia em inúmeros estudos.

A terapia cognitivo-comportamental breve (TCCB) para prevenir suicídio é mais bem entendida como o "próximo passo" no desenvolvimento e refinamento do modelo cognitivo-comportamental que tem sido usado por pesquisadores clínicos ao longo de várias décadas. Até o momento, foram conduzidos aproximadamente 30 ensaios clínicos testando a eficácia das terapias cognitivo-comportamentais para reduzir o risco de suicídio, com resultados variados (Tarrier et al., 2008). Um dos primeiros tratamentos a demonstrar eficácia na redução do risco de tentativas de suicídio foi a terapia comportamental dialética (TCD; Linehan, 1993). Baseada no modelo biossocial do suicídio, a TCD é uma terapia cognitivo-comportamental multimodal estruturada que envolve grupos de treinamento de habilidades psicoeducacionais, psicoterapia individual, consulta telefônica entre as sessões para os pacientes e supervisão clínica com ocorrência regular. A eficácia da TCD e das versões modificadas da TCD foi replicada em vários ensaios clínicos, fazendo dela "a psicoterapia mais profundamente estudada e eficaz para comportamento suicida" (National Action Alliance Clinical Care & Intervention Task Force, 2012, p. 17). A TCD envolve o treino de habilidades de regulação emocional, tolerância ao estresse, solução de problemas e reavaliação cognitiva, conduzido por meio de uma gama de intervenções cognitivo-comportamentais, como reestruturação cognitiva, exposição e ensaio comportamental (Lynch, Chapman, Rosenthal, Kuo, & Linehan, 2006).

Os resultados do primeiro ensaio clínico randomizado de TCD (Linehan, Armstrong, Suarez, Allmon, & Heard, 1991) indicaram que pacientes que receberam TCD tinham probabilidade 32% menor de se engajar em violência autodirigida[2] durante o período de 12 meses de *follow-up* do que os pacientes que receberam tratamento usual (64% em TCD vs. 96% em tratamento usual). Entre os pacientes em TCD que se engajaram em violência autodirigida, o número total de episódios de violência autodirigida foi significativamente menor do que para pacientes em tratamento usual (1,5 episódio em TCD vs. 9,0 episódios em tratamento usual durante os 12 meses de *follow-up*), e a letalidade médica do comportamento foi significativamente menos grave. Em termos de utilização do tratamento, os pacientes em TCD tinham probabilidade significativamente maior de iniciar terapia individual do que os pacientes em tratamento usual (100% em TCD vs. 73% em tratamento usual) e tinham

---

[2] *Violência autodirigida* se refere a alguma forma de comportamento autolesivo intencional, independentemente da sua intenção (i.e., suicida vs. não suicida). Este é, portanto, um termo geral que inclui tanto tentativas de suicídio quanto autolesão não suicida. No estudo de Linehan e colaboradores (1991), o resultado primário foi "ato parassuicida", um termo que desde então foi substituído por *violência autodirigida* e, portanto, não está mais em uso generalizado entre os pesquisadores do suicídio. Como um ato parassuicida pode ser autolesão não suicida ou uma tentativa de suicídio, o resultado primário para esse primeiro estudo de TCD não é específico para tentativas de suicídio.

probabilidade significativamente maior de permanecer em terapia por um ano inteiro (83% em TCD vs. 42% em tratamento usual). Os pacientes em TCD também tiveram significativamente menos dias de hospitalização durante os 12 meses de *follow-up* do que os pacientes em tratamento usual. Em termos de depressão, desesperança e gravidade da ideação suicida, no entanto, os pacientes em TCD e tratamento usual melhoraram em um grau comparável.

Os resultados de um ensaio clínico de TCD mais recente (Linehan, Comtois, Murray, et al., 2006) foram similares aos desse primeiro estudo, embora nesse estudo mais recente a condição de controle tenha sido fornecida por especialistas indicados por pares da Seattle Psychoanalytic Society (referido como *tratamento na comunidade por especialistas*) e as tentativas de suicídio tenham sido avaliadas separadamente de autolesões não suicidas. Os pacientes em TCD tinham 50% menos probabilidade de fazer uma tentativa de suicídio durante o período de 2 anos de *follow-up* que os pacientes em tratamento com especialista (23% em TCD vs. 46% em tratamento com especialista).

Daqueles que fizeram tentativas de suicídio, a letalidade médica das tentativas foi significativamente menos grave em TCD do que no tratamento com especialista. Os pacientes em TCD tinham probabilidade significativamente maior de permanecer em terapia do que os pacientes em tratamento com especialista (81% em TCD vs. 43% em tratamento com especialista) e tinham probabilidade significativamente menor de ser admitidos para internação em um hospital psiquiátrico. Em termos de ideação suicida, depressão e razões para viver, os pacientes em TCD e tratamento com especialista melhoraram em um grau similar. Portanto, os resultados desse estudo posterior corresponderam ao padrão de achados do primeiro ensaio de TCD.

Embora a TCD tenha se mostrado consideravelmente promissora como um tratamento para prevenção de tentativas de suicídio, a implementação mais ampla da TCD foi dificultada pelo fato de que o tratamento exige muitos recursos, é demorado e difícil de aprender. Modelos de tratamento cognitivo-comportamental mais breves e menos complexos que pudessem ser aplicados de modo mais prático e com flexibilidade eram, portanto, desejáveis. Rudd, Joiner e Rajab (2001) estavam entre os primeiros pesquisadores clínicos a articular uma terapia cognitivo-comportamental breve, com tempo limitado, para pacientes suicidas. Baseada na *teoria da vulnerabilidade fluida do suicídio* e no conceito de *modo suicida* (descrito em detalhes no Capítulo 2), essa terapia individual ambulatorial estruturada envolvia o treino de habilidades em reavaliação cognitiva, solução de problemas e regulação emocional. Um componente central da abordagem de tratamento de Rudd e colaboradores era o *plano de resposta à crise*, uma intervenção que fornece diretrizes explícitas, descrevendo os passos que um paciente deve dar, de modo mais adaptativo, durante momentos de crise (o plano de resposta à crise é descrito em detalhes no Capítulo 10). Desde então, versões do plano de resposta à crise foram se acumulando em refinamentos subsequentes de terapias cognitivo-comportamentais para prevenir tentativas de suicídio (p. ex., Wenzel, Brown, & Beck, 2009). Além disso, o plano de resposta à crise posteriormente foi refinado e adaptado como uma intervenção em crises independente, para uso em múltiplos contextos, incluindo serviços de emergência, unidades de internação psiquiátrica, clínicas ambulatoriais, clínicas de atenção primária e números de emergência (*hotlines*) para crises (Bryan, Mintz, et al., 2017; Stanley & Brown, 2012). O foco do plano de resposta à crise em resposta a emergências comportamentais se tornou uma característica central de refinamentos posteriores do tratamento para prevenção de tentativas de suicídio.

Evidências empíricas apoiando a eficácia de uma terapia cognitivo-comportamental breve de tempo limitado para prevenção de tentativas de suicídio foram publicadas inicialmente por Brown, Ten Have e colaboradores (2005), que usaram uma terapia cognitiva individual ambulatorial de 10 sessões que era igualmente baseada no conceito de modo suicida e focaram no treino de habilidades em reavaliação cognitiva, solução de problemas e regulação emocional. Similar à abordagem descrita por Rudd e colaboradores (2001), o plano de resposta à crise desempenhava um papel central nesse protocolo de terapia cognitiva, embora posteriormente tenha sido rebatizado como *intervenção de plano de segurança* (Stanley & Brown, 2012). Várias novas intervenções foram desenvolvidas para esse tratamento, das quais as mais notáveis são o *kit* de sobrevivência (descrito no Capítulo 15) e a tarefa de prevenção de recaída (descrita no Capítulo 20). Em um ensaio clínico randomizado comparando a terapia cognitiva para prevenção do suicídio com os cuidados usuais, Brown e colaboradores relataram resultados similares aos obtidos nos ensaios com TCD anteriores. Em termos de tentativas de suicídio, os pacientes que receberam terapia cognitiva tinham 50% menos probabilidade de fazer uma tentativa de suicídio durante o período de seguimento de 18 meses do que os pacientes que estavam recebendo cuidados usuais (24% em terapia cognitiva vs. 42% em cuidados usuais), mas havia diferenças mínimas entre os pacientes em terapia cognitiva e cuidados usuais em termos de depressão, desesperança e ideação suicida. Também similar à TCD, os pacientes em terapia cognitiva tinham probabilidade significativamente maior de permanecer em tratamento (88% em terapia cognitiva vs. 60% em cuidados usuais durante os primeiros 6 meses), mas não tinham mais probabilidade de ser hospitalizados durante o seguimento de 18 meses (13% em terapia cognitiva vs. 8% em cuidados usuais). Muitos dos refinamentos e melhorias no modelo cognitivo-comportamental feitos por Brown e colaboradores foram mantidos na TCCB.

Os achados de Brown, Ten Have e colaboradores (2005) marcaram um avanço importante no desenvolvimento da TCCB e demonstraram que tratamentos com tempo limitado tinham o potencial para ser tão efetivos quanto terapias cognitivo-comportamentais mais longas e mais complexas. Embora pudéssemos presumir que tratamentos com tempo limitado seriam especialmente inadequados para pacientes de alto risco que tendem a ter questões clínicas desafiadoras, como comorbidades complexas e uma tendência a recusar ou negar ajuda dos outros (Rudd, Joiner, & Rajab, 1995), os resultados metanalíticos sugerem que terapias cognitivo-comportamentais de mais longa duração não são mais (ou menos) efetivas do que as terapias cognitivo-comportamentais mais breves (Tarrier et al., 2008). Mesmo dentro da TCD, o número total de sessões que os pacientes frequentaram não está associado aos resultados clínicos (Linehan et al., 1991; Linehan, Comtois, Murray, et al., 2006). Se a duração do tratamento tem pouco a ver com a habilidade da terapia cognitivo-comportamental de prevenir tentativas de suicídio, então que aspectos do tratamento contribuem para a sua eficácia?

Elementos comuns das terapias eficazes

À luz do acúmulo de evidências de que algumas formas de terapia cognitivo-comportamental eram melhores do que outras formas de tratamento para a redução no risco de tentativas de suicídio, os pesquisadores se interessaram em identificar os elementos que eram responsáveis por essas diferenças. O que fazia algumas terapias serem mais eficazes que outras? A resposta a essa pergunta seria essencial para o desenvolvimento de tratamentos mais focados e potentes. Em anos recentes, os pesquisadores convergiram em relação a vários fatores comuns que diferenciam as terapias eficazes de tratamentos menos eficazes (Rudd, 2009, 2012). Esses achados lançaram as bases para as mudanças específicas feitas durante o desenvolvimento do protocolo da TCCB descrito neste manual de tratamento. Como ficará evidente ao longo deste manual, a TCCB foi baseada em todos esses ingredientes.

Modelos teóricos simples e clinicamente úteis

Todos os tratamentos mais eficazes estão baseados em modelos simples e práticos que são facilmente traduzidos para o trabalho clínico. Por exemplo, a TCD está baseada em um modelo biossocial do suicídio (Linehan, 1993), enquanto a terapia cognitiva para prevenção do suicídio está baseada no conceito do modo suicida (Wenzel et al., 2009). Uma característica comum desses modelos teóricos é sua ênfase no reconhecimento de como as conexões entre pensamentos, processamento emocional e respostas comportamentais associadas contribuem para pensamentos e comportamentos suicidas. Por extensão, para mudar o processo suicida, o clínico e o paciente precisam focar diretamente e alterar as conexões entre esses domínios. A eficácia de um tratamento é melhorada quando está baseada em um modelo útil, pois o clínico pode explicar com mais facilidade ao paciente por que ele deseja o suicídio e por que as intervenções específicas vão ajudar. Em suma, as terapias eficazes oferecem um modelo conceitual para ajudar o paciente a entender "o que está errado" e "o que fazer a respeito". Consistente com esse princípio, a TCCB está baseada na teoria da vulnerabilidade fluida do suicídio e no conceito de modo suicida, ambos os quais serão discutidos em detalhes no Capítulo 2.

Protocolos de tratamento e a fidelidade do clínico

Todos os tratamentos mais eficazes são conduzidos por protocolos, o que significa que eles especificam com antecedência como idealmente priorizar os problemas ou as questões e como dar sequência a intervenções específicas mais rapidamente e efetivamente. Nos tratamentos eficazes, o risco de suicídio é a questão clínica de mais alta prioridade, e cada intervenção é selecionada para focar diretamente nessa prioridade. Tratamentos que focam apenas indiretamente no risco de suicídio (p. ex., em vez disso, focando no diagnóstico psiquiátrico) não são tão eficazes (Tarrier et al., 2008). Para assegurar que o protocolo de tratamento seja implementado conforme pretendido, os tratamentos eficazes frequentemente empregam um manual a ser seguido pelos clínicos. A noção de um tratamento "manualizado" contém uma boa dose de conotação negativa para muitos clínicos, geralmente porque o termo é tomado como sinônimo de "fixo" ou "rígido", quando, na realidade, os clínicos têm flexibilidade considerável para determinar como melhor administrar o protocolo para cada paciente. Os clínicos também recebem treinamento intensivo e supervisão para minimizar a tendência a se "desviar" do protocolo prescrito. O grau em que um clínico segue o protocolo é designado *fidelidade do clínico*. Tratamentos em que os clínicos têm fidelidade alta (i.e., eles "seguem as orientações") produzem melhores resultados que tratamentos em que os clínicos apresentam fidelidade baixa. O motivo é que fidelidade reflete confiabilidade: ao seguir o protocolo, o clínico entrega o tratamento de maneira consistente, tanto para determinado paciente quanto entre muitos pacientes. De modo semelhante a outros tratamentos eficazes, a TCCB é baseada em um manual, e a fidelidade do clínico a esse manual é enfatizada. Assim, este manual de tratamento delineia as intervenções e os procedimentos que se mostraram eficazes para a prevenção de tentativas de suicídio. Como a fidelidade do clínico é crucial para os tratamentos eficazes, *checklists* de fidelidade à TCCB estão disponíveis no Apêndice B.1. Essas *checklists* de fidelidade podem ser usadas pelos clínicos para avaliar sua adesão ao protocolo da TCCB. Elas também são usadas por consultores em TCCB para fornecer *feedback* individualizado aos clínicos que estão aprendendo a realizar o tratamento.

Adesão do paciente

Além de articularem claramente o que é esperado dos clínicos, os tratamentos eficazes também esclarecem o que é esperado dos pacientes. Destaca-se a importância do nível de engajamento do paciente no processo de tratamento. Os tratamentos eficazes, portanto, fornecem um plano claro do que o clínico deve fazer se o paciente não realizar as tarefas, não participar durante as sessões de terapia, abandonar o tratamento inesperadamente ou apresentar outros comportamentos que interferem na terapia (cf. Linehan, 1993). A ênfase na adesão do paciente é refletida pelos achados que mostram que os tratamentos eficazes retêm os pacientes muito mais do que os tratamentos de comparação (Brown, Ten Have, et al., 2005; Linehan et al., 1991; Linehan, Comtois, Murray, et al., 2006). Na TCCB, a adesão do paciente é enfatizada durante todo o tratamento e é cristalizada no compromisso com a declaração do tratamento (descrita no Capítulo 11), uma intervenção nova acrescentada ao protocolo da TCCB para focar diretamente na adesão do paciente.

Foco no treino de habilidades

Ainda que as terapias cognitivo-comportamentais sejam, em termos gerais, uma forma de "terapia pela fala", o conteúdo dos tratamentos eficazes não está limitado a meramente falar sobre problemas e soluções. Tratamentos eficazes traduzem essas discussões em mudança de comportamento por meio da demonstração de habilidades comportamentais que focam nos déficits de habilidades identificados que contribuem para crises suicidas e as sustentam. Além de dizerem aos pacientes o que fazer, os clínicos também lhes *mostram* o que fazer e reservam tempo suficiente na sessão para praticar essas habilidades e receber *feedback* para resolver problemas ou solucionar dificuldades. Os pacientes, então, praticam essas novas habilidades entre as sessões e reportam seu progresso aos seus clínicos. O clínico, por sua vez, reforça a aquisição e o domínio das habilidades e ajuda o paciente a generalizar as habilidades para múltiplas situações. Na TCCB, o clínico ensina uma nova habilidade ou conceito em cada sessão, mostra ao paciente como executar a habilidade, pratica a habilidade com o paciente na sessão e elabora um plano para o paciente praticá-la entre as sessões.

Responsabilidade e autonomia do paciente

Nas abordagens tradicionais para tratamento de pacientes suicidas, geralmente o pressuposto é o de que a responsabilidade principal pelo progresso do tratamento é do clínico, ao passo que, em tratamentos eficazes, a responsabilidade principal pelo progresso do tratamento é *compartilhada* entre o paciente e o clínico. Os tratamentos eficazes, portanto, enfatizam a autonomia do paciente e o convidam a participar integralmente do planejamento do tratamento e do gerenciamento de crises. Os clínicos, por comparação, são os principais responsáveis por administrar o protocolo confiavelmente (i.e., fidelidade clínica) e abordar a falta de adesão do paciente, quando ocorrer. Na TCCB, a responsabilidade do paciente para o progresso do tratamento é exemplificada pelo plano de resposta a crises (descrito no Capítulo 10), que visa a ensinar os pacientes como gerenciar as crises de forma eficaz por conta própria. A autonomia do paciente também é enfatizada em intervenções como aconselhamento sobre a segurança dos meios (descrito no Capítulo 12), que convida os pacientes a criar e implementar um plano para maximizar sua segurança.

Orientações claras para a resolução de crises

Os tratamentos eficazes ensinam os pacientes a identificarem a emergência das crises e lhes fornecem passos claros para resolvê-las. De modo consistente com o princípio da responsabilidade e autonomia pessoal, esses planos priorizam estratégias que os próprios pacientes podem usar. Caso esses passos pessoais falhem ou se revelem inadequados, os tratamentos eficazes também asseguram que os pacientes saibam como ter acesso a serviços profissionais e/ou de emergência como apoio. Essencialmente, os tratamentos eficazes sempre dedicam tempo suficiente para praticar habilidades de manejo de crises. Como mencionado, o plano de resposta à crise serve como base para ensinar os pacientes a identificarem e manejarem as crises de modo eficiente na TCCB. Da mesma forma, todas as intervenções e procedimentos usados na TCCB são concebidos para aumentar o conjunto de habilidades do paciente para manejo de crises.

Formato da terapia individual

De acordo com os resultados da metanálise de Tarrier e colaboradores (2008) de 28 ensaios de terapias cognitivo-comportamentais, os tratamentos que são fornecidos em formato individual unicamente ou em formato individual combinado com sessões em grupo (p. ex., TCD) estão associados a reduções significativas nas tentativas de suicídio e na ideação suicida, mas tratamentos que são fornecidos em formato de grupo unicamente não estão associados a melhores resultados. Embora as razões exatas para isso ainda não sejam completamente entendidas, a hipótese principal é a de que as terapias de grupo que empregam um formato do processo interpessoal mais tradicional não focam suficientemente no treino de habilidades. À luz desses achados, a TCCB foi desenvolvida como uma terapia individual.

Resumo

De modo geral, várias tendências surgiram em tratamentos que previnem eficientemente tentativas de suicídio. Primeiro, as terapias cognitivo-comportamentais eficazes têm várias semelhanças notáveis que parecem ser essenciais para prevenir o suicídio: um modelo teórico útil; um manual que deve ser seguido pelo terapeuta; ênfase na adesão do paciente; treino de habilidades; respeito à autonomia do paciente; habilidades de manejo de crise; e um formato que inclui terapia individual. Segundo, as terapias cognitivo-comportamentais reduzem consistentemente o risco de os pacientes fazerem uma tentativa de suicídio em até 50% por até 18 meses pós-tratamento. Terceiro, quando um paciente em uma terapia cognitivo-comportamental eficaz *faz* uma tentativa de suicídio, esta tende a ser menos grave em termos médicos, o que significa que o paciente tem mais probabilidade de sobreviver. Quarto, o risco para tentativas de suicídio é reduzido em terapias cognitivo-comportamentais eficazes, apesar do fato de que esses tratamentos não são necessariamente melhores do que outros tratamentos na redução de sintomas psiquiátricos ou da ideação suicida. Isso apoia a perspectiva de que um modelo psiquiátrico sindrômico para entender o risco de suicídio é inadequado e sugere que os sintomas psiquiátricos e mesmo a ideação suicida podem ser menos úteis como indicadores do resultado clínico, do progresso do tratamento e do risco geral de suicídio. Quinto, os pacientes têm mais probabilidade de permanecer em terapias cognitivo-comportamentais eficazes. Quando considerado, à luz de evidências, que a duração do tratamento e o número de sessões realizadas estão correlacionados com o resultado, esse achado pode sugerir que algumas terapias cognitivo-comportamentais têm melhor desempenho ao enfraquecerem a desesperança dos pacientes sobre o tratamento e a sua capacidade de mudar. Por fim, as terapias cognitivo-comportamentais eficazes previnem tentativas de suicídio, ainda que os pacientes tenham menos probabilidade de ser hospitalizados, sugerindo que a terapia ambulatorial é segura e eficaz quando comparada com modalidades de tratamento mais intensivas.

EFICÁCIA DA TERAPIA COGNITIVO--COMPORTAMENTAL BREVE

Como mencionado anteriormente, o protocolo da TCCB descrito neste manual de tratamento é o próximo passo gradual no avanço de tratamentos para prevenir tentativas de suicídio. Nos últimos 25 anos, a abordagem cognitivo-comportamental para prevenção de tentativas de suicídio evoluiu progressivamente de uma redução no risco de 32% (Linehan et al., 1991) para uma redução de 50% (Brown, Ten Have, et al., 2005; Linehan, Comtois, Brown, Heard, & Wagner, 2006). Como manteve muitos dos elementos que se mostraram eficazes nesses tratamentos cognitivo-comportamentais, a TCCB tem muitas semelhanças com a TCD e a terapia cognitiva para prevenção de suicídio. A TCCB também contém alguns refinamentos e componentes novos que visam a melhorar a eficácia global do tratamento com base em avanços recentes na pesquisa do suicídio. Esses refinamentos e adições são descritos em capítulos posteriores, juntamente com a justificativa que os fundamenta.

Um ensaio clínico randomizado que testou a eficácia desse protocolo da TCCB foi concluído e publicado recentemente (Rudd et al., 2015). Os participantes desse ensaio incluíram 152 militares na ativa (85% do sexo masculino) com ideação suicida durante a última semana e/ou uma tentativa de suicídio no mês anterior. Os participantes foram encaminhados para o estudo quando tiveram alta da hospitalização para risco de suicídio; metade foi randomizada para receber TCCB, e metade para receber tratamento usual. O tratamento usual foi determinado pelo clínico de saúde mental primária dos participantes (i.e., um psicólogo licenciado ou psiquiatra) e incluía psicoterapia individual e de grupo. Além do tratamento usual, os participantes randomizados para TCCB foram agendados para receber 12 sessões de TCCB individual ambulatorial, semanalmente ou duas vezes por semana, com a primeira sessão de 90 minutos e as sessões posteriores de 60 minutos. Foi administrada TCCB por dois assistentes sociais clínicos com diferentes níveis de experiência profissional: um que havia concluído seu mestrado recentemente e um que era praticante licenciado há mais de 20 anos.

Os resultados desse estudo também foram consistentes com ensaios clínicos prévios. Como pode ser visto na Figura 1.1, as diferenças entre os tratamentos nas taxas de tentativa de suicídio emergiram dentro de 6 meses e persistiram até 2 anos depois do início do tratamento. Durante o curso do estudo de 2 anos, os participantes em TCCB tinham 60% menos probabilidade de fazer uma tentativa de suicídio quando comparados com os participantes em tratamento usual (14% em TCCB vs. 49% em tratamento usual). Em termos da gravidade dos sintomas psiquiátricos, os participantes em TCCB tendiam a relatar sintomas um pouco menos graves com o tempo quando comparados com aqueles em tratamento usual, mas essas diferenças não eram estatisticamente significativas (veja a Figura 1.2). Portanto, esse padrão de resultados se alinha com resultados anteriores de TCD e terapia cognitiva para prevenção de suicídio. No entanto, em contraste com estudos prévios, o ensaio de TCCB acompanhou os participantes por até 2 anos – o tempo de seguimento mais longo conduzido até o momento. O ensaio de TCCB também marcou o primeiro estudo a incluir uma amostra predominantemente masculina, confirmando, desse modo, a eficácia do modelo para homens.

Como esse estudo foi conduzido em um contexto militar, o efeito do tratamento nos resultados da carreira também foi exa-

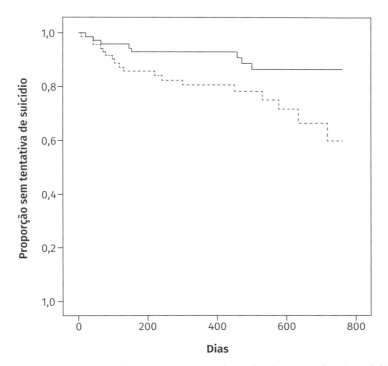

FIGURA 1.1 Curvas de sobrevivência para o tempo até a primeira tentativa de suicídio entre os participantes que receberam TCCB (linha contínua) e os participantes que receberam tratamento usual (linha pontilhada).

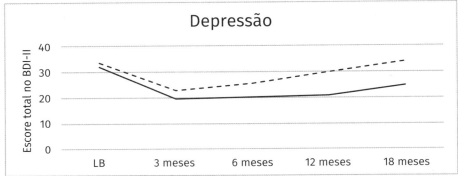
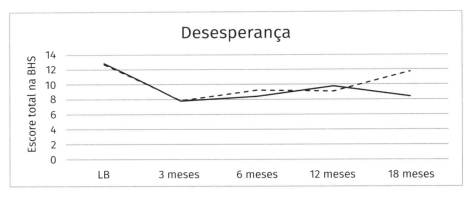

FIGURA 1.2 Diferenças na gravidade de ideação suicida, depressão e desesperança entre os participantes que receberam TCCB (linha contínua) e os participantes que receberam tratamento usual (linha pontilhada), com base na Escala de Ideação Suicida de Beck (BBSI), no Inventário de Depressão de Beck – 2ª Edição (BDI-II) e na Escala de Desesperança de Beck (BHS).

minado. Os resultados mostraram que os participantes em TCCB tinham menos probabilidade de ser reformados por motivos médicos que os participantes em tratamento usual (27% em TCCB vs. 42% em trata-

mento usual), sugerindo que a TCCB pode ter um impacto positivo no funcionamento social-ocupacional além dos seus benefícios clínicos. De modo geral, os participantes em TCCB realizaram, em média, 12 sessões de TCCB, e os participantes em tratamento usual realizaram 12 sessões de terapia individual durante os primeiros 3 meses do estudo, sugerindo que os participantes em ambos os tratamentos receberam uma "dose" comparável de terapia individual. Não houve diferenças entre os dois grupos em termos de utilização do tratamento em geral (i.e., terapia de grupo, terapia de autoajuda, tratamento para abuso de substância, medicação) durante todo o estudo, embora os participantes em TCCB tenham tido significativamente menos dias de hospitalização psiquiátrica (3 dias na TCCB vs. 8 dias com tratamento usual), similar aos achados prévios com TCD. Desde então, foram conduzidas análises secundárias para examinar o papel potencial dos efeitos da dose com TCCB (Bryan & Rudd, 2015). Entre os participantes que receberam menos de 12 sessões de terapia individual, as taxas de tentativa de suicídio durante o seguimento foram de 0% em TCCB comparadas com 26,3% no tratamento usual. Entre aqueles que receberam 12 ou mais sessões de terapia individual, as taxas de tentativa de suicídio durante o seguimento foram de 19,7% em TCCB, comparadas com 43,8% no tratamento usual. Cabe mencionar que as tentavas de suicídio foram drasticamente reduzidas com TCCB, mesmo entre aqueles participantes que receberam um número muito menor de sessões de terapia individual em geral (veja a Tabela 1.1), o que sugere que mesmo poucas sessões de TCCB são melhores do que muitas sessões de tratamento usual.

Várias análises de dados adicionais foram conduzidas desde então para determinar se a TCCB pode ser mais ou menos eficaz para diferentes subgrupos de pacientes. Os resultados dessas análises estão resumidos na Tabela 1.2. Como pode ser visto, a TCCB está associada a risco reduzido para tentativas de suicídio independentemente de gênero, histórico de tentativa de suicídio e diagnóstico psiquiátrico, o que apoia a eficácia do tratamento dentro de uma diversificada gama de características dos pacientes.

Em síntese, os resultados de Rudd e colaboradores (2015) replicaram parcialmente os de Brown, Ten Have e colaboradores (2005) e confirmaram a eficácia da TCCB como uma alternativa viável para tratamentos mais longos e mais intensos como TCD. Talvez mais importante, a redução de 60% no risco de tentativas de suicídio entre indivíduos que recebem TCCB foi a maior redução em magnitude no risco de tentativa de suicídio até o momento, o que sugere a possibilidade de melhora incremental adicional na eficácia das terapias cognitivo-comportamentais com o tempo. Embora os esforços para refinar ainda mais a TCCB continuem, o protocolo descrito neste livro atualmente representa o tratamento mais recente e mais eficaz desenvolvido para prevenir tentativas de suicídio até o momento.

TABELA 1.1 Probabilidades estimadas de tentativa de suicídio em TCCB e tratamento usual pelo número total de sessões de terapia individual realizadas durante o *follow-up*

Nº de sessões de terapia individual	TCCB	Tratamento usual
0-12	0,0%	25,5%
13-24	11,5%	38,5%
25-48	20,9%	21,0%
49+	18,6%	51,0%

TABELA 1.2 Probabilidades estimadas de tentativa de suicídio em TCCB e tratamento usual segundo várias características dos pacientes

Subgrupo	TCCB	Tratamento usual
Gênero		
Mulheres	9%	58%
Homens	14%	34%
Diagnóstico		
Estresse pós-traumático	14%	34%
Uso de substância	21%	47%
Personalidade *borderline*	0%	51%
Tentativas de suicídio prévias		
Não	0%	54%
Sim	15%	32%

PANORAMA DO MANUAL DE TERAPIA COGNITIVO-COMPORTAMENTAL BREVE

Este manual descreve todos os procedimentos e intervenções que constituem o protocolo de TCCB testado por Rudd e colaboradores (2015).

A primeira parte deste manual apresenta uma discussão dos princípios teóricos e conceituais subjacentes à TCCB e sua implementação. A teoria da vulnerabilidade fluida do suicídio e sua noção incorporada de modo suicida são primeiramente descritas em detalhes. Os princípios e as estratégias nucleares para o estabelecimento de uma aliança terapêutica eficaz com pacientes de alto risco são examinados em seguida, seguidos dos procedimentos para abordagem do processo de consentimento informado. O capítulo seguinte descreve estratégias e dicas para avaliar o risco de suicídio de um paciente e posteriormente documentar a avaliação do risco de suicídio. Em seguida, apresentamos uma descrição dos vários métodos de monitoramento do progresso durante a TCCB, incluindo os métodos recomendados para abordar as tentativas de suicídio e hospitalizações psiquiátricas que ocorrem durante o curso do tratamento. A Parte I se encerra com um panorama da TCCB, incluindo uma discussão de duas questões que são comumente levantadas pelos clínicos como preocupações quando trabalham com pacientes suicidas: o uso de substância e o uso de medicação psicotrópica.

A Parte II deste manual foca na primeira sessão de TCCB, a sessão mais estruturada de todo o tratamento. Os capítulos dessa parte descrevem a sequência específica dos procedimentos que compreendem a primeira sessão: descrição da TCCB, condução de uma avaliação da narrativa da crise suicida, explicação do registro do tratamento, realização da conceitualização do caso em colaboração com o paciente e criação de um plano de resposta à crise.

A Parte III descreve os procedimentos e as intervenções que abrangem a primeira fase da TCCB, que geralmente abrange as sessões 2 a 5. Essa fase se inicia com o desenvolvimento de um plano de tratamento e o uso da declaração de compromisso com o tratamento; essa última se concentra diretamente na adesão do paciente. As estratégias para abordar a segurança do paciente e o risco de tentativas repetidas de suicídio são descritas em seguida por meio de aconselhamento sobre a segurança dos meios. Os capítulos posteriores descrevem uma variedade de procedimentos e intervenções usados durante a primeira fase da TCCB: controle dos estímulos e higiene do sono, relaxamento, *mindfulness*, razões para viver e o *kit* de sobrevivência. Isso se alinha com a abordagem abrangente da TCCB, que prioriza o treino de habilidades de regulação emocional e o manejo de crises para reduzir rapidamente o estresse sintomático e o risco de tentativas de suicídio a curto prazo. Em contraste com outras terapias manualizadas que prescrevem uma sequência particular de procedimentos, a TCCB permite a seleção flexível de procedimentos e intervenções idealmente adequadas às necessidades do paciente e aos objetivos do tratamento. Desse modo, o clínico pode adaptar a entrega de procedimentos específicos às necessidades únicas do seu paciente, ao mesmo tempo que mantém fidelidade ao modelo. Apesar dessa flexibilidade, descobrimos que algumas sequências frequentemente funcionam melhor que outras. Como resultado, ordenamos os capítulos dessa seção de modo a refletir a sequência de procedimentos que parece funcionar melhor tanto para os pacientes quanto para os clínicos.

A Parte IV deste manual descreve os procedimentos e as intervenções que abrangem a segunda fase da TCCB, que em geral abrange as sessões 6 a 10. Nessa fase do tratamento, o foco muda para o sistema de crenças suicidas dos pacientes, que é formado por pensamentos automáticos, pressupostos e crenças nucleares que contribuem e mantêm os pensamentos e os comportamentos suicidas. Como discutido no Capítulo 2, supõe-se que o sistema de crenças suicidas é o mecanismo principal da vulnerabilidade subjacente ao risco do paciente de futuro comportamento suicida. Os procedimentos descritos nessa seção estão baseados nas folhas de atividade desenvolvidas por Resick, Monson e Chard (2017) para a terapia de processamento cognitivo para transtorno de estresse pós-traumático (TEPT) e são concebidos para ensinar o paciente a identificar as relações entre circunstâncias na vida, crenças e emoções negativas e a adotar pensamentos mais úteis: folhas de atividade ABC, perguntas desafiadoras e padrões de pensamento problemáticos. Nessa seção também estão descritos o planejamento de atividades e os cartões de enfrentamento, duas estratégias comportamentais que complementam e apoiam a mudança cognitiva. Assim como na primeira fase, ordenamos os capítulos na sequência que parece funcionar melhor para pacientes e clínicos, embora os clínicos tenham a flexibilidade de usar um padrão de sequenciamento alternativo.

A Parte V deste manual descreve o procedimento específico que constitui a terceira e última fase da TCCB: a tarefa de prevenção de recaída, que envolve um exercício de imagem mental guiado que tipicamente ocupa as sessões 11 e 12. Nesse procedimento final, o paciente demonstra sua habilidade para implementar as competências aprendidas durante a TCCB para resolver as crises emocionais com sucesso e reduzir a probabilidade de o comportamento suicida ser usado como uma estratégia de enfrentamento no futuro. Também é abordada nessa parte a determinação de quando um paciente deve ser considerado pronto para encerrar a TCCB, com sugestões para o encerramento do tratamento.

O manual se encerra com dois apêndices que fornecem ferramentas e recursos específicos para implementar a TCCB com sucesso. O Apêndice A inclui cópias de todos os formulários e folhetos necessários para a TCCB, e o Apêndice B inclui cópias das ferramentas clínicas, como as *checklists* da fidelidade, os modelos da documentação para avaliação do risco de suicídio e roteiros para relaxamento e *mindfulness*. (Os materiais dos Apêndices A e B também estão disponíveis para *download* na página do livro em loja.grupoa.com.br.)

Para facilitar a aprendizagem dos clínicos, os conceitos e procedimentos descritos neste manual são complementados por transcrições de exemplos que podem ser usados como um guia para os clínicos que estão aprendendo a TCCB. A intenção não é que essas transcrições sejam seguidas exatamente; elas apenas fornecem exemplos da linguagem e da estrutura que um clínico pode usar quando implementar a TCCB. Além disso, vários estudos de caso são apresentados e acompanhados ao longo de todo o manual para fornecer exemplos de como a TCCB pode ser implementada com os pacientes, refletindo uma gama de níveis de risco e de complexidade clínica. Esses estudos de caso estão baseados em pacientes reais que concluíram o protocolo da TCCB, embora os detalhes tenham sido alterados para preservar a privacidade e a confidencialidade. Por fim, este manual inclui seções com "dicas e conselhos" para destacar lições importantes aprendidas durante o curso da nossa pesquisa clínica, colaborações com outros pesquisadores do suicídio, supervisão de clínicos que estão aprendendo a usar a TCCB e nossa experiência pessoal no tratamento de pacientes suicidas com TCCB.

2

Conceitualizando o suicídio
O modo suicida

Como mencionado no Capítulo 1, um elemento comum dos tratamentos que funcionam é ter um modelo teórico simples e prático no qual o tratamento esteja baseado. Na maioria dos casos, os modelos que embasam os tratamentos eficazes conceitualizam o suicídio como o resultado das interações entre eventos na vida, estados psicológicos (i.e., cognição e emoção) e comportamentos, de modo que o suicídio pode ser entendido como o resultado da interação entre fatores individuais e ambientais. A TCCB está baseada no modelo conceitual conhecido como *modo suicida*, que está inserido na teoria da vulnerabilidade fluida do suicídio (Rudd, 2006). Vários pressupostos nucleares da *teoria da vulnerabilidade fluida* estão listados na Figura 2.1, dos quais o pressuposto principal é o de que o risco de suicídio é caracterizado por propriedades estáveis e dinâmicas, que frequentemente são denominadas, respectivamente, risco na linha de base e risco agudo.

O *risco na linha de base* implica um "ponto de corte" ou uma propensão geral para se tornar suicida ou fazer uma tentativa de suicídio. Nesse sentido, o risco na linha de base se refere às predisposições do indivíduo para o suicídio, que incluem fatores históricos e relacionados aos traços que permanecem relativamente constantes ao longo do tempo ou tendem a resistir à mudança com o tempo. Por exemplo, fatores de risco como gênero, exposição a trauma e comportamento suicida no passado são fatores de risco histórico imutáveis, ao passo que labilidade emocional, reatividade cognitiva e estilo de solução de problemas são fatores semelhantes a traços que, embora modificáveis, tendem a resistir à mudança. Além dos fatores de risco associados à vulnerabilidade aumentada para suicídio, as predisposições no risco na linha de base também podem incluir a ausência de fatores protetivos associados à vulnerabilidade reduzida para suicídio, como suporte social, traço de otimismo ou flexibilidade cognitiva. A teoria da vulnerabilidade fluida propõe que o risco na linha de base varia de indivíduo para indivíduo com base na sua constelação única de fatores de risco e protetivos. O risco na linha de base seria, portanto, mais alto para aqueles com muitos fatores de risco predisponentes com poucos fatores protetivos, ao passo que seria mais baixo para aqueles com poucos fatores de risco predisponentes combinados com muitos fatores protetivos. Quando defrontados com eventos de vida estressantes, os indivíduos com risco mais alto na linha de base têm maior probabili-

1. O risco de suicídio compreende propriedades estáveis e dinâmicas referidas como *risco na linha de base* e *risco agudo*. O risco na linha de base implica o aspecto crônico e mais persistente do risco, enquanto o risco agudo envolve o aspecto do risco baseado no estado e mais transitório.
2. Episódios suicidas têm tempo limitado.
3. O risco na linha de base varia de indivíduo para indivíduo, com base na sua constelação única de predisposições históricas e do desenvolvimento. Essas predisposições determinam o limiar de ativação de um indivíduo em resposta a eventos desencadeantes.
4. Episódios suicidas agudos ocorrem entre indivíduos suficientemente vulneráveis quando eles enfrentam um desencadeante suficientemente estressante.
    a. Indivíduos com alto risco na linha de base têm baixos limiares para ativação e, portanto, têm episódios suicidas frequentes e prolongados, mesmo quando enfrentam estresse leve.
    b. Indivíduos com baixo risco na linha de base têm limiares altos para ativação e, portanto, raramente têm episódios suicidas, mesmo quando enfrentam estresse extremo.
5. Múltiplas tentativas de suicídio e autolesão não suicida são os marcadores mais claros de risco elevado na linha de base e vulnerabilidade para persistência do risco.
6. Risco de suicídio agudo se resolve quando os fatores agravantes que mantêm o modo suicida são desativados ou reduzidos.
7. Após a resolução de um episódio suicida agudo, o indivíduo retorna ao seu nível de risco na linha de base.

FIGURA 2.1 Pressupostos nucleares da teoria da vulnerabilidade fluida.

dade de se tornar suicidas e fazer uma tentativa de suicídio do que indivíduos com risco mais baixo na linha de base. A dimensão do risco na linha de base, portanto, corresponde ao aspecto estável do risco de suicídio, que tende a persistir ao longo do tempo.

O *risco agudo*, por sua vez, implica flutuações de curta duração no risco de suicídio que ocorrem em resposta a eventos externos, como estressores da vida ou experiências ativadoras. O risco agudo inclui pensamentos relativamente transitórios e dependentes do estado (p. ex., "isso é injusto", "estraguei tudo de novo", "não aguento mais isso"), emoções (p. ex., depressão, raiva, culpa) e experiências psicológicas (p. ex., agitação, distúrbio do sono, dor corporal) que estão associados à resposta de estresse. O risco agudo também está associado aos comportamentos consequentes que o indivíduo adota em reação a essa resposta de estresse (p. ex., uso de substância, afastamento social). Esses comportamentos frequentemente visam a reduzir ou fugir do estresse emocional, embora essas estratégias possam não ser as mais eficazes para atingir esse objetivo. Em contraste com fatores de risco na linha de base, os fatores de risco agudos tendem a ter natureza dinâmica e geralmente são modificáveis. Segundo a teoria da vulnerabilidade fluida, a resolução de uma crise suicida ativa é obtida mais eficientemente pela focalização nos fatores de risco agudos que estão mais diretamente relacionados com a crise suicida ao longo do tempo. Portanto, a dimensão aguda do risco corresponde ao aspecto dinâmico do risco que flutua de momento a momento.

O MODO SUICIDA

Nas últimas décadas, foram identificadas centenas, se não milhares, de fatores de risco e protetivos para o suicídio. Na ausência de um modelo conceitual simples, a existência de tantos fatores de risco e protetivos pode fazer a tarefa de compreensão do suicídio parecer muito pesada. Assim, na TCCB, os fatores de risco e protetivos estão organizados estruturalmente com a utilização do conceito de *modo suicida* (veja a Figura 2.2). Uma representação visual do modo suicida também está disponível no Apêndice A.1. Muitos clínicos acham útil imprimir uma cópia do Apêndice A.1 para consulta rápida quando trabalham com pacientes suicidas. A representação visual do modo suicida pode ajudar os clínicos a

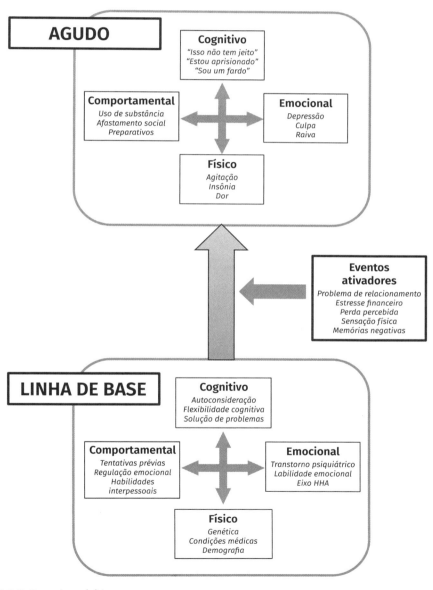

FIGURA 2.2 O modo suicida.

conceitualizar casos em "tempo real" e organizar melhor as informações clínicas que são coletadas.

O modo suicida fornece um enquadramento cognitivo-comportamental para descrever as características e as particularidades dos episódios suicidas (que podem ou não incluir uma tentativa de suicídio real) e serve como fundamentação teórica para a TCCB. Estruturalmente, o modo suicida é composto por quatro domínios interativos e mutuamente influentes em dois níveis que correspondem às dimensões estável (i.e., a *linha de base*) e dinâmica (i.e., *aguda*) do risco descritas pela teoria da vulnerabilidade fluida do suicídio. Isso reflete o fato de que há aspectos estáveis e dinâmicos dos fatores de risco cognitivos, aspectos estáveis e dinâmicos dos fatores de risco comportamentais, e assim por diante. Por exemplo, um diagnóstico prévio de transtorno do humor serve como um fator de risco na linha de base porque é de natureza histórica e reflete uma vulnerabilidade para transtorno do humor. Como o humor flutua ao longo do tempo (p. ex., os indivíduos têm dias bons e dias ruins), a depressão também funciona como um fator de risco agudo. Na Figura 2.2, "transtorno psiquiátrico" está, portanto, listado no domínio emocional de risco na linha de base, e "depressão" está listada no domínio emocional de risco agudo.

A dimensão da linha de base do modo suicida é, portanto, constituída de fatores de risco relativamente estáveis que persistem com o tempo. Dentro do domínio cognitivo, os fatores de risco na linha de base incluem: autopercepções internalizadas e implícitas, incluindo vergonha, raiva de si próprio e defectividade percebida; déficits na flexibilidade cognitiva que prejudicam o funcionamento executivo e a habilidade de gerar rapidamente soluções potenciais para os problemas; déficits na solução de problemas, como a tendência a ignorar experiências passadas e preferir recompensas a curto prazo, até mesmo à custa de recompensas maiores a longo prazo; e estilo pessimista, em que a probabilidade de resultados positivos é subestimada. Dentro do domínio comportamental, os fatores de risco na linha de base incluem déficits nas habilidades em áreas de tolerância ao estresse, regulação emocional e comunicação interpessoal, cada qual aumentando a probabilidade de enfrentamento desadaptativo em resposta a situações estressantes e eventos desencadeantes. Dentro do domínio emocional, os fatores de risco na linha de base incluem um histórico de transtornos psiquiátricos, especialmente condições recorrentes ou crônicas como transtornos psicóticos e do humor, e labilidade emocional, que podem estar relacionados à disfunção no eixo hipotálamo-hipófise-adrenal (HHA). Dentro do domínio físico, os fatores de risco na linha de base incluem características demográficas e/ou históricas como: gênero, raça, orientação sexual e histórico de exposição a trauma; vulnerabilidades genéticas e biológicas associadas ao gene *SKA2* e ao putâmen (região da massa cinzenta cerebral); e condições médicas como dor crônica.

O modo suicida também compreende fatores baseados no estado ou dinâmicos que flutuam com o tempo em resposta a fatores e ativadores situacionais. Esses fatores agudos podem igualmente estar organizados entre os domínios cognitivo, comportamental, emocional e físico. Dentro do domínio cognitivo, os fatores de risco agudos incluem pensamentos e pressupostos que ocorrem em resposta a situações estressantes, como desesperança, sentir-se aprisionado, sobrecarga percebida e autodepreciação. Dentro do domínio comportamental, os fatores de risco agudos incluem as estratégias de enfrentamento específicas que um indivíduo emprega para evitar ou reduzir o estresse emocional, como uso de substância, afastamento social e adoção de medidas para se preparar para uma tentativa de suicídio (p. ex., contar os comprimidos, fazer um nó de forca, dirigir até o local da tentativa pretendida). Dentro do domínio emocional, os fatores de risco agudos incluem experiências afetivas disfóricas e desconfortáveis que são comuns ao estado suicida, como depressão, culpa e raiva. Dentro do domínio físico, os fatores de risco agudo incluem experiências somáticas comumente associadas a estresse emocional, como agitação, insônia, dor e tensão muscular.

Esses vários domínios são de natureza interativa, de forma que a ativação de um domínio frequentemente está associada à ativação de outro domínio. Portanto, os fatores de risco estão interligados, de modo que estão constantemente empurrando e puxando uns aos outros como parte de uma rede de atividade complexa. Esse comportamento de empurrar e puxar está representado na Figura 2.2 pelas flechas em quatro direções que se localizam entre os quatro domínios e explica a "espiral descendente" ou o "efeito bola de neve" que muitos indivíduos suicidas descrevem; é a sequência de pensamentos, emoções, sensações físicas e respostas comportamentais que conduzem a uma crise suicida. Embora a interação mútua de múltiplos domínios dentro do modo suicida possa provocar um efeito cascata que resulta na emergência de comportamento suicida, esse efeito cascata também pode ser usado para fins de recuperação: a *desativação* de um domínio de risco pode levar à desativação de outros domínios de risco. Esse último ponto enfatiza a justificativa principal para a concepção e estrutura da TCCB: a melhora em uma área tipicamente levará a melhoras em outras áreas. Ao focar em múltiplos domínios de risco, a TCCB pode reduzir a vulnerabilidade a longo prazo da reemergência de comportamentos suicidas.

Eventos ativadores e sensibilização para risco de suicídio

De acordo com a teoria da vulnerabilidade fluida, as predisposições só levarão a uma crise suicida aguda se as predisposições do indivíduo forem ativadas ou "ligadas" por um estímulo contextual, algumas vezes referido como "desencadeantes". Os eventos ativadores podem incluir estressores emocionais, como problemas de relacionamento, estresse financeiro ou perdas percebidas, ou podem incluir experiências internas, como sensações físicas (p. ex., dor) ou experiências psicológicas (p. ex., memórias traumáticas, emoções negativas). As relações entre os fatores de risco na linha de base, os eventos ativadores e os fatores de risco agudos estão representadas na Figura 2.2 por duas flechas. A primeira flecha parte do risco na linha de base até o risco agudo, o que representa a vulnerabilidade para experienciar pensamentos e comportamentos suicidas que se originam da constelação única de fatores de risco estáveis do indivíduo. Falando de maneira prática, isso significa que as características estruturais de uma crise suicida frequentemente estarão relacionadas com os fatores de risco estáveis do indivíduo. Entre indivíduos com condições médicas crônicas, por exemplo, uma crise suicida aguda tem probabilidade muito maior de refletir questões médicas ou relacionadas à saúde do que uma crise suicida aguda em indivíduos sem condições médicas crônicas. Os fatores de risco agudos para tais indivíduos podem ser marcados por sintomas somáticos, como dor ou desconforto físico, autopercepções caracterizadas por defectividade percebida ou "estar danificado" e uso de medicamentos (p. ex., narcóticos) como uma estratégia de enfrentamento. Do mesmo modo, indivíduos com histórico de trauma têm maior probabilidade de carregar fatores de risco agudos que refletem fatores de risco estáveis relacionados ao trauma: declarações autoconscientes ou autodepreciativas (p. ex., "é tudo minha culpa"), insônia secundária a pesadelos relacionados ao trauma, emoções marcadas por culpa e vergonha e rejeição do suporte social devido a dificuldades com confiança.

A segunda flecha na Figura 2.2 parte dos eventos ativadores até a flecha que conecta os fatores de risco na linha de base com os fatores de risco agudos. Isso reflete a perspectiva de que seria esperado que os fatores de risco na linha de base de um indivíduo só conduziriam a um episódio suicida agudo no contexto de eventos ativadores suficientes. Em outras palavras, a probabilidade de uma crise suicida emergir entre indivíduos com muitos fatores de risco na linha de base depende da quantidade e/ou intensidade do evento ativador. Dito de outra maneira, episódios suicidas ocorrem somente quando o estresse associado a um evento ativador ultrapassa o limiar de tolerância do indivíduo. Indivíduos com muitos fatores de risco na linha de base têm limiares de tolerância mais baixos, portanto manifestam episódios suicidas com relativamente pouca provocação. Tais indivíduos tendem a experienciar episódios suicidas frequentes por períodos prolongados, mesmo em resposta a estressores aparentemente leves ou benignos. Por sua vez, indivíduos com poucos fatores de risco na linha de base têm limiares de tolerância mais altos, portanto tendem a ser mais resilientes para episódios suicidas, mesmo quando submetidos a eventos ativadores muito extremos. No entanto, se um evento ativador for suficientemente estressante ou crônico, os indivíduos com risco baixo na linha de base podem entrar numa crise suicida. Para entender por que alguns indivíduos se tornam suicidas e outros não, precisamos, portanto, considerar como as características de um evento ativador são experienciadas dentro do contexto do grupo único de fatores de risco na linha de base do indivíduo.

O sistema de crenças suicidas e a natureza do risco persistente

Pela perspectiva da teoria da vulnerabilidade fluida, os fatores de risco comportamentais e cognitivos justificam atenção particular no tratamento porque uma mudança nesses dois domínios pode ajustar diretamente e confiavelmente o risco na linha de base para suicídio, o que, por sua vez, reduz o risco do indivíduo de tentativas de suicídio futuras. Além disso, os pacientes que não fazem mudanças suficientes dentro desses dois domínios manterão um nível elevado de risco na linha de base, mesmo depois da conclusão do tratamento. Acredita-se, portanto, que uma mudança nos fatores de risco comportamentais e cognitivos na linha de base é um mecanismo primário de mudança na TCCB. O respaldo para essa afirmação provém de estudos mostrando que o risco reduzido de tentativas de suicídio depois de terapia cognitiva está associado a melhoras na solução de problemas e a reduções em tomadas de decisão descuidadas ou impulsivas (Ghahramanlou-Holloway, Bhar, Brown, Olsen, & Beck, 2012). Pesquisas também indicam que autopercepções negativas internalizadas e implícitas, incluindo vergonha, raiva de si próprio e defectividade percebida, predizem melhor futuras tentativas de suicídio do que fatores de risco agudos, incluindo depressão e ideação suicida (Bryan, Rudd, Wertenberger, Etienne, et al., 2014; Nock et al., 2010), e diferenciam os indivíduos que tentaram suicídio daqueles que se engajaram em autolesão não suicida (Bryan, Rudd, Wertenberger, Etienne, et al., 2014). Esses últimos achados em particular implicam fatores de risco cognitivos específicos para suicídio, como sobrecarga percebida (p. ex., "As pessoas ficariam melhor sem mim"), raiva de si (p. ex., "mereço ser punido"; "não mereço amor") e incompetência percebida (p. ex., "não consigo lidar com isso"; "eu fracasso em tudo"). Como esses esquemas específicos para suicídio aumentam a probabilidade de ativação do modo suicida e mantêm o modo suicida ao longo do tempo, eles são referidos coletivamente na TCCB como o *sistema de crenças suicidas*.

Para ilustrar a importância dos fatores de risco cognitivos e comportamentais predisponentes para a redução do risco a longo prazo, considere o exemplo de uma jovem mulher chamada Mary que não tem habilidades básicas de manejo do estresse e tem inúmeros esquemas cognitivos negativos consistentes com o sistema de crenças suicidas (p. ex., "sou um fracasso"; "sou completamente indigna de receber amor"; "não mereço ser perdoada pelos meus erros"; "não tenho valor"). Depois de um grande conflito com seu parceiro, Mary intencionalmente toma uma dose excessiva de medicação, requerendo tratamento médico, depois do qual ela é brevemente hospitalizada. Durante sua internação, Mary e seu parceiro resolvem o conflito, e seu estresse emocional retorna à linha de base. Como ela já não se sente suicida, recebe alta do hospital. Embora agora esteja "estabilizada", Mary ainda tem suas predisposições comportamentais (i.e., habilidades deficientes para manejo de estresse) e cognitivas (i.e., crenças suicidas). Assim, ainda que seu modo suicida ativo tenha sido desativado, o risco de suicídio de Mary a longo prazo persiste "submerso", como uma vulnerabilidade persistente que ficará, em grande parte, sem observação, até que ela tenha que enfrentar um novo evento ativador, que provavelmente resultará em uma nova crise suicida. Se, no entanto, Mary adquirisse algumas habilidades básicas de manejo do estresse (p. ex., relaxamento, *mindfulness*) e aprendesse a substituir suas autopercepções críticas por um estilo cognitivo mais positivo marcado por otimismo (p. ex., "as coisas vão ficar bem"), competência percebida (p. ex., "posso lidar com isso"; "eu vou ficar bem") e orgulho (p. ex., "eu mereço respeito"), ela teria muito menos probabilidade de novamente se tornar suicida no futuro em resposta a eventos ativadores (Bryan, Andreski, McNaughton-Cassil, & Osman, 2014; Bryan, Ray-Sannerud, Morrow, & Etienne, 2013b, 2013c; Hirsch & Conner, 2006). Se essas mudanças ocorressem, seu risco de suicídio na linha de base seria reduzido, o que levaria a uma redução a longo prazo em seu risco de fazer outra tentativa de suicídio.

A TCCB foi especificamente concebida para reduzir o risco na linha de base de tentativas de suicídio que podem persistir a longo prazo, mesmo quando um indivíduo não está em estresse agudo. A TCCB atinge esse objetivo focando na aquisição de novas habilidades e estratégias de enfrentamento para possibilitar que o paciente responda mais eficientemente aos estressores da vida (i.e., predisposições comportamentais) e substituindo o sistema de crenças suicidas por esquemas mais positivos e adaptativos, que promovam resiliência e reduzam a vulnerabilidade a crises suicidas (i.e., predisposições cognitivas).

IMPLICAÇÕES CLÍNICAS

O modo suicida serve como o princípio organizador central para o protocolo da TCCB; todas as intervenções fluem diretamente dele. O modo suicida não só proporciona um modo simples e direto para o paciente entender por que ele quer morrer por suicídio e/ou fez uma tentativa de suicídio como também fornece ao paciente uma justificativa para cada procedimento e intervenção usada durante o tratamento. Para esse fim, ao introduzir e ensinar uma nova intervenção para o paciente, o clínico deve se certificar de associar o conceito ou a habilidade diretamente ao modo suicida. Os pacientes que entendem claramente por que estão sendo solicitados a usar uma habilidade e como ela deve funcionar têm muito mais probabilidade de usar a habilidade de modo eficiente.

A teoria da vulnerabilidade fluida também tem implicações importantes para compreender a emergência e a resolução do risco de suicídio com o tempo. Como mencionado anteriormente, indivíduos com muitos fatores de risco na linha de base são mais facilmente ativados quando passam por eventos ativadores do que indivíduos com menos fatores de risco na linha de base. Além disso, leva mais tempo para indivíduos com muitos fatores de risco na linha de base resolverem suas crises suicidas quando comparados com indivíduos com menos fatores de risco na linha de base. Essas dinâmicas estão ilustradas na Figura 2.3, que delineia as flutuações no risco de suicídio para um indivíduo com baixo risco na linha de base (Pessoa A, linha contínua) e um indivíduo com alto risco na linha de base (Pessoa B, linha pontilhada). Observe que os dois indivíduos permanecem em seus respectivos níveis de risco na linha de base até que enfrentam um evento ativador, o que leva a um episódio suicida agudo.

As magnitudes relativas dos episódios suicidas são iguais tanto para a Pessoa A quanto para a Pessoa B, mas a Pessoa B está em maior risco geral durante essa crise, porque já estava em risco mais alto inicialmente. Quando as crises se resolvem, os dois indivíduos eventualmente retornam aos seus níveis de risco na linha de base, mas a Pessoa A resolve mais rápido que a Pessoa B porque ela tem menos fatores de risco na linha de base e, portanto, está "mais equipada" para lidar com a crise. Essa figura destaca a implicação crítica da teoria da vulnerabilidade fluida: mesmo quando a Pessoa B está em seu nível de risco na linha de base, ainda assim ela tem um risco maior, em geral, do que a Pessoa A. Além disso, a gravidade do risco da Pessoa A durante uma crise suicida aguda não é tão mais alta que a gravidade do risco da Pessoa B na linha de base. Assim, o "melhor relativo" da Pessoa B não é um risco muito mais baixo do que o "pior relativo" da Pessoa A. Isso destaca uma implicação crítica da noção de vulnerabilidade fluida: ao formularem o nível do risco de suicídio geral de um paciente (p. ex., durante uma entrevista para avaliação do risco de suicídio), os clínicos devem considerar tanto a linha de base *quanto* as dimensões agudas do risco, em vez de apenas considerarem a dimensão aguda, porque o risco agudo está sobreposto ao risco na linha de base; indivíduos com

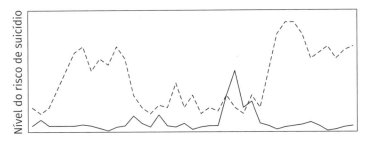

FIGURA 2.3 Emergência e resolução de risco de suicídio ao longo do tempo para um indivíduo com baixo risco na linha de base para suicídio (Pessoa A, representada pela linha contínua) e um indivíduo com alto risco na linha de base para suicídio (Pessoa B, representada pela linha pontilhada).

alto risco na linha de base continuam a ter alto risco mesmo quando estão em seu melhor relativo.

A importância do risco na linha de base é corroborada por pesquisas consideráveis que encontraram associações mais fortes de ideação e tentativas de suicídio com fatores de risco estáveis quando comparadas com suas associações com fatores de risco agudos. Por exemplo, tentativas de suicídio prévias e autolesão não suicida estão entre os mais fortes preditores de tentativas de suicídio atuais e futuras e consistentemente superam outros fatores de risco agudos, como depressão e desesperança (Bryan, Bryan, Ray-Sannerud, Etienne, & Morrow, 2014; Joiner et al., 2005; Klonsky, May, & Glenn, 2013). Evidências consideráveis indicam que indivíduos que fizeram duas ou mais tentativas de suicídio, em particular, estão entre os pacientes com mais alto risco. Múltiplas tentativas de suicídio são, portanto, consideradas como o marcador mais claro de risco elevado na linha de base (Bryan & Rudd, 2006), pois um histórico de múltiplas tentativas de suicídio geralmente serve como um indicador por aproximação de outros fatores de risco relevantes na linha de base, incluindo histórico de psicopatologia, solução de problemas prejudicada e déficits nas habilidades de regulação emocional (Forman, Berk, Henriques, Brown, & Beck, 2004; Rudd, Joiner, & Rajab, 1996). Pesquisas mais recentes sugerem que autolesão não suicida também deve ser considerada um marcador de risco elevado na linha de base (Bryan, Bryan, May, & Klonsky, 2015; Bryan, Rudd, Wertenberger, Young-McCaughon, & Peterson, 2014; Guan, Fox, & Prinstein, 2012; Wilkinson, Kelvin, Roberts, Dubcka, & Goodyer, 2011). Dado o forte papel que o risco na linha de base desempenha na emergência de pensamentos e comportamentos suicidas, os clínicos devem ser cuidadosos para não subestimar o nível de risco de um paciente, minimizando ou negligenciando a importância dos fatores de risco estáveis.

Outro pressuposto básico da teoria da vulnerabilidade fluida é o de que os indivíduos retornam aos seus níveis de risco na linha de base depois da resolução de episódios suicidas agudos. Embora possa parecer uma conclusão óbvia, isso tem implicações clínicas importantes quando trabalhamos com pacientes com linha de base alta. Consultando a Figura 2.3, observe que, embora a Pessoa A e a Pessoa B retornem aos seus respectivos níveis de risco na linha de base depois de seus episódios suicidas agudos, o nível de risco global da Pessoa B permanece elevado. Como mencionado anteriormente, o nível de risco na linha de base da Pessoa B não é muito mais baixo que o pico do nível de risco da Pessoa A, indicando que o *melhor relativo* da Pessoa B, portanto, não é muito diferente do *pior relativo* da Pessoa A. Conforme aplicado ao planejamento do tratamento, isso sugere que os clínicos (e pacientes) que negligenciam o papel do risco na linha de base podem estabelecer expectativas ou objetivos de tratamento irrealistas ou inatingíveis. Por exemplo, alguns pacientes com linha de base alta (especialmente aqueles que fizeram múltiplas tentativas de suicídio) têm ideação suicida de baixa intensidade com alta frequência (p. ex., "penso em suicídio centenas de vezes por dia, mas os pensamentos suicidas meio que entram e saem da minha mente muito rapidamente"), mesmo quando não estão em crise. Para tais pacientes, estabelecer "nenhum pensamento suicida" como um objetivo do tratamento poderia ser uma receita para o fracasso, pois esse critério pode ser irrealista para alguns pacientes, mesmo quando eles estão se saindo razoavelmente bem. Em comparação, um objetivo de tratamento como "risco reduzido de tentativa de suicídio" é muito mais realista e atingível, independentemente do nível de risco na linha de base dos pacientes.

Está implícito, nos pontos apresentados, que o risco de suicídio é um construto intrinsecamente dinâmico. Mesmo dentro do contexto do tratamento, o risco de suicídio flutuará em intensidade, algumas vezes muito rapidamente ou inesperadamente. Embora isto possa parecer óbvio, merece ser mencionado explicitamente: embora o risco de suicídio de maneira geral diminua durante o tratamento, também podem ocorrer aumentos transitórios no risco. Essas flutuações são especialmente prováveis de ocorrer entre pacientes que fizeram múltiplas tentativas de suicídio (Bryan & Rudd, 2017). Portanto, os clínicos devem antecipar que a *maioria* dos pacientes sofrerá um retrocesso perturbador em algum ponto no tratamento, *muitos* vão falhar em aprender novas habilidades ou tentar novas ideias com a rapidez desejada, *alguns* vão ter um novo episódio suicida e *poucos* farão uma tentativa de suicídio. Em casos muito raros, pacientes que fazem uma tentativa de suicídio durante o tratamento morrerão. À luz dessa realidade inquietante e ansiogênica do trabalho clínico com pacientes suicidas, a TCCB foi planejada para responder flexivelmente às necessidades dos pacientes, não importando onde eles estejam no processo suicida: antes, durante ou depois de uma crise.

INTEGRANDO OUTROS MODELOS CONCEITUAIS DE SUICÍDIO COM A TEORIA DA VULNERABILIDADE FLUIDA

Embora o desenvolvimento da TCCB tenha se baseado, em grande parte, na teoria da vulnerabilidade fluida e na noção do modo suicida, outros modelos conceituais de suicídio que foram descritos na literatura clínica também são relevantes para a TCCB. Dois modelos em particular – a teoria psicológica interpessoal do suicídio (Joiner, 2005) e o modelo integrado motivacional-volitivo (O'Connor, 2011) – foram especialmente influentes para os pesquisadores clínicos durante a última década. Cada um desses modelos, assim como a teoria da vulnerabilidade fluida, está expresso dentro do enquadramento da ideação para a ação (Klonsky & May, 2015), em que eles distinguem claramente ideação suicida e seus fatores de risco de comportamentos suicidas e seus fatores de risco (distintos). Como mencionado por May e Klonsky (2016), muitos fatores de risco de suicídio bem documentados são na verdade correlatos de ideação suicida, mas não distinguem entre aqueles que pensam sobre suicídio e aqueles que realmente tentam se matar. O enquadramento da ideação para a ação representa um avanço recente importante no campo da prevenção do suicídio em geral e no tratamento clínico de pacientes suicidas em particular, pois fornece uma explicação para um padrão notavelmente consistente entre os ensaios clínicos: tratamentos que reduzem significativamente a incidência de comportamentos suicidas, incluindo a TCCB, não são necessariamente superiores no que diz respeito à redução de ideação suicida e outros sintomas psiquiátricos (Brown, Ten Have, et al., 2005; Gysin-Maillart, Schwab, Soravia, Megert, & Michel, 2016; Linehan et al., 1991, 2006; Rudd et al., 2015). Os tratamentos eficazes, portanto, impactam comportamentos suicidas e pensamentos suicidas de formas únicas.

Embora a teoria psicológica interpessoal e o modelo integrado motivacional-volitivo ofereçam perspectivas alternativas para a compreensão do comportamento suicida, essas abordagens têm sobreposição considerável com a teoria da vulnerabilidade fluida. Essencialmente, essas abordagens conceituais alternativas não necessariamente representam ideias concorrentes, mas enfatizam diferentes caminhos pelos quais os indivíduos fazem transição do pensamento suicida para a ação. Assim, cada modelo tem implicações únicas para o cuidado de indivíduos suicidas que são críticas para a implementação da TCCB. Cada modelo é, portanto, descrito brevemente a seguir, assim como suas implicações para a TCCB.

A teoria psicológica interpessoal

A teoria psicológica interpessoal do suicídio de Joiner (2005) é possivelmente a mais familiar das teorias contemporâneas do suicídio. De acordo com esse modelo, o comportamento suicida requer duas condições necessárias – o desejo de se matar e a capacidade de fazê-lo –, nenhuma das quais é suficiente por si só. A teoria psicológica interpessoal, portanto, fornece um modelo simples e direto para diferenciar aqueles que pensam sobre suicídio daqueles que atuam esses pensamentos. O desejo de suicídio (i.e., ideação suicida) envolve a combinação de dois processos de pensamento essenciais: a percepção de ser um fardo e o pertencimento frustrado. A *percepção de ser um fardo* implica a percepção de que o indivíduo é uma responsabilidade para os outros e/ou que os outros se beneficiariam com sua ausência ou morte (p. ex., "os outros ficariam melhor sem mim"), ao passo que o *pertencimento frustrado* envolve a percepção de que o indivíduo está isolado e sozinho e/ou não se ajusta com os outros (p. ex., "ninguém se importa comigo"). Quando um indivíduo experiencia níveis elevados de percepção de ser um fardo e pertencimento frustrado e percebe esse estado psicológico como interminável (p. ex., "isso nunca vai mudar"), provavelmente emergirá a ideação suicida. O desejo suicida, portanto, envolve uma combinação de percepção de ser um fardo, pertencimento frustrado e desesperança, todos os quais são características específicas do domínio cognitivo do modo suicida.

No entanto, pela perspectiva da teoria psicológica interpessoal, a presença de ideação suicida não é suficiente para um indivíduo fazer uma tentativa de suicídio; o indivíduo suicida também precisa ter a *capacidade* para o suicídio. A capacidade para o suicídio contém vários componentes, que começam pela ausência de medo da morte, o que facilita a emergência da intenção suicida entre aqueles com ideação suicida. Se o indivíduo suicida com intenção elevada também tem tolerância elevada à dor, a probabilidade de transição para comportamento suicida aumenta (Van Orden, Witte, Gordon, Bender, & Joiner, 2008). Esses dois construtos latentes subjacentes à capacidade suicida – ausência de medo da morte e tolerância à dor – perpassam múltiplos domínios do modo suicida: processos de avaliação cognitiva específicos para ameaça e desconforto, seja físico ou psicológico; processos emocionais incluindo regulação do afeto; e as respostas comportamentais buscadas em resposta a essas experiências cognitivas, afetivas e fisiológicas (especificamente aproximação ou evitação).

Inicialmente, pensava-se que a capacidade suicida era adquirida ao longo da vida de um indivíduo como resultado da exposição a experiências dolorosas e provocativas como violência, agressão e trauma (Joiner, 2005; Selby et al., 2010; Van Orden et al., 2008). No entanto, estudos prospectivos recentes não deram muito apoio a essa suposição e, em vez disso, sugerem que a capacidade suicida pode ter propriedades semelhantes a traços que permanecem estáveis ao longo do tempo, mesmo após exposição a experiências violentas e potencialmente traumáticas (p. ex., Bryan, Sinclair, & Heron, 2016). Esses achados mais recentes sugerem que a capacidade suicida se alinha com a noção de risco na linha básica da teoria da vulnerabilidade fluida. Como um construto, a capacidade suicida abrange várias vulnerabilidades principais que predispõem para suicídio expressas pela teoria da vulnerabilidade fluida, notadamente regulação emocional (i.e., ausência de medo, tolerância à dor) e avaliação cognitiva (i.e. percepção de ser um fardo, pertencimento frustrado). A teoria psicológica interpessoal é, portanto, um modelo conceitual compatível com a teoria da vulnerabilidade fluida e o conceito incluído do modo suicida.

Por uma perspectiva clínica, a teoria psicológica interpessoal apoia a necessidade de focar no desejo suicida e/ou na capacidade suicida. A primeira dessas duas tarefas tem recebido atenção considerável de clínicos e pesquisadores e pode ser realizada por meio de intervenções cognitivas que visam a enfraquecer a percepção de ser um fardo e o pertencimento frustrado (p. ex., Joiner, Van Orden, Witte, & Rudd, 2009). A segunda tarefa, a redução da capacidade suicida, tem recebido pouca atenção clínica ou empírica em comparação, embora em anos recentes tenha ocorrido uma mudança voltada para um maior reconhecimento do valor de limitar o acesso a meios para suicídio potencialmente letais, especialmente armas de fogo (Britton, Bryan, & Valenstein, 2016; Bryan, Stone, & Rudd, 2011). De forma consistente com essas implicações, a TCCB inclui estratégias cognitivas que visam a enfraquecer as crenças suicidas, incluindo a percepção de ser um fardo e o pertencimento frustrado, e foca diretamente no acesso a meios letais por meio de aconselhamento sobre restrição e planejamento de resposta a crises.

O modelo integrado motivacional-volitivo

Uma limitação significativa dos muitos modelos teóricos existentes é seu foco relativamente restrito em um pequeno número de domínios de risco e, em alguns casos, um único domínio de risco (O'Connor, 2011). Por exemplo, Baumeister (1990) enfatizou a importância da fuga do *self* como o motivo primário para comportamento suicida, enquanto Wenzel e Beck (2008) enfatizaram a desesperança e outros esquemas cognitivos. Para abordar essas limitações, o modelo integrado motivacional-volitivo do comportamento suicida (O'Connor, 2011) foi desenvolvido para sintetizar vários modelos de comportamento suicida e tem muitas semelhanças com a teoria da vulnerabilidade fluida e o conceito de modo suicida.

Consistentemente com o enquadramento da ideação para a ação, o modelo integrado motivacional-volitivo fornece um modelo para compreender como os indivíduos se tornam suicidas e, em alguns casos, a transição para o comportamento suicida. Esse modelo é organizado em três fases: pré-motivacional, motivacional e volitiva. A fase *pré-motivacional* inclui fatores do contexto (p. ex., demografia, traços de personalidade, trauma prévio), contingências ambientais (p. ex., suporte social, acesso a recursos) e eventos na vida (p. ex., problemas de relacionamento, tensão financeira) que existem antes da emergência de pensamentos ou comportamentos suicidas. Esses fatores pré-motivacionais interagem entre si e determinam se surgirão ou não pensamentos suicidas. De forma semelhante à dimensão do risco na linha de base da teoria da vulnerabilidade fluida, o modelo integrado motivacional-volitivo defende que os indivíduos têm limiares de ativação únicos que são determinados, em grande parte, por fatores do seu contexto, especialmente experiências prévias com pensamentos e comportamentos suicidas. Indivíduos que foram suicidas no passado estão, assim, sensibilizados para crises suicidas adicionais no futuro. Da mesma forma, indivíduos que tentaram suicídio anteriormente estão sensibilizados para fazer tentativas de suicídio adicionais.

A segunda fase do modelo, a fase *motivacional*, implica a formação de ideação e intenção suicidas. A hipótese central do caminho para o pensamento e o subsequente comportamento suicida envolve derrota, humilhação e aprisionamento. Especificamente, indivíduos com muitas vulnerabilidades como pano de fundo estão sensibilizados para sinais de derrota (p. ex., "sou um fracasso") e humilhação ("sinto-me constrangido"). Por exemplo, indivíduos com altos níveis de perfeccionismo têm muito mais probabilidade de interpretar os contratempos ou desafios na vida como indicadores de fracasso e têm mais probabilidade de experienciar emoções autoconscientes como humilhação, culpa e/ou vergonha (O'Connor & Noyce, 2008; O'Connor & O'Connor, 2003; O'Connor, Rasmussen, & Hawton, 2010). Esses sentimentos de derrota e humilhação podem ativar uma sensação de aprisionamento (p. ex., "não vejo saída para minha situação atual") quando um indivíduo também experiencia fatores que fortalecem sua potência. Tais fatores são referidos como *ameaça aos moderadores do self* no modelo integrado motivacional-volitivo e incluem variáveis como solução de problemas prejudicada, déficits no enfrentamento e ruminação. Os sentimentos de aprisionamento, por sua vez, levam à ideação e à intenção suicidas quando estão combinados com fatores cognitivo-afetivos como pertencimento frustrado, percepção de ser um fardo, ausência de esperança e otimismo e suporte social limitado, todos os quais são coletivamente referidos como *moderadores motivacionais*. A fase motivacional corresponde ao conceito de modo suicida da teoria da vulnerabilidade fluida e ao seu pressuposto de que as interações entre múltiplos domínios de risco (i.e., cognitivo, emocional, comportamental, fisiológico) facilitam a emergência de pensamento suicida e aumentam a gravidade das crises suicidas.

A terceira fase do modelo, a fase *volitiva*, envolve a transição da ideação e da intenção suicidas para o comportamento suicida. De acordo com o modelo integrado motivacional-volitivo, os indivíduos agirão segundo seus pensamentos suicidas quando experienciarem um nível suficiente de *moderadores volitivos*, os quais incluem variáveis e fatores que fortalecem a intensidade da intenção suicida ou enfraquecem as barreiras que impedem de agir de acordo com os pensamentos suicidas. Esses moderadores volitivos incluem variáveis como não ter medo da morte, tolerância à dor, impulsividade, acesso a meios letais e ensaio ou comportamento preparatório. O modelo integrado motivacional-volitivo é, assim, semelhante à teoria psicológica interpessoal em sua perspectiva de como os indivíduos fazem a transição do pensamento para a ação.

De forma similar à teoria psicológica interpessoal, o modelo integrado motivacional-volitivo foca no pertencimento frustrado e na percepção de ser um fardo para a modificação clínica visando a reduzir o risco de comportamento suicida. O modelo integrado motivacional-volitivo fornece vários alvos cognitivo-afetivos adicionais que não estão expressos na teoria psicológica interpessoal: derrota, humilhação e aprisionamento. Esses construtos se enquadram nos domínios cognitivo e afetivo do modo suicida e são modificados por meio de intervenções cognitivas durante a segunda fase da TCCB. Além do treino de habilidades de reavaliação cognitiva, o modelo integrado motivacional-volitivo apoia os benefícios do treino de habilidades para solução de problemas e regulação emocional, dois dos mecanismos centrais que, supõe-se, estão subjacentes aos efeitos da TCCB no comportamento suicida (Bryan, 2016; Bryan, Grove, & Kimbrel, 2017).

EXEMPLOS DE CASOS ILUSTRATIVOS

Para ajudar a ilustrar muitos dos conceitos e princípios da TCCB, apresentaremos aqui três pacientes que concluíram a TCCB, embora os detalhes tenham sido alterados para proteger sua privacidade: John, Mike e Janice. Retornaremos aos seus casos ao longo deste manual para demonstrar como a TCCB pode ser implementada com sucesso com uma grande variedade de pacientes.

O caso de John

John é um homem hispânico de 22 anos que atualmente presta serviço no Exército dos Estados Unidos. Aproximadamente uma semana antes de encontrar seu terapeuta, ele teve uma discussão com sua esposa enquanto ela estava fora visitando a família. Durante a discussão, ela comentou que ele "não estava ouvindo" e "não estava sendo um bom marido". John ficou com raiva e frustrado, mencionando que "estava cansado por ela sempre dizer coisas negativas". Com sua esposa ao telefone, John foi até o depósito do seu apartamento e pegou seu rifle. Sua esposa ouviu o que ele estava fazendo e começou a implorar para que ele parasse. John a ignorou e levou o rifle para dentro do apartamento, colocou as balas sobre a mesa do café e sentou-se encostado na parede, com o rifle repousando sobre seu ombro. A esposa de John continuou a implorar para que ele parasse e disse que iria ligar para um amigo. John disse que de repente "largou o rifle" e disse à sua esposa para ligar para um amigo. O amigo veio imediatamente e levou John a uma unidade psiquiátrica local, onde ele foi avaliado, mas não admitido para internação. Ele foi liberado no início da manhã seguinte e telefonou para a clínica para marcar uma consulta. John não tem histórico de diagnósticos psiquiátricos e nega história de pensamentos e comportamentos suicidas antes desse incidente. Ele diz que se sente "culpado" pelo que fez e se sente "constrangido" que os outros saibam o que aconteceu.

O caso de Mike

Mike é um homem branco de 55 anos que trabalhou como oficial de polícia. Aproximadamente 15 anos atrás, ele foi "forçado a deixar" seu cargo por seus supervisores, a quem descreveu como "bastardos manipuladores e embusteiros" que "me traíram". Desde então, ele tem pulado de um emprego para outro, mas nos últimos anos se estabeleceu em uma função de meio período como segurança em um *shopping center*. Ele descreve seu emprego como não gratificante e "humilhante", mas permanece nessa posição "porque tenho que pagar as contas de alguma maneira". Durante os últimos anos, ele e sua esposa têm tido um relacionamento de idas e vindas. Eles viveram juntos por algum tempo, mas vários meses atrás ele saiu de casa depois de uma discussão em que sua esposa expressou incerteza quanto ao futuro deles. Mike se mudou para o subsolo da casa de sua mãe, o que contribui para mais constrangimento, porque "sou um homem crescido morando com a mãe". Ele relata que bebe álcool regularmente até o ponto de ficar intoxicado, sente como se suas emoções "estivessem fora de controle" e "não suporto o que me tornei". Mike foi fortemente encorajado por sua irmã a procurar tratamento quando enviou para ela uma série de mensagens de texto, tarde da noite, em que expressava depressão severa e desesperança e relatou que estava dormindo com sua arma. Durante sua consulta inicial, Mike estava visivelmente desconfortável e agitado, estava choroso e falava com voz tensa. Quando ficava choroso, rompia o contato visual, e sua perna começava a balançar rapidamente. Mike admitiu o humor depressivo, a raiva e a insônia grave, mas, quando questionado sobre pensamentos e comportamentos suicidas recentes e passados, negou ambos.

O caso de Janice

Janice é uma mulher branca de 42 anos que atualmente está desempregada devido a invalidez médica. No passado, ela foi agredida sexualmente em várias ocasiões pelo seu marido na época e posteriormente foi diagnosticada com transtorno de estresse pós-traumático (TEPT) e transtorno de personalidade *borderline*. Durante o auge do TEPT, antes da dispensa militar, Janice fez uma tentativa de suicídio quase letal com *overdose* de medicamentos. Dois anos depois, ela fez uma segunda tentativa, também com *overdose* de medicamentos, que resultou em um coma que durou mais de uma semana. Ela foi tratada com vários antidepressivos, estabilizadores do humor e medicações ansiolíticas e se submeteu a várias formas de psicoterapia durante os últimos 5 anos para TEPT, depressão e transtorno de personalidade *borderline*. Foi encaminhada para tratamento por sua assistente social para abordar "risco de suicídio crônico e TEPT" depois de uma sessão durante a qual Janice admitiu que tinha um plano de suicídio. Embora tenha ressaltado que "tenho um plano de suicídio há anos, então qual é o problema?", Janice relata que pensa em suicídio "constantemente".

3

Princípios básicos do tratamento com pacientes suicidas

Em 2006, o Suicide Prevention Resource Center identificou 24 competências clínicas essenciais para avaliação e manejo do risco de suicídio, que foram organizadas em sete domínios: atitudes e abordagem, compreensão do suicídio, coleta de informações acuradas para avaliação, formulação do risco, desenvolvimento de um plano de tratamento e serviços, manejo dos cuidados e conhecimento de questões legais e regulatórias relacionadas ao risco de suicídio. Essas competências fornecem os fundamentos para os princípios básicos dos cuidados eficazes para pacientes suicidas. A TCCB mapeia diretamente essas competências fundamentais e fornece a estrutura e estratégias específicas que asseguram que o clínico tenha todas as 24 competências. Isso, por sua vez, resulta em cuidados de alta qualidade e eficazes. Embora uma discussão exaustiva das competências clínicas fundamentais esteja além do escopo deste capítulo, três questões relacionadas a essas competências fundamentais justificam a atenção particular do clínico que usa a TCCB com pacientes suicidas: linguagem, aliança terapêutica e consentimento informado.

A LINGUAGEM DO SUICÍDIO

Um dos fatores primários que contribuem para nossa compreensão limitada do que funciona para prevenir tentativas de suicídio é a inconsistência na linguagem e na terminologia entre pesquisadores e clínicos. Os termos usados para descrever pensamentos e comportamentos relacionados ao suicídio são incrivelmente diversos e variam amplamente entre os contextos e as profissões (Silverman, 2006). Para salientar a magnitude desse problema, Silverman (2006) observou que há pelo menos 11 definições distintas de *suicídio* na literatura existente, e podem ser encontradas dezenas de termos para outros fenômenos relacionados ao suicídio, muitos dos quais não têm definição formal. Por exemplo, o termo *gesto suicida* é comumente usado por muitos clínicos, embora não se saiba da existência de nenhuma definição formal desse termo. Na ausência de uma definição formal, diferentes clínicos usam esse termo de maneiras tão diferentes que ele não tem praticamente nenhuma confiabilidade ou significância clínica (Bryan & Tomchesson, 2007). Por uma perspectiva prática, isso significa que é muito improvável que dois clínicos concordem quanto ao que é um gesto suicida ou o que não é. Isso representa um desafio considerável para a coordenação da assistência.

De uma perspectiva da pesquisa, as inconsistências na terminologia relacionada ao suicídio retardaram o avanço do conhecimento sobre o suicídio e interferiram na habilidade de identificar os métodos mais eficazes para prevenção de tentativas de suicídio. Considere, por exemplo, vários dos ensaios clínicos de terapias cognitivo-comportamentais discutidos nos capítulos anteriores. No primeiro ensaio clínico randomizado de TCD, Linehan e colaboradores (1991) relataram um decréscimo de 33% no risco de *parassuicídio* entre pacientes que receberam o tratamento. Nesse estudo, parassuicídio incluía tentativas de suicídio e outras formas intencionais de autolesão que não pretendiam resultar em morte (i.e., *autolesão não suicida*, que é explicitamente definida e discutida a seguir). No ensaio clínico randomizado de TCD de 2006, Linehan e colaboradores consideraram as tentativas de suicídio separadas de autolesão não suicida e relataram 50% de redução no risco de tentativa de suicídio entre pacientes que receberam TCD, mas nenhum efeito em autolesão não suicida. Quando comparados os resultados do ensaio clínico de 1991 com o de 2006, uma explicação possível para a diferença nos resultados é que, seguindo a conclusão do primeiro estudo, a TCD foi redefinida e melhorada, o que produziu melhores resultados (i.e., 33% de redução vs. 50% de redução). Outra explicação possível é que a TCD tem efeitos diferenciados em tentativas de suicídio e autolesão não suicida, mas isso só ficou aparente no segundo ensaio. Portanto, a combinação de tentativas de suicídio com autolesão não suicida no primeiro ensaio pode ter "diluído" os resultados observados, de modo que os efeitos da TCD em tentativas de suicídio podem ter sido subestimados no primeiro ensaio porque tentativas de suicídio e autolesão não suicida não foram consideradas separadamente. Infelizmente, não há como saber isso com certeza. Nossa compreensão de como e por que a TCD funciona não é tão evidente, pois esses dois estudos de referência mediram os resultados de maneiras diferentes.

À luz desses problemas, emergiu um esforço concentrado para padronizar a linguagem e os termos para os resultados relacionados ao suicídio, culminando em definições formais para uso em contextos de pesquisa e clínicos (Crosby, Ortega, & Melanson, 2011). Essas definições têm sido adotadas desde então pelo Centers for Disease Control and Prevention, pelo Department of Defense e pelo Department of Veterans Affairs e estão sendo adotadas por um número crescente de pesquisadores e clínicos. De relevância particular para clínicos que usam a TCCB é a distinção entre tentativa de suicídio e autolesão não suicida:

- *Tentativa de suicídio:* comportamento não fatal, autodirigido e potencialmente nocivo, com a intenção de morrer como resultado do comportamento. Uma tentativa de suicídio pode ou não resultar em lesão.
- *Autolesão não suicida:* comportamento autodirigido e que deliberadamente resulta em lesão ou potencial dano a si mesmo. Não há evidências, implícitas ou explícitas, de intenção suicida.

Como pode ser visto nessas definições, tentativas de suicídio e autolesão não suicida são similares, na medida em que ambas são intencionais e autodirigidas e podem resultar em lesão não fatal. O que diferencia os dois comportamentos é a intenção. As tentativas de suicídio são motivadas pelo desejo de morrer como resultado do comportamento, ao passo que a autolesão não suicida é motivada por outras razões que não a morte, sendo que a mais comum é o alívio emocional (Nock & Prinstein, 2005).

Embora tentativas de suicídio e autolesão não suicida sejam similares e se sobreponham, as definições padronizadas fornecem um método simples para classificar acuradamente determinado comportamento: a presença de *alguma* intenção suicida. A intenção suicida é definida como uma evidência clara, seja explícita ou implícita, de que o indivíduo pretendia se matar ou desejava morrer no momento da lesão e entendia as prováveis consequências do comportamento. Para fins de classificação do comportamento de um paciente, a intenção suicida é, portanto, operacionalizada de maneira binária: ou está presente em algum grau, ou não está presente. Se a intenção suicida está presente em algum grau, o comportamento é classificado como uma tentativa de suicídio, mas, se não houver intenção suicida, o comportamento é classificado como autolesão não suicida. Isso fornece uma solução prática para clínicos que trabalham com pacientes que relatam intenção ambígua ou ambivalência durante uma situação de autolesão (p. ex., "não tenho realmente certeza do quanto eu queria morrer" ou "acho que eu queria um pouco morrer"): se a intenção suicida for igual a zero, então o comportamento é classificado como autolesão não suicida, mas, se a intensão suicida for maior que zero, mesmo que de valor muito pequeno, o comportamento é classificado como uma tentativa de suicídio.

Observe também que as definições de tentativa de suicídio e autolesão não suicida só requerem que os comportamentos sejam *potencialmente* nocivos; elas não requerem que ocorra realmente um dano.

Isso é talvez o mais importante de se ter em mente para a classificação de tentativas de suicídio, pois muitos clínicos assumem que esse comportamento precisa resultar em alguma forma de lesão física ou em dano a um tecido para que seja considerado uma tentativa de suicídio. No entanto, um paciente pode fazer uma tentativa de suicídio sem sofrer uma lesão. Por exemplo, se ele se joga no meio do trânsito, mas não é atingido por um veículo, ele fez uma tentativa de suicídio sem lesão. Igualmente, um paciente pode tentar suicídio sem lesão ao tomar uma quantidade não letal de medicamentos, adormecendo e então acordando sem consequências ou lesões físicas. Em cada um desses casos, os comportamentos satisfazem os critérios da definição de uma tentativa de suicídio, mesmo que na verdade não tenha ocorrido nenhuma lesão, porque eles eram (1) autodirigidos, (2) potencialmente lesivos e (3) pretendiam resultar em morte.

Além da padronização e recomendação do uso de certos termos para descrever mais acuradamente os resultados relacionados ao suicídio, vários termos são agora considerados inaceitáveis, e, portanto, é desencorajado seu uso em contextos clínicos devido às suas imprecisões conceituais e/ou à presença de conotações negativas ou pejorativas (Crosby et al., 2011). *Suicídio completado* e *suicídio bem-sucedido* não são mais recomendados porque os termos implicam o atingimento de um resultado desejado, quando o resultado (ou seja, a morte) não é considerado desejável. Na TCCB, defenderíamos que não existe algo como um suicídio "bem-sucedido". Os termos recomendados para usar em vez disso são *suicídio* ou *morte por suicídio*. *Tentativa fracassada* é igualmente inaceitável, pois implica que morte é o critério para o sucesso e reforça a percepção do indivíduo de que ele é um fracasso; o termo *tentativa de suicídio* é recomendado em vez disso. *Parassuicídio*, um termo abrangente para se referir a todas as formas de violência autodirigida, e *suicidalidade*, um termo abrangente para se referir a todo o espectro de pensamentos e comportamentos suicidas, não são aceitáveis porque não são suficientemente específicos; em vez disso, são recomendados os termos *ideação suicida, plano de suicídio, tentativa de suicídio* e *autolesão não suicida*, dependendo do construto real que está sendo considerado. Por fim, *gesto suicida* e *ameaça de suicídio* não são aceitáveis porque esses termos fazem um julgamento de valor pejorativo sobre a intenção e as motivações do indivíduo.

A linguagem que os clínicos usam é essencial para os bons resultados no tratamento, pois assegura consistência na entrega e na documentação do tratamento ao longo do tempo e entre os clínicos e reduz a probabilidade de os clínicos usarem termos pejorativos que poderiam ser iatrogênicos e, como resultado, interferir na aliança terapêutica (Bryan & Rudd, 2006). Na TCCB, os clínicos devem usar a terminologia padronizada recomendada e evitar o uso desses termos considerados inaceitáveis.

A ALIANÇA TERAPÊUTICA

Uma área crítica de competência clínica, mas frequentemente subvalorizada, envolve o reconhecimento do clínico de como suas crenças e seus pressupostos pessoais sobre suicídio podem influenciar suas ações e decisões durante o curso do tratamento. Assim como as crenças dos pacientes podem influenciar suas escolhas e seus comportamentos, também as crenças e os pressupostos do clínico influenciam as decisões e as atitudes tomadas na TCCB. Assim, um domínio de competência para os clínicos foca na autoconsciência do clínico daquelas crenças e atitudes que podem influenciar as decisões de tratamento. Portanto, antes da implementação da TCCB com pacientes suicidas, os clínicos são encorajados a reservar um tempo para identificar suas crenças pessoais sobre suicídio, um processo que pode ser executado levando-se em consideração perguntas como:

- "Por que pessoas morrem por suicídio?"
- "Quais são minhas crenças pessoais morais, espirituais e/ou religiosas sobre suicídio?"
- "Que tipo de pessoa faz uma tentativa de suicídio?"
- "O suicídio pode ser prevenido?"
- "Quem eu conheço que foi suicida, fez uma tentativa de suicídio ou morreu por suicídio?"
- "O que eu penso sobre minhas experiências pessoais de ser suicida?"
- "Como as mortes por suicídio de meus pacientes influenciaram a minha prática?"
- "Qual é minha responsabilidade com meus pacientes como clínico?"

Embora não haja respostas "certas" ou "erradas" claras para essas perguntas, e algumas perguntas possam não ser aplicáveis a todos os clínicos, elas refletem fatores pessoais específicos que podem influenciar o curso e o processo do tratamento. Em um nível mais fundamental, as crenças e os pressupostos pessoais desempenham um papel central na habilidade de manter uma aliança terapêutica ou *rapport* produtivo porque influenciam as reações emocionais do clínico aos pacientes suicidas.

Um dos achados de pesquisa mais consistentes na pesquisa da psicoterapia é que uma aliança terapêutica forte está positivamente correlacionada com o resultado do tratamento (Martin, Garske, & Davis, 2000). Isso levou muitos clínicos a assumirem que a aliança terapêutica é o fator principal do tratamento, ou até mesmo o *único*, que contribui para resultados positivos no tratamento. Essa perspectiva implica que as técnicas e as estratégias específicas conduzidas no contexto do tratamento são menos importantes ou mesmo irrelevantes para o resultado do tratamento. Entretanto, pesquisas sugerem que a relação da aliança terapêutica com os resultados relacionados ao suicídio pode ser mais complexa do que frequentemente se presume (Bedics, Atkins, Comtois, & Linehan, 2012; Bryan, Corso, et al., 2012). Entre os pacientes que recebem intervenções breves na atenção primária, por exemplo, a aliança terapêutica não demonstrou estar associada a mudança subsequente na ideação suicida (Bryan, Corso, et al., 2012). Embora as razões para essa ausência de achados não estejam claras, uma possibilidade é que a relação da aliança terapêutica com os resultados relacionados ao suicídio depende do tipo de tratamento fornecido.

Na TCCB, por exemplo, a aliança terapêutica tende a se fortalecer durante o tratamento e está associada à redução na incidência de autolesão não suicida; na psicanálise, no entanto, a aliança terapêutica inicialmente enfraquece, mas então retorna aos níveis iniciais ao longo do tratamento e, na verdade, está associada à incidência *aumentada* de autolesão não suicida (Bedics et al., 2012). Ao considerarmos os dois tratamentos juntos, não houve relação aparente da aliança terapêutica com a autolesão não suicida, mas somente porque a relação diferia entre os dois tipos de tratamento: uma associação positiva na TCD, mas uma associação negativa na psicanálise. No programa de intervenção curta em tentativa de suicídio (ASSIP), Gysin-Maillart e colaboradores (2016) igualmente encontraram que a aliança terapêutica mais forte no final da primeira sessão estava associada à ideação suicida significativamente reduzida nas avaliações de *follow-up* de 12 e 24 meses, mas a aliança terapêutica no final do tratamento não estava correlacionada com a ideação suicida. Isso sugere que a aliança terapêutica modera, em vez de mediar, o efeito de certos tratamentos nos resultados relacionados ao suicídio. Assim, reduções no risco de suicídio parecem exigir uma combinação de intervenção eficaz *e* uma aliança terapêutica forte.

O trabalho teórico e empírico contemporâneo conceituou a aliança terapêutica como a influência mútua de três processos inter-relacionados, porém distintos: objetivos, tarefas e vínculo (Horvath & Greenberg, 1989). *Objetivos* se referem à medida em que o paciente e o clínico concordam quanto aos objetivos gerais e/ou ao propósito do tratamento. *Tarefas* se referem à medida em que o paciente e o clínico concordam quanto às atividades e às técnicas específicas usadas dentro do tratamento para atingir esses objetivos. Por fim, *vínculo* se refere à medida em que o paciente e o clínico se sentem emocionalmente conectados um com o outro. Como se presume que o vínculo emocional entre o paciente e o clínico está associado a outras dinâmicas interpessoais essenciais, como empatia e compaixão, muitos consideram que ele é uma dimensão especialmente central da aliança terapêutica. Ter consciência das emoções que o terapeuta experiencia quando trabalha com pacientes suicidas é, portanto, uma competência clínica importante.

Tratar pacientes suicidas pode ser uma atividade clínica estressante, que pode evocar nos clínicos uma gama de emoções negativas, incluindo ansiedade, medo, frustração e raiva. Essas emoções podem influenciar a tomada de decisão do clínico de inúmeras maneiras. Ansiedade e medo, por exemplo, podem levar o clínico a adotar uma abordagem do tipo "melhor prevenir do que remediar", em que é recomendado ou perseguido um nível mais alto de cuidados do que é justificado, o que pode restringir desnecessariamente a autonomia do paciente e causar ruptura na relação terapêutica. Frustração e raiva, por sua vez, podem levar o clínico a subestimar o risco e até mesmo rejeitar o paciente. A rejeição do paciente pode se manifestar de muitas maneiras no contexto do tratamento, como terminar o tratamento mais cedo, iniciar as sessões com atraso ou evitar o *follow-up* com pacientes que não vêm às suas consultas. Os clínicos são especialmente vulneráveis a sentir raiva e hostilidade em relação a pacientes que são persistentemente suicidas, com quem é interpessoalmente difícil trabalhar e/ou que tentam suicídio durante o tratamento. Para determinar se é vulnerável a essas reações negativas aos pacientes suicidas, o clínico deve reservar um tempo para refletir sobre as perguntas a seguir:

- "Que pacientes fazem eu me sentir estressado quando os vejo nos meus atendimentos?"
- "Que pacientes eu gostaria que recebessem tratamento de um clínico diferente?"
- "Que pacientes me perturbam ou rotineiramente me fazem ter um 'dia ruim'?"
- "Quando um paciente não melhora, qual é minha reação emocional?"
- "Quando um paciente tenta suicídio durante o tratamento, qual é minha reação emocional?"

De modo geral, evidências sugerem que a aliança terapêutica pode não ser um "fator comum" que perpassa todos os tipos de tratamento, como frequentemente é presumido. A aliança terapêutica pode estar intimamente interconectada com o tipo específico de tratamento fornecido. Isso oferece uma explicação possível para as diferenças na relação da aliança terapêutica com autolesão não suicida entre a TCD e a psicanálise (Bedics et al., 2012). Pode ser que certas terapias cognitivo-comportamentais como a TCCB forneçam um enquadramento que apoia a criação e o desenvolvimento de uma aliança colaborativa eficaz. Isso provavelmente se deve ao fato de que terapias cognitivo-comportamentais como a TCCB estão baseadas em um modelo colaborativo de cuidados que explicitamente convida o paciente a adotar um papel ativo no desenvolvimento dos objetivos do tratamento e na implementação de estratégias específicas para atingir esses objetivos. A abordagem colaborativa também contribui para um vínculo emocional forte, pois ajuda a resolver um conflito inerente no trabalho com pacientes suicidas: o objetivo primário do paciente de reduzir o sofrimento psicológico quando comparado ao objetivo primário do clínico de prevenir a morte por suicídio. Como um tratamento que explicitamente conceitualiza o suicídio como uma estratégia de enfrentamento, a TCCB evita esse conflito e oferece um enquadramento dentro do qual o clínico e o paciente, juntos, podem se alinhar em torno do objetivo comum de remediação da dor, o que lança as bases para o desenvolvimento de uma postura colaborativa não antagônica em que o clínico e o paciente trabalham em conjunto como um time para focar em problemas que contribuem e mantêm o risco de suicídio do paciente.

RESPEITANDO E APOIANDO A AUTONOMIA DO PACIENTE

As abordagens tradicionais para tratamento de pacientes suicidas enfatizam explicitamente a prevenção da morte do paciente. Essa é uma perspectiva compreensível e justificável. No entanto, essa ênfase frequentemente leva os clínicos a buscar opções de tratamento e a tomar decisões clínicas que restringem ou interferem na autonomia dos pacientes e no senso de controle sobre sua vida. O medo de perder sua autonomia pode reduzir a motivação dos pacientes para expor integralmente e abertamente seus pensamentos e sentimentos internos, sobretudo aqueles que são de maior preocupação para o clínico (p. ex., pensamentos e comportamentos suicidas). Essa tensão entre o objetivo do clínico de prevenir a morte e o objetivo do paciente de aliviar o estresse emocional, potencialmente pelo mecanismo da morte, pode afetar adversamente a aliança terapêutica e os resultados do tratamento.

Na TCCB, essa discrepância é tratada pela adoção de uma abordagem que prioriza e facilita a autonomia do paciente. Os pacientes são vistos como especialistas na sua própria experiência e, como tal, são chamados a se envolver ativamente em todos os aspectos do planejamento do tratamento e na tomada de decisão clínica. Relacionada a essa questão, a TCCB também reconhece e adota uma realidade desconfortável (e inquietante) do trabalho clínico com pacientes suicidas: o paciente pode se matar. Por extensão, o paciente pode escolher viver. Na verdade, a TCCB é talvez mais bem conceitualizada como um tratamento que ajuda os indivíduos a escolherem a vida apesar das adversidades e do estresse. Para que se sintam habilitados para escolherem a vida e encontrarem significado e propósito dentro dela, os pacientes precisam sentir que estão no assento do motorista. Se não perceberem que são eles que estão tomando as decisões sobre sua vida, provavelmente não vão internalizar novas informações e habilidades que combatem suas vulnerabilidades ao suicídio. Portanto, respeitar e apoiar o senso de autonomia do paciente é a chave para a recuperação rápida e a redução a longo prazo do risco de suicídio.

CONSENTIMENTO INFORMADO E IMPLICAÇÕES LEGAIS

Menos de 15% da população geral dos Estados Unidos utiliza os serviços de saúde mental a cada ano (Substance Abuse and Mental Health Services Administration, 2014). Em comparação, mais da metade das pessoas que relatam ideação suicida utilizam serviços de saúde mental a cada ano (Substance Abuse and Mental Health Services Administration, 2014), e estima-se que até metade dos indivíduos que morrem por suicídio a cada ano está em tratamento de saúde mental ativo na época de sua morte (Fawcett, 1999), o que contraria o pressuposto geral de que os falecidos não estavam recebendo cuidados ou ajuda profissional de algum tipo. Ao contrário, a maioria dos indivíduos suicidas recebe tratamento de saúde mental de algum tipo. No entanto, o fato de que tantos indivíduos morrem por suicídio enquanto estão em tratamento de saúde mental não sugere que o tratamento de saúde mental *causa* o suicídio, mas reflete o fato de que os indivíduos que procuram tratamento têm condições que, por padrão, aumentam seu risco de suicídio. Dito de outra forma, os indivíduos que mais provavelmente procuram o tratamento de saúde mental (i.e., aqueles com doença psiquiátrica e/ou estresse emocional intenso) são aqueles com maior probabilidade de morrer por suicídio.

Tentativas de suicídio e mortes por suicídio são, portanto, um resultado potencial real para pacientes que recebem cuidados de saúde mental. Não causa surpresa que a probabilidade de um paciente fazer uma tentativa de suicídio durante ou imediatamente após o tratamento (e, por padrão, morra como resultado da tentativa) aumenta conforme a gravidade e/ou complexidade de seu quadro clínico. Pacientes com história de tentativas de suicídio têm risco maior, especialmente aqueles que já fizeram múltiplas tentativas. No entanto, poucos clínicos de saúde mental discutem as realidades do risco com seus pacientes, frequentemente devido a preocupações com a incapacidade destes de lidar de modo efetivo com o assunto (VandeCreek, 2009) e/ou à possibilidade de que uma conversa sobre os riscos associados ao tratamento desencadeie estresse emocional e desesperança (Cook, 2009). Apesar dessas preocupações, os clínicos têm o dever de discutir com os pacientes tanto os riscos quanto os benefícios associados ao tratamento (Bennett et al., 2006). Pomerantz e Handelsman (2004) sugerem que os pacientes devem ser informados pelo menos sobre os aspectos mencionados a seguir. Um folheto que aborda essas áreas em detalhes pode ser encontrado no Apêndice A.2. Esse folheto pode ser usado pelos clínicos como uma ferramenta prática para facilitar a conversa com os pacientes sobre os riscos e os benefícios da TCCB.

- O nome do tratamento que está sendo oferecido.
- Como o clínico aprendeu a administrar o tratamento.
- Como um tratamento em particular se compara com outros tratamentos.
- Como o tratamento funciona.
- Frequência e duração do tratamento.
- Os possíveis riscos associados ao tratamento.
- A proporção de pacientes que melhoram no tratamento, a(s) forma(s) como os pacientes melhoram e a fonte dessas informações.
- A proporção de pacientes que pioram no tratamento, a(s) forma(s) como os pacientes pioram e a fonte dessas informações.
- A proporção de pacientes que melhoram e a proporção dos que pioram sem tratamento e com outros tratamentos.
- O que fazer se o paciente achar que o tratamento não está funcionando.

Informações específicas da TCCB no que diz respeito a cada uma dessas questões podem ser encontradas no Apêndice A.2.

Embora discussões francas e diretas referentes aos riscos (e aos benefícios) potenciais do tratamento de saúde mental sejam um elemento essencial do processo de consentimento informado, até recentemente a aplicação dos procedimentos de consentimento informado à questão específica do risco de suicídio permaneceu em grande parte não abordada na literatura (Rudd, Joiner, et al., 2009), o que é surpreendente, considerando-se o quanto é comum a ocorrência de morte por suicídio e tentativas de suicídio em tratamentos de saúde mental. Por exemplo, estima-se que 2% dos pacientes com transtorno depressivo maior que recebem tratamento ambulatorial de saúde mental morrerão por suicídio, e 9% dos que recebem tratamento hospitalar morrerão por suicídio (Bostwick & Pankratz, 2001). Em termos de taxas de tentativa de suicídio, os dados agregados entre os ensaios clínicos sugerem que até 50% dos pacientes que iniciam tratamento com ideação suicida ou histórico de tentativas de suicídio farão uma tentativa de suicídio durante ou imediatamente após o tratamento, embora esse risco seja reduzido pelo menos pela metade em pacientes que receberam TCD (Linehan et al., 1991; Linehan, Comtois, Murray, et al., 2006), terapia cognitiva (Brown, Ten Have, et al., 2005) ou TCCB (Rudd et al., 2015). Tomados em conjunto, esses dados destacam vários pontos críticos. Primeiro, tentativas de suicídio são comuns entre pacientes em tratamento de saúde mental, especialmente entre aqueles com histórico de tentativas de suicídio e/ou que são suicidas quando iniciam o tratamento. Segundo, embora morte por suicídio seja muito menos comum que tentativas de suicídio, alguns pacientes morrem por suicídio mesmo quando recebem tratamento de saúde mental. Terceiro, alguns tratamentos reduzem o risco de tentativas de suicídio mais do que outros tratamentos.

Esse último ponto destaca um componente importante, mas subvalorizado, do consentimento informado detalhado em tratamentos psicológicos: uma discussão dos riscos e dos benefícios de um tratamento particular *em relação a tratamentos alternativos*. Infelizmente, poucos pacientes são informados da disponibilidade de alternativas de tratamento, muito menos dos riscos e dos benefícios comparativos que existem entre as diferentes opções de tratamento, porque a maioria dos clínicos tende a focar unicamente nos benefícios (mas não nos riscos) do tratamento específico que eles oferecem e nos riscos (mas não nos benefícios) de tratamentos alternativos. No caso de pacientes suicidas, esses tratamentos alternativos incluem opções de psicoterapia e medicação psicotrópica.

O consentimento informado é mais bem entendido como um processo contínuo em vez de um evento. Dentro da TCCB, o consentimento informado se inicia na primeira sessão com uma discussão inicial sobre os riscos e os benefícios do tratamento e continua durante todo o tratamento na forma de discussões referentes à natureza e à forma de intervenções específicas. Por exemplo, no começo da TCCB, o paciente se compromete com certas expectativas comportamentais durante o tratamento como uma parte da declaração de compromisso com o tratamento (descrita no Capítulo 11). Com a introdução de cada nova habilidade ou conceito em sessões posteriores, o clínico descreve a habilidade, apresenta sua justificativa em detalhes e permite que o paciente faça perguntas sobre a habilidade. Esse processo continua até o final da TCCB, quando, então, antes de conduzir a tarefa de prevenção de recaída, o clínico descreve os riscos (i.e., estresse emocional, memórias desagradáveis) e os benefícios (i.e., aquisição do domínio das habilidades) desse procedimento final e convida o paciente a expressar as inquietações que pode ter. Assim, embora a documentação do consentimento informado seja um evento distinto que ocorre no início da TCCB, o processo do consentimento informado continua durante todo o tratamento.

De forma consistente com as recomendações de Rudd, Joiner e colaboradores (2009), o processo do consentimento informado na TCCB deve incluir os seguintes elementos:

1. Para pacientes que fizeram uma tentativa de suicídio no passado ou que são suicidas quando iniciam o tratamento, o risco de suicídio pode persistir durante todo o tratamento, embora a tendência seja ele diminuir com o tempo. Pacientes que fizeram múltiplas tentativas de suicídio estão em risco mais alto de fazer uma tentativa de suicídio durante o tratamento.

2. Até metade dos pacientes que fizeram uma tentativa de suicídio ou que iniciam o tratamento com ideação suicida fará uma tentativa de suicídio durante o tratamento.

3. Menos de 2% dos pacientes em tratamento ambulatorial morrem por suicídio durante o tratamento. Pacientes que fizeram uma tentativa de suicídio durante o tratamento estão em risco de morte por suicídio.

4. O tratamento envolverá discussões de tópicos emocionalmente difíceis que às vezes podem aumentar o estresse do paciente a curto prazo. Esses períodos de estresse aumentado tendem a ser muito breves, mas podem aumentar o desejo de suicídio do paciente por curtos períodos.

5. Para manejar o risco de suicídio do paciente durante períodos de estresse, o paciente e o clínico discutirão e praticarão os procedimentos de manejo de crise que o paciente pode usar para resolver problemas.
6. O tratamento envolve experimentar novas habilidades concebidas para resolver problemas sem tentativas de suicídio.
7. O objetivo principal da TCCB é a prevenção de tentativas de suicídio.
8. O risco de uma tentativa de suicídio é reduzido pela metade entre pacientes que recebem TCCB, quando comparados com pacientes que não recebem esse tratamento. No entanto, os pacientes podem preferir um tipo diferente de tratamento que inclua outras formas de psicoterapia e/ou medicação. Por exemplo, muitos optam por tomar medicação além de receber TCCB.
9. Para atingir os objetivos do paciente, o clínico e o paciente precisarão trabalhar juntos usando uma abordagem colaborativa para o tratamento.

Seguir os procedimentos apropriados do consentimento informado pode ter uma influência positiva na responsabilização por negligência. Como discutido por Berman (2006), a responsabilização por negligência em grande parte gira em torno do conceito legal de *padrão de cuidados*, que é estabelecido por especialistas cujas determinações apontam se os serviços oferecidos por um prestador de cuidados de saúde foram ou não plausíveis e prudentes. Esses últimos descritores geralmente significam que os serviços prestados não se desviam daqueles prestados em circunstâncias similares por profissionais igualmente treinados. A negligência pode ser estabelecida se for constatado que o clínico violou seu *dever de assistência* ao paciente – esse dever pressupõe assumir a responsabilidade de agir de maneira a proteger o paciente de danos. A negligência pode ser estabelecida se o clínico age de maneira que prejudica o paciente (i.e., um ato de comissão) ou se falha em agir de maneira que possa prevenir danos ao paciente (i.e., um ato de omissão).

Dois fatores guiam as determinações do padrão de cuidados e negligência em casos de responsabilidade envolvendo mortes por suicídio: *previsibilidade* e *cuidados razoáveis*. A previsibilidade tipicamente se refere à natureza da avaliação do clínico do risco de o paciente se engajar em comportamento suicida. No nível mais fundamental, a previsibilidade envolve avaliar se um resultado particular – nesse caso, uma morte por suicídio – poderia ter sido ou não razoavelmente esperado com base nas informações disponíveis durante o curso da prestação do serviço. Embora a previsibilidade seja mais frequentemente associada à exigência de que os clínicos conduzam e documentem uma avaliação do risco que aborde os fatores de risco e os fatores protetivos para suicídio de cada paciente, ela também pode ser abordada em um processo de consentimento informado que englobe explicitamente o risco, pois ele delineia claramente no início do tratamento que o suicídio é um resultado possível. Como o consentimento informado envolve um processo pelo qual os pacientes são informados sobre os riscos e os benefícios do tratamento, além das alternativas de tratamento – incluindo nenhum tratamento –, os clínicos que incorporam explicitamente informações focadas no suicídio aos seus procedimentos do consentimento informado podem abordar diretamente questões de previsibilidade, tanto dentro quanto fora do tratamento.

Assim, incluir o risco de suicídio no processo do consentimento informado ajuda a demonstrar que o clínico estava ciente de que: (1) o comportamento suicida (e a morte) é um evento que pode ocorrer durante o curso do tratamento; (2) a expectativa de comportamento suicida é mais alta para alguns pacientes do que para outros; e (3) o risco de comportamentos suicidas pode ser reduzido com certos tratamentos. Ao abordar diretamente o risco de suicídio no início do tratamento e ter uma discussão franca com os pacientes sobre o risco, o clínico mitiga o risco de ações por negligência no caso de suicídio de um paciente.

4
Avaliação do risco de suicídio e sua documentação

Em muitos contextos clínicos, o primeiro contato do clínico com um paciente suicida tipicamente envolve uma consulta inicial. Essa consulta inicial frequentemente envolve um exame da papelada de admissão concebida para coletar informações clínicas e históricas relevantes, uma revisão do rastreamento inicial e dos resultados da avaliação, uma discussão sobre a queixa presente e uma conversa inicial sobre os objetivos do tratamento. Essas fontes de dados podem oferecer informações valiosas sobre as predisposições do paciente para comportamento suicida, como histórico de trauma, história familiar de suicídio, condições físicas e médicas atuais e passadas e pensamentos e comportamentos suicidas prévios. Independentemente de como uma consulta inicial é conduzida, os clínicos devem integrar métodos de rastreamento e avaliação do risco de suicídio aos seus procedimentos de admissão rotineiros para todos os pacientes. O rastreamento e a avaliação do risco de suicídio são uma prática esperada em todos os contextos de saúde mental. A omissão de procedimentos para avaliação do risco de suicídio durante uma consulta inicial de saúde mental, mesmo que o propósito da visita não seja fornecer serviços para crise ou emergência, fica aquém do padrão de cuidados em profissões da saúde mental. As considerações para a escolha dos instrumentos e das ferramentas de avaliação para medir indicadores clinicamente relevantes do risco de suicídio e a resposta ao tratamento são discutidas no Capítulo 5.

Após a conclusão da sessão de admissão, o clínico deve documentar o risco e os fatores protetivos do paciente e o nível do risco de suicídio avaliado. A documentação do risco de suicídio deve incluir os dados obtidos de todas as fontes de informação, incluindo, mas não necessariamente limitados à papelada de admissão, aos resultados dos testes psicológicos ou da *checklist* dos sintomas, à entrevista clínica e às fontes de informações colaterais.

JUSTIFICATIVA

Documentar uma avaliação do risco de suicídio serve tanto para fins clínicos quanto legais. Por uma perspectiva clínica, a avaliação do risco de suicídio guia a tomada de decisão do clínico referente ao nível de intervenção mais apropriado no início do tratamento e fornece as bases para o monitoramento constante do risco. Legalmente, a documentação da avaliação do risco de suicídio é uma exigência para atender ao padrão de cuidados na prática de saúde mental ambulatorial. Como discutido no capítulo anterior deste manual, padrão de cuidados é um conceito legal determinado por estatutos e decisões judiciais que podem variar entre as jurisdições e frequentemente influenciado por determinações referentes à *previsibilidade* e a *cuidados razoáveis* (Berman, 2006). A previsibilidade se refere aos passos que o clínico dá para estimar o potencial para um evento como o suicídio. A documentação clara de uma avaliação do risco de suicídio, portanto, aborda diretamente uma das duas questões relacionadas ao cumprimento do padrão de cuidados em contextos ambulatoriais de saúde mental. A falta de documentação dos resultados de uma avaliação do risco de suicídio é frequentemente usada para apoiar a alegação de que o clínico falhou no cumprimento do padrão de cuidados com a suposição de que, "se não foi documentado, não aconteceu".

Além desses propósitos clínicos e legais, a documentação de uma avaliação do risco de suicídio fornece um método para consolidar as várias fontes de informação clínica para guiar as decisões do tratamento durante o curso da TCCB. Os dados clínicos relevantes para as avaliações do risco de suicídio podem ser organizados em duas categorias empiricamente derivadas (Joiner, Rudd, & Rajab, 1997; Minnix, Romero, Joiner, & Weinberg, 2007): desejo suicida e planejamento suicida. *Desejo suicida* inclui fatores como baixo desejo de viver, forte desejo de morrer, pensamentos passivos sobre suicídio (p. ex., é improvável que se afaste de uma situação com risco de morte) e poucos entraves ao suicídio. *Planejamento suicida*, por sua vez, inclui fatores como pensamentos ativos de suicídio (p. ex., consideração dos métodos para morte autoinfligida), formulação de um plano específico, viabilidade e oportunidade para uma tentativa, habilidade ou coragem percebida para fazer uma tentativa e prática ou ensaio de uma tentativa. Embora esses dois fatores estejam associados ao risco elevado de suicídio, o planejamento suicida tem uma associação relativamente forte com suicídio e tentativas de suicídio. O clínico deve, portanto, prestar atenção particular aos sinais e indicadores de planejamento suicida e deve dar um peso maior a essas variáveis do que às variáveis do fator desejo suicida (Bryan & Rudd, 2006; Joiner, Walker, Rudd, & Jobes, 1999). Além do desejo suicida e do planejamento resolvido, o clínico deve documentar os fatores de risco e protetivos em vários domínios que mapeiam o modo suicida (veja a Tabela 4.1): fatores de risco na linha de base (com particular atenção a tentativas de suicídio no passado), eventos ativadores, sintomas emocionais e físicos, crenças específicas sobre suicídio, controle dos impulsos, desregulação comportamental e fatores protetivos.

Nos casos em que o paciente fez uma tentativa de suicídio recentemente, o clínico deve documentar adicionalmente informações referentes aos indicadores subjetivos e objetivos de intenção suicida. Intenção suicida é definida como evidência, explícita ou implícita, de que o indivíduo pretendia se matar no momento da lesão e que ele entendia que a morte era um resultado provável do ato (Crosby et al., 2011). *Intenção subjetiva* inclui o que o paciente relata explicitamente para o clínico referente às suas motivações no momento da lesão (p. ex., "eu queria morrer" ou "não achei que aquilo realmente iria me machucar"). Já *intenção objetiva* envolve aqueles fatores situacionais, contextuais ou comportamentais presentes no momento da lesão que fornecem evidências indiretas ou implícitas das motivações do paciente. Por exemplo, planejar cuidadosamente uma tentativa de suicídio, tomar medidas para impedir o salvamento ou a descoberta e/ou praticar a tentativa de suicídio antecipadamente são indicadores objetivos de alta intenção suicida. Embora a intenção subjetiva se correlacione fortemente com o estresse

TABELA 4.1 Domínios para documentação de uma avaliação do risco de suicídio

Domínio	Variáveis
Fatores de risco na linha de base	• Tentativas de suicídio prévias • Diagnósticos psiquiátricos prévios • Gênero masculino • Histórico de abuso ou trauma • História familiar de suicídio (correspondente a risco genético)
Eventos ativadores	• Problemas de relacionamento • Problemas financeiros • Problemas legais ou disciplinares • Condição de saúde aguda ou exacerbação • Perda de pessoa significativa (real ou percebida)
Sintomas (emocionais e físicos)	• Depressão • Culpa • Raiva • Agitação fisiológica • Insônia • Alucinações • Dor
Crenças específicas sobre suicídio	• Desesperança • Percepção de ser um fardo • Vergonha • Auto-ódio • Isolamento ou pertencimento frustrado • Sentir-se aprisionado
Controle dos impulsos e desregulação comportamental	• Autolesão não suicida • Abuso de substância • Agressão
Fatores protetivos	• Razões para viver • Esperança • Significado na vida • Otimismo • Apoio social

emocional, a intenção objetiva se correlaciona mais fortemente com a letalidade das tentativas de suicídio (Horesh, Levi, & Apter, 2012). A intenção objetiva, portanto, é um indicador relativamente melhor da probabilidade de morrer por suicídio e deve receber um peso maior pelo clínico. Por extensão, a intenção subjetiva se correlaciona com o desejo suicida, ao passo que a intenção objetiva se correlaciona com o planejamento suicida. Por uma perspectiva prática, isso significa que, se o paciente relata que estava mirando uma arma na sua cabeça na noite anterior enquanto estava intoxicado, mas atualmente está negando intenção suicida subjetiva (p. ex., "eu só estava sendo um bêbado idiota; na verdade não quero me matar"), o clínico mesmo assim deve considerar o paciente com alto risco, pois há indicadores claros de intenção objetiva e planejamento resolvido recentes.

Por extensão, o clínico deve ser cuidadoso para não subestimar o risco entre os pacientes que negam ideação suicida atual ou recente, pois evidências consideráveis sugerem que a maioria dos indivíduos que fazem uma tentativa de suicídio ou morrem por suicídio na verdade *negou* ideação ou intenção suicida durante a consulta médica mais recente imediatamente anterior à sua tentativa ou morte (Busch, Fawcett, & Jacobs, 2003; Coombs et al., 1992; Hall, Platt, & Hall, 1999; Kovacs, Beck, & Weissman, 1976). De fato, o relato do paciente de ideação ou intenção suicida aos seus clínicos não serve mais do que o acaso para diferenciar aqueles pacientes que vão morrer por suicídio daqueles que não (Poulin et al., 2014). Por sua vez, relatos do paciente de agitação diferenciam acuradamente os pacientes que morrem por suicídio daqueles que não (Poulin et al., 2014), e o endossamento de crenças específicas sobre suicídio, como culpa, vergonha e autodepreciação, prediz tentativas de suicídio significativamente melhor do que ideação suicida e histórico de tentativas de suicídio (Bryan, Rudd, Wertenberger, Etienne, et al., 2014). O clínico, portanto, não deve considerar que o paciente que relata (ou demonstra comportamentalmente) agitação e/ou verbaliza crenças suicidas tenha baixo risco de suicídio, mesmo que ele negue ideação ou intenção suicida.

COMO FAZER

Depois do encerramento da sessão de admissão, o clínico registra a presença ou ausência de fatores de risco e protetivos relevantes no arquivo do paciente. Embora a TCCB não exija uma estrutura de documentação particular, uma abordagem prática é usar modelos padronizados como o disponível no Apêndice B.2 – o Modelo de Documentação para Avaliação do Risco de Suicídio. Os modelos padronizados podem ser usados para dois propósitos. Primeiro, eles podem ser usados como uma *checklist* para lembrar o clínico de perguntar sobre os principais fatores de risco e protetivos que não surgiram durante a avaliação da narrativa. Por exemplo, se um paciente não menciona o uso de álcool ou substância durante o curso da avaliação da narrativa, uma rápida revisão desse modelo pode ajudar o clínico a investigar a respeito: "Notei que você não mencionou nada sobre o uso de álcool durante sua história. Estou pensando como isso poderia ter desempenhado um papel em sua crise suicida". O segundo propósito do modelo padronizado é ajudar os clínicos a melhorar o detalhamento da documentação, de modo a minimizar a probabilidade de deixar passar ou omitir uma variável importante. O modelo padronizado de avaliação do risco não só inclui um método para o clínico observar a presença ou a ausência de fatores de risco de suicídio importantes como também fornece espaço para o clínico incluir informações mais detalhadas sobre os fatores de risco e protetivos do paciente. Sempre que possível, é recomendável que o clínico documente a linguagem ou as declarações exatas do paciente. Esse modelo pode ser usado em formato de papel ou pode ser convertido para uso em sistemas de registro médico eletrônico. Na TCCB, o clínico não precisa necessariamente preencher todo o modelo de avaliação de risco durante cada consulta de *follow-up*. Entretanto, depois de cada entrevista de *follow-up*, ele registra as *mudanças* nesses fatores de risco e protetivos para documentar o progresso do paciente (se ele melhorou ou piorou) no curso do tratamento.

Ao documentarem sua avaliação do risco de suicídio, os clínicos devem se assegurar de atribuir um nível de risco global para o paciente. A determinação do nível deve guiar as decisões de tratamento do clínico. A atribuição do nível do risco pode ser uma atividade especialmente desafiadora para os clínicos, pois atualmente não existem algoritmos apoiados empiricamente para atribuição de probabilidades de risco para os pacientes. Na ausência desses algoritmos, o consenso dos especialistas e as orientações sobre a melhor prática em geral têm recomendado várias considerações fundamentais (p. ex., Bryan & Rudd, 2006). Primeiro, os pacientes que fizeram múltiplas tentativas de suicídio devem ser considerados de risco mais alto do que pacientes que fizeram uma ou nenhuma tentativa, mesmo quando esses pacientes estão em seu melhor relativo. Segundo, os indicadores de intenção objetiva e planejamento suicida devem receber um peso maior do que indicadores de intenção suicida e desejo suicida. Terceiro, a segurança ambulatorial é influenciada por demandas contextuais que podem variar de contexto para contexto. Por exemplo, as clínicas com populações de pacientes caracterizadas por doença mental grave persistente e acesso limitado à assistência têm considerações de segurança diferentes das clínicas com populações de pacientes caracterizadas por fácil acesso e condições de baixa gravidade. Quarto, o acesso a armas de fogo influencia significativamente a estimativa do risco e as determinações da segurança ambulatorial. Por fim, em muitos contextos, existe uma gama de níveis intermediários de cuidados entre a psicoterapia ambulatorial semanal e a assistência psiquiátrica com internação (p. ex., sessões ambulatoriais duas vezes por semana, contatos telefônicos entre as sessões). Os clínicos devem, portanto, considerar a possibilidade de aumentar a intensidade ou "dose" do tratamento ambulatorial além da admissão psiquiátrica com internação. Uma abordagem geral para operacionalização dos vários níveis de risco de suicídio dentro da TCCB, com base no número de indicadores de planejamento resolvido e desejo suicida, é resumida na Tabela 4.2.

TABELA 4.2 Operacionalização dos níveis de avaliação do risco de suicídio com a resposta clínica indicada

Critérios	Nível do risco	
	Múltiplas tentativas prévias	Zero ou uma tentativa prévia
• Sem planejamento suicida • Desejo não suicida	Baixo	Não elevado
• Sem planejamento suicida • Menos de dois indicadores de desejo suicida	Moderado	Baixo
• Sem planejamento suicida • Mais de dois indicadores de desejo suicida	Alto	Moderado
• Planejamento suicida presente • Menos de dois indicadores de desejo suicida	Alto	Moderado
• Planejamento suicida presente • Mais de dois indicadores de desejo suicida	Alto	Alto

Observe que, de forma consistente com as recomendações práticas gerais, um histórico de múltiplas tentativas de suicídio afeta a estimativa final do risco de suicídio. Especificamente, mesmo quando os pacientes com um histórico de múltiplas tentativas de suicídio relatam poucos indicadores de planejamento resolvido e desejo suicida, eles são considerados com risco de suicídio elevado em relação aos pacientes que não têm esse histórico. Os clínicos devem usar um método bem definido para atribuir os níveis de risco para pacientes suicidas, de modo que aumentos e decréscimos no risco possam ser facilmente rastreados e monitorados durante o curso do tratamento. Esse nível de risco atribuído deve ser claramente documentado nos registros médicos, junto com uma declaração clara sobre o motivo pelo qual a hospitalização está (ou não está) sendo buscada em um momento particular. Isso levanta uma questão importante no trabalho com pacientes suicidas: *qual é o limiar para hospitalizar um paciente?* Infelizmente, neste momento, não há uma resposta clara para essa pergunta. Na TCCB, a decisão de hospitalizar um paciente é motivada, em grande parte, pela estimativa do clínico sobre a segurança do tratamento ambulatorial. Especificamente, se os parâmetros do tratamento ambulatorial não puderem ser suficientemente mudados para manter a segurança (p. ex., aumento na frequência das sessões, acesso restrito a armas de fogo), pode ser indicada hospitalização para pacientes de alto risco. No entanto, se esses parâmetros puderem ser suficientemente mudados, o tratamento ambulatorial pode ser mantido, mesmo com pacientes de alto risco.

DOCUMENTAÇÃO PARA OS EXEMPLOS DE CASOS ILUSTRATIVOS

Exemplos de documentação para John, Mike e Janice são fornecidos na Tabela 4.3. Nessas amostras, fornecemos exemplos de textos com base em notas, utilizando um método de documentação baseado em narrativa, em vez dos modelos com preenchimento de lacunas discutidos anteriormente, pois essa é uma estratégia comumente usada para documentar risco de suicídio por muitos clínicos. São fornecidos exemplos de notas do primeiro contato com cada paciente, além de um contato de *follow-up*. Em cada anotação, o clínico lista os fatores de risco e protetivos e consulta outras fontes de informação quando apropriado e viável. Observe, também, como o clínico documenta as melhoras e as pioras no risco ao longo do tempo e apresenta uma breve declaração que clarifica sua tomada de decisão referente a tratamento ambulatorial *versus* hospitalização. Observe ainda como o clínico regularmente diferencia as dimensões do risco, especialmente a intenção suicida subjetiva *versus* objetiva.

Dicas e orientações para documentação da avaliação do risco de suicídio

1. **Use a papelada de admissão e escalas de avaliação em seu benefício.** Os clínicos devem aproveitar os dados disponíveis na papelada de admissão, nas escalas de sintomas e em outras fontes de informação para complementar suas avaliações do risco de suicídio. Essas fontes de dados podem ser integradas à documentação.

TABELA 4.3 Amostras dos textos de avaliação do risco de suicídio com base nas notas dos três exemplos de casos de TCCB

Sessão nº	Exemplo de texto
Admissão	**John** Os fatores de risco para suicídio incluem gênero masculino, tensão conjugal, depressão, raiva e culpa. Sem histórico de diagnósticos psiquiátricos, pensamentos suicidas ou tentativas de suicídio. Recente tentativa de suicídio interrompida envolvendo arma de fogo de propriedade pessoal, com mínimo planejamento antecipado, alta intenção objetiva e alta intenção subjetiva. Sem evidências de alucinações, sintomas psicóticos ou uso de substância. A arma de fogo em casa foi temporariamente removida pelo amigo. Fatores de risco adicionais e protetivos estão anotados nos papéis de admissão. Desenvolvido um plano de resposta à crise colaborativamente com o paciente, que se engajou no processo e indicou alta probabilidade de uso. Com base nessa combinação de fatores de risco e protetivos, o risco geral de suicídio é avaliado como moderado. A segurança do tratamento ambulatorial é considerada suficiente neste momento. Não é indicada hospitalização neste momento.
3	Depressão e culpa continuam a melhorar. O paciente nega pensamentos ou impulsos suicidas, e não há evidências de comportamentos preparatórios ou de ensaio. Nenhuma outra mudança nos fatores de risco ou protetivos. Com base nessa combinação dos fatores de risco e protetivos, o risco geral de suicídio é avaliado como reduzido para nível de baixo risco. A segurança do tratamento ambulatorial é considerada suficiente neste momento. Não é indicada hospitalização neste momento.
Admissão	**Mike** Os fatores de risco para suicídio incluem gênero masculino, meia-idade, problemas de relacionamento, raiva, depressão, autocriticismo e "sentindo-se fora de controle". O paciente relata consumo pesado de álcool. As crenças suicidas incluem desesperança e auto-ódio ("não suporto o que me tornei"). Nível elevado de agitação fisiológica e insônia autorrelatada. Relata armas de fogo em casa, mas elas foram "trancadas" por sua irmã. Pensamentos ou intenção suicida negados, e um histórico de comportamento suicida. Apesar da sua negação, o risco de suicídio foi avaliado como alto; portanto, um plano de resposta à crise foi desenvolvido colaborativamente com o paciente, que indicou alta eficácia percebida e habilidade de usá-lo. Com base nessa combinação de fatores de risco e protetivos, o risco geral de suicídio é avaliado como alto. Entretanto, a segurança do tratamento ambulatorial é julgada suficiente, e não é indicada hospitalização neste momento.
2	Paciente relatou não usar álcool desde a última sessão. Raiva e depressão melhoraram levemente devido ao uso do plano de resposta à crise. O paciente relata que o plano de resposta à crise também o ajuda a se sentir mais no controle de suas emoções. Nenhuma mudança em outros fatores de risco. O paciente ainda nega pensamentos e intenção suicida. Com base nessa combinação de fatores de risco e protetivos, o risco geral de suicídio continua a ser avaliado como alto. A segurança do tratamento ambulatorial ainda é julgada suficiente neste momento, e não é indicada hospitalização.

(Continua)

TABELA 4.3 Amostras dos textos de avaliação do risco de suicídio com base nas notas dos três exemplos de casos de TCCB *(Continuação)*

Sessão nº	Exemplo de texto
Admissão	**Janice** Os fatores de risco para suicídio incluem histórico de TEPT, transtorno da personalidade *borderline* e múltiplas tentativas de suicídio por meio de *overdose* de medicamentos. Nessas tentativas, a paciente teve níveis muito altos de intenção subjetiva e objetiva, o que incluiu tomar medidas para evitar o salvamento. A paciente relata que "já tem um plano de suicídio há anos, então qual é o problema?", mas nega intenção suicida subjetiva neste momento. Pensa sobre suicídio "constantemente". Nega consumo de álcool ou ter armas de fogo em casa. Desenvolvido colaborativamente um plano de resposta à crise com a paciente, que indicou alta eficácia percebida e habilidade para usá-lo. Com base nessa combinação de fatores de risco e protetivos, o risco geral de suicídio é avaliado como moderado. A segurança do tratamento ambulatorial ainda é julgada suficiente neste momento; não é indicada hospitalização.
4	Apesar dos declínios constantes nos fatores de risco durante o curso do tratamento, a paciente relatou uma tentativa de suicídio por meio de *overdose* de medicamentos na semana passada. Em contraste com tentativas de suicídio prévias, a tentativa recente teve intenção suicida subjetiva moderada e baixa intenção objetiva. Depressão, insônia, crenças suicidas e intensidade da ideação suicida estão aumentadas. O plano de resposta à crise da paciente foi revisado em conjunto, e foram identificadas estratégias para melhorar sua eficácia e sua motivação para usá-lo durante períodos de crise. Desde que ocorreu essa tentativa de suicídio, o nível geral de estresse da paciente declinou, assim como sua intenção suicida subjetiva. O risco geral de suicídio é aumentado para alto. A paciente indicou que está disposta e capaz de aumentar a frequência das sessões ambulatoriais até que o risco retorne ao nível moderado. À luz dessa mudança na intensidade do tratamento ambulatorial, não é recomendada hospitalização neste momento, embora os níveis de risco devam ser reavaliados com mais frequência para reavaliar essa opção de tratamento.

2. **Diferencie entre intenção suicida subjetiva e objetiva.** Ao avaliarem e documentarem as informações sobre intenção suicida, os clínicos frequentemente pensam somente na intenção suicida subjetiva. No entanto, como foi discutido anteriormente neste capítulo, a intenção subjetiva é composta de dimensões subjetivas e objetivas, sendo que a última é um correlato mais forte de risco de suicídio atual e futuro. Os clínicos devem, portanto, prestar atenção a essas duas dimensões separadas do risco de suicídio e tomar decisões em conformidade. Além disso, sua documentação deve refletir essas duas dimensões separadas da intenção.

3. **Use *checklists* e modelos para minimizar omissões inadvertidas.** Possivelmente, o maior valor prático das *checklists* e dos modelos é sua capacidade de ajudar os clínicos a minimizar negligências e/ou omissões na avaliação e na documentação do risco de suicídio. Dentro do contexto da TCCB, as *checklists* podem ser usadas para complementar a avaliação da narrativa. Especificamente, os clínicos que usam *checklists* podem consultá-las rapidamente na conclusão de uma avaliação da narrativa para determinar se alguma variável importante de risco ou protetiva não foi mencionada. Quando isso acontece, os clínicos podem gentilmente incentivar os pacientes a fornecer informações adicionais sobre essas variáveis, perguntando-lhes como elas se encaixam na história.

5
Monitorando o progresso do tratamento

Um questionamento comum que muitos clínicos têm quando aprendem e implementam a TCCB é como melhor acompanhar e monitorar os resultados do paciente, especialmente no que diz respeito às flutuações no risco de suicídio. O monitoramento do risco de suicídio e do progresso do paciente é um componente essencial da TCCB e pode ser um dos elementos que contribui para sua eficácia na prevenção de comportamento suicida. De fato, o monitoramento da resposta ao tratamento com escalas de avaliação padronizadas demonstrou repetidamente melhorar os resultados clínicos na psicoterapia em geral quando as medidas desses resultados são compartilhadas com o paciente e o clínico (p. ex., Crits-Christoph et al., 2012; Harmon et al., 2007; W. Simon et al., 2013; Slade, Lambert, Harmon, Smart, & Bailey, 2008). Em uma metanálise de seis ensaios clínicos que compararam tratamentos psicólogos com sistemas de monitoramento dos pacientes e *feedback* com tratamentos psicológicos sem esses sistemas, os resultados indicaram que os sistemas de monitoramento e *feedback* tiveram um efeito especialmente poderoso naqueles pacientes para quem foi previsto no início que fracassariam no tratamento. Nesse subgrupo de pacientes de alto risco, os sistemas de monitoramento e *feedback* reduziram a taxa de deterioração clínica pela metade e quase duplicaram a taxa dos pacientes que apresentaram resultados positivos (Shimokawa, Lambert, & Smart, 2010). Os resultados também mostraram que os sistemas de monitoramento e *feedback* podiam ajudar os pacientes que apresentam sinais de deterioração clínica e/ou resposta mais lenta que o esperado a "recuperar o atraso" no final do tratamento.

Esses padrões foram encontrados em contextos clínicos variados e apresentam sucesso mesmo em contextos em que os clínicos anteriormente não estavam usando esses sistemas e/ou são céticos quanto ao uso de sistemas de monitoramento e *feedback*. Além disso, os benefícios dos sistemas de monitoramento e *feedback* parecem depender do recebimento de *feedback* pelo clínico; monitorar o progresso do paciente sem dar *feedback* para o clínico não proporciona os mesmos benefícios para os pacientes com resposta lenta ou sem resposta ao tratamento (Lambert et al., 2001). Os sistemas de *feedback* e monitoramento, portanto, parecem melhorar os resultados do tratamento, facilitando a recuperação entre aqueles pacientes que têm menos probabilidade de melhorar, pois permitem que os clínicos e os pacientes identifiquem uma resposta insuficiente ao tratamento no início do atendimento e tomem as medidas corretivas apropriadas (Lambert, 2013).

Em nosso estudo inicial da TCCB (Rudd et al., 2015), os clínicos avaliaram inúmeras variáveis clínicas relevantes em cada sessão e usaram esses dados para guiar a tomada de decisão clínica. À luz dos benefícios conhecidos dos sistemas de monitoramento e *feedback*, é possível que parte do efeito da TCCB na redução do comportamento suicida seja atribuível ao uso de um sistema de monitoramento e *feedback*. Embora ainda não tenha sido desenvolvido nenhum sistema de monitoramento e *feedback* específico para a TCCB, descobrimos que a avaliação de vários construtos e variáveis é especialmente útil: ideação suicida, qualidade subjetiva do sono, crenças suicidas, uso de álcool e grau de estresse. Esses construtos particulares foram selecionados para nosso sistema de monitoramento e *feedback* por várias razões. Primeiro, essas variáveis refletem fatores de risco de suicídio bem estabelecidos. Como tal, elas fornecem uma base para rastreamento contínuo e monitoramento das flutuações no risco de suicídio durante o curso do tratamento, sendo uma fonte de dados importante para tomar decisões clínicas informadas e, como será discutido em mais profundidade a seguir, cumprir as exigências legais relacionadas ao padrão de cuidados. Segundo, muitas dessas variáveis (i.e., crenças suicidas, uso de álcool) diferenciaram entre pensamentos suicidas e comportamentos suicidas. Como discutido previamente neste manual, a TCCB foi desenvolvida para abordar vários mecanismos nucleares considerados subjacentes à transição do pensamento suicida para a ação: regulação emocional, estilo de avaliação cognitiva e solução de problemas. Crenças específicas sobre suicídio que capturam a avaliação subjetiva do paciente desses mecanismos nucleares demonstraram ser capazes de diferenciar pacientes que pensam sobre suicídio daqueles que tentaram suicídio, bem como predizer futuras tentativas de suicídio melhor do que a ideação suicida e outros indicadores de estresse psicológico ou emocional (Bryan, Rudd, Wertenberger, Young-McCaughon, & Peterson, 2014). O uso de álcool também foi demonstrado como um fator diferenciador entre pensamentos e ações suicidas (Kessler et al., 1999; Nock et al., 2008; May & Klonsky, 2016) e facilitador da transição do pensamento suicida para a ação (Bagge, Conner, Reed, Dawkins, & Murray, 2015; Bryan, Garland, & Rudd, 2016), provavelmente porque o uso de álcool com frequência funciona como uma estratégia de enfrentamento para aliviar ou fugir do estresse emocional, semelhante ao comportamento suicida. Flutuações no uso de álcool durante o curso do tratamento podem, portanto, servir como um indicador útil da regulação emocional e da probabilidade de comportamento suicida.

Além dessas variáveis centrais, os clínicos também podem considerar a seleção de outros resultados específicos para o paciente que se alinham com os objetivos do tratamento. Na TCCB, o resultado e as variáveis do progresso são avaliados em cada sessão. Ao chegar para sua consulta, os pacientes são solicitados a preencher as escalas de avaliação em papel ou por meio eletrônico. A avaliação costuma levar apenas de 5 a 10 minutos. Os escores são, então, examinados em conjunto pelo clínico e o paciente, no início da sessão, com particular atenção ao modo como a mudança desde a sessão anterior está relacionada a intervenções específicas e à implementação pelo paciente de novas habilidades comportamentais. Desse modo, o monitoramento do progresso pode ser usado para acompanhar as flutuações no risco de suicídio (tanto positivas quanto negativas), ao mesmo tempo que reforça a adesão ao tratamento.

MÉTODOS E ESTRATÉGIAS PARA MONITORAMENTO DOS RESULTADOS DO PACIENTE

Uma grande variedade de escalas de avaliação e ferramentas foi desenvolvida e pode ser usada pelos clínicos para acompanhar o progresso do paciente. Como ainda não foram conduzidos estudos que corroboram a superioridade de alguma escala ou ferramenta particular sobre as outras, os clínicos têm flexibilidade para selecionar e criar um sistema de monitoramento e *feedback* que seja prático e adequado às necessidades da sua prática clínica. Em geral, no entanto, recomendamos que os clínicos escolham avaliações que tenham fortes propriedades psicométricas e tenham reunido apoio empírico como medidas úteis do construto de interesse. Vários exemplos de métodos e estratégias de avaliação estão listados na Tabela 5.1 e descritos a seguir.

TABELA 5.1 Exemplos de escalas para monitorar o progresso do paciente na TCCB

Medida	Nº de itens	Ideação suicida	Qualidade do sono	Crenças suicidas	Uso de álcool	Estresse
Inventário de Depressão de Beck-II	21	x	x			x
Questionário sobre a Saúde do Paciente (PHQ-9)	9	x	x			x
Outcome Questionnaire-45	45	x	x		x	x
Medida de Saúde Comportamental-20	20	x	x		x	x
Escala de Ideação Suicida	19	x				
Índice de Sintomas de Depressão – Subescala da Suicidalidade	4	x				
Índice de Gravidade da Insônia	7		x			
Medical Outcomes Study Sleep Scale	12		x			
Índice de Qualidade do Sono de Pittsburgh	19		x			
Teste de Identificação de Transtornos Devido ao Uso de Álcool (AUDIT)	10/3[a]				x	
Questionário de Necessidades Interpessoais	15			x		
Suicide Cognitions Scale	18/9[a]			x		

[a] Número de itens para a escala completa e a escala abreviada.

O método mais eficiente para monitorar o progresso do paciente é selecionar uma escala que inclua itens que avaliem diretamente os construtos de interesse. Por exemplo, muitas escalas de depressão, como o Inventário de Depressão de Beck – 2ª edição (BDI-II; Beck, Steer, & Brown, 1996) e o Questionário sobre a Saúde do Paciente-9 (PHQ-9; Kroenke, Spitzer, & Williams, 2001), não apenas são medidas validadas do grau de estresse como também incluem itens que medem diretamente a qualidade do sono e a ideação suicida, sendo que esses últimos demonstraram ser preditores significativos de morte por suicídio e tentativas de suicídio (Green et al., 2015; Simon et al, 2013). As escalas gerais dos sintomas, como o Outcome Questionnaire-45 (OQ-45; Lambert et al., 2004) e a Medida de Saúde Comportamental-20 (BHM-20; Bryan, Kopta, & Lowes, 2012; Kopta & Lowry, 2002), igualmente avaliam o grau de estresse, a qualidade do sono e a ideação suicida. A habilidade dessas escalas de predizer comportamentos suicidas ainda não foi examinada empiricamente, embora o BHM-20 tenha demonstrado aumentar significativamente a detecção de pacientes suicidas em práticas que não usam os sistemas de monitoramento e *feedback* (Bryan, Corso, Rudd, & Cordero, 2008). Quando comparadas com as escalas de depressão, as escalas gerais dos sintomas frequentemente avaliam uma ampla gama de sintomas e fatores de risco (p. ex., uso de álcool, problemas de relacionamento) que possibilitam que o clínico considere um espectro mais amplo de variáveis relevantes para o monitoramento do risco de suicídio.

Em alguns casos, os clínicos podem escolher usar medidas desenvolvidas para o propósito explícito de avaliar pensamentos, intenções e comportamentos suicidas, como a Escala de Ideação Suicida de 19 itens (SSI; Beck & Steer, 1991), que tem propriedades psicométricas muito fortes e validade preditiva bem estabelecida (Beck, Brown, & Steer, 1997; Beck, Kovacs, & Weissman, 1979; Brown, Beck, Steer, & Grisham, 2000), ou a subescala de suicidalidade de 4 itens do Índice de Sintomas de Depressão (DSI-SS; Joiner, Pfaff, Acres, 2002). Tais medidas têm o benefício de avaliar múltiplas dimensões dos pensamentos suicidas e comportamentos relacionados ao suicídio, o que pode proporcionar uma compreensão mais matizada das flutuações no risco. Por exemplo, análises fatoriais da SSI demonstraram que ela é constituído de várias subescalas (p. ex., Beck et al., 1979, 1997) que estão diferencialmente correlacionadas com o comportamento suicida (Joiner et al., 2003).

Medidas específicas do construto da qualidade do sono e do uso de álcool podem igualmente fornecer uma compreensão mais detalhada desses construtos do que a obtida por escalas gerais dos sintomas. Existem inúmeras escalas breves para medir cada um. Quanto à qualidade do sono, o Índice de Gravidade da Insônia de 7 itens (ISI; Bastien, Vallieres, & Morin, 2000), a escala do sono Medical Outcomes Study de 12 itens (Stewart, Ware, Brook, & Davies, 1978) e o Índice de Qualidade do Sono de Pittsburgh de 19 itens (PSQI; Buysse, Reynolds, Monk, Berman, & Kupfer, 1989) são medidas confiáveis e válidas amplamente usadas na prática clínica. Em termos do uso de álcool, a medida mais amplamente usada é possivelmente o Teste de Identificação de Transtornos Devido ao Uso de Álcool de 10 itens (AUDIT; Saunders, Aasland, Babor, De la Fuente, & Grant, 1993), que avalia o consumo de álcool, os comportamentos de consumo de álcool e os problemas relacionados ao álcool e tem apoio empírico considerável como um indicador de uso problemático e perturbado da substância (Allen, Litten, Fertig, & Babor, 1997). Uma versão abreviada de três itens da escala (AUDIT-C) também foi desenvolvida e demonstrou propriedades psicométricas similares às da escala completa (Bush, Kivlahan, McDonell, Fihn, & Bradley, 1998).

A avaliação e a medida das crenças suicidas são um desenvolvimento relativamente recente que têm demonstrado utilidade clínica considerável. Duas escalas em particular, o Questionário de Necessidades Interpessoais (INQ; Van Orden, Cukrowicz, Witte, & Joiner, 2012) e a Suicide Cognitions Scale (SCS; Bryan, Rudd, Wetenberger, Young-McCaufhon, & Peterson, 2014), foram criadas para medir diferentes tipos de crenças suicidas. Com base na teoria psicológica interpessoal do suicídio (Joiner, 2005), o INQ foi concebido para avaliar a percepção de ser um fardo e o pertencimento frustrado, dois dos construtos primários da teoria que demonstraram em inúmeros estudos estar fortemente correlacionados com pensamentos e comportamentos suicidas. Múltiplas versões da escala (versões com 10, 12, 15, 18 e 25 itens) foram usadas ao longo dos anos, o que criou confusão considerável entre pesquisadores e clínicos. Embora todas as versões demonstrem confiabilidade e validade aceitáveis, as versões com 10 e 15 itens demonstraram as propriedades psicométricas e a validade mais fortes em relação às outras, o que levou os pesquisadores a recomendarem o uso de uma dessas duas versões (Hill et al., 2015). Em contraste com o INQ, a SCS de 18 itens estava baseada na teoria da vulnerabilidade fluida (Rudd, 2006), que fundamenta a base conceitual para a TCCB. Análises fatoriais iniciais da SCS sugeriram que ela era composta de dois fatores, *unlovability* (percepção de ser irremediavelmente defectiva e falha) e *unbearability* (sentir-se incapaz de tolerar uma dor aparentemente devastadora) (Bryan, Rudd, Wertenberger, Young-McCaughon, & Peterson, 2014), mas um trabalho posterior indicou que um terceiro fator, *unsolvability* (percepção de que os problemas não têm solução), traz mais adequação do que a solução com dois fatores (Bryan, Kanzler, et al., 2016; Ellis & Rufino, 2015). Um trabalho mais recente sugere que a SCS pode ser reduzida a nove itens (três itens por cada subescala fatorial) sem sacrificar a confiabilidade, a validade ou a utilidade clínica (Bryan, Kanzler, et al., 2016). Dentro da TCCB, medidas das crenças suicidas podem ajudar clínicos e pacientes a monitorar o mecanismo de ação central, de modo a fornecer informações essenciais para determinar a vulnerabilidade subjacente de um paciente ao comportamento suicida. Essas escalas podem ser especialmente benéficas durante a segunda fase da TCCB, ajudando os clínicos e os pacientes a focarem em crenças suicidas especialmente fortes e perniciosas.

IMPLICAÇÕES LEGAIS

Como discutido no Capítulo 4, as determinações do padrão de cuidado e negligência em casos de responsabilidade envolvendo mortes por suicídio são guiadas principalmente por considerações referentes à previsibilidade e a cuidados razoáveis. Enquanto a previsibilidade tipicamente se refere à avaliação que o clínico faz do risco do paciente de se engajar em comportamento suicida, os cuidados razoáveis tipicamente se referem à utilização pelo clínico de uma abordagem sistemática para o planejamento do tratamento que não se afaste significativamente do que um clínico típico faria em circunstâncias similares (Berman, 2006). Os sistemas de acompanhamento e *feedback* como os descritos neste capítulo não só fornecem uma fundamentação para melhorar a eficácia e a qualidade do cuidado clínico como também abordam a previsibilidade e os cuidados razoáveis. No que diz respeito à previsibilidade, os sistemas de monitoramento e *feedback* que são usados a cada sessão proporcionam um método claro e direto para os clínicos comprovarem que estavam monitorando as flutuações no risco de suicídio de um paciente. Essas flutuações devem, por sua vez, guiar a tomada de decisão do clínico e contribuir para as adaptações apropriadas no plano de tratamento (i.e., aumentar a sequência das sessões, selecionar intervenções que foquem nas variáveis de risco).

Se, por exemplo, um paciente relata aumentos significativos na ideação suicida, no grau de estresse e no uso de álcool desde a última sessão, o clínico pode optar por reavaliar a eficácia do plano de resposta à crise do paciente ou escolher revisitar uma habilidade de regulação emocional que o paciente não tem usado com regularidade. Essa informação também pode ser usada para documentar a tomada de decisão do clínico em relação ao nível de cuidados, especificamente seu processo de tomada de decisão em torno da hospitalização psiquiátrica. Portanto, tomar (e documentar) decisões de tratamento com base nos sistemas de monitoramento e *feedback* demonstra uma abordagem sistemática para a tomada de decisão que fala diretamente da questão dos cuidados razoáveis.

Nunca é demais enfatizar a importância de documentar os resultados da avaliação e como eles influenciaram a tomada de decisão clínica, dentro do contexto da negligência médica. Em muitos casos, frequentemente presume-se que a ausência de documentação indica a ausência de uma ação ou decisão particular. Praticamente falando, uma avaliação do risco de suicídio que não foi documentada será considerada inexistente. Portanto, os clínicos devem se certificar de desenvolver um sistema para documentação do monitoramento dos resultados sessão a sessão e documentar como esses resultados influenciaram suas decisões no tratamento. Um método relativamente simples e direto para realizar essa tarefa é registrar os escores de avaliação do paciente no registro médico e depois fazer uma "atualização" da avaliação do risco do paciente que esteja baseada nesses escores, além de em outras fontes de informação obtidas durante a sessão.

Exemplo de caso ilustrativo

Considere, por exemplo, nossa paciente hipotética, Janice. Os escores de Janice durante as primeiras quatro sessões de TCCB são apresentados na Tabela 5.2. Janice apresentou alguma melhora inicial em múltiplas métricas de resultados: depressão, ideação

TABELA 5.2 Escores dos sintomas de Janice durante as primeiras quatro sessões de TCCB

Sessão nº	Intervenções	BDI-II Escore total	BDI-II Item suicídio	SCS Escore total	ISI Escore total
1	Avaliação da narrativa, plano de resposta à crise e planejamento do tratamento	51	1	48	26
2	Compromisso com o tratamento e habilidades de *mindfulness*	38	1	47	24
3	Kit de sobrevivência	28	0	39	20
4	Avaliação da narrativa e plano de resposta à crise	48	2	47	29

suicida, crenças suicidas e qualidade do sono. À luz desses escores, o plano do clínico no final da terceira sessão foi prosseguir para uma nova intervenção, o treino de habilidades de relaxamento, durante a quarta sessão. Durante a quarta sessão, Janice preencheu os formulários como habitualmente. O clínico reuniu essas escalas e lhe perguntou como ela passou desde a última sessão. Janice disse que estava "indo bem", o que parecia contradizer os escores dos seus sintomas, todos os quais tinham invertido as direções. O clínico chamou a atenção para essa mudança e perguntou a Janice o que havia acontecido desde a sessão anterior que poderia explicar essa mudança, apesar do seu relato subjetivo de que ela tinha passado "bem". Janice explicou que ela e seu marido tiveram um conflito significativo e, como resultado, ela saiu de casa dois dias atrás e fez uma tentativa de suicídio. Depois desse incidente, Janice vinha dormindo muito pouco, estava tendo preocupação incontrolável e se sentia altamente agitada. Também relatou que seus pensamentos suicidas haviam aumentado em frequência e intensidade, especialmente à noite, quando ficava sozinha. À luz dessas informações, o clínico perguntou sobre seu uso do plano de resposta à crise, das habilidades de *mindfulness* e do *kit* de sobrevivência, mas Janice disse que não estava usando nenhuma dessas habilidades, embora anteriormente as achasse benéficas.

O clínico e Janice decidiram juntos revisar e praticar essas habilidades e desenvolver um novo plano para praticá-las regularmente. No final da sessão, Janice relatou que se sentia muito mais calma do que no começo da sessão e que se sentia confortável com o seu novo plano de resposta à crise e a programação para a prática das habilidades. Como os fatores de risco de Janice haviam aumentado, o clínico avaliou seu risco como mais alto do que na sessão anterior, mas não tão alto que justificasse hospitalização. Assim, perguntou se ela estaria disposta a agendar a sessão seguinte para dois dias mais tarde, em vez de na semana seguinte, para verificar e modificar o plano novamente, se necessário. Janice concordou que isso seria útil. Depois que ela saiu, o clínico documentou os escores da sua avaliação, o conteúdo da sua sessão e a sua decisão de aumentar a frequência das sessões ambulatoriais devido ao risco aumentado de suicídio. O clínico também observou que, embora o risco de suicídio tivesse claramente aumentado, não aumentou até um nível que necessitasse de hospitalização.

O uso de um sistema de monitoramento e *feedback*, portanto, possibilitou ao clínico identificar uma mudança repentina para pior, apesar do relato subjetivo de Janice de "estar indo bem". À luz desses dados, o clínico reavaliou apropriadamente o risco de suicídio de Janice. Essas duas ações abordam diretamente o conceito de previsibilidade. Depois disso, o clínico modificou o plano de tratamento em resposta à reavaliação do risco de suicídio de Janice, especificamente renunciando ao plano anterior de introduzir uma nova habilidade, escolhendo, em vez disso, revisar as habilidades previamente aprendidas, das quais a mais importante era o plano de resposta à crise. O clínico também decidiu focar a questão que estava mais diretamente relacionada ao aumento no seu risco de suicídio: o uso de suas habilidades comportamentais e o plano de resposta à crise. Por fim, o clínico decidiu intensificar o nível de cuidados de Janice, agendando a sessão seguinte para muito mais cedo do que costumava ser: dois dias depois, em vez de uma semana depois. Essas três decisões abordam diretamente o conceito de cuidados razoáveis.

Resumo

A avaliação e o monitoramento periódicos dos resultados clínicos na TCCB possibilitam que o clínico forneça intervenções focadas que facilitam o processo de recuperação do paciente e reduzem o risco de litígios por negligência. Embora ainda não seja completamente entendido como exatamente os sistemas de monitoramento e *feedback* contribuem para a melhora dos resultados clínicos, as pesquisas conduzidas em contextos gerais de psicoterapia sugerem que o monitoramento do progresso provavelmente melhora os resultados para aqueles pacientes que têm maior probabilidade de tentar suicídio. O monitoramento sessão a sessão é, portanto, considerado uma parte importante da TCCB.

ABORDANDO AS TENTATIVAS DE SUICÍDIO E HOSPITALIZAÇÃO DURANTE O TRATAMENTO

O caso de Janice enfatiza uma questão importante quando é empregada TCCB ou qualquer outro tratamento para pacientes de alto risco: responder apropriadamente ao comportamento suicida e a hospitalizações psiquiátricas durante o curso do tratamento. A TCCB demonstrou reduzir significativamente o risco de os pacientes fazerem tentativas de suicídio durante e depois do tratamento, mas esse risco não é completamente eliminado. Portanto, pode-se esperar que ocorram tentativas de suicídio entre pacientes que recebem TCCB. Os resultados entre ensaios clínicos conduzidos com indivíduos suicidas indicam que até metade dos pacientes que são ativamente suicidas e/ou recentemente fizeram uma tentativa de suicídio no início do tratamento fará uma tentativa de suicídio durante o tratamento (Rudd, Joiner, et al., 2009), ainda que, na TCCB e em outros tratamentos cognitivo-comportamentais similares, menos de 25% dos pacientes façam uma tentativa de suicídio (Brown, Ten Have, et al., 2005; Linehan, Comtois, Murray, et al., 2006; Rudd et al., 2015). Se um paciente faz uma tentativa de suicídio durante o tratamento, é provável que ele tente suicídio uma segunda vez durante o tratamento (Rudd, Joiner, et al., 2009). Pesquisas adicionais sugerem que um paciente tem mais probabilidade de fazer uma tentativa de suicídio durante os primeiros 6 meses do início do tratamento, o que, em geral, corresponde à fase de tratamento ativa. Por exemplo, Rudd e colaboradores (2015) relataram que aproximadamente 7% dos pacientes que recebem TCCB fazem uma tentativa de suicídio dentro dos primeiros 6 meses do início do tratamento, representando metade de todos os pacientes em TCCB que eventualmente fariam uma tentativa de suicídio. Resultados similares foram relatados por Brown, Ten Have e colaboradores (2005): 14% dos pacientes em terapia cognitiva, um pouco mais da metade dos pacientes nesse tratamento que tentaram suicídio, fizeram sua primeira tentativa durante os primeiros 6 meses de tratamento. Em média, os clínicos que tratam pacientes agudamente suicidas com TCCB podem, portanto, estimar que até um em cada seis fará uma tentativa de suicídio *durante* a TCCB e que um em cada seis fará uma tentativa dentro de 18 meses do início da TCCB.

Segundo a teoria da vulnerabilidade fluida, o risco de suicídio pode persistir para alguns pacientes *apesar* do tratamento. Portanto, é irrealista presumir que nenhum paciente jamais fará uma tentativa de suicídio durante a TCCB. Tentativas de suicídio que ocorrem durante o tratamento não necessariamente refletem falha por parte do clínico: elas refletem a natureza crônica e persistente do risco de suicídio ao longo do tempo. Tratar pacientes suicidas é inerentemente um "negócio arriscado", e algumas vezes eles farão tentativas de suicídio mesmo quando o clínico administrar a TCCB de forma apropriada. As tentativas de suicídio durante o tratamento também não refletem falha por parte do paciente, embora aqueles que tentam suicídio durante o tratamento frequentemente percebam isso como tal. Ser hospitalizado durante o curso do tratamento de TCCB pode igualmente ser visto pelo paciente como uma falha pessoal. Como a vergonha e o constrangimento que costumam acompanhar a tentativa de suicídio ou a hospitalização do paciente podem manter um modo suicida ativo, o clínico precisa estar preparado para responder em conformidade.

Como as tentativas de suicídio são fundamentalmente conceitualizadas como resultado de deficiências nas habilidades, as tentativas que ocorrem durante o tratamento são vistas como oportunidades de aprendizagem e prática de habilidades, em vez de serem vistas como falhas. É importante observar que uma tentativa de suicídio que ocorre dentro dos primeiros 3 a 6 meses do início da TCCB é presumida como o resultado de vulnerabilidades persistentes que ainda não foram suficientemente focadas ou reduzidas. Se um paciente faz uma tentativa de suicídio dentro dos primeiros meses de tratamento, por exemplo, é porque ele ainda não recebeu uma "dose" suficiente de tratamento e ainda não teve prática suficiente com as novas habilidades para neutralizar seus fatores de risco subjacentes na linha de base. Da perspectiva do treino de habilidades, não ficaríamos surpresos se alguém "tiver um deslize" ou regredir para velhos hábitos logo após ser apresentado a um novo conceito ou comportamento alternativo; os clínicos devem, portanto, esperar que os pacientes às vezes recaiam em velhos padrões comportamentais, o que pode incluir tentativas de suicídio, durante o curso da TCCB.

Quando um paciente relata uma tentativa de suicídio feita durante o tratamento, o clínico deve conduzir uma avaliação da narrativa da nova tentativa de suicídio, assim como fez na primeira sessão de TCCB. Entretanto, também deve obter informações específicas sobre o uso pelo paciente, durante a crise suicida, do plano de resposta à crise e outras habilidades de enfrentamento recentemente aprendidas. O propósito de conduzir uma avaliação da narrativa focada na nova tentativa de suicídio do paciente é múltiplo. Primeiro, a avaliação da narrativa possibilita que o clínico e o paciente entendam os componentes estruturais da crise suicida (isto é, o modo suicida) e o contexto dentro do qual ocorreu a tentativa de suicídio, o que pode indicar uma necessidade de fazer ajustes ou refinamentos na conceitualização do caso e no plano de tratamento. Segundo, uma avaliação da narrativa possibilita que o clínico e o paciente avaliem a eficácia do plano de resposta à crise e/ou o domínio que o paciente tem das habilidades aprendidas. Em alguns casos, certas estratégias podem ser menos eficazes do que se acreditava inicialmente; essas estratégias podem precisar ser removidas ou refinadas. Em outros casos, o paciente pode não ter usado uma estratégia da forma ideal (p. ex., descontinuando a estratégia muito cedo); assim, o treino de habilidades adicionais seria justificado. A avaliação da narrativa, portanto, ajuda a diagnosticar "o que deu errado" e, por extensão, as modificações que precisam ser feitas para abordar esse problema. Por fim, a avaliação da narrativa proporciona uma oportunidade para o clínico e o paciente determinarem "o que deu certo". Como os pacientes suicidas frequentemente têm vieses cognitivos negativos, eles tendem a encarar suas tentativas de suicídio como evidências de que o tratamento "não funciona". É muito mais frequente que o paciente tenha utilizado com sucesso uma ou mais estratégias durante a crise, porém as estratégias ainda não estavam suficientemente desenvolvidas para neutralizar seus fatores de risco na linha de base. Em tais casos, o clínico pode usar as informações obtidas pela avaliação da narrativa para ajudar o paciente a reestruturar sua perspectiva de uma maneira que seja mais favorável ao progresso, ao crescimento e à saúde. Por exemplo, o paciente pode ter lidado com sucesso com um problema por várias horas antes de fazer a tentativa de suicídio, ao passo que, no passado, ele não teria resistido por tanto tempo. Depois que a nova avaliação da narrativa estiver concluída, a TCCB continua de onde parou.

Uma abordagem similar é adotada quando os pacientes são hospitalizados durante o curso da TCCB. A hospitalização frequentemente é experienciada pelos pacientes como um evento vergonhoso ou constrangedor que reflete sua incompetência inerente (p. ex., "não consigo lidar com meus problemas sem ficar bloqueado"). Embora a TCCB vise a evitar ou reduzir a necessidade de hospitalização, um paciente que, em vez de fazer uma tentativa de suicídio, procura assistência profissional durante uma crise e é hospitalizado como resultado seguiu os passos descritos em seu plano de resposta à crise. Depois que o paciente recebe alta da hospitalização, o clínico deve, portanto, conduzir uma avaliação da narrativa para entender as circunstâncias e as experiências associadas ao evento e responder de acordo. De modo similar à resposta a uma tentativa de suicídio, a TCCB continua de onde parou antes da hospitalização, com o reconhecimento de que algum conteúdo poderá precisar ser revisitado e/ou revisado. Muitos desses pontos são enfatizados no caso de Janice, que é descrito aqui mais detalhadamente.

Exemplo de caso ilustrativo

Depois de ter um bom progresso no começo da TCCB, Janice fez outra tentativa de suicídio com uma *overdose* entre a terceira e a quarta sessões. Como mencionado, Janice inicialmente não informou seu clínico sobre sua tentativa de suicídio, mas os escores elevados em suas escalas de sintomas levaram-no a investigar eventos e mudanças recentes. Quando questionada sobre sua piora repentina, Janice se desculpou profusamente com seu clínico por "estragar tudo de novo" e por "falhar". O clínico em seguida conduziu uma nova avaliação da narrativa, durante a qual Janice declarou que ficou abalada e, quando teve o pensamento "você deveria se matar", pegou seu plano de resposta à crise e seguiu seus passos: praticar *mindfulness* por 10 minutos, fazer uma caminhada de 10 minutos e ligar para sua amiga para conversar, embora esta não estivesse disponível. Janice ainda estava se sentindo "infeliz" e "sem valor" depois de realizar essas atividades, e, quando sua amiga não atendeu o telefone, ela também começou a se sentir "totalmente sozinha no mundo". Nesse momento, ela foi até o armário dos remédios e pegou os poucos comprimidos que restavam (um total de seis comprimidos). Ela os engoliu com uma taça de vinho e acabou adormecendo, acordando no dia seguinte "sentindo como se estivesse com a pior ressaca que já teve". Ao concluir sua história, Janice expressou a preocupação de que o plano de resposta à crise "não pode me ajudar; sou um fracasso". O clínico pediu que Janice lembrasse de sua primeira *overdose* e estimasse quanto tempo se passou entre sua decisão de se matar e a tentativa de suicídio real. Janice estimou que apenas "um minuto ou dois" se passaram entre sua decisão de agir e sua primeira *overdose*. O clínico, então, assinalou que, durante essa crise suicida mais recente, aproximadamente

30 minutos se passaram entre sua decisão de agir (i.e., o pensamento "você deveria se matar") e a *overdose* propriamente dita e sugeriu que isso serviu como evidência de que agora Janice estava "aproximadamente 30 vezes melhor no manejo das emoções do que no início do tratamento". Isso, por sua vez, sugeria que o plano de resposta à crise estava melhorando a habilidade de Janice de tolerar o estresse, embora essa tentativa de suicídio recente sugerisse que era necessário prática adicional.

Usando a avaliação da narrativa, tanto o clínico quanto Janice foram capazes de reconhecer as áreas em que o plano de resposta à crise estava ajudando (i.e., melhorando a tolerância ao estresse) e as áreas em que era necessário trabalho adicional (i.e., praticar habilidades para desenvolver tolerância ainda maior ao estresse). Talvez de maior importância, o clínico foi capaz de usar a avaliação da narrativa para ajudar Janice a reconsiderar sua crise recente como uma indicação do crescimento e do progresso consideráveis que ela fez no tratamento, e não um sinal de fracasso. Assim, apesar de Janice ter feito uma tentativa de suicídio, ela também percebeu que estava "seguindo na direção certa", o que "me deixa esperançosa".

Resumo

Resumindo, as tentativas de suicídio e as hospitalizações que ocorrem durante o curso da TCCB são conceituadas como uma manifestação do risco de suicídio crônico subjacente do paciente, que continua a persistir durante o tratamento. Quando ocorrem tentativas de suicídio e hospitalizações, o clínico e o paciente devem colaborativamente procurar entender as circunstâncias em torno do evento e o contexto dentro do qual esses eventos ocorreram, o que pode indicar a necessidade de ajustes na conceitualização do caso e no plano de tratamento, mas tem igual probabilidade (se não maior probabilidade) de revelar indicadores de melhora e crescimento em prol do paciente. Depois que esses ajustes são identificados, o clínico e o paciente retomam a TCCB de onde o tratamento parou, reconhecendo que algum material previamente abordado poderá ter de ser abordado novamente.

6
Um panorama da terapia cognitivo-comportamental breve

A TCCB é estruturada com o uso de uma abordagem por fases, que ordena sequencialmente as intervenções que correspondem às prioridades clínicas e ao processo natural do risco de suicídio ao longo do tempo. Essa sequência se inicia nos primeiros minutos da primeira sessão de TCCB, durante a qual é obtida uma avaliação detalhada da narrativa da crise suicida do paciente. Essa avaliação inicial oferece uma compreensão dos fatores e circunstâncias únicos em torno das necessidades clínicas do paciente, de modo a criar o cenário para o restante do tratamento. Como muitos pacientes iniciam a TCCB em meio a uma crise aguda ou nos estágios residuais de uma crise suicida aguda (p. ex., alta da hospitalização depois de uma tentativa de suicídio recente), a primeira fase do tratamento, que tipicamente tem quatro sessões de duração, é focada na desativação do modo suicida e na estabilização dos sintomas por meio do treino de habilidades de regulação emocional. Depois que o modo suicida foi resolvido e o paciente retornou ao risco na sua linha de base, a TCCB faz a transição para a segunda fase do tratamento, que costuma ter cinco sessões de duração. Nessa segunda fase do tratamento, a TCCB foca no sistema de crenças suicidas subjacentes à vulnerabilidade para crises suicidas a longo prazo. Na terceira e última fase da TCCB, que em geral tem duas sessões de duração, o foco muda para a integração e o ensaio das habilidades. As sessões finais da TCCB são, portanto, voltadas para a prevenção de recaída. Todos os procedimentos e intervenções usados na TCCB estão listados na Tabela 6.1, por fase, juntamente com os domínios específicos do modo suicida que são foco de cada um.

Do início ao fim, a TCCB é sequenciada de uma maneira que inicia com a avaliação e a conceitualização do caso, faz a transição para focar nos fatores de risco comportamentais e cognitivos na linha de base e conclui com a prevenção de recaída. Para ilustrar essa sequência, a estrutura sessão a sessão da TCCB para John, Mike e Janice é exibida na Tabela 6.2 e referenciada durante toda a discussão posterior.

A PRIMEIRA SESSÃO

A primeira sessão de TCCB serve a vários propósitos, incluindo avaliação do risco, conceitualização do caso e planejamento da resposta à crise. Tragicamente, muitos pacientes suicidas relatam experiências negativas e insatisfação com os cuidados

TABELA 6.1 Lista dos procedimentos de intervenção usados na TCCB, organizados pela fase em que são introduzidos pela primeira vez, com os domínios do modo suicida focados em cada um

Fase	Comportamento	Emoção	Cognição	Físico
Fase um				
Plano de resposta à crise	×	×	×	×
Aconselhamento sobre restrição dos meios	×			
Controle do estímulo do sono				×
Treino de habilidades de relaxamento	×	×		×
Treino de habilidades de *mindfulness*	×	×	×	
Lista de razões para viver/ *kit* de sobrevivência		×	×	
Fase dois				
Folha de atividade ABC		×		
Folha de atividade Perguntas Desafiadoras			×	
Folha de atividade Padrões de Pensamentos Problemáticos			×	
Planejamento de atividades	×			
Cartões de enfrentamento	×		×	
Fase três				
Tarefa de prevenção de recaída	×	×	×	×

de saúde mental que receberam no passado. Uma das experiências mais relatadas é a percepção de que seus prestadores de cuidados de saúde e clínicos não os ouviam ou não passavam tempo suficiente com eles para verdadeiramente ajudar. Indivíduos suicidas frequentemente acham que seus prestadores de cuidados de saúde eram apressados e, nas palavras de um paciente de TCCB, "só estavam interessados em preencher seus formulários". Os prestadores de cuidados de saúde costumam ser vistos como rudes e bruscos, como se estivessem sendo incomodados pelo paciente suicida. Experiências negativas com cuidados de saúde são especialmente comuns para pacientes que fizeram múltiplas tentativas de suicídio. De forma consistente com esses relatos, tais pacientes costumam ser descritos pelos prestadores de cuidados de saúde como "querendo chamar a atenção", "manipuladores" ou outros termos depreciativos. Essas experiências negativas moldam as expectativas dos pacientes em relação a futuros prestadores e ao processo de tratamento, incluindo a TCCB. Outros pacientes relatam ansiedade e medo consideráveis do processo de tratamento, especialmente quando se trata da primeira vez em que se engajam no sistema de assistên-

TABELA 6.2 Fluxo da TCCB sessão a sessão para três pacientes, com as intervenções primárias e os procedimentos em destaque

Sessão nº	John	Mike	Janice
Pré-tratamento	• Admissão	• Avaliação da narrativa • Plano de resposta à crise • Plano para segurança dos meios	• Admissão
1	• Avaliação da narrativa • Plano de resposta à crise • Plano para segurança dos meios	• Plano de resposta à crise • Plano para segurança dos meios • Planejamento do tratamento	• Avaliação da narrativa • Plano de resposta à crise • Planejamento do tratamento
2	• Planejamento do tratamento • Compromisso com o tratamento • Habilidades de relaxamento	• Compromisso com o tratamento • Habilidades de *mindfulness*	• Compromisso com o tratamento • Habilidades de *mindfulness*
3	• Plano para segurança dos meios • Plano de apoio à crise • Lista de razões para viver	• Controle do estímulo do sono	• *Kit* de sobrevivência
4	• Controle do estímulo do sono	• Razões para viver	• Avaliação da narrativa • Plano de resposta à crise
5	• Habilidades de *mindfulness*	• Habilidades de *mindfulness*	• Habilidades de relaxamento
6	• Folha de atividade ABC	• Folha de atividade ABC	• Folha de atividade ABC
7	• Folha de atividade Perguntas Desafiadoras	• Folha de atividade ABC	• Folha de atividade Perguntas Desafiadoras
8	• Planejamento de atividades	• Folha de atividade Perguntas Desafiadoras	• Planejamento de atividades
9	• Cartões de enfrentamento	• Planejamento de atividades	• Folha de atividade Padrões de Pensamentos Problemáticos
10	• Folha de atividade Padrões de Pensamentos Problemáticos	• Cartões de enfrentamento	• Cartões de enfrentamento

(Continua)

TABELA 6.2 Fluxo da TCCB sessão a sessão para três pacientes, com as intervenções primárias e os procedimentos em destaque *(Continuação)*

Sessão nº	John	Mike	Janice
11	• Tarefa de prevenção de recaída	• Tarefa de prevenção de recaída	• Tarefa de prevenção de recaída
12	• Tarefa de prevenção de recaída	–	• Tarefa de prevenção de recaída

cia de saúde mental. Como esses pacientes não sabem o que esperar do tratamento, suas impressões frequentemente são moldadas pela cultura popular (p. ex., filmes, programas de televisão) e pelos relatos de outras pessoas.

Como essas experiências negativas são tão comuns entre pacientes suicidas, o "movimento de abertura" da TCCB é concebido para permitir ao paciente oportunidade suficiente de explicar as circunstâncias que envolvem a crise suicida e descrever sua experiência subjetiva do evento. Assim, dentro dos primeiros minutos da primeira sessão de TCCB, o clínico conduz uma *avaliação da narrativa*, que é descrita em detalhes no Capítulo 8. Na avaliação da narrativa, o clínico convida o paciente a "contar a história" da sua crise suicida com suas próprias palavras. Em contraste com a entrevista típica de avaliação do risco, que em grande parte é guiada pelo clínico e visa à coleta de informações, a avaliação da narrativa permite que o paciente forneça um relato da sua experiência subjetiva da crise suicida. Para muitos pacientes, essa é a primeira vez em que lhes é permitido compartilhar sua experiência sem se sentirem apressados ou ignorados por um prestador de cuidados de saúde. A avaliação da narrativa, em particular, e a primeira sessão de TCCB, em geral, são, portanto, fundamentais para construir *rapport* com o paciente. A avaliação da narrativa também fornece as informações necessárias para obter uma compreensão das necessidades únicas do paciente, um passo essencial para a conceitualização de caso e o posterior planejamento do tratamento. A primeira sessão é concluída com a intervenção central da TCCB: o *plano de resposta à crise*, que ensina o paciente a identificar uma crise iminente e fornece uma *checklist* passo a passo "do que fazer" quando isso ocorrer. No final da primeira sessão, os pacientes (1) discutem e concordam com a estrutura e o processo da TCCB, (2) obtêm uma compreensão dos fatores que contribuíram e mantêm suas crises suicidas e (3) desenvolvem o primeiro plano para manejar de modo mais eficiente seu estresse emocional e as crises suicidas. Como mencionado por uma paciente depois de sua primeira sessão de TCCB, "esta é a primeira vez que alguém realmente me ouviu e é a primeira vez que eu realmente entendo o que está acontecendo comigo. É como se uma lâmpada finalmente tivesse se acendido".

Exemplos de casos ilustrativos

Como pode ser visto na Tabela 6.2, em todos os três casos, o primeiro contato clínico incluiu uma avaliação da narrativa e um plano de resposta à crise. Embora isso tenha sido realizado durante a primeira sessão de TCCB com John e Janice, no caso de Mike, esses procedimentos foram concluídos durante a sessão de admissão pré-tratamento. A decisão foi tomada durante a admissão pré-tratamento para avançar rapidamente para uma avaliação da narrativa e um plano de resposta à crise, devido aos muitos fatores de risco de Mike e à sua grande agitação durante sua apresentação inicial. Cabe mencionar que Mike negou pensamentos suicidas durante sua sessão de admissão (e em todas as sessões posteriores). Apesar dessa negação de intenção suicida explícita, o clínico avaliou seu risco de suicídio como alto e decidiu não esperar mais tempo para concluir a avaliação da narrativa e formular um plano de resposta à crise com Mike. Como será discutido em mais detalhes posteriormente neste manual, a avaliação da narrativa e o plano de resposta à crise servem como uma espinha dorsal para a TCCB e podem ser obtidos de forma eficaz na maioria dos contextos de cuidados de saúde, incluindo contextos caracterizados por limites de tempo e tomada de decisão rápida (p. ex., serviços de emergência e cuidados primários).

SESSÕES 2 A 5: FOCANDO FATORES DE RISCO COMPORTAMENTAIS NA LINHA DE BASE

A primeira fase da TCCB, que tipicamente abrange da segunda até a quinta sessões, foca na desativação do modo suicida. No início do tratamento, a maioria dos pacientes passou recentemente por uma crise suicida aguda e/ou fez uma tentativa de suicídio e ainda está enfrentando altos níveis de estresse com os sintomas, embora possam não mais estar no auge de sua crise aguda. Assim, a primeira fase do tratamento é quando os pacientes estão mais vulneráveis e com maior probabilidade de fazer uma tentativa de suicídio. As primeiras sessões de TCCB visam, portanto, à estabilização dos sintomas e à redução do risco agudo, que são obtidas pela modificação dos fatores comportamentais de risco de suicídio na linha de base. As tarefas primárias do clínico na fase um são desenvolver um plano de tratamento, obter compromisso com o tratamento, ensinar habilidades de regulação emocional e refinar o plano de resposta à crise.

Compatíveis com essas tarefas, as intervenções nesse primeiro estágio do tratamento são basicamente constituídas de medidas promotoras de segurança e atividades de treino de habilidades comportamentais orientadas para construir competência em várias áreas principais: tolerância ao estresse, regulação emocional e automanejo. Discussões explícitas sobre o acesso do paciente a meios potencialmente letais para suicídio, especialmente armas de fogo, são realizadas logo no início da primeira fase da TCCB, dentro do contexto do aconselhamento sobre os meios de segurança e o plano de apoio à crise (descritos no Capítulo 12), procedimentos que podem ser usados para engajar os familiares, amigos e outros indivíduos de apoio no processo de tratamento. A primeira fase do tratamento também foca nas predisposições comportamentais do paciente a ter episódios suicidas e fazer tentativas de suicídio, focando diretamente nos sintomas associados ao risco aumentado de pensamentos e comportamentos suicidas. Por exemplo, conceitos de higiene do sono e controle de estímulos são introduzidos para abordar o distúrbio do sono (descrito no Capítulo 13); são praticadas habilidades de relaxamento para manejar a ativação fisiológica associada à resposta ao estresse, e habilidades de *mindfulness* são praticadas para manejar a ruminação, a preocupação e a reatividade cognitiva (descritas no Capítulo 14). Além disso, o paciente aprende a evocar estados emocionais positivos e a lembrar por que ele quer continuar a viver, usando a lista de razões para viver, que envolve uma lista escrita à mão resumindo as experiências de vida mais positivas do paciente, e o *kit* de sobrevivência, que fornece lembretes físicos de experiências positivas de sua vida (descritos no Capítulo 15). No fim da primeira fase da TCCB, o paciente (1) aprende novas habilidades comportamentais para manejar o estresse emocional e (2) começa a ter alívio dos sintomas. Nas palavras de um paciente, a primeira fase da TCCB é focada em "aprender a não se matar quando você quer se matar".

Exemplos de casos ilustrativos

Voltando a atenção para nossos três estudos de caso (Tabela 6.1), vemos que as sessões 2 a 5 enfatizam o treino de habilidades comportamentais de todos os pacientes. Note, no entanto, que os procedimentos específicos usados não seguem necessariamente uma ordem ou sequência prescrita em todos os casos. De modo específico, ainda que os três pacientes tenham recebido intervenções e procedimentos em comum (p. ex., todos passaram por treino de habilidades de *mindfulness*, preencheram sua lista de razões para viver ou o *kit* de sobrevivência e receberam treino de controle de estímulo do sono), é permitida aos clínicos alguma flexibilidade na determinação da sequência específica em que cada uma dessas intervenções de TCCB é introduzida. Por fim, note também que alguns procedimentos são repetidos em muitas sessões, permitindo que o paciente fortaleça habilidades que podem precisar de prática ou refinamento adicional além do que pode ser realizado em uma única sessão. A TCCB, portanto, fornece um "cardápio" de procedimentos centrais dentre os quais os clínicos podem escolher, com a sequência específica sendo guiada em grande parte pelas necessidades específicas do paciente. No caso de Janice, a avaliação da narrativa e o plano de resposta à crise são repetidos durante a quarta sessão, porque ela fez uma tentativa de suicídio entre a terceira e a quarta sessões. Como será discutido mais adiante neste manual, quando um paciente faz uma tentativa de suicídio durante o curso da TCCB (ou tem uma crise suicida grave, ou é admitido para hospitalização psiquiátrica), os clínicos conduzem uma nova avaliação da narrativa na sessão seguinte e revisam o plano de resposta à crise para fazer mudanças e/ou refinamentos. Os clínicos, então, continuam com a TCCB em vez de recomeçarem do zero.

SESSÕES 6 A 10: FOCANDO OS FATORES DE RISCO COGNITIVOS NA LINHA DE BASE

Quando o paciente começa a demonstrar que pode usar de forma eficaz as habilidades de regulação emocional, os sintomas em geral entram em remissão e/ou se estabilizam. Quando emerge esse domínio inicial das habilidades, a TCCB avança para a segunda fase do tratamento, que é focada no enfraquecimento do sistema de crenças suicidas, reduzindo, desse modo, a vulnerabilidade a longo prazo à ativação do modo suicida. Esses ganhos efetivos no automanejo e na autorregulação afetam positivamente o senso de competência e a autoeficácia do paciente. Como a maioria dos pacientes está se sentindo melhor nesse ponto do tratamento, tanto em termos de seu estresse emocional quanto no seu senso de *self*, muitos deles vão abandonar o tratamento ou sugerir que ele seja descontinuado. Entretanto, não é recomendada a descontinuação da TCCB nesse estágio, já que as predisposições cognitivas do paciente ainda não foram adequadamente focadas. Quando essa situação surge, o clínico deve revisar a estrutura da TCCB e a noção de predisposições cognitivas ao risco, conforme contextualizadas pelo modo suicida. Assim, embora seguramente tenha havido sucesso durante a primeira fase da TCCB, durante a segunda fase o foco principal da intervenção são as predisposições cognitivas do paciente ao suicídio, ou o sistema de crenças suicidas. Portanto, as tarefas primárias do clínico na fase dois são reforçar o uso das estratégias de regulação emocional, ensinar habilidades de reavaliação cognitiva e reforçar o engajamento em atividades significativas e prazerosas.

Embora a segunda fase da TCCB esteja focada principalmente na reavaliação cognitiva, os pacientes devem continuar a praticar as habilidades aprendidas na primeira fase. Assim, no começo de cada sessão, o clínico continua a perguntar ao paciente se ele usou o plano de resposta à crise desde a sessão anterior. Se ele diz que usou o plano, o clínico lhe pede que descreva a situação e as circunstâncias que o levaram a usá-lo e as estratégias específicas utilizadas. Se o paciente diz que não usou o plano, o clínico lhe pergunta como manejou eficientemente as situações estressantes de modo tal que o plano não foi necessário. Isso reforça o uso eficaz das habilidades de regulação emocional, solução de problemas e manejo de crise e reforça o senso de autoeficácia do paciente.

As intervenções na segunda fase são especificamente concebidas para desenvolver habilidades de reavaliação cognitiva do paciente. Primeiro, o paciente aprende a usar a folha de atividade ABC (descrita no Capítulo 16) para aprender como nossos pensamentos e nossas crenças influenciam as emoções em resposta a situações ativadoras. Depois de adquirida essa habilidade fundamental, o paciente é ensinado a avaliar criticamente a utilidade das suas crenças com a folha de atividade Perguntas Desafiadoras (descrita no Capítulo 17)

e a reconhecer e nomear os diferentes tipos de crenças inúteis com a folha de atividade Padrões de Pensamentos Problemáticos (descrita no Capítulo 18). Além disso, o senso do paciente de significado pessoal na vida e de conexão com os outros e a experiência de estados emocionais positivos são desenvolvidos com o planejamento de atividades e os cartões de enfrentamento, o que envolve a programação de atividades prazerosas (descrita no Capítulo 19). No final da segunda fase da TCCB, o paciente (1) aprende novas maneiras de pensar sobre si mesmo, sobre o mundo e sobre os outros e (2) começa a adquirir uma nova autoimagem e um estilo cognitivo geral que reduz a probabilidade de ativação futura do modo suicida em resposta a estresses na vida. Ainda que o paciente continue a enfrentar estresse na vida, ele está mais bem posicionado para responder a esse estado de modo mais adaptativo e funcional. Por exemplo, uma paciente que concluiu a TCCB e foi agredida sexualmente vários meses depois relatou ao seu clínico: "não vou mentir: eu pensei em me matar depois que isso aconteceu comigo, mas então me lembrei do que conversamos e percebi que aquilo não foi minha culpa e que vou vencer isso, mesmo que seja difícil. Eu vou ficar bem".

Exemplos de casos ilustrativos

Todos os nossos três exemplos de caso iniciam a segunda fase do tratamento com a folha de atividade ABC. Como será discutido em um capítulo posterior, aprendemos que a folha de atividade ABC é especialmente adequada para iniciar a segunda fase da TCCB. Como na primeira fase da TCCB, os três casos recebem as mesmas intervenções e procedimentos, embora sua sequência específica varie com base em suas necessidades únicas.

SESSÕES 11 E 12: PREVENÇÃO DE RECAÍDA

Na terceira fase da TCCB, a prevenção de recaída se torna o foco. Nesse estágio final da TCCB, o objetivo principal é assegurar que o paciente seja suficientemente competente no uso das habilidades aprendidas para manejar de modo eficiente as crises emocionais sem fazer uma tentativa de suicídio ou usar outros comportamentos desadaptativos associados ao modo suicida (p. ex., uso de substância, autolesão não suicida). Esse processo é atingido com a tarefa de prevenção de recaída, uma tarefa de imagem mental em que o paciente se visualiza em crises suicidas e resolvendo-as com eficiência (descrita no Capítulo 20). Durante esse procedimento final, o paciente deve imaginar dois tipos diferentes de crises suicidas: a crise suicida que precedeu imediatamente o começo da TCCB e uma crise hipotética futura. Então ele se imagina resolvendo a crise com sucesso, usando uma ou mais habilidades aprendidas na TCCB. Essa tarefa de imagem mental é repetida muitas vezes, com cada iteração sendo cada vez mais difícil, requerendo, desse modo, a demonstração efetiva da habilidade de solução de problemas e suficiente flexibilidade cognitiva. Embora a terceira fase da TCCB em geral só dure duas sessões, são adicionadas outras sessões se o paciente não conseguir concluir a tarefa de prevenção de recaída com competência suficiente. Durante essas sessões adicionais, o clínico e o paciente continuam o treino de habilidades e o teste do domínio das atividades por meio da tarefa de prevenção de recaída. A terceira fase do tratamento é, portanto, semelhante a um "teste final" que o paciente faz até receber uma nota de aprovação. No final da terceira fase, que coincide com a conclusão da TCCB, o paciente deve demonstrar domínio de habilidades específicas para prevenção de tentativas de suicídio. A TCCB foi, portanto, desenvolvida como uma abordagem baseada na competência para o progresso e a conclusão do tratamento.

Exemplos de casos ilustrativos

Na fase final da TCCB, nossos três pacientes dos exemplos de caso participaram da tarefa de prevenção de recaída. Enquanto John e Janice concluíram as duas sessões da tarefa de prevenção de recaída, Mike participou de apenas uma sessão. Durante a sessão 11, Mike completou várias iterações da tarefa de prevenção de recaída com habilidade considerável. Então, reagendou a sessão 12 várias vezes. Quando o clínico finalmente conseguiu contatá-lo por telefone, Mike explicou que havia encontrado um novo emprego e não queria pedir uma licença para comparecer a outra sessão. Como havia concluído com sucesso a tarefa de prevenção de recaída na sessão anterior, Mike havia demonstrado domínio da habilidade e competência considerável, satisfazendo, desse modo, os critérios da TCCB para conclusão do tratamento. Esses critérios são discutidos na próxima seção.

A ESTRUTURA GERAL DAS SESSÕES DE TERAPIA COGNITIVO--COMPORTAMENTAL BREVE

A TCCB é mais eficaz quando suas sessões são estruturadas e essa estrutura é apoiada e seguida pelo clínico. A primeira sessão de TCCB é a mais estruturada e roteirizada do tratamento, devido ao número de procedimentos que precisam ser completados. Embora o conteúdo das sessões posteriores de TCCB seja mais variável devido à habilidade do clínico de adequar a sequência específica de intervenções e procedimentos às necessidades únicas do paciente, o fluxo de cada sessão geralmente segue esta sequência:

- **Avaliar o uso do plano de resposta à crise pelo paciente.** O clínico abre cada sessão perguntando se o paciente usou seu plano de resposta à crise desde a última sessão. Se sim, o clínico pede que ele descreva a situação e revise seu uso dos passos do plano. Se não, o clínico pede que ele revise os itens do plano de resposta à crise. Durante essa revisão, o clínico reforça o uso de habilidades eficazes e ajuda a resolver os desafios ou as barreiras ao uso eficaz das habilidades.
- **Introduzir uma nova habilidade ou intervenção.** Sempre que o clínico introduz uma nova habilidade, ele articula claramente como cada intervenção se ajusta ao caso único de cada paciente. Isso personaliza a intervenção e aumenta a determinação do paciente para usar a habilidade na sua vida.
- **Descrever verbalmente a habilidade.** O clínico descreve as habilidades e então convida o paciente a fazer as perguntas que ele pode ter a respeito. Isso dá ao paciente uma ideia do que esperar quando ele praticar a habilidade, conforme o princípio do consentimento informado.
- **Demonstrar a habilidade e permitir que o paciente pratique a habilidade na sessão.** O clínico guia o paciente para usar a habilidade na sessão. Isso possibilita que o paciente tenha experiência em primeira mão com a habilidade e tenha suas perguntas respondidas imediatamente, aumentando, desse modo, a probabilidade de utilização eficaz entre as sessões.
- **Revisar a experiência do paciente com a prática da habilidade.** O clínico pede que o paciente discuta o que ele notou enquanto praticava a habilidade, o que mudou como resultado da habilidade e quais são suas impressões ou opiniões. Isso aumenta a consciência do paciente quanto à utilidade da habilidade e possibilita que o clínico identifique e corrija algum problema com seu uso.
- **Identificar e solucionar problemas relativos a barreiras potenciais ao uso da habilidade na vida cotidiana.** O clínico e o paciente consideram as prováveis barreiras à utilização da habilidade e desenvolvem estratégias para contornar essas barreiras. Isso aumenta a probabilidade do uso eficaz da habilidade entre as sessões e ensina habilidades básicas de solução de problemas.
- **Avaliar a motivação do paciente para usar a habilidade.** O clínico pede que o paciente classifique sua probabilidade de usar a habilidade entre as sessões em uma escala de 0 (nenhuma chance de uso) a 10 (com certeza vai usar). Se o paciente fornecer uma classificação abaixo de 7, os dois discutem as prováveis barreiras e modificam a intervenção de modo a atingir uma classificação mais alta. Isso aumenta a probabilidade de uso eficiente da habilidade entre as sessões e ensina habilidades básicas de solução de problemas.
- **Finalizar um plano para praticar a habilidade entre as sessões.** O clínico e o paciente estabelecem colaborativamente uma programação para o paciente praticar a nova habilidade entre as sessões. O plano da prática deve ser o mais específico possível, para maximizar a probabilidade de uso pelo paciente. Isso facilita a aquisição e o domínio da habilidade.
- **Inserir uma lição aprendida no registro do tratamento.** No final da sessão, o clínico pede que o paciente identifique uma "lição aprendida" na sessão. A "lição aprendida" inclui o tema principal da sessão ou a informação principal que o paciente adquire durante a sessão. Os

pacientes anotam a lição aprendida em cada sessão em seu registro do tratamento, usando suas próprias palavras. Exemplos de lições aprendidas incluem: (1) "o plano de crise me ajuda a descobrir o que fazer quando estou perturbado"; (2) "os exercícios respiratórios ajudam a me acalmar"; (3) "estou sendo muito duro comigo mesmo"; e (4) "talvez as coisas fiquem bem, afinal".

DEFININDO A CONCLUSÃO DO TRATAMENTO NA TERAPIA COGNITIVO-COMPORTAMENTAL BREVE

Embora a conclusão do tratamento – frequentemente referida como *término* nas disciplinas psicoterápicas – seja considerada um elemento essencial dos cuidados de saúde mental, surpreendentemente tem sido dada pouca atenção à definição de quando um paciente deve ser considerado "pronto" no tratamento. Em algumas tradições terapêuticas, a conclusão do tratamento assume que não haverá mais nenhum contato entre o clínico e o paciente em algum ponto no futuro (Budman & Gurman, 2002). No entanto, outras tradições terapêuticas, como os modelos cognitivo-comportamentais, tendem a ser menos absolutas na definição da conclusão e frequentemente assumem que os pacientes podem retornar para tratamento adicional em um momento posterior, se necessário. Embora estejam disponíveis muitas orientações sobre *como* concluir o tratamento, quase não há orientações referentes a *quando* o tratamento deve ser considerado concluído (Bryan, Gartner, et al., 2012). Isso apresenta um desafio fundamental aos cuidados de pacientes de saúde mental, uma vez que a conclusão prematura do tratamento pode deixar os pacientes vulneráveis a um resultado especialmente adverso e potencialmente ameaçador à vida: tentativas de suicídio.

Não há uma abordagem ou um método único para definir a conclusão do tratamento, embora ela seja frequentemente determinada com o uso de uma ou mais destas três abordagens gerais, que não são mutuamente excludentes (Bryan, Gartner, et al, 2012): julgamento do clínico, resultados do paciente e número de sessões realizadas. A abordagem do *julgamento do clínico* é baseada, em grande parte, na avaliação do clínico do progresso do paciente no tratamento, de modo que o tratamento não é considerado concluído até que o clínico determine que esse é o caso. Os critérios pelos quais o clínico toma essa decisão diferem de paciente para paciente porque estão baseados na conceitualização de caso e nas necessidades únicas de cada paciente. A abordagem dos *resultados do paciente*, por sua vez, é baseada, em grande parte, na magnitude da mudança do paciente ao longo do tratamento, o que é tipicamente indicado por alguma forma de medida objetiva que foi (idealmente) selecionada no início do tratamento. Por exemplo, a gravidade do sintoma do paciente pode ser monitorada durante o tratamento usando-se uma *checklist* de autorrelato, até que os escores estejam abaixo de um limiar especificado, momento em que o paciente é considerado recuperado. A terceira abordagem, *número de sessões*, em geral é baseada em achados empíricos (p. ex., resultados de ensaios clínicos randomizados) sugerindo que certa "dose" de terapia é suficiente para a recuperação em uma proporção de pacientes predeterminada. Usando essa abordagem, a conclusão do tratamento é definida pela participação total nas sessões: por exemplo, pelo menos 75% das sessões planejadas. Em alguns casos, fatores econômicos (p. ex., recursos financeiros limitados pelo paciente, restrições de um terceiro pagador) também levam os clínicos e os pacientes a usarem o número de sessões como a determinação principal do término do tratamento.

Cada abordagem tem pontos fortes e fracos únicos que são relevantes para o tratamento de pacientes suicidas. Por exemplo, alguns pacientes são inerentemente mais complexos e desafiadores que outros, e alguns não respondem ao tratamento tão rapidamente quanto outros. Portanto, definir a conclusão do tratamento com base unicamente no número de sessões pode ser problemático para pacientes que permanecem altamente sintomáticos ou sem apresentar melhora na época que atingem o número total de sessões predeterminado. Em casos como esse, as abordagens de julgamento do clínico e os resultados do paciente têm claras vantagens. No entanto, a abordagem do julgamento do clínico é limitada pelo fato de que os clínicos notoriamente não são bons em tomar decisões em geral baseados unicamente na experiência subjetiva ou "clínica" (Dawes, Faust, & Meehl, 1989; Grove, 2005), um achado que se aplica à predição de tentativas de suicídio (Cha, Najmi, Park, Finn, & Nock, 2010; Nock et al., 2010). A abordagem dos resultados do paciente também tem limitações importantes que se devem, em parte, aos métodos atualmente usados para avaliar os resultados clínicos, sendo que os mais comuns são as escalas de autorrelato dos sintomas. Como discutido previamente, a gravidade do sintoma psiquiátrico e mesmo a ideação suicida tendem a ser indicadores muito fracos do resultado clínico com pacientes suicidas. Definir a conclusão do tratamento com base nesses resultados particulares do paciente pode, portanto, ficar aquém do ideal para pacientes em risco de fazer tentativas de suicídio.

Na TCCB, o tratamento é considerado concluído quando o paciente demonstra a habilidade de usar de forma eficaz habilidades de regulação emocional, solução de problemas e reavaliação cognitiva dentro do contexto específico de crises emocionais e suicidas, um critério que é avaliado com a tarefa de prevenção de recaída. Em sua essência, a *abordagem baseada na competência* para determinar a conclusão do tratamento é compatível com a abordagem dos resultados do paciente, na medida em que o progresso é determinado pela magnitude da mudança do paciente ao longo do tratamento. No entanto, os resultados de interesse do paciente são aqueles que a teoria da vulnerabilidade fluida supõe que estão diretamente relacionados aos mecanismos subjacentes ao risco de fazer uma tentativa de suicídio: os fatores de risco cognitivos e comportamentais na linha de base. A TCCB é, portanto, considerada concluída somente quando o paciente consegue *mostrar* claramente que é capaz de usar as habilidades de forma eficiente para manejar as crises e prevenir tentativas de suicídio. Para isso, a conclusão do tratamento é estabelecida em parte pelo julgamento clínico, já que o clínico desempenha um papel significativo para determinar se o paciente é ou não "competente" no uso de habilidades de automanejo. Se o clínico determinar que um paciente ainda não adquiriu competência suficiente, então são realizadas sessões adicionais até que esse critério seja atingido.

À primeira vista, isso pode parecer sugerir que a conclusão do tratamento na TCCB não é influenciada pela abordagem do número de sessões, mas esse não é exatamente o caso. Um "ponto de virada" comum no tratamento ocorre durante a transição da primeira para a segunda fase da TCCB, tipicamente em torno da quinta sessão. Nesse ponto de transição, muitos pacientes vão interromper seu comparecimento ao tratamento ou vão sugerir que o tratamento está concluído, pois geralmente eles retornaram aos seus níveis de risco na linha de base e não estão mais em crise; no entanto, encerrar a TCCB nesse momento é prematuro para a maioria dos pacientes suicidas, se não para todos, porque ainda não houve tempo suficiente para abordar suas predisposições cognitivas. Embora a conclusão da TCCB não seja definida por um número mínimo de sessões realizadas, em geral ela não deve ser considerada concluída antes do fim da segunda fase. Essa consideração é, portanto, similar à abordagem do número de sessões para a definição da conclusão do tratamento.

Para minimizar o potencial para erro que acompanha a tomada de decisão subjetiva, a TCCB emprega verificações da confiabilidade para assegurar a fidelidade ao protocolo. Como mencionado anteriormente, as *checklists* de monitoramento da fidelidade estão incluídas no Apêndice B.1 deste manual de tratamento e são usadas para assegurar que os clínicos estejam administrando a TCCB de maneira confiável e consistente entre todos os pacientes. Os tratamentos realizados com fidelidade mais alta pelos clínicos obtêm melhores resultados (Bond, Becker, & Drake, 2011), o que pode se dever à redução no viés ou na subjetividade do clínico em relação à determinação do progresso (ou da ausência deste) no tratamento. Como os clínicos são vulneráveis a fazer determinações sobre a conclusão do tratamento baseados em suas reações emocionais aos pacientes, a fidelidade é especialmente importante ao tratar casos particularmente desafiadores ou difíceis que evocam fortes reações negativas, como os pacientes suicidas fazem. Na TCCB, as competências do paciente são avaliadas durante todo o curso do tratamento, não apenas na sua fase final. Por uma perspectiva prática, isso significa que os clínicos não devem passar da primeira para a segunda fase da TCCB com um paciente que não é capaz de usar eficientemente um plano de resposta à crise e/ou habilidades de automanejo, pois essa é uma indicação de que suas predisposições comportamentais para suicídio ainda não foram suficientemente reduzidas. O automanejo é uma competência importante que o paciente deve ter antes do trabalho cognitivo focado no sistema de crenças suicidas, pois a recordação de crenças específicas sobre suicídio pode ativar emoções negativas muito fortes e respostas desadaptativas. Em suma, é improvável que um paciente esteja pronto para concluir com sucesso a tarefa de prevenção de recaída se ele ainda não demonstrou a habilidade de regular as emoções, resolver problemas e reavaliar pensamentos e crenças desadaptativos de modo eficaz. A manutenção de uma abordagem baseada na competência para avaliar o progresso do paciente durante todo o curso da TCCB assegura que os pacientes façam progresso constante no tratamento e estejam bem preparados para as sessões finais e também para a vida depois do tratamento.

CONTRAINDICAÇÕES À TERAPIA COGNITIVO--COMPORTAMENTAL BREVE

A TCCB é apropriada a uma ampla gama de pacientes, que se estende ao longo de um *continuum* de risco e apresenta uma diversidade de condições clínicas. No que diz respeito ao nível do risco de suicídio, usamos a TCCB com eficácia com pacientes que recentemente fizeram uma tentativa de suicídio e/ou receberam alta de hospitalização psiquiátrica, bem como pacientes que experienciaram pensamentos suicidas, mas ainda não se engajaram em comportamento suicida. Usamos a TCCB até mesmo com pacientes que relatam pensamentos mórbidos sem intenção suicida (p. ex., "eu gostaria de não estar mais por aqui"), como uma intervenção preventiva. Como mencionado no Capítulo 1, a TCCB reduz as taxas de tentativa de suicídio entre pacientes com uma variedade de diagnósticos, mesmo aqueles com diagnóstico de transtorno da personalidade *borderline*, uma condição que frequentemente requer tratamento multimodal de longa duração.

Embora a TCCB seja eficaz e apropriada a uma ampla gama de pacientes, um pequeno grupo de condições contraindica o início da TCCB ambulatorial: mania aguda, psicose aguda e a necessidade de desintoxicação médica. Se um paciente estiver tendo um episódio psicótico e/ou maníaco agudo que compromete suficientemente seu estado mental e sua segurança, os clínicos devem priorizar a estabilização desses estados mentais antes de iniciar a TCCB. Essa estabilização tipicamente necessitará do envolvimento de intervenção psicofarmacológica. Para pacientes com sintomas graves de abstinência secundários a um transtorno devido ao uso de substância, os clínicos devem priorizar a desintoxicação médica. Depois de estabilizado o episódio psicótico, o episódio maníaco ou os sintomas de abstinência fisiológicos, a TCCB pode ser iniciada com segurança. Essas condições devem ser integradas ao modo suicida e focadas dentro da TCCB em conformidade. Por exemplo, um paciente com alucinações de comando pode conceitualizar esse sintoma dentro do domínio físico (porque as vozes são tomadas como uma experiência sensorial). O clínico pode optar por selecionar a folha de atividade ABC para ajudar a ensinar o paciente a responder às vozes de um modo alternativo.

ABORDANDO O USO DE SUBSTÂNCIA

Transtornos devido ao uso de substância são comuns entre pacientes suicidas e representam um dos fatores de risco mais fortes para morte por suicídio (Inskip, Harris, & Barraclough, 1998; Price, Risk, Haden, Lewis, & Spitznagel, 2004; Wilcox, Conner, & Caine, 2004). O uso de substância em qualquer nível de gravidade está associado ao risco aumentado de tentativas de suicídio, além dos efeitos de outras condições psiquiátricas (Borges, Walters, & Kessler, 2000), sugerindo que ele facilita a transição de pensamentos para comportamento suicida. Como tal, o uso de substância com frequência precisa ser diretamente focado como uma parte do tratamento com pacientes suicidas. O risco de tentativas de suicídio é especialmente aumentado entre pacientes com uso de substâncias em comorbidade com transtornos do humor, sendo esses últimos especialmente comuns entre indivíduos suicidas. Pacientes para quem um transtorno depressivo ocorreu antes do início do transtorno devido ao uso de substância tendem a relatar níveis mais elevados de intenção suicida (Aharonovich, Liu, Nunes, & Hasin, 2002), o que pode se dever ao fato de o uso de substância servir como uma estratégia de enfrentamento baseada na evitação para reduzir ou anestesiar o estresse emocional, uma função semelhante às motivações subjacentes à ideação suicida e às tentativas de suicídio.

Como o uso de substância costuma servir como uma estratégia de enfrentamento para pacientes suicidas, ele é conceitualizado na TCCB como parte do domínio comportamental do modo suicida. Para aqueles com problemas de uso crônico de substância, também é conceitualizado como um fator de risco comportamental na linha de base. Como uma estratégia de enfrentamento desadaptativa, o uso de substância é tipicamente focado durante o curso da TCCB, adaptando-se os procedimentos e as intervenções da TCCB em conformidade. Por exemplo, o plano de resposta à crise pode incluir "fissura pelo álcool" como um sinal de alerta, ao passo que habilidades de relaxamento podem ser ensinadas e usadas para manejar o estresse emocional que mantém a fissura do paciente. O treino em *mindfulness* pode ser especialmente útil à luz de evidências de que essa intervenção modifica eficientemente os mecanismos cognitivos, afetivos e fisiológicos que contribuem para a dependência de substância (Garland, Gaylord, Boettiger, & Howard, 2010). Além disso, cartões de enfrentamento focados na reavaliação cognitiva de pensamentos relacionados à substância (p. ex., "preciso de um drinque agora") podem ajudar o paciente a manejar melhor a fissura que facilita as crises suicidas. A TCCB, portanto, foca diretamente no uso de substância como um componente comportamental do risco de suicídio.

Os clínicos devem estar especialmente atentos a pacientes que experienciam depressão aguda durante os períodos de abstinência, pois eles podem equivocadamente presumir que tais pacientes estão com um risco de suicídio relativamente reduzido. Pelo contrário, a depressão durante períodos de abstinência na verdade está associada a múltiplas tentativas de suicídio (Aharonovich et al., 2002), sugerindo que ela pode ser um indicador de recorrência futura de comportamento suicida. O uso de substância também parece afetar a trajetória das crises suicidas ao longo do tempo. Por exemplo, pacientes com transtorno de estresse pós-traumático (TEPT) e dependência de substância comórbidos têm resolução mais lenta de suas crises suicidas (Price et al., 2004), o que pode exigir um número maior de sessões de TCCB e/ou consultas mais frequentes. O uso de substância também está associado a risco aumentado de tentativas de suicídio "não planejadas" (Borges et al., 2000), um achado que se alinha com as motivações expressas por muitos pacientes de usar substâncias para facilitar sua capacidade de fazer uma tentativa de suicídio ou reduzir as barreiras para essa ação (p. ex., "eu nunca seria capaz de fazer isso se estivesse sóbrio"). Outras pesquisas sugerem que o álcool facilita ou "acelera" a transição do impulso suicida para a ação (Bryan, Garland, et al., 2016).

Em termos de resultados do tratamento para pacientes suicidas com transtornos devido ao uso de substância, um estudo recente que testou a eficácia de uma terapia cognitivo-comportamental de 12 meses para adolescentes suicidas diagnosticados com um transtorno devido ao uso de substância encontrou que os pacientes que receberam essa terapia tinham menos probabilidade de fazer uma tentativa de suicídio durante o período de 18 meses de *follow-up* do que os pacientes que receberam os cuidados habituais (Esposito-Smythers, Spirito, Kahler, Hunt, & Monti, 2011). Um estudo separado de pacientes suicidas diagnosticados com transtornos devido ao uso de substância constatou que a maior participação no tratamento de transtorno devido ao uso de substância estava associada a uma redução de aproximadamente 50% nas tentativas de suicídio durante o ano seguinte (Ilgen, Harris, Moos, & Tiet, 2007). Os resultados de uma análise secundária do nosso próprio ensaio clínico sugerem que o risco de tentativa de suicídio pode ser reduzido entre pacientes diagnosticados com um transtorno por uso de substância que recebem TCCB. Especificamente, entre os 21 participantes que satisfaziam os critérios para um transtorno devido ao uso de substância na admissão, 21% daqueles que receberam TCCB quando comparados com 47% daqueles que receberam tratamento habitual fizeram uma tentativa de suicídio durante o *follow-up* de 2 anos. Isso dá suporte à noção de que a TCCB pode ser eficaz para prevenção de tentativas de suicídio entre pacientes suicidas com transtornos devido ao uso de substância. De modo geral, os estudos que examinam a eficácia do tratamento entre pacientes suicidas com transtornos devido ao uso de substância permanecem escassos, mas novas evidências sugerem que uso de substância e risco de suicídio devem ser tratados concomitantemente, e não uma condição de cada vez.

Exemplos de casos ilustrativos

Abuso de substância era uma questão de especial preocupação para Mike, que relatava consumo pesado de álcool regularmente. Nas próprias palavras de Mike: "eu bebo quando fico perturbado para desligar minha mente e poder dormir. O problema é que tomo a decisão de beber assim que saio do trabalho, então acabo bebendo por horas e acabo ficando mais embriagado do que preciso, quando, então, me transformo em um completo idiota e deixo as coisas ainda piores para mim". O consumo de álcool de Mike foi incluído como uma característica comportamental do seu modo suicida e foi inserido em seu plano de tratamento como uma prioridade. Como seu consumo de álcool funcionava como uma técnica de manejo do estresse, foram ensinadas a Mike habilidades de *mindfulness* logo no começo da TCCB como uma estratégia alternativa para manejo do estresse emocional.

MEDICAÇÃO PSICOTRÓPICA

A maioria dos pacientes suicidas que iniciam tratamentos psicológicos para risco de suicídio tomará medicações psicotrópicas de algum tipo, sendo as mais comuns os antidepressivos (Brown, Ten Have, et al., 2005; Linehan, Comtois, Murray, et al., 2006; Rudd et al., 2015). Embora a maioria dos pacientes suicidas esteja tomando medicações psicotrópicas no início do tratamento, permanecem poucas evidências científicas apoiando o uso de medicação psicotrópica como uma modalidade isolada de tratamento para risco de suicídio. Revisões científicas exaustivas conduzidas pelo U.K. National Institute for Health and Clinical Excellence (2012) e a U.S. National Action Alliance for Suicide Prevention (2012) concluíram que as medicações psicotrópicas não desempenham um papel direto no manejo do risco de suicídio, mas confirmaram que elas têm um papel importante a desempenhar no manejo dos sintomas psiquiátricos frequentemente associados ao risco de suicídio, como depressão ou ansiedade. Uma exceção notável a esses achados é a droga antipsicótica clozapina, que demonstrou reduzir em 50% as tentativas de suicídio entre indivíduos com transtornos psicóticos quando comparados com pacientes que receberam olanzapina, um tipo diferente de droga antipsicótica (7,7% com clozapina vs. 13,8% com olanzapina; Meltzer et al., 2003). O lítio também recebeu atenção considerável como um medicamento com possíveis efeitos "antissuicídio" entre pacientes com transtorno bipolar diagnosticado (Cipriani, Pretty, Hawton, & Geddes, 2005). Entretanto, outros pesquisadores questionaram a confiabilidade e a validade dessas conclusões à luz do fato de que os estudos que corroboraram um efeito antissuicídio do lítio eram constituídos, em grande parte, de análises secundárias de ensaios controlados randomizados, estudos naturalistas, metanálises e ensaios abertos com medicamentos, todos os quais envolvem *designs* que poderiam enviesar as práticas de prescrição dos médicos prescritores (Oquendo et al., 2011). Por exemplo, os clínicos têm menos probabilidade de prescrever lítio para pacientes que são considerados de alto risco para suicídio devido ao seu perfil de alta letalidade quando ingerido em excesso. Conforme discutido por Oquendo e colaboradores (2011), o aparente "efeito antissuicida" atribuído ao lítio pode, na verdade, ser devido a um vestígio do processo de tomada de decisão usado pelos médicos, que têm menos probabilidade de prescrever lítio para aqueles pacientes que têm mais chance de fazer uma tentativa de suicídio. De fato, pesquisas recentes não corroboraram a eficácia do lítio na prevenção de tentativas suicídio quando comparado com valproato, um estabilizador do humor de mais nova geração que, acredita-se, não tem um efeito antissuicídio, apesar de ser amplamente usado para tratar transtorno bipolar (Oquendo et al., 2011). Esses resultados colocam em dúvida a eficácia relativa do lítio como um tratamento isolado para prevenção de tentativas de suicídio quando comparado com outros medicamentos comumente usados para transtorno bipolar.

Infelizmente, não foram conduzidos estudos para determinar se certas combinações de medicações e terapia cognitivo-comportamental produzem melhores resultados do que terapia cognitivo-comportamental isoladamente, embora o tratamento combinado seja, sem dúvida, o pacote de tratamento mais comum que os pacientes suicidas recebem. Como o uso de medicação psicotrópica não foi descrito com detalhes consideráveis em ensaios clínicos de terapia cognitivo-comportamental, os detalhes sobre como e em que condições as medicações são usadas de forma eficiente em conjunto com terapia cognitivo-comportamental permanecem relativamente desconhecidos, embora haja um consenso de que as medicações desempenham um papel importante na estabilização a curto prazo dos sintomas psiquiátricos agudos que contribuem para o risco de tentativas de suicídio. Entretanto, os clínicos devem estar atentos ao potencial para *overdose* e trabalhar em estreita colaboração com os profissionais prescritores para limitar o acesso do paciente a quantidades de medicações potencialmente letais, sobretudo medicações com efeitos sinergísticos conhecidos e/ou janelas terapêuticas estreitas.

Entendendo o rótulo de advertência de tarja preta para antidepressivos e estabilizadores do humor

Em 2004, a Food and Drug Administration (FDA) colocou um rótulo de advertência de tarja preta em todos os medicamentos antidepressivos, incluindo os inibidores seletivos da recaptação da serotonina (ISRSs), o medicamento psicotrópico mais amplamente prescrito nos Estados Unidos, devido a preocupações com o risco aumentado de ideação suicida e tentativas de suicídio em crianças e adolescentes até 18 anos de idade que tiveram essas medicações prescritas. O rótulo de advertência foi atualizado em 2007 para estender o alerta a todos os pacientes até 24 anos de idade e, em 2009, foi estendido novamente para a classe de medicações antiepilépticas comumente referidas como "estabilizadores do humor". Durante a última década, houve discussão e debate consideráveis na comunidade científica e no público em geral sobre o impacto da tarja preta no tratamento de saúde mental, especialmente entre pacientes com risco de suicídio elevado (Rudd, Cordero, & Bryan, 2009).

Ainda que a intenção original do rótulo de advertência fosse alertar pacientes e clínicos sobre os possíveis efeitos iatrogênicos desses medicamentos na forma de ideação suicida e tentativas de suicídio aumentadas associadas ao uso de antidepressivo e antiepiléptico, o resultado tem sido confusão considerável e ideias erradas sobre os benefícios e os riscos associados a esses medicamentos. Por exemplo, embora a tarja preta incluísse informações sobre os benefícios dos antidepressivos entre indivíduos acima de 64 anos de idade (i.e., taxas *reduzidas* de suicídio), poucos prestadores de cuidados à saúde ou pacientes têm conhecimento desse benefício. Igualmente, poucos pacientes e prestadores de cuidados à saúde sabem que *não ocorreram mortes* em nenhum dos ensaios clínicos da FDA que motivaram o rótulo de advertência de tarja preta original para antidepressivos. Em uma pesquisa entre prestadores de cuidados primários, mais de 90% acreditavam incorretamente que houve mortes por suicídio nos ensaios pediátricos agregados da FDA (Cordero, Rudd, Bryan, & Corso, 2008). Esse achado é especialmente problemático à luz do fato de que 90% desses mesmos prescritores indicaram que regularmente fornecem informações complementares sobre os riscos associados aos antidepressivos devido ao rótulo de advertência de tarja preta da FDA e ao fato de que mais de três quartos dos antidepressivos usados nos Estados Unidos são prescritos por prestadores de cuidados primários. Tomados em conjunto, esses dados sugerem que a vasta maioria dos pacientes que discutem medicação psicotrópica com seus prestadores provavelmente estão recebendo informações incorretas. Como há pouca razão para suspeitar de que profissionais de saúde mental tenham mais conhecimento do que prestadores de cuidados primários sobre essa questão, parece razoável presumir que a maioria dos consumidores de cuidados de saúde mental nos Estados Unidos está recebendo informações incorretas sobre a medicação psicotrópica como opção de tratamento.

Concepções erradas sobre o risco de tentativas de suicídio relacionadas à medicação também são prováveis devido à tendência geral a enfatizar a dimensão aguda do risco e negligenciar o papel crítico que o risco na linha de base representa na conceitualização e na compreensão do risco de suicídio ao longo do tempo. Dois estudos ilustram muito bem essa limitação. No primeiro estudo, o risco de suicídio entre 120 mil pacientes a quem foram prescritos antidepressivos em três contextos ambulatoriais (i.e., cuidados primários, psicoterapia ambulatorial e psiquiatra ambulatorial) foi analisado durante o ano anterior e o ano posterior à prescrição de antidepressivo (Simon & Savarino, 2007). Consistentemente com as preocupações gerais de que os antidepressivos "causam" aumento no risco de suicídio, o primeiro mês após receber prescrições de antidepressivo foi o mês com risco relativo mais alto durante o ano posterior. No entanto, quando também foi considerado o ano anterior ao recebimento de prescrição de antidepressivo, o mês com risco mais alto foi o mês imediatamente precedente à prescrição da medicação. Os antidepressivos, portanto, foram mais frequentemente iniciados depois do período de risco mais alto do paciente, sugerindo que os pacientes recebem prescrição de antidepressivos como um tratamento para seu risco de suicídio, em vez de se tornarem suicidas como resultado dos antidepressivos. Um padrão similar foi relatado entre pacientes tratados com medicações antiepilépticas (Pugh et al., 2013). Em seu estudo com mais de 90 mil pacientes, Pugh e colaboradores (2013) demonstraram que o período de risco mais alto de ideação suicida e tentativas de suicídio entre pacientes que receberam drogas antiepilépticas foi durante o mês imediatamente anterior a terem recebido a prescrição. Além disso, Pugh e colaboradores mostraram que os pacientes que receberam drogas antiepilépticas tinham maior probabilidade de fazer tentativas de suicídio antes e depois de receber essas drogas, sugerindo que os pacientes que receberam prescrição de antiepilépticos estão em risco elevado de tentativas de suicídio independentemente da medicação que recebem. Pela perspectiva da teoria da vulnerabilidade fluida, os pacientes que recebem prescrição de medicação psicotrópica têm risco mais alto na linha de base. Devido à natureza crônica e persistente da sua linha de base elevada, esses pacientes têm maior probabilidade de receber prescrição de medicações psicotrópicas em geral. Tomados em conjunto, esses achados sugerem que antidepressivos e antiepilépticos provavelmente não causam tentativas de suicídio; em vez disso, os pacientes com maior probabilidade de fazerem tentativas de suicídio também têm maior probabilidade de serem tratados com medicações psicotrópicas porque eles têm déficits nas habilidades que levam ao surgimento de estresse psiquiátrico.

Embora evidências científicas sugiram que as medicações psicotrópicas provavelmente não causam suicídio, mesmo assim os clínicos devem monitorar os pacientes quanto aos efeitos colaterais potenciais que podem indicar risco aumentado de agitação psicomotora, inquietação fisiológica e pensamento acelerado. Cada um desses sintomas está associado a aumentos a curto prazo no risco de suicídio, especialmente quando ocorrem dentro do contexto de um episódio depressivo (Akiskal & Benazzi, 2005; Benazzi, 2005; Judd et al., 2012; Rihmer & Pestality, 1999). Irritabilidade e agitação psicomotora, em particular, diferenciam confiavelmente episódios depressivos mistos de unipolares, sugerindo que esses dois sintomas podem servir como "bandeiras vermelhas" úteis para os clínicos (Benazzi & Akiskal, 2006). Os pacientes deprimidos que relatam ou manifestam esses sintomas devem, portanto, ser avaliados quanto à possibilidade de episódios mistos ou hipomaníacos não reconhecidos, o que pode requerer terapia medicamentosa com benzodiazepinas, estabilizadores do humor ou antipsicóticos (Rihmer & Akiskal, 2006). Independentemente do diagnóstico psiquiátrico final, os clínicos devem continuar a monitorar o risco de suicídio e o *status* clínico dos pacientes durante o curso da TCCB e incentivá-los a tomarem as medicações conforme prescrito.

CONHECIMENTO FUNDAMENTAL PARA A TERAPIA COGNITIVO--COMPORTAMENTAL BREVE

Embora não haja "pré-requisitos" para aprender a TCCB, descobrimos que os clínicos que têm certo conjunto de habilidades e competência aprendem o tratamento muito mais rapidamente e implementam o protocolo com maior fidelidade. Esses princípios fundamentais estão além do escopo deste manual de tratamento para serem discutidos em geral, mas são resumidos aqui para auxiliar os clínicos na condução de uma autoavaliação do seu conhecimento e de suas competências. Os clínicos que têm experiência limitada com as seguintes áreas da prática clínica devem procurar treinamento adicional antes de implementar a TCCB com seus pacientes:

1. **Treinamento e supervisão em conceitualização de caso cognitivo-comportamental.** A terapia cognitivo-comportamental é mais do que uma simples coleção de procedimentos e intervenções; ela é uma estrutura conceitual por meio da qual um clínico entende seus pacientes e aborda o processo de tratamento. Os clínicos que receberam treinamento em uma perspectiva cognitivo-comportamental tendem a aderir e a demonstrar maior fidelidade ao protocolo da TCCB e a implementar o tratamento com maior precisão e efeito. Especificamente, os clínicos cujo treinamento lhes possibilita articular *por que* e *como* certos procedimentos e intervenções beneficiariam um paciente suicida tendem a ser os mais eficientes.
2. **Treinamento em teoria da aprendizagem básica.** O comportamento suicida

funciona primariamente como uma estratégia de enfrentamento para reduzir ou fugir do estresse emocional, mas também responde a outras contingências ambientais. O conhecimento da teoria da aprendizagem básica e a experiência no uso desse modelo para informar a prática clínica podem ajudar os clínicos a focar com maior precisão em comportamentos suicidas e nas variáveis que os mantêm.

3. **Treinamento e supervisão em entrevista motivacional.** Uma parte importante da TCCB é motivar os pacientes a mudar quando eles podem estar relutantes ou inseguros quanto ao processo de mudança. Os clínicos que receberam treinamento em entrevista motivacional e têm experiência no uso dos seus princípios gerais com os pacientes tendem a ter um estilo interpessoal mais efetivo com os pacientes e acham mais fácil abordar a ambivalência destes.

RESUMO

A TCCB especifica para o clínico uma descrição dos procedimentos e das intervenções para que ele escolha os mais adequados aos déficits específicos apresentados pelos pacientes. Isso permite que a estrutura considerável de um tratamento baseado em um manual seja contrabalançada com flexibilidade: ao selecionar as habilidades que melhor se ajustam às necessidades únicas do paciente, especialmente suas necessidades em torno da desregulação emocional e da inflexibilidade cognitiva, o clínico pode idealmente sequenciar os procedimentos, ao mesmo tempo que mantém alta fidelidade ao modelo de tratamento subjacente. A fidelidade do clínico, por sua vez, leva a uma maior consistência nos resultados entre pacientes de alto risco. A TCCB, portanto, oferece um modelo prático para adaptar o tratamento às necessidades únicas do paciente, ao mesmo tempo que assegura a entrega confiável do tratamento.

PARTE II
A primeira sessão

7
Descrevendo a estrutura da terapia cognitivo-comportamental breve

A TCCB se inicia com o clínico apresentando um breve panorama da estrutura e do fluxo do tratamento. Essa discussão revisa várias questões já abordadas como uma parte da discussão do consentimento informado inicial (cf. Rudd, Joiner, et al., 2009):

1. O nome da terapia (i.e., terapia cognitivo-comportamental breve, ou TCCB).
2. Como a terapia funciona (i.e., estrutura da sessão, fases da terapia).
3. Possíveis riscos associados à terapia (i.e., limitações da confidencialidade).
4. Quanto tempo a terapia vai durar (i.e., aproximadamente 12 sessões).

O clínico deve se certificar de explicar o tratamento usando uma linguagem simples e fácil de entender e deve convidar o paciente a dar *feedback*, buscar clarificação e fazer perguntas durante o processo.

JUSTIFICATIVA

A explicação da estrutura da terapia cognitivo-comportamental não só familiariza os pacientes com o processo de tratamento como também fornece um enquadramento para a organização da sua turbulência psicológica. A previsibilidade de cada sessão ajuda os pacientes suicidas com vidas marcadamente caóticas a obter uma sensação de domínio e controle sobre suas vidas, especialmente quando se defrontam com tópicos emocionalmente perturbadores ou difíceis ou falam sobre eles. A estrutura das sessões também oferece ao paciente um modelo para priorização de problemas e questões, uma habilidade essencial para a eficácia na solução de problemas e no manejo de crises. Por fim, a ênfase inicial na natureza limitada no tempo e orientada para habilidades da TCCB fomenta a esperança de recuperação. Muitos pacientes suicidas já participaram de uma grande diversidade de terapias e tratamentos, poucos (se algum) dos quais tão intensamente focados e ativos quanto a TCCB. Por isso, são comuns desesperança e ceticismo em relação ao tratamento. A informação sobre a TCCB foca diretamente nessa desesperança e motiva o paciente a aumentar seu compromisso com o tratamento.

COMO FAZER

Passo 1: descreva a estrutura da sessão cognitivo-comportamental

O clínico explica os componentes primários da estrutura de cada sessão cognitivo-comportamental, o que inclui (1) verificação do humor, (2) definição de uma agenda, (3) revisão do uso do plano de resposta à crise, (4) revisão da prática das habilidades desde a sessão anterior, (5) introdução de uma nova habilidade e prática na sessão e (6) indicação de prática de habilidades entre as sessões.

> **EXEMPLO DE ROTEIRO DO CLÍNICO**
>
> Antes de iniciarmos, eu gostaria de reservar alguns minutos para explicar como este tratamento está estruturado, para que você tenha uma ideia melhor do que esperar enquanto trabalhamos juntos durante os próximos meses. Tudo bem para você?
> Primeiramente, eu gostaria de falar sobre como vamos estruturar cada consulta. Cada vez que no encontrarmos, farei uma verificação do humor, e então vamos definir uma agenda, assim como fizemos hoje. Definiremos uma agenda a cada vez para nos assegurarmos de que priorizamos os tópicos mais importantes e, então, a anotamos para não nos afastarmos muito do tópico. Uma parte importante deste tratamento será a prática de novas habilidades na sua vida diária entre nossas sessões; portanto, no início de cada sessão, também não deixaremos de falar sobre como foi a sua prática. Desse modo, você poderá me informar o que funciona e o que não funciona para você, e poderemos fazer ajustes durante o processo. Depois de revisarmos o que você já aprendeu e praticou, em cada sessão falaremos sobre uma nova habilidade ou ideia e a praticaremos juntos para que você possa aprender como fazer. Depois que você já tiver uma boa compreensão dessa nova habilidade, desenvolveremos uma programação para você praticar a habilidade entre cada sessão. Então vamos encerrar e elaborar o que chamamos de uma "lição aprendida" na sessão. A lição aprendida de cada sessão será o conceito mais importante ou a ideia principal da sessão. Vamos monitorar essas lições aprendidas e anotá-las em uma pequena caderneta chamada "registro do tratamento", sobre a qual falaremos em mais detalhes um pouco mais tarde ainda hoje.
> Então, em suma, cada vez que nos encontrarmos, vou lhe perguntar sobre seu humor, depois definiremos uma agenda, então vamos falar sobre o que você praticou desde nossa última consulta, depois vamos falar sobre uma nova habilidade e praticá-la juntos, então faremos um plano para você praticar e depois encerraremos identificando a parte mais útil ou importante da consulta. Isso faz sentido para você?
> Que perguntas você tem sobre como cada consulta será estruturada?

Passo 2: descreva a estrutura do tratamento baseada em fases

Na sequência, o clínico apresenta um panorama da estrutura do tratamento de TCCB com 12 sessões e descreve cada uma das três fases do tratamento.

> **EXEMPLO DE ROTEIRO DO CLÍNICO**
>
> Agora que já falamos sobre como vamos estruturar cada sessão, vamos falar um pouco sobre o quadro mais amplo deste tratamento. Este tratamento particular é chamado terapia cognitivo-comportamental breve porque tipicamente tem apenas 12 sessões de duração. Se nos encontrarmos uma vez por semana todas as semanas, isso significa que podemos prever o término deste tratamento em aproximadamente 3 meses. Algumas pessoas terminam o tratamento em menos de 12 sessões, e outras em mais de 12 sessões, mas 12 é a média, então é para isso que vamos nos planejar.

Este tratamento é dividido em três fases. A primeira fase vai durar cinco sessões e focará no ensino de novas habilidades para manejar melhor as emergências e crises. A segunda fase também tem cinco sessões de duração, mas nessa próxima parte do tratamento focaremos em como nossos pressupostos e nossas crenças sobre você mesmo e sobre o mundo podem estar causando e mantendo os problemas na sua vida. Também focaremos na aprendizagem de novas formas mais úteis de pensar sobre os eventos estressantes, para que você possa ter mais sucesso na vida. Na parte final, que vai durar duas sessões, faremos o que é chamado de tarefa de prevenção de recaída. A tarefa de prevenção de recaída é uma atividade planejada para reunir tudo, como se fosse um exame final.

Que perguntas você tem sobre o fluxo geral e o plano de tratamento do início ao fim? Você poderia resumir para mim como este tratamento está estruturado, para que eu possa me certificar de que expliquei as coisas claramente?

Passo 3: discuta confidencialidade e os limites da confidencialidade

O clínico revisa as políticas de privacidade e confidencialidade e esclarece as condições em que a confidencialidade pode ser rompida.

EXEMPLO DE ROTEIRO DO CLÍNICO

A próxima coisa que eu gostaria de falar é sobre confidencialidade. Quero que você entenda que o que você e eu falarmos permanecerá confidencial, a menos que você me dê permissão para compartilhar informações sobre o seu tratamento com mais alguém. Se surgirem situações como essa, conversaremos juntos primeiro para esclarecer o que eu posso e o que não posso dizer a outra pessoa, para que estejamos de acordo quanto ao que eu tenho permissão de falar e o que está fora dos limites. Como recentemente você fez uma tentativa de suicídio [ou passou por uma crise suicida grave], devemos conversar sobre uma limitação importante da confidencialidade que podemos enfrentar em algum momento. Se eu avaliar que você está em risco grave ou iminente de suicídio e achar que a sua segurança não pode ser adequadamente mantida em nível ambulatorial, pode ser que eu precise entrar em contato com alguém que possa nos auxiliar para garantir sua segurança. Quando possível, você e eu discutiremos essa opção antes que eu faça contato com alguém, de modo que você esteja plenamente informado e ciente do que está acontecendo e possa participar do processo que visa a garantir a sua segurança. Poderá haver situações em que não será possível para mim discutir essa opção com antecedência, como quando você não comparecer a uma consulta. Em uma situação como essa, farei contato com aqueles indivíduos que você me deu permissão de contatar para ver se eles sabem onde você está e se está bem. Em situações como essa, terei o cuidado de limitar o que digo aos outros a apenas essa informação, que é essencial para garantir a sua segurança. Se algum dia eu tiver que fazer isso, também vou me certificar de informá-lo imediatamente e de que você e eu conversemos a respeito assim que possível.

Acho que essa é uma questão importante que deve ser entendida, portanto, quero fazer uma pausa aqui para ver que perguntas você pode ter sobre confidencialidade e os limites da confidencialidade.

Passo 4: informe sobre o papel potencial dos familiares

O clínico informa ao paciente que ele pode optar por trazer um familiar ou outra pessoa de apoio para participar de uma ou duas sessões para auxiliar no processo de tratamento.

> **EXEMPLO DE ROTEIRO DO CLÍNICO**
>
> A última coisa que quero falar antes de iniciarmos é sobre a possibilidade de um familiar ou outra pessoa de apoio participar de uma ou duas sessões no começo para auxiliar no processo de tratamento. Se você estiver interessado nisso, podemos planejar que um familiar venha a uma consulta com você por volta da terceira ou quarta sessão. Isso não é uma exigência, mas uma opção que alguns pacientes acharam útil. Falaremos mais detalhadamente sobre essa opção daqui a algumas semanas, mas só queria informá-lo sobre isso desde o início.

Passo 5: avalie a compreensão e convide a fazer perguntas

O clínico pergunta se o paciente entende as informações sobre a TCCB e, então, convida o paciente a compartilhar os pensamentos ou as reações que ele pode ter sobre a TCCB.

> **EXEMPLO DE ROTEIRO DO CLÍNICO**
>
> Isso é tudo o que eu queria abordar no começo do tratamento. Sei que foi muita informação, então, que perguntas você tem sobre tudo o que falei? Você tem alguma consideração ou reações gerais sobre a estrutura do tratamento, sobre a confidencialidade ou sobre trazer um membro da família?

Dicas e orientações para descrever a terapia cognitivo-comportamental breve

1. **Demonstre a estrutura da sessão de terapia cognitivo-comportamental.** Consistentemente com o modelo da terapia cognitivo-comportamental, os clínicos devem enfatizar a importância da estrutura da sessão desde o início da TCCB. Mesmo que seja a primeira sessão, os clínicos devem conduzir uma verificação e definir uma agenda antes de passar para sua descrição da TCCB. Isso ajuda a familiarizar o paciente desde o início e a reforçar a fidelidade ao modelo por parte do clínico.

2. **Lembre-se de que a TCCB é uma terapia individual.** Embora membros da família sejam convidados a participar de algumas sessões, os clínicos devem lembrar que a TCCB não foi planejada ou testada como uma terapia de família (ou de casal). Evidências consideráveis apoiam a eficácia de tratamentos que contêm fortes componentes de terapia individual, mas existem poucas ou nenhuma evidência (ainda) corroborando componentes orientados para a família ou o casal. Os clínicos, portanto, são encorajados a manter a perspectiva da terapia individual mesmo quando familiares participam das sessões de TCCB.

8

A avaliação da narrativa

Depois de apresentar um panorama da TCCB e descrever a estrutura do tratamento, o clínico conduz uma avaliação da narrativa da crise suicida índice. Crise suicida índice refere-se ao episódio suicida recente (que pode ou não incluir uma tentativa de suicídio) que esteve mais diretamente relacionado ao paciente buscar ou iniciar o atual curso de tratamento. Por exemplo, se o paciente está iniciando tratamento ambulatorial depois da alta de uma hospitalização psiquiátrica subsequente a uma tentativa de suicídio, o clínico focaria na avaliação da narrativa sobre a tentativa de suicídio que levou à hospitalização. Ou, então, se o paciente está retomando o tratamento ambulatorial devido à recorrência de um episódio depressivo maior marcado por ideação e planejamento de suicídio graves, o clínico focaria na avaliação da narrativa sobre uma crise suicida recente, tipicamente uma que seja identificada pelo paciente como a "pior" crise (i.e., a situação em que ele desejou mais intensamente morrer por suicídio). Na avaliação da narrativa, o clínico procura obter uma compreensão detalhada das circunstâncias contextuais, dos pensamentos, dos comportamentos, dos sentimentos e das sensações físicas associados à crise suicida índice. O clínico, portanto, procura identificar em detalhes a sequência de eventos que conduziram e se seguiram à crise suicida. As informações obtidas a partir dessa avaliação da narrativa servem como base para a avaliação do risco de suicídio, a conceitualização do caso e o plano geral de tratamento.

JUSTIFICATIVA

Como a primeira atividade importante dentro da TCCB, a avaliação da narrativa serve a vários propósitos. Primeiro, ela é uma estratégia para construção da aliança. Os indivíduos suicidas com frequência sentem que nunca foram realmente "ouvidos", mesmo pelos provedores de cuidados de saúde e profissionais de saúde mental. Para muitos pacientes, a avaliação da narrativa é a primeira vez em que lhes foi pedido que contassem a história do seu sofrimento com suas próprias palavras e no seu próprio ritmo. Por meio da escuta ativa e fazendo perguntas esclarecedoras referentes aos eventos que conduziram e que envolvem o episódio suicida do paciente, o clínico comunica o interesse e o desejo de ajudar. O segundo propósito da avaliação da narrativa é obter as informações necessárias para formar uma conceitualização de caso acurada: o contexto e as circunstâncias em torno do episódio suicida, os "atores principais" envolvidos, as estratégias de enfrentamento e respostas comportamentais preferidas do paciente, além dos pensamentos, dos sentimentos e das experiências fisiológicas associadas ao modo suicida ativo. O terceiro e último propósito da avaliação da narrativa é obter as informações necessárias para avaliar o risco de suicídio do paciente e para documentar a avaliação desse risco em conformidade.

A abordagem da avaliação da narrativa difere significativamente do formato de entrevista tradicional para avaliação do risco de suicídio usado por muitos clínicos. Em uma entrevista tradicional para avaliação do risco de suicídio, o clínico costuma fazer uma série de perguntas referentes à presença (ou ausência) e à natureza dos fatores de risco e protetivos de suicídio. Fundamentando essa abordagem, existe um pressuposto de que o paciente está disposto a revelar as informações solicitadas e está fazendo isso com alto grau de precisão. O processo é, em grande parte, se não inteiramente, guiado pelo clínico, enquanto o paciente desempenha um papel relativamente passivo. Dependendo do contexto do trabalho, a estrutura e o fluxo da entrevista de avaliação do risco de suicídio são ditados pelas *checklists* ou outros formulários, os quais devem ser preenchidos pelo clínico posteriormente. Como esses formulários e *checklists* precisam ser completados para atender às exigências de procedimentos de um serviço de saúde, os clínicos com frequência preenchem os formulários durante a entrevista. Nesses casos, tais formulários costumam determinar a sequência específica das perguntas da entrevista, porque os clínicos preenchem o formulário observando a ordem em que são apresentadas.

Em contraste com a abordagem baseada na entrevista para avaliação do risco de suicídio, a abordagem de avaliação da narrativa convida o paciente suicida a "contar a história" da sua tentativa de suicídio ou crise suicida. Para conduzir uma avaliação da narrativa, o clínico pede que o paciente reconte a cadeia de eventos que conduziu à crise suicida índice, que também pode incluir uma tentativa de suicídio. O clínico inicia esse processo pedindo que o paciente conte a história de sua crise suicida, "onde quer que a história comece". Então, ele ajuda o paciente a evocar detalhes sobre as experiências internas (p. ex., imagens, sons, circunstâncias contextuais) associadas à crise e conclui validando a experiência do paciente.

Quando comparada ao formato da entrevista tradicional, a avaliação da narrativa facilita a emergência de processos interpessoais únicos que são favoráveis ao tratamento. Primeiro, a avaliação da narrativa está associada à maior sincronia nos estados emocionais entre o clínico e o paciente, quando comparada com a entrevista tradicional. A sincronia afetiva é o grau de ativação e expressão afetiva, que pode ser medido por uma variedade de métodos. O tom de voz é um método especialmente prático e não invasivo. Pesquisas recentes indicam que a sincronização do tom de voz entre um paciente agudamente suicida e seu clínico serve como um marcador objetivo da empatia e do laço emocional avaliados pelo paciente (Bryan et al., 2017). O conceito de sincronia afetiva está retratado na Figura 8.1. Nessa figura, as frequências fundamentais de dois pacientes agudamente suicidas (representados pelas linhas contínuas) e seus clínicos (representados pelas linhas tracejadas) são traçadas momento a momento durante um encontro clínico inicial. Observe que, no lado esquerdo, paciente e clínico apresentam níveis similares de ativação afetiva e tendem a acompanhar um ao outro durante o cur-

FIGURA 8.1 Dois exemplos de casos demonstrando a sincronia dos estados emocionais entre pacientes agudamente suicidas e seus clínicos. A figura à esquerda retrata alta sincronia e é característica do processo de avaliação da narrativa, ao passo que a figura à direita retrata baixa sincronia e é característica da entrevista tradicional para avaliação do risco de suicídio. A variável f_0 representa a frequência fundamental.

so da sessão, o que sinaliza sincronização emocional. No lado direito, o paciente e o clínico incialmente apresentam os mesmos sinais de sincronização, mas isso não dura muito tempo, sinalizando falta de sincronização. As avaliações da narrativa têm maior probabilidade de serem caracterizadas pela sincronia emocional, similar à figura à esquerda, ao passo que as avaliações com entrevista têm maior probabilidade de serem caracterizadas por falta de sincronia, semelhante à figura à direita (Bryan et al., 2017).

Uma segunda maneira pela qual a avaliação da narrativa afeta positivamente o processo de tratamento é a corregulação afetiva. A regulação afetiva se refere ao processo pelo qual um indivíduo influencia seu próprio estado emocional ao longo do tempo, especificamente acalmando-se. A corregulação afetiva é similar, mas envolve um processo interpessoal pelo qual um indivíduo influencia o estado emocional de outro indivíduo ao longo do tempo, especificamente acalmando a outra pessoa.

A avaliação da narrativa é caracterizada por dois processos de corregulação afetiva interdependentes: o clínico influenciando o estado emocional do paciente suicida, e, por sua vez, o paciente suicida influenciando o estado emocional do clínico (Bryan et al., 2017). A avaliação da narrativa, portanto, envolve um processo interpessoal pelo qual o paciente e o clínico acalmam efetivamente um ao outro durante o encontro. A abordagem da entrevista tradicional, por sua vez, não é caracterizada por esse processo na mesma medida.

Por fim, a avaliação da narrativa é caracterizada por uma fala menos complexa que a entrevista tradicional para avaliação do risco de suicídio (Nasir, Baucom, Bryan, Narayanan, & Georgiou, 2017), que sugere que os pacientes e os clínicos usem uma linguagem mais simples e mais acessível durante a avaliação da narrativa. Como a complexidade da fala está correlacionada com a empatia, esse padrão se alinha com achados previamente mencionados referentes à sincronia afetiva.

Enquanto o paciente conta a história da sua crise suicida, o clínico organiza os fatores de risco e protetivos relatados na estrutura do modo suicida. Isso facilita o processo de conceitualização de caso e prepara o clínico para discutir sua conceitualização do caso com o paciente, uma atividade que ocorre imediatamente depois que a avaliação da narrativa está concluída. A Tabela 8.1 lista os principais fatores de risco e protetivos e mostra como eles podem ser organizados dentro do modo suicida.

TABELA 8.1 Fatores de risco de suicídio e protetivos, por domínio do modo suicida

Domínio	Variáveis
Eventos ativadores	• Problemas de relacionamento • Problemas financeiros • Problemas legais ou disciplinares • Condição de saúde aguda ou exacerbada • Perda de pessoa importante (real ou percebida)
Emocional	• Depressão • Culpa • Raiva • Ansiedade • Entorpecimento • Vergonha
Físico	• Agitação fisiológica • Insônia • Alucinações • Dor
Cognitivo	• Desesperança • Percepção de sobrecarga • Auto-ódio • Pertencimento frustrado • Sensação de aprisionamento • Razões para viver • Significado na vida/propósito • Otimismo • Esperança
Comportamental	• Tentativas de suicídio prévias • Autolesão não suicida • Abuso de substância • Agressão • Afastamento social • Evitação dos outros

COMO FAZER

Passo 1: convide o paciente a contar sua história do episódio suicida índice

O clínico inicia a avaliação da narrativa pedindo que o paciente conte a história da sua crise suicida mais recente.

> **EXEMPLO DE ROTEIRO DO CLÍNICO**
>
> Eu gostaria de saber mais sobre os detalhes do que aconteceu com você quando experienciou pela última vez esse desejo intenso de se matar [ou fez uma tentativa de suicídio]. Você poderia me contar a história da sua crise suicida [ou tentativa de suicídio]? [Se o paciente perguntar por onde deve começar:] Onde quer que a história comece.

Passo 2: ajude o paciente a identificar e descrever a sequência de eventos

O clínico se certifica de que o paciente identifique os pensamentos, as emoções, as experiências físicas e os comportamentos associados ao episódio suicida índice e o incentiva a continuar avançando no relato da narrativa, incentivando-o a se expressar mais ou fornecer mais detalhes. Se o paciente não der essas informações por conta própria, o clínico o estimula de acordo, para obter um relato claro momento a momento das etapas que conduziram ao episódio suicida.

> **EXEMPLO DE ROTEIRO DO CLÍNICO**
>
> [Exemplo de estímulos para incentivar o relato da narrativa da crise suicida]:
>
> E depois, o que aconteceu?
> O que aconteceu em seguida?
> Alguma coisa aconteceu um pouco antes disso?
> Como você chegou até aquele lugar?
> O que, especificamente, estava passando pela sua mente naquele momento?
> Qual foi a emoção que você sentiu naquele momento?
> Onde você sentiu aquela sensação no seu corpo?
> Descreva como era o cômodo onde você estava.
> O que você viu?
> O que essa pessoa lhe disse especificamente? Quais foram suas palavras exatas?
> Em que momento você decidiu fazer a tentativa de suicídio?

Passo 3: ofereça validação emocional

Ao concluir a avaliação da narrativa, o clínico reconhece que contar a história pode ter sido emocionalmente difícil e agradece ao paciente por compartilhar a história. O clínico conclui, permitindo ao paciente mais uma chance de compartilhar alguma informação adicional ou detalhes sobre sua história.

> **EXEMPLO DE ROTEIRO DO CLÍNICO**
>
> Obrigado por estar disposto a compartilhar sua história comigo; tenho certeza de que não foi fácil. Há alguma outra parte da história que precisa ser contada ou outra informação que você acha que preciso saber?

EXEMPLOS DE CASOS ILUSTRATIVOS

A avaliação da narrativa difere consideravelmente da abordagem de avaliação mais tradicional baseada na entrevista. Como consequência, os pacientes inicialmente podem não fornecer muitos detalhes sobre a crise suicida índice. Em nossa experiência, isso ocorre mais frequentemente com pacientes que já estiveram em tratamento previamente e/ou passaram por muitas situações de pensamentos e comportamentos suicidas. Como esse subgrupo de pacientes foi instruído para fornecer respostas breves a perguntas relativamente fechadas, os clínicos podem precisar incentivar os pacientes a ampliarem suas histórias e/ou fazer mais perguntas esclarecedoras. Para demonstrar o processo da avaliação narrativa, a seguir, são apresentadas transcrições parciais dos nossos três estudos de caso.

O caso de John

O caso de John apresenta uma questão comum durante a avaliação da narrativa: a confusão por parte do paciente sobre o que o clínico está pedindo. Como mencionado, os pacientes raramente são solicitados a descrever suas crises suicidas como uma "história", portanto, poderá ser necessário o esclarecimento do clínico. Observe como o clínico de John esclarece a tarefa fazendo uma descrição de histórias em geral e, então, associa a noção da narrativa da história à crise suicida do paciente. Depois que John começa a contar sua história, o clínico faz perguntas esclarecedoras em momentos-chave para obter detalhes sobre os pensamentos e as emoções de John e depois o incentiva a continuar sua história:

CLÍNICO: John, já conversamos um pouco sobre o que aconteceu na semana passada quando você esteve perto de se matar, mas interrompeu no último minuto. Eu gostaria de dedicar algum tempo para saber mais sobre o que aconteceu naquele dia, para que possamos ter uma melhor percepção de como você chegou a esse ponto. Você estaria disposto a compartilhar a história do dia em que quase se matou?

JOHN: Sim. Quer dizer, acho que sim. Não tenho muita certeza do que você quer dizer.

CLÍNICO: Bem, se você pensar sobre o que é uma história, tipicamente envolve uma descrição de uma série de eventos, do começo ao fim. As histórias têm um começo, um meio e um fim. O começo de uma história geralmente prepara o terreno para o que vai acontecer para que possamos ter uma noção de quem está envolvido e o que está acontecendo. O meio da história em geral é quando ficamos sabendo como os eventos se desenrolaram ao longo do tempo, e o fim da história é quando sabemos como as coisas se resolvem ou seu desfecho. A minha hipótese é a de que há um início, um meio e um fim na sua história de quase se matar. Se você pensasse naquele dia por essa perspectiva, como contaria sua história?

JOHN: Sim, entendo. Bem, acho que, para entender o começo da história, você tem que saber um pouco sobre a história da família da minha esposa. Eles são muito críticos com ela, sempre dizendo que ela faz tudo errado e coisas do tipo. Sempre que fala com eles, especialmente seu pai, ela acaba se sentindo deprimida depois, então eu disse que ela deveria parar de falar com eles com tanta frequência. Bem, quando ela estava planejando sua viagem para visitá-los, eu disse que ela não deveria ir porque eu sabia que eles a tratariam mal, e então ela ficou aborrecida o tempo todo, mas não me ouviu e simplesmente ficou dizendo que aquilo não aconteceria. Bem, ela foi visitá-los na semana passada, e, como esperado, seu pai a tratou muito mal, depreciando-a e dizendo que ela sempre estragava tudo e coisas assim. Então, quando ela me ligou em lágrimas e muito abalada, eu já sabia que ela estaria assim. Eu estava falando com ela e lhe dizendo para não dar ouvidos ao pai, pois ele sempre lhe dizia coisas negativas e a colocava para baixo e disse que seu pai era um completo idiota. Foi quando ela disse que eu não a estava ouvindo.

CLÍNICO: Quando ela disse isso, o que você disse a si mesmo? O que passou pela sua mente?

JOHN: Bem, eu disse a mim mesmo: "isso não é verdade". Também pensei que era injusto ela dizer isso, pois eu avisei que isso ia acontecer e estava tentando evitar justamente essa situação, mas ela não me ouviu mais uma vez.

CLÍNICO: Então, parece que você ficou frustrado? Incomodado? Com raiva?

JOHN: Não sei se eu diria com raiva, mas certamente fiquei frustrado.

CLÍNICO: OK, então você acha que isso não é justo, você está pensando que ela não deu ouvidos ao seu alerta e agora está se sentindo frustrado?

JOHN: Sim.

CLÍNICO: OK, então o que aconteceu?

John continuou a descrever a cronologia da conversa com sua esposa, que rapidamente se transformou em discussão, e a sequência de eventos que levou à sua tentativa de suicídio abortada. Enquanto ele contava a história, o clínico periodicamente fazia perguntas para identificar seus pensamentos, suas emoções e outras experiências internas (p. ex., sensações físicas), usando uma abordagem similar à empregada na transcrição parcial anterior.

O caso de Mike

Embora Mike negasse uma história de pensamentos e comportamentos suicidas, mesmo assim seu clínico avaliou seu risco de suicídio como alto; assim, foi iniciada a TCCB. Devido à sua negação de pensamentos e comportamentos suicidas, não havia episódio suicida índice para descrever. O clínico, portanto, conduziu uma avaliação da narrativa de um episódio recente devido a um estresse emocional agudo e intenso:

CLÍNICO: Você descreveu suas emoções como "fora de controle".

MIKE: Sim, às vezes parece que elas tomam conta de mim, como se eu estivesse perdendo o controle, ou algo parecido, sabe?

CLÍNICO: Sim, eu entendo isso. Com que frequência você diria que isso acontece?

MIKE: Parece ser o tempo todo agora.

CLÍNICO: Diariamente?

MIKE: Não, não com tanta frequência. Acho que é mais como uma vez por semana, talvez duas vezes por semana. Costumava ser com um espaço de alguns meses, mas agora é pelo menos todas as semanas.

CLÍNICO: Eu gostaria de saber um pouco mais de você sobre esses momentos "fora de controle". Houve algum momento no mês passado em que você se sentiu mais fora de controle do que em outros meses?

MIKE: Sim, provavelmente duas semanas atrás. Minha esposa e eu discutimos, e eu fiquei muito irritado e comecei a beber muito. Nem me lembro muito daquela noite, mas ela diz que eu estava sendo um verdadeiro idiota, e quebrei algumas garrafas de cerveja e coisas assim. Essa vez provavelmente foi a pior de todas.

CLÍNICO: OK. Vamos falar sobre aquela noite. Eu gostaria de saber como você chegou àquele ponto, as coisas que levaram a isso. Você estaria disposto a me contar essa história?

MIKE: Sim, com certeza. Acho que aquela noite na verdade começou pela manhã, quando me acordei, e as coisas meio que escalaram ao longo do dia.

Embora Mike tenha negado pensamentos e comportamentos suicidas no passado, mesmo assim o clínico conduziu uma avaliação da narrativa focada em um incidente recente durante o qual ele teve intensa ativação emocional e se sentiu "fora de controle". A razão para conduzir uma avaliação da narrativa sob essas condições é que é muito provável a emergência de pensamentos e comportamentos suicidas, no futuro, durante esses picos de estresse emocional. Ao identificarem a sequência de eventos que conduziram a essas crises emocionais, o clínico e o paciente podem potencialmente prevenir a emergência posterior de pensamentos e comportamentos suicidas. Outra possibilidade é que Mike *tenha* tido pensamentos suicidas, mas não está confortável para expor esses pensamentos para o clínico. Em tais circunstâncias, a avaliação da narrativa pode servir como uma ferramenta que promove eventual exposição. Ainda que essa exposição nunca ocorra, a avaliação da narrativa pode ajudá-lo a reconhecer os fatores que envolvem as crises suicidas e que conduziram a elas, desse modo possibilitando que, no futuro, ele empregue estratégias regulatórias com mais eficiência.

O caso de Janice

A mais recente tentativa de suicídio de Janice foi há mais de dois anos. Desde então, ela tem experienciado pensamentos suicidas "constantes" que refletem suas duas tentativas de suicídio prévias, ambas as quais envolveram *overdoses* de medicamentos. Em casos caracterizados por múltiplas tentativas de suicídio e pensamentos e planejamento de suicídio recorrentes, o clínico pode focar a avaliação da narrativa em uma tentativa de suicídio passada ou um episódio suicida recente caracterizado por intenção suicida e estresse emocional aumentados. Como Janice negou ter experienciado uma "crise" recente e descreveu o conteúdo dos seus pensamentos suicidas como semelhante às tentativas de suicídio prévias (i.e., *overdose* de medicamentos), o clínico decidiu focar a avaliação da narrativa em sua tentativa de suicídio mais recente. A transcrição a seguir demonstra como o clínico pode obter detalhes sobre a experiência suicida da paciente e facilitar a descrição da sequência dos eventos envolvidos no episódio suicida:

CLÍNICO: Você estaria disposta a me contar a história da sua segunda tentativa de suicídio? Aquela que aconteceu dois anos atrás?

JANICE: Sim. Começou cerca de uma semana antes de eu realmente ter feito a tentativa. Meu supervisor estava sendo um completo idiota, pegando no meu pé em cada detalhe, como se eu não fizesse nada certo, o que foi uma mudança de 180 graus. Ainda na semana anterior eu era sua *superstar*, por assim dizer, e ele estava me indicando para gratificações e reconhecimento e tudo mais. Então, de repente, tudo mudou, e eu não fazia nada certo. Ir para o trabalho naquela semana foi simplesmente deplorável. Todas as manhãs eu me acordava e sentia cada vez mais medo. Eu tinha aquele vazio no estômago e não queria comer nada. Todas as manhãs tinha que me esforçar para ir, porque simplesmente não queria vê-lo ou estar lá.

CLÍNICO: Então, por cerca de uma semana antes da tentativa, as coisas estavam ficando muito estressantes no trabalho, você não estava comendo, sentia um vazio no estômago e não queria ir para o trabalho.

JANICE: Sim.

CLÍNICO: Que tipos de coisas você estava dizendo a si mesma naquela semana? O que estava passando pela sua mente?

JANICE: Que eu sou um fracasso e uma ignorante, que não consigo fazer nada direito, que não quero ter que lidar com isso nunca mais. Eu sabia que na verdade não estava fazendo nada de errado, mas é que ele estava sendo tão idiota que era como se eu não pudesse evitar.

CLÍNICO: OK, então você também começou a pensar que era um fracasso, uma ignorante e que não queria mais ter que lidar com tudo isso. Isso faz sentido.

JANICE: Sim.

CLÍNICO: OK. Então, o que aconteceu?

JANICE: Bem, meu supervisor ficava em cima de mim o dia inteiro. Eu não conseguia escapar dele e, então, finalmente, eu disse a mim mesma: é isso aí, basta, e simplesmente fui para casa. Saí do trabalho mais cedo e fui para casa. E, então, eu estava lá sozinha e me lembro que estava na sala de estar e apenas olhando tudo em volta e pensando em como eu não queria mais lidar com isso, como eu estava cansada e não conseguia mais fazer isso.

CLÍNICO: Hum-hmm. Você se importa se eu perguntar que emoção você estava sentindo naquele momento?

JANICE: Anestesiada. Estava simplesmente anestesiada. Acho que naquele momento eu tive que cair fora, porque não estava com raiva, nem triste, ou mais nada. Eu só estava ali parada, me sentindo vazia.

CLÍNICO: OK. Então o que aconteceu?

JANICE: Bem, foi quando eu simplesmente decidi, então fui até o banheiro para ver os comprimidos que tinha. Não acho que eu realmente pretendesse fazer aquilo naquele momento, mas fui contar os comprimidos e preparar as coisas. Tipo, acho que eu tinha me decidido, mas não ia fazer naquele momento. Eu queria fazer à noite porque sabia que a minha filha viria à noite e queria esperar até que ela saísse. Não queria que ela chegasse e me visse ou algo assim.

CLÍNICO: Então você tomou a decisão naquele momento, mas esperou porque sabia que sua filha estava chegando para visitá-la?

JANICE: Sim, e imaginei que ela me encontraria morta, ou eu estaria quase morrendo, em cujo caso ela poderia chamar uma ambulância, e eles poderiam atrapalhar.

CLÍNICO: OK, entendo. Então você estava preocupada que sua filha pudesse atrapalhar seus planos?

JANICE: Sim.

CLÍNICO: Então, o que aconteceu depois?

Dessa maneira, Janice continuou a contar a história da sua segunda tentativa de suicídio, e o clínico periodicamente interferia para esclarecer um ponto ou fazer uma pergunta de *follow-up* para obter mais informações sobre fatores contextuais, pensamentos, emoções e outras experiências internas que envolviam a crise suicida de Janice.

Dicas e conselhos para a avaliação da narrativa

1. **Deixe algumas pedras sobre pedras.** A avaliação da narrativa não é uma entrevista biopsicossocial geral, que costuma ser concluída durante uma consulta de admissão antes de começar a TCCB. Assim, o clínico deve evitar sondar ou perguntar sobre eventos ou experiências

na vida que não estejam diretamente relacionados ao episódio suicida índice. Se, por exemplo, o paciente mencionar abuso infantil ou outras experiências traumáticas, anote isso, mas não interrompa o fluxo da história para buscar mais detalhes sobre essas experiências. O objetivo principal da avaliação da narrativa é entender os fatores contextuais que envolvem os pensamentos e comportamentos suicidas do paciente, em vez de obter uma história detalhada de sua vida.

2. **Ajude o paciente a se manter no rumo.** Se o paciente "desviar do caminho" falando sobre outros eventos, problemas ou situações na vida que parecem não estar relacionados com os episódios suicidas índice, o clínico pode redirecionar o paciente, pedindo que ele explique como o tópico atual está relacionado com o episódio suicida índice. Por exemplo, durante a avaliação da narrativa o paciente pode começar a falar sobre memórias de abuso infantil que podem estar relacionadas ao episódio suicida índice (p. ex., as memórias ou *flashbacks* do paciente sobre o abuso ativam pensamentos suicidas), mas também podem não estar (p. ex., recontar o abuso infantil do paciente era uma distração tangencial). Nessa situação, o clínico pode perguntar: "só para esclarecer, quando fez a tentativa de suicídio na semana passada, você estava lembrando do abuso que sofreu quando criança? Ou essas memórias do abuso infantil estavam envolvidas na sua tentativa de suicídio de outra maneira?". Se o paciente indicar que o abuso infantil não estava diretamente envolvido no episódio suicida índice, o clínico pode pedir que ele retome a história de onde parou: "oh, isso faz sentido. Então você estava dizendo que no dia da sua tentativa de suicídio...". Essa estratégia pode ajudar a redirecionar o paciente de uma maneira gentil e respeitosa, minimizando a probabilidade de que ele se sinta interrompido ou invalidado.

3. **Faça distinção entre variáveis proximais e distais.** Relacionado ao ponto anterior, quando conduzir a avaliação da narrativa, o clínico deve ser cauteloso ao assumir que certos eventos ou tópicos estão diretamente relacionados à crise suicida índice. A exposição a trauma, por exemplo, é um fator de risco importante para suicídio, mas isso não significa que a tentativa de suicídio mais recente do paciente estava relacionada a um trauma particular. Por exemplo, embora a exposição a combate (especialmente a exposição à morte) esteja associada a risco aumentado de ideação suicida, tentativas de suicídio e morte por suicídio entre militares e veteranos (Bryan, Griffith et al., 2015), poucos militares relatam pensar em memórias relacionadas ao combate no dia da sua tentativa de suicídio (Bryan & Rudd, 2012). A exposição a combate, portanto, serve como uma vulnerabilidade que predispõe ao suicídio, mas pode não ser um gatilho.

4. **Conceitualize durante o processo.** Além da sua utilidade como uma estratégia que desenvolve *rapport* e como um processo de avaliação do risco de suicídio, a avaliação da narrativa possibilita que o clínico reúna as informações necessárias para "preencher" os vários domínios do modo suicida, para que uma conceitualização de caso acurada possa ser formulada. À medida que o paciente relata sua história, o clínico pode organizar os fatores de risco e protetivos do paciente nos vários domínios do modo suicida. Isso não só vai preparar o clínico para o próximo passo da primeira sessão – a conceitualização do caso – como o ajudará a começar a pensar em estratégias potenciais para o plano de resposta à crise.

5. **Use o tempo necessário.** Devido à ansiedade elevada e/ou a pressões situacionais, os clínicos inicialmente forçam o processo de avaliação da narrativa em um ritmo mais rápido que o ideal. Os clínicos que trabalham em contextos com ritmo acelerado caracterizados

pela rápida triagem e tomada de decisão (p. ex., serviços de emergência, clínicas de cuidados primários, equipes móveis de resposta a crises) são especialmente vulneráveis a essa tendência. A maioria dos clínicos consegue concluir a avaliação da narrativa em 10 a 15 minutos em média. Embora isso possa durar mais que a abordagem tradicional da entrevista de avaliação do risco de suicídio, os clínicos que vão mais devagar e usam o tempo necessário durante a avaliação da narrativa frequentemente relatam que obtêm dos seus pacientes informações melhores e com mais *nuances*. Os vários minutos adicionais com frequência pagam grandes dividendos.

9

O registro do tratamento e a conceitualização de caso

O registro do tratamento é um caderno pequeno medindo aproximadamente 3" × 4" (um pouco menor que um cartão de fichário) que é dado ao paciente para que ele possa fazer anotações e acompanhar as "lições aprendidas" no final de cada sessão. Por exemplo, os pacientes podem escrever alguma coisa sobre a eficácia de uma intervenção (p. ex., "exercícios respiratórios ajudam a me acalmar") ou podem escrever uma reavaliação positiva ou um pensamento sobre si mesmos (p. ex., "não sou uma pessoa tão ruim, afinal"). O registro do tratamento é dado ao paciente pelo clínico; não é solicitado que o próprio paciente compre um caderno, pois o ato de fornecê-lo ao paciente parece aumentar a relevância emocional e a importância do registro do tratamento. Isso, por sua vez, aumenta a eficácia geral do registro do tratamento e reduz a probabilidade de que ele seja perdido ou extraviado. Como a intenção é que ele seja portátil, para fácil acesso e consulta pelo paciente, o registro do tratamento deve ser suficientemente pequeno para caber em um bolso, uma bolsa ou uma mochila (veja a Figura 9.1). O tamanho pequeno do registro do tratamento também possibilita que o paciente o utilize com maior discrição e privacidade.

O registro do tratamento é apresentado ao paciente durante a primeira sessão de TCCB como parte da conceitualização de caso, que serve como modelo de trabalho para a compreensão do caso de cada paciente. A conceitualização de caso, que está baseada no conceito do modo suicida, ajuda o paciente a entender por que ele chegou ao ponto de contemplar ou tentar suicídio e ajuda o clínico a desenvolver um plano de tratamento focado. Ela flui diretamente da avaliação da narrativa e serve para organizar as muitas características da crise suicida do paciente em uma estrutura simples e fácil de entender: o modo suicida. Ao fornecer ao paciente um registro do tratamento, o clínico o convida a desenhar uma cópia do seu modo suicida pessoal. Esse desenho pode ser consultado durante todo o resto da TCCB, quando novos procedimentos e intervenções forem introduzidos.

JUSTIFICATIVA

O principal propósito do registro do tratamento é criar um registro escrito "do que funciona" para o paciente. Ele ajuda o paciente a obter uma perspectiva sobre saúde, identificar padrões nos comportamentos e nas situações de vida, rastrear estratégias eficazes de regulação emocional e solução de problemas e monitorar o sucesso ao longo do tratamento. À medida que o paciente

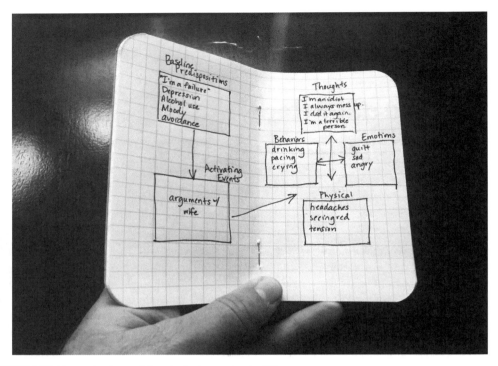

FIGURA 9.1 Exemplo do registro do tratamento de Mike.

obtém novas lições aprendidas no curso da TCCB, o registro do tratamento se torna um registro evolutivo de progresso, crescimento e esperança. Depois da conclusão da TCCB, o paciente pode consultá-lo sempre que necessário para ajudar a resolver problemas e/ou lembrá-lo de como uma situação ou um problema foi resolvido ou manejado com sucesso durante o tratamento. Assim, na conclusão do tratamento, o registro se torna um plano personalizado de prevenção de recaída. No entanto, ele não deve ser conceitualizado ou entendido como um jornal ou diário dentro do qual o paciente registra todos os pensamentos, sentimentos e situações de vida. Os jornais e diários frequentemente são usados para monitorar diariamente experiências de vida negativas, problemas e emoções para fornecer conteúdo para as sessões de terapia. Entretanto, o monitoramento das experiências de vida negativas pode na verdade facilitar a desesperança entre os pacientes suicidas, pois serve como um registro escrito de adversidades, falhas e desespero. Em contraste com um jornal ou diário, o registro do tratamento inclui apenas entradas que registram crescimento, desenvolvimento, sucesso e empoderamento; portanto, ele serve para facilitar o processo de recuperação.

Como discutido no Capítulo 1, os tratamentos eficazes para prevenir tentativas de suicídio estão baseados em um modelo do suicídio simples e fácil de entender que integra estressores situacionais, pensamentos, sentimentos e comportamentos. Dentro da TCCB, o modo suicida serve como o modelo conceitual para explicar por que o paciente experienciou um episódio suicida ou fez uma tentativa de suicídio e por que o clínico está escolhendo intervenções específicas em uma sequência particular. A conceitualização de caso, portanto, serve como o fundamento para o plano de tratamento, com todas as intervenções subsequentes sendo logicamente selecionadas a partir desse modelo mutuamente acordado quanto ao "que está errado" e "o que precisa ser feito a respeito".

COMO FAZER

O registro do tratamento é apresentado ao paciente depois de concluída a avaliação da narrativa. Ao introduzir o registro do tratamento, o clínico descreve brevemente seu propósito e pede que o paciente traga o caderno em todas as sessões. No final de cada sessão, o clínico pede que o paciente identifique uma "lição aprendida" na sessão atual e que a anote em seu registro do tratamento. Este é consultado ao longo da TCCB e desempenha um papel importante na tarefa de prevenção de recaída durante a fase final do tratamento. O primeiro uso do registro do tratamento dentro da TCCB é para a conceitualização de caso, que é elaborada colaborativamente pelo clínico e pelo paciente.

Para facilitar esse processo, o clínico desenha os vários domínios do modo suicida em um quadro branco (ou em uma folha de papel) para que o paciente possa ver uma representação da conceitualização de caso conforme está sendo descrita verbalmente. O clínico inicia a conceitualização de caso descrevendo o conceito de modo suicida. Então, pede que o paciente ajude a conceitualizar o caso "preenchendo as caixas" do modo suicida único do paciente. À medida que o clínico e o paciente examinam juntos cada domínio do modo suicida, o clínico acrescenta informações relevantes específicas do paciente à imagem no quadro branco, elaborando um "mapa" personalizado da crise suicida do paciente. Durante esse processo, o clínico facilita o engajamento do paciente na tarefa, convidando-o a fazer adições ou recomendando mudanças no modo suicida. Depois da conclusão da conceitualização de caso, o clínico convida o paciente a desenhar uma cópia do seu modo suicida personalizado no registro do tratamento, para que ele possa ser consultado novamente em uma data posterior.

Passo 1: introduza o registro do tratamento

O clínico fornece ao paciente um registro do tratamento e explica seu propósito.

> **EXEMPLO DE ROTEIRO DO CLÍNICO**
>
> Uma coisa que pode ser um pouco diferente nesta terapia em particular quando comparada com outras terapias é o uso de um registro do tratamento. Permita que eu lhe dê um e explique o que é.
>
> Enquanto percorrermos este tratamento juntos, haverá informações ou conceitos importantes que quereremos ter certeza de que vamos lembrar. Vamos ficar de olho nas lições mais importantes aprendidas na terapia, anotando-as neste registro do tratamento, assim como você toma notas em aula para se lembrar de informações importantes que o professor apresenta. No final de cada sessão, você e eu vamos identificar a principal "lição aprendida" naquele dia e depois vamos anotá-la no registro do tratamento. Em algumas sessões, a sua lição aprendida pode ser sobre como executar uma nova habilidade ou estratégia que praticamos. Por exemplo, quando praticarmos exercícios respiratórios juntos, você pode decidir que a lição aprendida com essa sessão particular é que exercícios respiratórios o ajudam a se acalmar. Em outras sessões, sua lição aprendida pode ser um lembrete positivo ou um estímulo para si mesmo. Por exemplo, quando começarmos a falar sobre como você vê a si mesmo como pessoa, você pode decidir que a lição aprendida com essa sessão particular é que você está sendo muito duro ou muito injusto consigo mesmo.

Durante o curso do tratamento, enquanto você começa a acumular muitas dessas lições aprendidas, o registro do tratamento se tornará uma forma de monitorar o que é útil para a solução de problemas e o manejo do estresse na vida. Ele também se tornará uma forma de acompanhar seu crescimento e progresso no tratamento. Depois que tivermos encerrado o tratamento, você poderá levá-lo e consultá-lo sempre que precisar de um lembrete sobre como lidar com certas situações ou usar uma habilidade particular. Ele pode, portanto, servir como seu plano a longo prazo para sucesso no futuro. Tudo isso faz sentido?

Passo 2: melhore a motivação para manter um registro do tratamento

O clínico se engaja em estratégias motivacionais para aumentar a probabilidade de o paciente usar o registro do tratamento e monitorá-lo. Para isso, o clínico e o paciente desenvolvem colaborativamente um plano referente ao local onde o registro do tratamento será mantido entre as sessões.

EXEMPLO DE ROTEIRO DO CLÍNICO

Como ficaremos fazendo acréscimos a este registro do tratamento cada vez que nos encontrarmos, será importante que você o traga a cada sessão. Você estaria disposto a trazê-lo cada vez que nos encontrarmos para que possamos revisá-lo e fazer acréscimos?

Vamos conversar sobre onde você poderia guardar esse registro do tratamento para que possa usá-lo quando precisar, mas também para que se lembre de trazê-lo para sua consulta comigo. Muitos pacientes acham útil guardá-lo em um lugar que seja relativamente fácil de acessar durante o dia. Por exemplo, algumas pessoas guardam-no no seu bolso traseiro ou na sua bolsa, e outros o deixam no porta-luvas do carro ou na sua mochila.

Quais são suas ideias de onde poderia guardar seu registro do tratamento para que possa usá-lo e lembrar de trazê-lo para a terapia?

Passo 3: identifique as lições aprendidas no final de cada sessão (todas as sessões de TCCB)

Na conclusão de cada sessão de TCCB, o clínico pede que o paciente resuma o conteúdo da sessão atual e identifique uma "lição aprendida". O clínico convida o paciente a anotar essa lição aprendida em seu registro do tratamento.

EXEMPLO DE ROTEIRO DO CLÍNICO

Conversamos muito hoje. De todas as coisas que discutimos e praticamos, o que você diria que é a maior "lição aprendida"? O que achou mais útil? Qual foi a informação ou o conhecimento mais importante que você adquiriu hoje?

Passo 4: revise as lições aprendidas no começo de cada sessão de *follow-up* (todas as sessões de TCCB)

A cada encontro, o clínico pergunta se o paciente trouxe o registro do tratamento para a sessão e pede que ele revise a lição aprendida na sessão anterior. Isso possibilita uma ponte entre a sessão anterior e a sessão atual.

EXEMPLO DE ROTEIRO DO CLÍNICO

Vamos dedicar um momento para revisar a partir do ponto onde você parou quando nos encontramos pela última vez. Você trouxe seu registro do tratamento? Qual foi sua lição aprendida com a última sessão?

Passo 5: introduza o conceito de modo suicida

O clínico introduz o conceito de modo suicida e faz uma breve descrição. Então, convida o paciente a fazer um desenho do seu modo suicida individualizado no registro do tratamento para consulta posterior.

EXEMPLO DE ROTEIRO DO CLÍNICO

Agora que já passamos algum tempo falando sobre o que aconteceu no dia da sua crise suicida, acho que tenho uma compreensão muito melhor de como você chegou ao ponto em que fazer uma tentativa de suicídio parecia ser uma opção razoável. Neste tratamento, achamos útil organizar essas histórias de modo que elas possam guiar o que fazemos juntos. Assim, o tratamento faz sentido para nós dois e assegura que priorizemos as questões apropriadamente. Para fazer isso, usamos um modelo muito simples para entender o risco de suicídio, denominado modo suicida.

O modo suicida é um tipo de estrutura para reunir todas as informações e questões que conduziram à sua crise suicida e, talvez, até tenham piorado as coisas durante essa crise. O modo suicida tem várias partes que se aplicam a você. Vamos falar sobre cada uma dessas partes de cada vez. Enquanto falarmos sobre cada parte, vou desenhá-la aqui no quadro para que, juntos, possamos visualizar mais facilmente como as coisas se desenvolvem. Enquanto estivermos trabalhando nisso, gostaria que você desenhasse uma cópia desse modelo no registro do tratamento que lhe dei, para que você possa guardar um registro disso, e depois poderemos consultá-lo sempre que precisarmos durante o tratamento.

Passo 6: revise os fatores de risco na linha de base

O clínico explica como certos fatores genéticos, biológicos e históricos (p. ex., história familiar, gênero, raça, exposição a trauma, tentativas de suicídio prévias, histórico psiquiátrico prévio) podem aumentar a probabilidade na linha de base de o paciente experienciar um episódio suicida ou fazer uma tentativa de suicídio no futuro. Então, o clínico e o paciente identificam colaborativamente os fatores de risco na linha de base do paciente.

EXEMPLO DE ROTEIRO DO CLÍNICO

A primeira parte do modo suicida é o que chamamos de fatores de risco na linha de base. Fatores de risco na linha de base são coisas sobre você ou coisas que aconteceram a você que aumentam sua probabilidade de se tornar suicida. Alguns exemplos incluem outros membros da família que morreram por suicídio, ter um histórico de doença mental, ter um histórico de trauma ou abuso ou ter feito tentativas de suicídio anteriormente. Os fatores de risco na linha de base não necessariamente fazem você pensar em suicídio ou fazer uma tentativa de suicídio, mas tornam mais provável que você tenha esses pensamentos. Com base no que me contou, aparentemente você tem os fatores de risco na linha de base para fazer uma tentativa de suicídio... [O clínico lista as predisposições do paciente no quadro branco.]

DICA PARA SOLUÇÃO DE PROBLEMAS

E se o paciente discordar? Se o paciente discordar do clínico quanto aos fatores de risco sugeridos, o clínico deve pedir que o paciente detalhe a sua perspectiva. Por exemplo:

Parece que você vê as coisas de forma diferente. Como você descreveria?

Mais uma vez, os fatores de risco na linha de base apenas aumentam a probabilidade de você experienciar uma crise suicida ou fazer uma tentativa de suicídio durante sua vida, mas por si só não necessariamente fazem você pensar em suicídio ou tentar suicídio. Você consegue pensar em outros fatores de risco na linha de base que ainda não listamos e que poderiam aumentar a probabilidade de você se tornar suicida?

Passo 7: revise os eventos ativadores

O clínico explica como situações ou problemas estressantes na vida podem ativar estresse emocional e desencadear um episódio suicida. O clínico distingue entre eventos ativadores externos (p. ex., problemas de relacionamento, tensão financeira, questões legais ou disciplinares) e ativação interna (i.e., memórias traumáticas, estados de humor negativo, afirmações autodestrutivas) e destaca que eles podem ativar uma crise suicida. Então, o clínico e o paciente identificam colaborativamente os eventos ativadores do paciente.

EXEMPLO DE ROTEIRO DO CLÍNICO

A próxima parte do modo suicida é o que chamamos de eventos ativadores. Eventos ativadores são situações ou problemas na vida que ativam uma crise suicida. Eles geralmente podem ser classificados em um dos dois grupos: externos e internos.

Os ativadores externos são situações estressantes que acontecem na sua vida, como um problema de relacionamento, dificuldades financeiras ou problemas legais ou disciplinares. Os ativadores internos, por sua vez, são experiências mentais ou físicas que ocorrem dentro de você, como depressão, preocupação com um problema na vida ou pensar em coisas ruins que podem acontecer com você.

Em muitos casos, as crises suicidas são desencadeadas por eventos na vida, outras vezes, por algum tipo de sentimento ou experiência interna que não está necessariamente associado a algum evento na vida. Com base na história que você me contou, parece que seus eventos ativadores incluíam... [*O clínico lista os ativadores do paciente no quadro branco.*]

Você tem outro evento ativador externo ou interno de crises, mesmo que ele não tenha ocorrido no dia da sua crise suicida mais recente?

Para entender por que você teve uma crise suicida naquele dia, temos que considerar em conjunto seus fatores de risco na linha de base e seus eventos ativadores. Uma pessoa se tornará ativamente suicida somente quando tiver um evento ativador suficientemente estressante e um número suficiente de fatores de risco na linha de base. Em outras palavras, um evento ativador somente ativará sua crise suicida se você for vulnerável. É por isso que uma pessoa pode se tornar suicida depois de um estressor particular, mas outra pessoa não se torna suicida quando vivencia a mesma coisa: isso depende do estressor e de como você aprendeu a responder a tais estressores. Isso faz sentido?

Quando você é vulnerável ao suicídio e passa por um evento ativador importante, ocorre uma crise suicida ativa. Essa crise é o que chamamos de modo suicida. O modo suicida é composto de quatro áreas: comportamental, física, emocional e cognitiva.

Passo 8: examine o domínio comportamental

O clínico explica como as ações que os pacientes tomam, dando origem a um evento estressante ou em resposta a ele, podem influenciar como eles se sentem e as decisões que tomam. O clínico diferencia comportamentos que facilitam episódios suicidas

(p. ex., isolamento social, uso de substância, autolesão não suicida, comportamentos preparatórios) de comportamentos que previnem ou resolvem episódios suicidas (p. ex., engajamento em atividades significativas, exercícios, passar um tempo com amigos e a família). Então, o clínico e o paciente identificam colaborativamente os comportamentos do paciente relacionados a suicídio.

> **EXEMPLO DE ROTEIRO DO CLÍNICO**
>
> Vamos começar pelo domínio comportamental. Essas são as coisas que você faz e as decisões que você toma quando está abalado emocionalmente e se sentindo suicida. Quando estava me contando a história da sua crise suicida, você disse que fez as seguintes coisas que conduziram à crise, ou durante sua crise... [*O clínico lista os comportamentos do paciente no quadro branco.*]
> Esses comportamentos mantiveram seu estresse emocional e tornaram mais provável que você tentasse suicídio. Há outro comportamento do qual você tem consciência que parece ter efeito contrário e piorar as coisas quando você já está abalado?

Passo 9: examine o domínio fisiológico

O clínico explica como a ativação fisiológica e a ativação emocional estão inter-relacionadas, como o estresse emocional pode ativar problemas físicos (p. ex., tensão muscular, dores de cabeça, problemas do sono) e como problemas físicos podem igualmente aumentar o estresse emocional. Então, o clínico e o paciente identificam colaborativamente os indicadores fisiológicos de ativação emocional do paciente e questões somáticas que desencadeiam ou mantêm o estresse emocional.

> **EXEMPLO DE ROTEIRO DO CLÍNICO**
>
> Em seguida, temos o domínio físico. Quando estamos emocionalmente abalados, frequentemente enfrentamos problemas físicos ou dificuldades como insônia, dores de cabeça, tensão muscular, dor e dificuldade de concentração. Esses sintomas físicos podem fazer nos sentirmos ainda pior do que antes. Quando teve sua crise suicida, você mencionou que teve as seguintes sensações e problemas físicos... [*O clínico lista os sintomas físicos do paciente no quadro branco.*]
> Você já notou outro sintoma físico quando está abalado?

Passo 10: revise o domínio emocional

O clínico explica como as experiências emocionais podem enviesar as percepções da pessoa sobre o *self* e sobre sua situação e como as emoções podem motivar o paciente a tomar certas decisões ou se engajar em certos comportamentos para evitar ou reduzir o estresse emocional (p. ex., uso de substância, autolesão não suicida, afastamento social, tentativa de suicídio). Então, o clínico e o paciente identificam colaborativamente aqueles estados emocionais que são mais comumente experienciados durante as crises suicidas do paciente (p. ex., depressão, culpa, ansiedade, raiva).

> **EXEMPLO DE ROTEIRO DO CLÍNICO**
>
> Depois disso, temos o domínio emocional, que tipicamente inclui emoções e sentimentos negativos sobre nós mesmos ou sobre a vida, como depressão, tristeza, medo ou culpa. Como essas emoções com frequência são muito dolorosas, somos motivados a evitá-las ou nos livrarmos delas, o que pode nos levar a tomar decisões ou nos engajar em comportamentos que podem não ser do nosso melhor interesse

e, na verdade, podem aumentar nosso estresse. Você mencionou que sente as seguintes emoções durante sua crise suicida... [*O clínico lista as emoções do paciente no quadro branco.*]

Emoções como essas podem não só nos fazer pensar em suicídio como também podem manter nossas crises suicidas ao longo do tempo. Você tem outra emoção quando se sente suicida?

Passo 11: revise o domínio cognitivo

O clínico explica como nossas crenças e pressupostos sobre o *self*, sobre os outros e sobre o mundo podem influenciar as emoções que sentimos e as atitudes que tomamos em resposta a circunstâncias ou eventos estressantes na vida. O clínico distingue crenças ou esquemas internalizados que persistiram com o tempo e servem como predisposições cognitivas (p. ex., "alguma coisa está errada comigo"; "sou um fracasso") de pensamentos automáticos que surgem em resposta aos estressores na vida (p. ex., "isso é injusto"; "lá vamos nós de novo"). Então, o clínico e o paciente identificam colaborativamente as crenças nucleares suicidas subjacentes à vulnerabilidade do paciente.

EXEMPLO DE ROTEIRO DO CLÍNICO

O domínio final do modo suicida é o domínio cognitivo. Ele inclui nossas autopercepções, além de nossas crenças e nossos pressupostos sobre o mundo e sobre os outros. Se temos percepções muito negativas ou críticas de nós mesmos, temos muito mais probabilidade de pensar em suicídio. Igualmente, se assumimos que uma situação não tem esperança ou que não somos capazes de resolver um problema, tendemos a nos manter emocionalmente abalados por um período muito mais longo. Podemos, portanto, diferenciar crenças nucleares de pensamentos automáticos. As crenças nucleares incluem aquelas autopercepções e pressupostos que persistem com o tempo.

Nossas crenças nucleares costumam assumir a forma de declarações do tipo "eu sou..." e incluem um julgamento de algum tipo. Essas percepções influenciam o modo como entendemos o que está acontecendo conosco. Se, por exemplo, acredito que sou um fracasso, provavelmente vou achar que a má sorte se deve à minha incompetência. No entanto, se acredito que sou uma pessoa capaz e inteligente, provavelmente vou encarar a má sorte como apenas isso: má sorte. A forma como nos vemos, portanto, serve como uma predisposição para nos tornarmos suicidas.

Os pensamentos automáticos são um pouco diferentes. Pensamentos automáticos são as coisas que dizemos a nós mesmos em reação a eventos na vida; eles estão, portanto, baseados nas situações. Por exemplo, podemos dizer coisas como "isso é injusto" ou "lá vamos nós de novo". Esses pensamentos refletem nossa compreensão do que está acontecendo conosco naquele momento no tempo e influenciam o modo como nos sentimos e como vamos responder à situação. Nossos pensamentos, portanto, moldam nossas ações e nossos sentimentos.

Você fez inúmeras afirmações que sugerem que você se vê por um ângulo particularmente negativo. Além disso, durante sua crise suicida, você teve vários pensamentos que provavelmente contribuíram para suas emoções. Por exemplo, você disse o seguinte... [*O clínico lista as crenças suicidas do paciente no quadro branco.*]

Essas crenças e percepções tornam mais difícil que você resolva os problemas de forma eficiente e tornam mais fácil que você se torne suicida. Quando você está em uma crise suicida ativa, essas crenças também dificultam que se recupere ou se sinta melhor rapidamente. Há alguma outra coisa negativa ou crítica que você tem dito a si mesmo ao longo dos anos que não foi discutida aqui?

Passo 12: avalie a compreensão do paciente

Depois que cada componente do modo suicida foi explicado e personalizado com as informações específicas do caso do paciente, o clínico pede que ele resuma as informações contidas em seu modo suicida e depois pergunta se ele acha que esse modelo reflete acuradamente seu episódio suicida. Se não, o clínico convida o paciente a fazer correções ou ajustes à conceitualização para capturar mais acuradamente as vulnerabilidades, os estressores e as respostas pessoais do paciente.

> **EXEMPLO DE ROTEIRO DO CLÍNICO**
>
> Você diria que esta é uma maneira razoavelmente acurada de entender como você se tornou suicida e o que aconteceu com você durante sua última crise suicida? Você diria que isso resume sua experiência de ser suicida? Você acha que há alguma área que precisa ser mudada ou ajustada?
> Eu gostaria que você resumisse o que acabamos de discutir. Usando suas próprias palavras, de que maneira você explicaria o modo suicida e como descreveria a forma como os vários componentes do modo suicida se aplicam à sua vida?

Passo 13: reforce o uso do registro do tratamento

O clínico enfatiza o valor de manter uma cópia do modo suicida personalizado do paciente em seu registro do tratamento e observa que o clínico e o paciente vão consultar esse modelo muitas vezes durante o curso do tratamento, para garantir que as intervenções e as estratégias selecionadas sejam relevantes para as necessidades e os objetivos únicos do paciente.

> **EXEMPLO DE ROTEIRO DO CLÍNICO**
>
> Agora que você tem um registro por escrito em seu registro do tratamento, poderemos consultar esse modelo cada vez que nos encontrarmos. Assim poderemos nos assegurar de que as novas estratégias que queremos experimentar fazem sentido para o que está acontecendo na sua vida. Ter acesso fácil a essa representação do seu modo suicida também nos ajudará a acompanhar seu progresso no tratamento. Igualmente, depois que tivermos concluído o tratamento, você poderá recorrer ao seu registro sempre que precisar de ajuda para entender que tipos de coisas na vida o ajudam a resolver problemas e que tipo de coisas na vida mantêm seus problemas ou os deixam pior.

EXEMPLO DE CASO ILUSTRATIVO

O caso de Mike é um exemplo de como uma avaliação da narrativa índice pode ser traduzida em uma conceitualização de caso individualizada. A conceitualização de caso de Mike está resumida na Figura 9.2. Como pode ser visto, ela inclui fatores de risco relevantes na linha de base, além de manifestações agudas da sua crise emocional mais recente. Essa conceitualização serve como fundamento para intervenções posteriores. Transcrições parciais da avaliação da sua narrativa são extraídas para demonstrar como as informações obtidas a partir desse procedimento podem ser usadas para guiar a conceitualização de caso.

Duas semanas antes, Mike e sua parceira tiveram outra discussão sobre seu hábito de beber, durante a qual ela de repente pediu que ele saísse do apartamento. Mike mencionou que essa discussão foi "bem como as outras brigas que acabaram meus casamentos anteriores". Durante a avaliação da sua narrativa, Mike relatou que sua au-

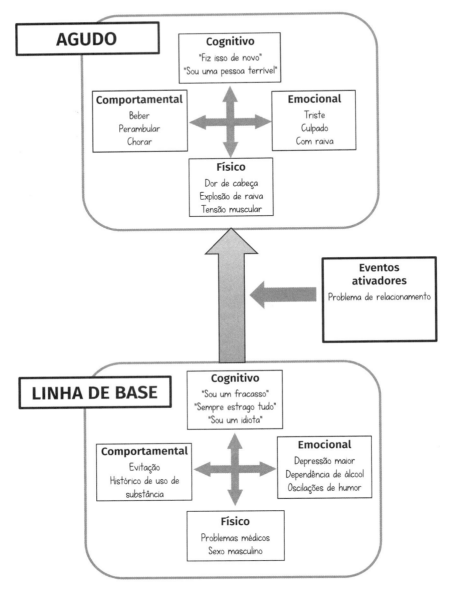

FIGURA 9.2 Conceitualização de caso de Mike.

topercepção de estar "fora de controle" era influenciada, em parte, pela sua esposa, que frequentemente usa as expressões "fora de controle" e "indisponível emocionalmente" durante suas discussões. Ela também se queixou do seu uso excessivo de álcool.

CLÍNICO: OK. Vamos falar sobre aquela noite. Você poderia me contar a história sobre aquela noite? Eu gostaria de saber como você chegou até aquele ponto, as coisas que conduziram ao evento, etc. Você estaria disposto a me contar essa história?

MIKE: Sim, com certeza. Acho que aquela noite na verdade começou naquela manhã, quando me acordei, e as coisas meio que foram escalando durante o dia. Eu estava com uma dor de cabeça muito forte porque tinha bebido na noite anterior e não estava de bom humor quando acordei. Minha esposa também não estava de bom humor naquela manhã porque eu havia bebido. Ela estava me dando um tratamento de silêncio e não estava sendo exatamente a pessoa mais caridosa comigo.

CLÍNICO: O que você quer dizer com isso?

MIKE: Bem, ela não estava exatamente tentando ficar quieta ou algo parecido. Ela estava batendo as portas do armário, vasilhas e panelas, esse tipo de coisa, porque sabia que eu estava com dor de cabeça e estava tentando piorar as coisas. Eu já estava me sentindo muito mal, e o fato de ela estar deliberadamente sendo péssima comigo foi me deixando cada vez mais furioso. Então, finalmente, eu explodi e lhe disse que ela não tinha que fazer todo aquele barulho para arrumar as coisas de manhã, porque eu sabia que não deveria ter bebido de novo e que ela estava furiosa sem que ela precisasse agir assim. Ela disse que estava cansada das minhas bebedeiras o tempo todo e que eu perdia o controle. Eu disse que sabia que ela não queria que eu bebesse e que não bebo assim com tanta frequência, e ela disse que o problema não é que eu beba com frequência, mas que quando bebo, eu perco o controle, e que isso é porque não quero enfrentar meus problemas. Ela está sempre me dizendo isto: como eu fico fora de controle, e não lido com os problemas. É como se ela fosse minha mãe ou algo parecido, me recriminando tanto.

CLÍNICO: Entendo. Então parece que o que você está dizendo é que, quando ela lhe diz que você está fora de controle e não quer enfrentar seus problemas, você sente culpa ou vergonha?

MIKE: Não sei.

CLÍNICO: Talvez você sinta uma emoção diferente?

MIKE: Acho que vergonha está correto. Eu me sinto como uma criança pequena ou algo parecido, em vez do homem crescido que eu sou.

CLÍNICO: OK, então você está se sentindo com raiva e envergonhado nesse ponto da história?

MIKE: Sim.

CLÍNICO: OK, então o que aconteceu a seguir?

MIKE: Fiquei defensivo e discuti com ela. Isto é, sei que ela está meio que certa, de alguma forma, mas isso me deixa ainda mais furioso.

CLÍNICO: Sobre o que ela está meio que certa?

MIKE: Que eu bebo quando fico incomodado, em vez de enfrentar meus problemas.

CLÍNICO: Oh, OK. Então, há alguma coisa nisso que você acha que pode ser verdadeira sobre você.

MIKE: Sim, mas eu fico furioso quando é ela que diz isso. É que eu já sei, não preciso que você me trate como uma criança e faça eu me sentir um idiota.

CLÍNICO: Sim, entendo isso. Então, naquela manhã, é mais ou menos isso que estava passando pela sua cabeça naquele ponto?

MIKE: Sim, eu estava pensando isso, mas não falei em voz alta, não falei nada. Quando eu entro nesse estado mental, não quero lhe dar munição, sabe?

CLÍNICO: Hum-hmm. O que aconteceu depois?

MIKE: Bem, as coisas continuaram escalando e ficando cada vez piores, então eu lhe disse que já que eu era aquele que sempre estraga tudo, eu a deixaria livre para que ela não tivesse mais que lidar comigo. Ela disse que estava ótimo para ela, então paramos de falar naquele ponto. Ela continuou a se arrumar para o trabalho, eu me arrumei para o trabalho e fiz uma sacola de roupas para que pudesse passar a noite na casa da minha mãe. Eu já tinha ficado lá antes, no passado, então imaginei fazer isso de novo. Então fui para o trabalho e fiquei zangado o dia todo, continuei pensando na discussão e em como eu realmente estraguei tudo de novo e como parece que eu sempre estrago as coisas. Fiquei afastado de todos no trabalho porque poderia começar a chorar de repente e não queria que ninguém me visse fazendo isso. Quando terminei meu turno, fui para a casa da minha mãe e jantei. Tentei ir dormir cedo, mas não conseguia desligar minha mente. Era como se meus pensamentos estivessem incontroláveis.

CLÍNICO: Sobre o que você estava pensando?

MIKE: Sobre como sou idiota, estraguei tudo mais uma vez. Comecei a me preocupar que minha esposa me deixasse porque eu sou essa pessoa terrível. Continuei pensando sobre ela me deixar e fui ficando muito preocupado. Eu não conseguia controlar aquilo e comecei a me sentir mal com o que havia feito. Fiquei com raiva de mim porque não consigo controlar a bebida e comecei a me sentir triste sobre ficar sozinho.

CLÍNICO: O que aconteceu a seguir?

MIKE: Fiquei com essa dor de cabeça terrível. Não uma dor de cabeça de ressaca, mas de raiva. Fiquei muito tenso e comecei a andar pelo quarto, chorando. Eu estava tentando não chorar, mas simplesmente não conseguia controlar. Sou um idiota, e nem mesmo consigo parar de chorar. Sou como um bebezinho. Quando fico incomodado assim, começo a ficar furioso, então fui até a geladeira da minha mãe e peguei uma cerveja. Eu não queria beber, porque esse é o problema, sabe? Mas na hora eu meio que pensei: e daí? Aquilo já não importava mais, porque eu já tinha estragado tudo mesmo.

CLÍNICO: Quantas cervejas você bebeu?

MIKE: Não muitas. Bem, acho que não tantas quanto eu teria tomado. Foi só porque minha mãe não guarda muita cerveja em casa, então talvez eu tenha tomado umas quatro ou cinco. Só fiquei perambulando pelo porão da casa dela, indo e vindo. Eu não conseguia parar de pensar na discussão e em como eu tinha estragado tudo. Eu ficava repassando a discussão repetidamente na minha cabeça e ficando cada vez com mais raiva. Quando tomei a última cerveja e voltei para pegar outra, mas a geladeira estava vazia, eu meio que tropecei ou algo parecido. Eu me senti tremendamente mal porque então percebi que tinha bebido toda a cerveja da minha mãe em mais ou menos 30 minutos e comecei a pensar comigo mesmo que eu deveria simplesmente fazer aquilo.

CLÍNICO: Fazer o quê?

MIKE: (*Desvia o olhar, começando a chorar.*) Nada.

CLÍNICO: Quando você diz que começou a pensar que deveria fazer aquilo, a que se refere quando diz "aquilo"?

MIKE: Eu não estava pensando em me matar. Sei que é isso que você está entendendo. Mas não era isso.

CLÍNICO: OK. Se não era suicídio, então o que era?

MIKE: Não sei.

CLÍNICO: OK, pois bem. Então você está olhando para dentro da geladeira e está dizendo a si mesmo que deveria fazer aquilo. O que acontece a seguir?

MIKE: Bem, comecei a chorar muito e mandei uma mensagem para minha esposa. Não sei por que fiz isso. Acho que eu estava suficientemente bêbado naquele momento para não me importar mais, então mandei a mensagem e disse que a amava.

CLÍNICO: E então, o que aconteceu?

MIKE: Ela não respondeu imediatamente, o que me fez chorar, coisas assim, mas, depois de uns 10 minutos, ela mandou uma mensagem dizendo que também me ama e que estava indo dormir e esperava que eu também conseguisse dormir em seguida.

CLÍNICO: E então, o que aconteceu?

MIKE: Bem, isso fez com que eu me sentisse um pouco melhor. Aquilo foi um alívio. Obviamente, ela ainda estava irritada comigo, mas sua resposta dizendo que me amava e que esperava que eu dormisse bem realmente significou muito. Comecei a me acalmar depois disso.

Observe quantos detalhes fornecidos por Mike durante a avaliação da sua narrativa são incorporados à sua conceitualização de caso na Figura 9.2. Os detalhes e informações adicionais obtidos na sua documentação de admissão e as outras partes da sua avaliação na admissão também são integrados a esse modelo. Talvez mais importante na avaliação da narrativa, no entanto, seja uma exposição crítica que Mike faz: ter pensamentos de que ele deveria "simplesmente fazer aquilo". Embora Mike rapidamente negue que essa declaração se refira a suicídio, o contexto que envolve esse incidente sugere fortemente que era provável, em certa medida, que ele estava considerando suicídio. Porém, como Mike não parece disposto a reconhecer essa possibilidade, o clínico opta por continuar a avaliação da narrativa, evitando, desse modo, uma possível luta de poder. Ao se manter focado na tarefa, o clínico pode saber como esse incidente se resolveu.

Dicas e conselhos para o registro do tratamento e a conceitualização de caso

1. **Dê ao paciente um registro do tratamento.** Fornecer um registro do tratamento em vez de pedir que os pacientes comprem um funciona melhor por várias razões. Primeiro, elimina várias barreiras potenciais, incluindo recursos financeiros insuficientes ("não posso pagar"), restrições de tempo ("não tenho tempo para comprar") e questões motivacionais ("me esqueci de comprar"). Segundo, dar aos pacientes um registro do tratamento parece aumentar sua importância em comparação com um que foi comprado pelo paciente ou obtido por ele.

2. **Ofereça opções.** Embora seja uma questão relativamente pequena, descobrimos que dar aos pacientes várias opções para o registro do tratamento dentre as quais eles podem escolher aumenta sua importância e sua utilidade percebida. As opções podem ser simples, como oferecer uma variedade de cores ou de desenhos na capa como escolha. Fornecer opções permite que os pacientes "customizem" ou "personalizem" sua escolha, o que parece aumentar seu valor.

3. **Faça um desenho do modo suicida durante a conceitualização de caso.** Fazer um desenho do modo suicida em um quadro branco ou em outra superfície ajuda os pacientes (e os clínicos) a visualizarem como os vários fatores de risco e protetivos influenciam uns aos outros. Os pacientes frequentemente

relatam que isso os ajuda a entender sua situação, e os clínicos costumam relatar que isso os ajuda a refletir sobre o nível de risco e o planejamento do tratamento.

4. **Peça o *feedback* dos pacientes enquanto criam o modo suicida.** Ao discutirem sobre o modo suicida, os clínicos devem avaliar regularmente seus pacientes para verificar a precisão do modo suicida e a adesão, bem como engajá-los no processo. Isso reduz a probabilidade de mal-entendidos que podem paralisar ou retardar o processo de tratamento, além de ajudar a estabelecer uma relação de trabalho colaborativa.

10
O plano de resposta a crises

O plano de resposta a crises é o componente final necessário da primeira sessão de TCCB. Trata-se de um plano escrito, desenvolvido colaborativamente, que o paciente pode seguir durante crises suicidas ou períodos de estresse emocional que precedem o início de uma crise suicida aguda. Em essência, o plano de resposta a crises envolve uma *checklist* por escrito de "o que fazer" quando em crise e é composto de alternativas comportamentais a uma tentativa de suicídio. Inclui cinco componentes: (1) identificação dos sinais de alerta pessoais que indicam o possível início de uma crise suicida; (2) identificação de habilidades ou estratégias de autogerenciamento que distraem o paciente da situação ou o ajudam a lidar com ela de modo eficaz; (3) identificação de razões para viver; (4) identificação de amigos ou familiares de apoio que podem ser contatados para obter apoio social e assistência; e (5) identificação de fontes de apoio e ajuda profissional, como prestadores de saúde mental, telefones de emergência para crises e serviços de emergência.

JUSTIFICATIVA

O objetivo principal do plano de resposta a crises é auxiliar o processo de tomada de decisão do paciente durante períodos agudos de estresse emocional e solução de problemas prejudicada. Comparados com indivíduos que nunca foram suicidas, mesmo aqueles com depressão maior, os indivíduos suicidas experienciam dificuldade considerável na geração de soluções potenciais para seus problemas (Williams, Barnhofer, Crane, & Beck, 2005). Esse déficit na solução de problemas provavelmente está relacionado com o viés atencional dos indivíduos suicidas referente a informações relacionadas a morte e suicídio, o que inclui estados emocionais negativos e expectativas negativas para o futuro. Durante uma crise, as predisposições cognitivas do paciente são ativadas de tal forma que ele tende a superestimar a probabilidade da ocorrência de eventos negativos no futuro (MacLeod, Rose, & Williams, 1993). O plano de resposta a crises serve como um auxílio na decisão que descreve uma sequência de passos a serem dados durante uma crise, de modo a compensar o colapso na solução de problemas que ocorre durante crises agudas. Em essência, o plano de resposta a crises descreve alternativas à tentativa de suicídio quando o paciente mais deseja fazer uma.

Como um procedimento de prevenção de suicídio, várias iterações do plano de resposta a crises foram usadas em uma grande variedade de tratamentos com eficácia estabelecida para a redução do comportamento suicida: TCD, terapia cognitiva para prevenção de suicídio, programa de intervenção curta para tentativa de suicídio e TCCB. Devido à sua simplicidade, o plano de resposta a crises foi extraído da TCCB para uso em uma ampla gama de contextos, incluindo departamentos de emergência, clínicas de atenção primária, unidades de internação psiquiátrica e contextos de saúde mental ambulatoriais. Os resultados de um ensaio clínico randomizado recentemente concluído apoiam a eficácia do plano de resposta a crises para a prevenção de tentativas de suicídio quando usado como um procedimento independente para manejo do risco (Bryan et al., 2017). Nesse estudo, duas versões do plano de resposta a crises foram examinadas e comparadas ao tratamento usual, as quais envolviam escuta apoiadora, provisão de recursos profissionais para crises e um contrato verbal para segurança. As duas versões do plano de resposta a crises incluíam os quatro componentes a seguir: (1) identificação de sinais pessoais de alerta; (2) identificação de habilidades de autogerenciamento; (3) identificação de amigos ou familiares de apoio; e (4) identificação de serviços profissionais de atendimento a crises. Uma versão do plano de resposta a crises também incluía um quinto elemento: a identificação de razões pessoais para viver. Embora as duas versões não diferissem entre si no que diz respeito às taxas de tentativa de suicídio ou ideação suicida durante o *follow-up*, elas superaram significativamente o tratamento usual em ambas as métricas. Especificamente, os participantes agudamente suicidas que receberam um plano de resposta a crises tinham 76% menos probabilidade de fazer uma tentativa de suicídio durante os 6 meses seguintes e apresentaram declínios mais rápidos e maiores na ideação suicida durante o período de *follow-up* de 6 meses. Os participantes que receberam um plano de resposta a crises também tiveram significativamente menos dias de hospitalização psiquiátrica.

Nossa pesquisa posterior sugere que, além dos seus benefícios a longo prazo referentes a pensamentos e comportamentos suicidas, o plano de resposta a crises também apresenta efeitos imediatos no estado emocional de indivíduos suicidas. Quando avaliados imediatamente antes e depois de suas intervenções, que duraram aproximadamente 20 a 30 minutos, os participantes que receberam um dos dois planos de resposta a crises apresentaram declínios significativos em vários estados afetivos negativos, incluindo depressão, ansiedade, sobrecarga percebida e desejo suicida. Por sua vez, os participantes que receberam um contrato para segurança não apresentaram mudança no estado emocional posteriormente. Além disso, os participantes que receberam a versão do plano de resposta a crises que incluía o componente extra (uma discussão das razões para viver) também apresentaram aumento significativo na esperança e na tranquilidade e declínio significativamente maior na sobrecarga percebida do que os participantes na condição do plano de resposta a crises sem esse componente extra. Tomados em conjunto, esses achados indicam que o plano de resposta a crises (1) reduz as tentativas de suicídio, (2) resolve rapidamente as crises suicidas, (3) reduz imediatamente estados emocionais negativos e (4) aumenta imediatamente estados emocionais positivos, mas somente se for solicitado ao paciente que fale sobre suas razões para viver. O plano de resposta a crises é, portanto, um ingrediente especialmente potente da TCCB que serve como um ponto de partida para todas as intervenções posteriores.

Em um estudo separado conduzido em departamentos de emergência, a intervenção de planejamento de segurança (Stanley

& Brown, 2008), um procedimento que é semelhante em *design* ao plano de resposta a crises, combinado com ligações telefônicas de *follow-up*, estava igualmente associado a taxas reduzidas de comportamento suicida quando comparado com o tratamento usual (Miller et al., 2017), embora a magnitude do efeito (redução de 20%) tenha sido muito menor do que o que foi visto com o plano de resposta a crises e outras intervenções que integram o plano de resposta a crises. Nesse estudo, a intervenção do planejamento de segurança foi autoadministrada pelo paciente, em vez de ser desenvolvida colaborativamente com um profissional da saúde, foi criada com o uso de formulários pré-impressos de preenchimento de lacunas, em vez de ser escrita à mão em uma ficha de arquivo, e incluía uma seção focada na restrição dos meios (Boudreaux et al., 2013). Essas diferenças sugerem que, além do seu conteúdo, o processo pelo qual é desenvolvido um plano de resposta a crises pode influenciar sua eficácia.

COMO FAZER

Ao criarem um plano de resposta a crises com os pacientes, os clínicos adotam uma abordagem orientadora em que auxiliam os pacientes na identificação das suas próprias soluções e estratégias. Ao adotarem essa abordagem, os clínicos podem aumentar a probabilidade de que os pacientes usem o plano durante períodos de estresse emocional intenso. Como ele serve como o ponto de partida para todas as intervenções posteriores na TCCB, os clínicos e os pacientes devem conceitualizar o plano de resposta a crises como um "documento vivo" que será adaptado e modificado durante o curso do tratamento, já que juntos eles o aprimoram continuamente.

No início de cada sessão de *follow-up*, o clínico deve perguntar se o paciente usou o plano de resposta a crises desde a sessão anterior. Em caso afirmativo, o clínico pede que o paciente descreva as circunstâncias que levaram ao seu uso e como o plano foi usado. O uso bem-sucedido do plano deve ser reforçado pelo clínico, e as barreiras ou os obstáculos ao seu uso efetivo (incluindo a falha em usá-lo) devem ser colaborativamente resolvidos. O clínico deve, portanto, diferenciar as habilidades de autogerenciamento que não são práticas ou úteis daquelas que simplesmente requerem refinamento e/ou mais prática. Por exemplo, se um paciente relata que seu uso de uma técnica de relaxamento "não funcionou", o clínico deve primeiramente procurar determinar se isso se deve ao fato de o paciente não ter entendido plenamente como usar o relaxamento de modo eficiente e/ou ao fato de não ter praticado a habilidade suficientemente para que seja benéfica. As habilidades que não são práticas ou úteis devem ser removidas do plano de resposta a crises. Entretanto, as habilidades que são desafiadoras ou confusas devem ser praticadas mais vezes antes de serem removidas do plano.

Um modelo geral para o plano de resposta a crises é apresentado no Apêndice B.3. Os clínicos descobriram que pendurar uma cópia desse modelo na sua parede ou guardar uma cópia em um local de fácil acesso (p. ex., a gaveta de uma escrivaninha) os ajuda a assegurar a fidelidade ao criarem um plano com um paciente. Cabe mencionar que o modelo ajuda a reduzir a ansiedade porque reduz a tendência dos clínicos de se preocuparem com esquecer um componente. Isso, por sua vez, os ajuda a focar no processo de planejamento de resposta a crises, o que tipicamente contribui para encontros de maior qualidade com o paciente.

Passo 1: introduza o plano de resposta a crises

O clínico primeiramente faz uma descrição breve do plano de resposta a crises e a justificativa para seu uso.

> **EXEMPLO DE ROTEIRO DO CLÍNICO**
>
> Com base no que você estava me contando antes, a dor que você experiencia quando está suicida parece insuportável e como se nunca fosse acabar. Nessas circunstâncias, muitas pessoas acham difícil focar e tomar decisões de forma eficaz. Você diria que isso também vale para você?
>
> **DICA PARA SOLUÇÃO DE PROBLEMAS**
>
> **E se o paciente discordar?** Se o paciente discordar dessa perspectiva ou indicar de outra maneira que ela não se aplica a ele, o clínico deve convidá-lo a apresentar sua própria perspectiva. Por exemplo:
>
>   Como o estresse intenso afeta sua habilidade de tomada de decisão?
>
>   Com base na resposta a essa pergunta, use a linguagem do paciente para ilustrar como o estresse emocional pode afetar a tomada de decisão.
>
> Já que é tão difícil tomar decisões quando estamos perturbados, pode ser útil ter um plano definido previamente para nos ajudar a passar pela crise; é como um plano de contingência ou um plano de resposta de emergência que temos que preparar para desastres ou outras questões importantes inesperadas na vida. Você já fez um plano de emergência ou um plano de contingência para sua família ou seu trabalho? Poderia descrever como eram esses planos?
>
> Como você observou, a maioria dos planos de emergência tem *checklists* muito claras do que fazer quando surgir o problema. Basicamente, um bom plano lista instruções muito simples do que fazer em resposta à situação. Podemos criar um plano de resposta a crises similar para manejar nossas próprias crises pessoais na vida. Antes de encerrarmos hoje, eu gostaria que criássemos um plano de resposta a crises para você. Você estaria disposto a fazer isso? Vamos anotar o plano nesta ficha de arquivo, para que você possa guardá-la no bolso ou na bolsa ou em outro lugar que seja de fácil acesso.

Passo 2: identifique sinais de alerta pessoais

O clínico pede que o paciente pense sobre seus indicadores pessoais de estresse e crises emocionais. Na maioria dos casos, esses sinais de alerta pessoais já foram descritos pelo paciente durante a avaliação da narrativa da crise suicida índice. Os sinais de alerta comuns estão listados no Apêndice B.4. Se o paciente estiver tendo dificuldade para identificar seus sinais de alerta pessoais, o clínico lhe fornece uma lista de sinais de alerta para estimular a memória do paciente.

> **EXEMPLO DE ROTEIRO DO CLÍNICO**
>
> O primeiro passo para a criação de um bom plano de resposta a crises é saber quando precisamos realmente usá-lo. Se não soubermos quando lançar mão do plano, provavelmente não o usaremos de forma muito eficiente. Se tivéssemos que selecionar alguns sinais de alerta ou bandeiras vermelhas de uma crise iminente na sua vida, quais seriam esses sinais? Em outras palavras, como você sabe quando está ficando perturbado e pode precisar usar esse plano? Vamos anotar um ou dois desses sinais de alerta no alto da sua ficha.

Passo 3: identifique estratégias de autogerenciamento

O clínico pede que o paciente identifique atividades ou estratégias que podem distraí-lo da situação ou reduzir seu estresse. Uma estratégia útil é perguntar ao paciente quais atividades ajudaram a aliviar o estresse no passado, mesmo que ele não as utilize mais. Se o paciente estiver tendo dificuldade para identificar estratégias de autogerenciamento, o clínico oferece uma lista de possíveis estratégias similares às do Apêndice B.5 para estimular a memória do paciente. Ao identificar estratégias de autogerenciamento, o clínico assegura que o paciente seja capaz de usá-las de modo eficiente e seja específico sobre por quanto tempo e em que circunstâncias ele as usará.

> **EXEMPLO DE ROTEIRO DO CLÍNICO**
>
> Agora que sabemos quando usar este plano, vamos anotar algumas estratégias que você pode usar para manejar seu estresse ou distraí-lo do problema temporariamente. Que coisas o ajudam a se sentir menos estressado ou mais relaxado? Que coisas você costumava fazer que o ajudavam a se sentir menos estressado ou mais relaxado, mesmo que não use mais essas coisas? Vamos anotar uma ou duas dessas estratégias abaixo dos seus sinais de alerta.
> Por quanto tempo você acha que seria capaz de fazer cada uma dessas coisas? Vamos anotar também por quanto tempo você fará cada uma dessas estratégias.

Passo 4: identifique amigos ou familiares apoiadores

O clínico pede que o paciente identifique os nomes e os números dos telefones de indivíduos que são apoiadores e/ou que ajudam o paciente a se sentir melhor quando estressado. O clínico orienta o paciente a anotar o nome e o número do telefone da pessoa de apoio, mesmo que essas informações estejam armazenadas no celular do paciente (ou em outro local). O clínico enfatiza que o paciente não precisa dizer à pessoa de apoio que ele está em crise; em vez disso, ele pode simplesmente ligar para essa pessoa como uma distração ou para obter apoio de outra forma sem expor seus pensamentos suicidas.

> **EXEMPLO DE ROTEIRO DO CLÍNICO**
>
> Às vezes, estamos em situações em que o uso dessas estratégias não é muito realista, como quando estamos no trabalho ou quando o tempo está ruim. Outras vezes, usamos essas habilidades, mas ainda assim nos sentimos perturbados. Assim, é bom ter um plano alternativo ou de reserva, como procurar um amigo, um familiar ou outra pessoa de apoio que possa ajudar a nos sentirmos melhor. Não precisamos necessariamente contar a essa pessoa que estamos perturbados ou pensando em nos matar; às vezes, apenas conversar com elas é suficiente para nos acalmarmos ou nos sentirmos melhor.
> Qual é a pessoa na sua vida que o ajuda a se sentir melhor quando você está perturbado, ou que ajuda a desviar sua mente das coisas? Vamos anotar seu nome e seu número de telefone nesta lista, para que ela esteja listada bem aqui, em um lugar de fácil acesso quando você precisar dela.

Passo 5: liste os recursos de ajuda profissional

O clínico lista seu nome e seu número de telefone, junto com informações de contato de outros profissionais de saúde mental ou médicos. O clínico deve ser muito específico sobre expectativas razoáveis quanto ao atendimento dos telefones e ao retorno das ligações. Por exemplo, se é improvável que a pessoa atenda o telefone durante o horário de trabalho, o paciente deve ser instruído a deixar uma mensagem de voz junto com a expectativa do tempo de espera para um retorno do telefonema (p. ex., na hora do almoço ou no fim do horário comercial).

O clínico também deve fornecer o número do telefone do Centro de Valorização da Vida (188). Por fim, o paciente deve incluir sua ida a um pronto-socorro ou ligar para o Serviço de Atendimento Móvel de Urgência (SAMU – 192), como passos finais.

> **EXEMPLO DE ROTEIRO DO CLÍNICO**
>
> Também é recomendável assegurar que você tenha acesso fácil a ajuda profissional quando suas crises forem especialmente ruins ou essas outras estratégias não estiverem funcionando. Então, vamos colocar meu nome e meu número de telefone a seguir na lista. Agora, uma coisa a ter em mente é que nem sempre vou atender meu telefone, porque estou ajudando outros pacientes ou porque estou fazendo outras coisas. Embora eu possa não responder imediatamente quando você ligar, vou lhe ligar de volta assim que possível, então você terá que deixar uma mensagem de voz para mim. Vamos adicionar essa informação aqui depois do meu nome e número: "deixar uma mensagem de voz com meu nome, número do telefone e hora".
> Costumo checar meu correio de voz no final de cada dia, então, se você ligar e deixar uma mensagem, poderei retornar a ligação à tarde. Algumas vezes posso ligar de volta mais rápido se um paciente não comparecer ou se eu tiver um horário em aberto, mas a certeza é que isso será no fim do dia. Você tem alguma dúvida sobre isso?
> Já que talvez eu não consiga atender o telefone imediatamente quando você ligar, quero garantir que você tenha alguém com quem possa falar imediatamente se precisar de assistência. Este é o número do CVV, 188, gratuito, que você pode usar para falar imediatamente com alguém sobre o que está lhe incomodando. Você pode ligar para eles 24 horas por dia, 7 dias por semana, e também nos feriados, que alguém vai atender.
> Quando tudo o mais falhar, você sempre pode ir a um pronto-socorro ou ligar para 192 para ajuda de emergência. Embora seja improvável que você precise chegar a esse passo, devemos anotá-lo de qualquer forma, pois é melhor prevenir do que remediar, e tem sido um "último passo" útil para muitos dos meus pacientes. Vá em frente e anote "ir ao pronto-socorro" e "ligar para 192" como os passos finais.

Passo 6: revise o plano e obtenha a adesão do paciente

Ao concluir o plano de resposta a crises, o clínico pede que o paciente revise verbalmente cada um dos passos. Isso facilita o ensaio mental e a prática do plano de resposta a crises e fornece um meio de determinar se o paciente entende como usar o plano. Se o paciente estiver confuso sobre como usar alguma parte do plano, o clínico examina essas informações novamente. O clínico encerra essa intervenção pedindo que o paciente avalie sua probabilidade de usar o plano de resposta a crises em uma escala variando de 0 a 10, com 0 indicando "nada provável" e 10 indicando "muito provável".

> **EXEMPLO DE ROTEIRO DO CLÍNICO**
>
> OK, então vamos revisar esses passos juntos. Como você vai saber quando usar este plano? E quando experienciar esses sinais de alerta, o que vai fazer primeiro? E se essas estratégias não funcionarem ou não puderem ser usadas, o que mais você poderia fazer? E se precisar falar com um profissional? Quais são suas opções no plano?
> Muito bem. Este plano faz sentido, ou você tem alguma pergunta sobre o que fazer e como fazer?
> [Depois de terminar o plano]: Em uma escala de 0 a 10, com 0 sendo "de jeito nenhum" e 10 sendo "com certeza", qual seria sua probabilidade de usar este plano de resposta a crises quando estiver perturbado?
> [Se a avaliação for menos de 7 em 10]: Há alguma parte neste plano que reduz a probabilidade de usá-lo? O que poderíamos mudar nele para aumentar sua probabilidade de usá-lo?

Passo 7: revise e corrija o plano de resposta a crises em cada *follow-up* (todas as sessões de TCCB)

Durante cada sessão de *follow-up*, novas habilidades de autogerenciamento e enfrentamento (discutidas em capítulos posteriores) são acrescentadas ao plano. No caso de um paciente perder, extraviar ou jogar fora seu plano de resposta, o clínico o ajuda a criar um novo plano na sessão.

> **DICA PARA SOLUÇÃO DE PROBLEMAS**
>
> **E se o paciente disser que o plano não tem utilidade?** Se o clínico empregar uma abordagem colaborativa para a criação de um plano de resposta a crises, esta situação é muitíssimo improvável de acontecer, porque o clínico checa com o paciente a cada passo para assegurar sua compreensão e adesão. Nesse ponto do plano de resposta a crises, um paciente que apresenta uma avaliação baixa da motivação e diz que "nada" deixará o plano mais útil sugere a possibilidade de desesperança grave e rigidez cognitiva. O clínico pode abordar essa questão chamando atenção para a aparente discrepância entre as indicações iniciais do paciente de que certas estratégias eram práticas e úteis em comparação com sua asserção atual de que nada vai funcionar. Por exemplo:
>
> > Devo admitir que estou um pouco confuso no momento. Quando estávamos elaborando este plano juntos, você indicou que muitas dessas estratégias funcionaram para você antes e que provavelmente seriam úteis novamente, mas agora você está dizendo que essas mesmas estratégias não vão funcionar. Você pode me ajudar a entender?
>
> Para pacientes que expressam desesperança severa (p. ex., "acho que nada vai ajudar"), os clínicos devem focar a motivação, perguntando aos pacientes se eles estariam dispostos a experimentar essas estratégias por um breve período de tempo em vez de por um período indefinido. Por exemplo:
>
> > Considerando como as coisas têm sido ultimamente, posso entender por que você pode estar cético quanto a isso. Será que você estaria aberto a tentar por uma semana para ver o que acontece, e então podemos determinar se isso é algo que queremos continuar fazendo ou se queremos fazer algum tipo de mudança? Você estaria disposto a experimentar por uma semana?

> **EXEMPLO DE ROTEIRO DO CLÍNICO**
>
> Você usou seu plano de resposta a crises desde que nos encontramos pela última vez?
>
> [Se sim]: Conte-me o que aconteceu e como você o usou.
>
> [Se não]: Conte-me o que você teria feito se tivesse precisado dele.

EXEMPLOS DE CASOS ILUSTRATIVOS

Essencial para o desenvolvimento de um plano de resposta a crises eficaz é a disponibilidade do clínico para alcançar o paciente em seu estado atual. Para isso, os clínicos são incentivados a refletir a linguagem do paciente quando os ajudam a criar um plano de resposta a crises e associar a intervenção aos seus motivos pessoais e seus objetivos para o tratamento. Em cada um dos nossos três estudos de caso, apresentamos transcrições parciais das sessões de tratamento para demonstrar como os clínicos personalizaram o conjunto de procedimentos que compõem o plano de resposta a crises às necessidades únicas de cada paciente.

O caso de John

Depois de concluída a conceitualização de caso, o clínico perguntou a John quais eram seus objetivos para o tratamento. Sua resposta imediata estava diretamente relacionada à prevenção do comportamento suicida: "garantir que eu nunca mais faça isso. Não quero que minha esposa e minha família passem por isso de novo". Assim, o clínico prosseguiu com o plano de resposta a crises, ligando a intervenção a esse objetivo: "então que tal fazermos um plano para reduzir a probabilidade de você chegar tão perto do suicídio novamente?". John concordou que isso seria útil. O clínico forneceu uma ficha, e eles prosseguiram desenvolvendo juntos um plano de reposta a crises, apresentado na Figura 10.1.

O caso de Mike

Conforme descrito inicialmente no Capítulo 2, durante a consulta inicial de Mike, ele relatou inúmeros sintomas de depressão, uso pesado de álcool, agitação e diversos fatores de risco, porém negou pensamentos ou comportamentos suicidas. No entanto, a apresentação de Mike levou o clínico a avaliar seu risco de suicídio como alto, o que o motivou a desistir da entrevista de admissão típica para realizar uma avaliação da narrativa e um plano de resposta a crises. Como Mike havia negado ideação suicida e ficou incomodado quando foi levantada a questão do suicídio, o clínico introduziu o plano de resposta a crises como uma estratégia para ajudá-lo a manejar suas emoções quando se sentisse "fora de controle", em vez de introduzi-lo como um procedimento de prevenção de suicídio. "Considerando que você sente que suas emoções estão fora de controle, estaria interessado em conversarmos sobre algumas estratégias que você poderia começar a usar imediatamente para se sentir um pouco mais no controle?". Apresentando

```
Sinais de alerta:   perambular
                    sentir-se irritável
                    pensar "nunca vou melhorar"
```

- fazer uma caminhada
- assistir a episódios da série *Friends*
- brincar com meu cachorro
- pensar em meus filhos
  - férias na praia na Flórida
  - dia de Natal 2012
- ligar/mandar mensagem para minha mãe ou para Jennifer
- ligar para o Dr. Brown: 555-555-5555
  - deixar msg c/meu nome, hora, nº telefone
- ligar para o CVV: 188
- ir para um pronto-socorro
- ligar para 192

FIGURA 10.1 Plano de resposta a crises inicial de John.

o plano de resposta a crises desse modo, o clínico conseguiu seguir para a intervenção, ao mesmo tempo que evitou uma luta de poder potencial. Quando construiu seu plano de resposta a crises, Mike estava altamente engajado no processo e rapidamente identificou estratégias de autogerenciamento, razões para viver e fontes de suporte social. Durante o curso da TCCB, esse plano foi atualizado e modificado várias vezes desde a versão que foi desenvolvida em sua sessão na consulta inicial.

O plano de resposta a crises inicial de Mike incluía quatro sinais de alerta: chorar, ficar com raiva, querer bater nas coisas e discutir com sua esposa. Quando questionado sobre o que achava útil em sua vida para manejar o estresse ou se distrair durante momentos de dificuldade, Mike rapidamente identificou quatro estratégias de autogerenciamento: jogar *videogame*, trabalhar com carpintaria na garagem, fazer uma caminhada e realizar um exercício respiratório que havia aprendido quando praticou artes marciais muitos anos antes. Quanto às fontes de suporte social, Mike indicou que poderia ligar para seu amigo Bill. O clínico, então, forneceu o número do telefone do seu consultório e o número do CVV e lembrou a Mike que ele poderia ligar para o SAMU ou ir até um pronto-socorro. Na sessão seguinte (sessão 2 de TCCB), Mike relatou que teve outra discussão com sua esposa e foi jogar *videogame*, mas isso só deixou a esposa com raiva, porque ela achou que ele estava se desligando da discussão. Mike e seu clínico, então, combinaram que essa opção deveria ser removida da lista; assim, ela foi riscada da lista. Durante as sessões seguintes, Mike identificou estratégias adicionais de autogerenciamento que foram acrescentadas ao plano de resposta a crises: fotografia, escrita, jogar no telefone (uma opção que era aceitável para sua esposa) e ouvir música. Essa última opção foi posteriormente qualificada quando Mike chegou à sessão e relatou que havia ouvido música em uma ocasião, mas se sentiu pior. O clínico pediu que ele descrevesse o que havia acontecido. Durante essa conversa, Mike explicou que tinha ouvido um pouco de *death metal*, o que aumentou sua raiva. Assim, ambos deixaram claro que em seu plano de resposta a crises ele ouviria música "revigorante". O plano de resposta a crises de Mike, incluindo todas as suas modificações, é apresentado na Figura 10.2.

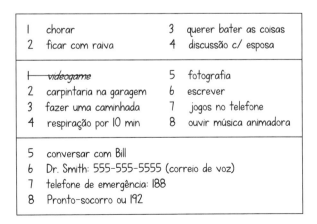

FIGURA 10.2 Plano de resposta a crises de Mike durante a sessão final de TCCB.

O caso de Janice

Quando o clínico introduziu o tópico do plano de resposta a crises, Janice observou: "acho que já tenho um desses. Criei um plano como esse com meu último terapeuta". O clínico reconheceu que isso era possível e perguntou se ela tinha aquele plano. Ela disse que não tinha, mas achava que estava em casa. O clínico pediu que Janice descrevesse como era seu plano, ao que ela respondeu: "acho que ele tem algumas coisas como brincar com meus cachorros e ligar para alguns amigos, mas não me lembro muito". Quando perguntado se esse plano foi útil, ela respondeu: "às vezes, acho". O clínico engajou Janice em um diálogo para explorar melhor seus pensamentos e sentimentos sobre seu plano de resposta a crises anterior e descobriu que ela tinha ambivalência quanto à sua utilidade e eficácia potencial. Assim, o clínico se ofereceu para ajudá-la a construir um novo plano de resposta a crises que funcionasse melhor: "parece que tem algo no outro plano que pode não funcionar tão bem quanto você gostaria. O que acha de elaborarmos um novo plano agora que poderia funcionar melhor para você?". Janice concordou, e juntos eles construíram um novo plano de resposta a crises (veja a Figura 10.3).

No último passo do plano de resposta a crises, Janice expressou preocupação quanto a ligar para o 192 ou ir a um pronto-socorro. "Já fui hospitalizada antes e nunca mais quero fazer isso de novo", ela explicou. O clínico, então, disse o seguinte: "posso entender isso completamente, e é por isso que geralmente incluo essas opções como os últimos passos em vez de como o primeiro ou o segundo passo. Na minha experiência, a maioria das pessoas nunca chega a esses passos porque todos os outros funcionam muito bem, mas sempre é bom ter uma rede de segurança como precaução. Você estaria disposta a acrescentar este como o passo final, mesmo que não pretenda jamais usá-lo?". Janice reafirmou que não pretendia ligar para a polícia ou ir a um hospital, mas concordou em incluir como o passo final do seu plano de resposta a crises.

---

evitar os outros
"de que adianta?"
não querer sair da cama

---

tomar uma xícara de café
ouvir *jazz*
passar um tempo com meu cachorro
mandar mensagem para Michelle
pensar nas crianças

---

ligar para meu terapeuta
555-555-5555
ligar para o telefone de emergência 188
ir para o hospital

FIGURA 10.3 Plano de resposta a crises de Janice.

Dicas e conselhos para o plano de resposta a crises

1. **Escreva à mão o plano de resposta a crises.** Pedir que o paciente escreva à mão seu plano de resposta a crises personaliza a intervenção e aumenta o senso de propriedade do paciente do plano. Por sua vez, os planos de resposta a crises pré-fabricados são geralmente percebidos como irrelevantes ou inúteis. Planos digitados e depois impressos também tendem a receber menos *feedback* favorável do que os planos escritos à mão e podem ter eficácia reduzida.
2. **Use fichas de arquivo em vez de folhas de papel grandes.** Embora um plano de resposta a crises possa ser criado usando-se quase qualquer tipo ou tamanho de papel, as fichas de arquivo parecem funcionar melhor do que folhas de papel em tamanho grande porque o tamanho compacto de uma ficha de arquivo é mais conveniente (p. ex., pode ser colocada em bolsos ou na bolsa). Quando os planos de resposta a crises são escritos em folhas de papel em tamanho grande, os pacientes geralmente as dobram várias vezes para colocá-las em um local conveniente, o que parece reduzir a importância percebida do plano.
3. **Evite modelos de preenchimento das lacunas.** Os planos de resposta a crises pré-impressos para preencher as lacunas são em geral desencorajados por várias razões. Primeiro, esses planos geralmente são percebidos pelos pacientes como menos pessoais ou "personalizados". Segundo, os pacientes que não conseguem identificar vários (ou alguns) itens para incluir em cada seção ficam com espaços vazios em seus planos. Esses espaços vazios podem servir para reforçar as percepções desses pacientes sobre o que está faltando ou está ausente em suas vidas, o que pode ser contraproducente (p. ex., "eu deveria ter três pessoas para quem ligar, mas só tenho uma"; "estou realmente sozinho"). Terceiro, dados preliminares sugerem que essa abordagem pode ser menos eficaz.
4. **Quando os pacientes não conseguem identificar sinais de alerta ou estratégias de autogerenciamento, use estímulos visuais e *menus* para ajudar.** Alguns pacientes terão dificuldade de criar o plano de resposta a crises porque não têm a habilidade de identificar de modo eficiente quando estão se aproximando de uma crise emocional aguda e/ou não têm consciência de como podem manejar de forma eficaz essas crises. Na primeira situação, os pacientes em geral não são capazes de identificar ou listar seus sinais de alerta. O clínico pode contornar essa barreira fornecendo uma lista dos possíveis sinais de alerta a partir dos quais o paciente pode escolher ou selecionar os itens que se aplicam a ele. Um exemplo de lista dos possíveis sinais de alerta é fornecido no Apêndice B.4. Igualmente, quando o paciente não consegue identificar estratégias de autogerenciamento para crises emocionais, o clínico pode fornecer uma lista das possíveis estratégias de autogerenciamento e pedir que o paciente identifique uma ou duas que funcionaram para ele no passado. Um exemplo de lista de estratégias de autogerenciamento é fornecido no Apêndice B.5.
5. **Inclua somente habilidades que estejam dentro do nível de habilidade do paciente.** Ao identificar estratégias de autogerenciamento, o clínico deve assegurar que as atividades listadas estejam dentro do nível de habilidade do paciente. Por exemplo, "relaxamento" não deve ser listado como uma estratégia de autogerenciamento a menos que o paciente consiga usar eficientemente essa habilidade. O clínico pode avaliar o nível de habilidade do paciente para descrever (ou demonstrar) como ele usa a estratégia para gerenciar o estresse. O clínico deve ser cuidadoso para não superestimar as capacidades do paciente, mesmo em relação a habilidades de autogerenciamento relativamente "simples" ou básicas.

PARTE III

Fase um
Regulação emocional e gerenciamento de crise

11
Planejamento do tratamento e a declaração de compromisso com o tratamento

O plano do tratamento descreve os problemas a serem focados no tratamento, as metas e os objetivos para o tratamento, os indicadores comportamentais ou métodos para medir o progresso, as intervenções a serem usadas para atingir esses objetivos e o número estimado de sessões para atingi-los. O plano de tratamento é desenvolvido com base no acordo entre o clínico e o paciente para guiar o processo ao longo do tempo. O plano de tratamento em geral contém várias seções ou componentes fundamentais: a descrição do problema, das metas, dos objetivos e das intervenções, o número estimado de sessões e o resultado. Um exemplo de um modelo de plano de tratamento pode ser encontrado no Apêndice A.3.

Depois que o plano de tratamento escrito foi formalizado, o clínico deve introduzir a declaração de compromisso com o tratamento (veja o Apêndice A.4). Trata-se de uma intervenção breve concebida para aumentar a motivação e a disposição do paciente para se engajar no tratamento e definir colaborativamente os parâmetros para o processo. O propósito principal da intervenção é facilitar uma discussão aberta sobre como o tratamento é definido e o que essa definição significa tanto para o paciente quanto para o clínico. Além disso, a declaração de compromisso com o tratamento fornece as bases para explicar ao paciente como o clínico vai responder a várias formas de não adesão ou à falta de engajamento por parte do paciente, um dos elementos essenciais dos tratamentos eficazes para prevenir tentativas de suicídio. O compromisso com o tratamento fornece uma estrutura para a operacionalização da adesão (e, por extensão, a não adesão) e estabelece desde o início como o clínico e o paciente vão responder aos casos de não adesão.

JUSTIFICATIVA

A partir de uma perspectiva clínica, o plano de tratamento fornece uma estrutura essencial para o processo de tratamento, uma característica que é especialmente importante ao trabalhar com pacientes de alto risco, que com frequência têm vidas caóticas e dificuldades para regular as emoções. Em muitos aspectos, o plano de tratamento delineia a linha de partida, a linha de chegada e os limites do tratamento, possibilitando, assim, que tanto o paciente quanto o clínico mantenham um foco claro nas metas e nos objetivos do tratamento e possam avaliar o progresso (ou a falta deste) na direção desses objetivos. Por uma perspectiva legal, o plano de tratamento também serve para documentar o processo de pensamento do clínico especificamente relacionado à tomada de decisão clínica e a lógica por trás das intervenções escolhidas e da sequência em que elas foram introduzidas. Assim, o plano de tratamento fala da noção de cuidados razoáveis, o que se relaciona com o conceito legal de padrão de cuidados. Como discutido anteriormente nesta obra, cuidados razoáveis implicam que o clínico tome decisões de tratamento que são compatíveis com a tomada de decisão de outros profissionais de cuidados de saúde mental com treinamento e experiência similares (Berman, 2006). Sem um plano de tratamento documentado, presume-se, de modo geral, que não existiu nenhum plano, mais uma vez com o pressuposto de que, "se não está documentado, não aconteceu", o que sugere que o clínico não cumpriu os padrões de prática aceitos em geral.

Quando concluído, o plano de tratamento deve fornecer um panorama do processo de tratamento e mapear a lógica por trás das intervenções escolhidas. A identificação e a priorização dos problemas devem levar diretamente às metas e aos objetivos pretendidos do tratamento. A seguir, as intervenções devem ser selecionadas com base na sua habilidade de atingir esses objetivos dentro de uma janela de tempo designada. Por fim, a eficácia dessas intervenções deve ser avaliada em um momento predeterminado para estabelecer se está ou não sendo feito progresso e/ou se alguma mudança no plano é justificada.

A declaração de compromisso com o tratamento visa a reforçar o compromisso do paciente com o processo de tratamento e o compromisso com a *vida*, em vez de pedir que o paciente renuncie ao seu direito de morrer por suicídio. Como foi discutido previamente, os pacientes com frequência sentem que sua autonomia pessoal e seu senso de controle sobre sua vida são restritos ou prejudicados pelos clínicos, o que pode reduzir sua motivação para expor plena e abertamente pensamentos e comportamentos suicidas. Na realidade, o paciente *pode* se matar ou, inversamente, pode escolher não se matar. O compromisso com o tratamento reconhece implicitamente essa (difícil) realidade e inclui a autonomia do paciente, estruturando a TCCB como o processo de aprendizagem de como viver uma vida que vale a pena ser vivida. O compromisso com a vida transmite uma mensagem muito diferente ao paciente sobre controle e responsabilidade individual, tanto explícita quanto implicitamente: o foco da TCCB não é na contenção ou na restrição do direito de escolha do paciente, mas na sua recuperação.

Pedir que o paciente expresse suas expectativas para o tratamento também proporciona ao clínico a oportunidade de se engajar em um diálogo colaborativo sobre as expectativas irrealistas que o paciente pode ter. Se, por exemplo, o paciente manifesta a expectativa de que nunca deve ser hospitalizado, isso reflete uma expectativa irrealista para o tratamento. Nessa situação, o clínico pode ajudar o paciente a rever essa expectativa para que ela seja mais realista, ao mesmo tempo que permanece aceitável para o paciente. Por exemplo, o clínico pode usar essa exigência como uma oportunidade de informar o paciente sobre o processo pelo qual é feita a decisão de hospitalizá-lo:

EXEMPLO DE ROTEIRO DO CLÍNICO

Embora eu não possa prometer que nunca vou hospitalizá-lo, posso prometer que vou trabalhar com você para maximizar a segurança ambulatorial em todos os momentos, o que reduziria a probabilidade de precisarmos recorrer à hospitalização.

Vamos conversar um pouco sobre como tomo decisões sobre hospitalização. Para mim, a hospitalização é um "último recurso", por assim dizer, e não o primeiro. A terapia cognitivo-comportamental breve é um tratamento ambulatorial, e estou comprometido com essa abordagem. Na TCCB, não temos que hospitalizar os pacientes com muita frequência, mas, de vez em quando, é necessário ajudá-los a se manterem seguros durante períodos de risco especialmente alto. Se você passar por algum momento assim, você e eu teremos juntos uma conversa sobre segurança para que você possa participar do processo. Em nosso trabalho conjunto, usaremos este fluxograma para tomar decisões sobre a hospitalização. Enquanto você e eu pudermos trabalhar juntos para desenvolver planos que evitem chegarmos até esse último recurso, provavelmente não teremos que chegar à hospitalização, mas não podemos deixar isso completamente fora de questão. Quais são suas considerações sobre esse processo de tomada de decisão? Ele é parecido ou diferente do que você já experimentou em tratamentos anteriores?

Quando completada efetivamente, a declaração de compromisso com o tratamento pode ser uma ferramenta útil para o clínico posteriormente no processo de tratamento, caso o paciente o abandone precocemente ou não tenha adesão. O abandono prematuro tende a ocorrer no final da primeira fase do tratamento (i.e., em torno da sessão 5 ou 6). Nesse ponto, o paciente com frequência já teve alívio dos sintomas, e o problema presente se resolveu suficientemente para que a continuação do tratamento seja percebida como desnecessária. A revisão da declaração de compromisso com o tratamento pode ser uma estratégia útil para motivar o paciente a se reengajar plenamente na terapia. Devido à tendência dos pacientes a abandonar a terapia precocemente, o clínico pode ainda levantar a questão do término prematuro como um ponto de discussão durante a revisão inicial da declaração de compromisso com o tratamento.

DICAS PARA SOLUÇÃO DE PROBLEMAS

E se o paciente não tiver adesão durante a TCCB? A não adesão pode se manifestar na TCCB de várias maneiras, sendo a mais comum não comparecer às consultas, não fazer as tarefas de casa ou não praticar as habilidades conforme recomendado e descontinuar a medicação. Se esses comportamentos surgirem durante o curso da TCCB, os clínicos devem perguntar diretamente sobre os comportamentos e ajudar o paciente a resolver as eventuais barreiras à completa adesão. Por exemplo:

Alguma coisa atrapalhou a realização da sua tarefa prática nesta semana? Seria útil mudar alguma coisa no plano para que você possa praticar mais? Por exemplo, se mudarmos quantas vezes você vai fazer, o horário ou onde fazer?

E se o paciente permanecer sem adesão? Se o paciente continuar a demonstrar não adesão (p. ex., constantemente não concluir as tarefas práticas), o clínico deve convidá-lo a reconciliar as discrepâncias entre esses comportamentos, o plano de tratamento e o seu compromisso com o tratamento. Por exemplo:

Já conversamos várias vezes sobre as barreiras à realização das suas tarefas práticas, mas parece que isso continua a ser um problema. Pode ser útil revisarmos os objetivos que estabelecemos no início do tratamento e nosso compromisso com ele. Se revisarmos nosso plano de tratamento e o compromisso com ele, como você diria que as tarefas práticas combinam com eles? Como você acha que estamos nos saindo em relação a esse plano e esse compromisso?

E se o paciente abandonar a TCCB precocemente? Se um paciente descontinuar a TCCB antes do planejado ou esperado, o clínico deve entrar em contato e convidá-lo a compartilhar o que ele pensa sobre a

> continuação da participação no tratamento. O clínico também pode revisar o plano de tratamento e a declaração de compromisso com o tratamento e pedir que o paciente descreva como o abandono precoce se alinha com cada um. Por exemplo:
>
>> Quando começamos a trabalhar juntos, combinamos que priorizaríamos seu risco de suicídio, sua depressão, seus problemas de sono e seu senso de autoestima. Como você diria que estamos nos saindo quanto a esses objetivos? Você diria que os atingimos? Também fizemos um acordo que descrevia como trabalharíamos juntos. Vamos examinar isso juntos para ver como estamos nos saindo aqui. O primeiro item que combinamos foi a definição dos objetivos. Como você diria que isso está se desenrolando?
>
> O clínico pode continuar a examinar a declaração de compromisso com o tratamento para avaliar as percepções do paciente quanto ao progresso do tratamento. Em muitos casos, esse exame do plano e da declaração de compromisso com o tratamento vai incentivar o paciente a se reengajar no tratamento. Em outros casos, os pacientes podem expressar o desejo de descontinuar a TCCB prematuramente, apesar do uso de técnicas de reforço motivacional. Se o paciente não estiver disposto ou interessado em continuar a TCCB apesar dessas tentativas de reengajamento, o clínico deve informar que ele pode voltar a se engajar no tratamento no futuro e, então, documentar o conteúdo dessa conversa, incluindo uma descrição dos procedimentos e das estratégias específicas usadas pelo clínico na tentativa de reengajar o paciente.

COMO FAZER

A seção de descrição de problemas do plano de tratamento lista descrições concisas dos principais problemas que receberão atenção no tratamento. Na TCCB, o problema principal é sempre o "risco de suicídio", pois tratamentos que não focam explicitamente no risco de suicídio como o resultado primário são menos eficazes para a prevenção de tentativas de suicídio. Problemas adicionais devem ser identificados e priorizados em colaboração com o paciente (p. ex., insônia, depressão, uso de substância, problemas de relacionamento).

A seção de metas e objetivos descreve o(s) resultado(s) pretendido(s) associado(s) a cada problema. Específico para risco de suicídio, o objetivo primário na TCCB é "reduzir o risco de tentativas de suicídio". O clínico é cauteloso em estabelecer "ideação suicida zero" ou "nenhum pensamento de suicídio" como um objetivo do tratamento, pois este pode não ser um resultado realista para alguns pacientes, sobretudo aqueles que são cronicamente suicidas ou têm pensamentos de baixa intensidade com alta frequência. Para indivíduos cronicamente suicidas, pensar em suicídio se tornou uma poderosa resposta cognitiva aos ativadores internos e externos, tal que a eliminação completa é impraticável ou inviável; assim, estabelecer isso como um objetivo poderia facilitar a desesperança e a aflição, aumentando, desse modo, o risco e a probabilidade de um resultado adverso. Para problemas secundários no tratamento (p. ex., depressão, insônia), os objetivos do tratamento podem incluir "redução da depressão" ou "aumento das horas de sono por noite". Ao estabelecer os objetivos do tratamento, o clínico deve assegurar que eles sejam específicos e mensuráveis, para que possam ser avaliados objetivamente ao longo do tempo. Por exemplo, "sentir-se melhor" não é suficientemente específico e pode ser difícil de medir acuradamente, ao passo que "sentir-se menos deprimido conforme indicado pelos escores reduzidos em uma *checklist* de sintomas de depressão" é específico e mensurável.

Na seção de intervenções, o plano de tratamento deve listar intervenções e estratégias específicas concebidas para abordar diretamente cada problema identificado. Nessa seção, o clínico seleciona aquelas intervenções do protocolo da TCCB que abordam apropriadamente cada problema identificado. Para o problema principal do risco de suicídio, o clínico lista o plano de resposta a crises; para pacientes que relatam distúrbio do sono, o clínico pode listar higiene do sono e controle de estímulos; para pacientes que relatam depressão, o clínico pode listar planejamento de atividades e reestruturação cognitiva; e assim por diante. Como a TCCB não impede o recebimento de outras formas de tratamento indicadas, o clínico também deve considerar a adição de opções de tratamento e intervenções externas à TCCB, como medicação psiquiátrica, tratamento para abuso de substância e terapia de grupo.

O clínico, a seguir, apresenta um prazo estimado para atingir cada objetivo. No caso do risco de suicídio, deve listar 12 sessões, que é o número médio de sessões no protocolo da TCCB. Para problemas secundários, o clínico pode listar o número previsto de sessões dedicadas a cada problema. No caso de insônia, por exemplo, pode designar duas sessões, uma para a introdução inicial e a educação sobre higiene do sono e controle dos estímulos e outra para revisão de *follow-up* desses problemas.

A seção final do plano de tratamento é concebida para avaliar o progresso na direção do objetivo estabelecido – se foi plenamente atingido, parcialmente atingido ou não atingido. A avaliação do resultado deve ser conduzida no momento mutuamente estabelecido da revisão planejada do progresso do tratamento, o que costuma ocorrer por volta da 12ª sessão da TCCB.

O clínico, então, fornece ao paciente uma cópia do compromisso com o tratamento e o convida a ler cada um dos itens em voz alta. As declarações ali especificadas descrevem vários indicadores comportamentais da adesão do paciente, incluindo frequência regular, definição de objetivos, exposição honesta dos pensamentos e sentimentos, execução das tarefas e tomada das medicações conforme prescrito. O clínico discute cada um desses pontos e convida o paciente a compartilhar o que pensa sobre cada ponto, pois esse processo com frequência pode extrair informações referentes às percepções ou crenças do paciente sobre o tratamento e às suas experiências passadas (boas e ruins) em terapia de saúde mental. Além da descrição das expectativas para o paciente, o clínico também deve pedir que ele identifique as expectativas que pode ter quanto ao processo de tratamento, como um todo, e em relação ao clínico, em particular.

Passo 1: explique a justificativa para um plano de tratamento

O clínico introduz a noção de plano de tratamento e explica brevemente sua utilidade para a manutenção do foco no tratamento, tanto para o clínico quanto para o paciente.

EXEMPLO DE ROTEIRO DO CLÍNICO

Uma parte importante do tratamento é nos certificarmos de que você e eu concordamos com o que estamos tentando atingir e como chegar lá e se estamos ou não fazendo progresso adequado. Assim, eu gostaria que criássemos juntos um plano de tratamento. O propósito é anotarmos nosso plano de ação. Esse plano listará os problemas mais importantes em que queremos focar, o que queremos mudar nesses problemas e as estratégias específicas que vamos usar para resolver esses problemas. Também vamos conversar sobre como saberemos se você atingiu seus objetivos. Vamos escrever esse plano para que possamos consultá-lo posteriormente. Tudo bem para você?

Passo 2: priorize o risco de suicídio

O clínico explica que o objetivo principal do tratamento é reduzir o risco de suicídio do paciente e obter sua adesão quanto à priorização da segurança ambulatorial.

> **EXEMPLO DE ROTEIRO DO CLÍNICO**
>
> O primeiro problema que vamos trabalhar é o risco de suicídio, o que pode não ser uma grande surpresa para você. Quero priorizar essa questão, já que precisamos garantir a sua segurança, e também porque não faremos muito progresso em qualquer outro problema se você morrer por suicídio. O que você pensa sobre priorizar a segurança?
> Considerando que esse é o problema principal, eu sugeriria que nosso objetivo deveria ser reduzir seu risco de fazer uma tentativa de suicídio. O que você acha? Para atingirmos esse objetivo, usaremos principalmente seu plano de resposta a crises. Vamos trabalhar na melhoria e no refinamento do seu plano de resposta a crises durante o curso de todo o tratamento, então eu estimaria que precisaremos de cerca de 12 sessões para atingir esse objetivo. Isso parece aceitável para você?
>
> **DICAS PARA SOLUÇÃO DE PROBLEMAS**
>
> **E se o paciente disser que quer priorizar outras questões antes da segurança?** Se os pacientes expressarem um forte desejo de listar outros problemas além do risco de suicídio ou da segurança como objetivos principais do tratamento, os clínicos devem lhes perguntar como eles colocariam em ordem de classificação seus objetivos de tratamento, incluindo a segurança, e como justificariam esse ordenamento. Os clínicos também podem pedir que os pacientes descrevam como a segurança é relevante para seus objetivos. Por exemplo:
>
>> Posso ver como e por que esses outros objetivos são tão importantes para você. Se você fosse classificar esses objetivos e a segurança em ordem de importância, como os classificaria? Quais são suas razões para classificar as coisas nessa ordem? Que papel você diria que a segurança desempenha no atingimento dos seus objetivos?
>
> Em muitos casos, essa linha de questionamento ajudará os pacientes a reconhecer como a segurança pode ser uma pré-condição para seus outros objetivos, aumentando, desse modo, sua ordem relativa no *ranking*. Se o paciente reconhecer que segurança é um objetivo importante no tratamento, mas persistir na priorização de outros objetivos em detrimento da segurança, os clínicos devem aceitar a preferência do paciente e listar segurança depois dos seus objetivos. Isso evita o potencial para causar danos à aliança terapêutica.
>
> **E se o paciente disser que não quer priorizar a segurança de jeito nenhum?** Se um paciente não estiver disposto a incluir a segurança como um objetivo de tratamento ou uma pré-condição de forma alguma, o clínico deve engajá-lo em uma discussão sobre a adequação do tratamento ambulatorial. Como o tratamento ambulatorial requer um nível de segurança razoável para o paciente, a segurança não pode ser ignorada. Se o paciente não estiver disposto a abordar e/ou se comprometer com questões relacionadas à segurança, poderá ser apropriado um nível mais alto de cuidados (p. ex., hospitalização parcial, internação).

Passo 3: identifique e estabeleça colaborativamente objetivos adicionais do tratamento

O clínico convida o paciente a identificar seus objetivos pessoais no tratamento. Esses objetivos são priorizados colaborativamente, e o clínico combina as intervenções de TCCB que abordam diretamente cada objetivo. Por exemplo, se o paciente expressar o desejo de reduzir a depressão, o clínico pode escolher o planejamento de atividades, as folhas de atividade ABC e as folhas de atividade Perguntas Desafiadoras para abordar os sintomas relacionados à depressão. Exemplos de como conectar intervenções de TCCB com objetivos comuns do paciente são apresentados na Tabela 11.1.

> **EXEMPLO DE ROTEIRO DO CLÍNICO**
>
> Agora vamos falar a respeito de outros problemas a priorizar e nos quais trabalhar.

Conversamos sobre inúmeros problemas na sua vida. Qual deles você diria que é mais importante resolver? O que você gostaria que fosse diferente quanto a esse problema? Se eu visse você na vida cotidiana e apenas passasse por você na rua, como eu saberia que esse problema está resolvido? O que você estaria fazendo de diferente que não está fazendo agora?

Este é um objetivo em que, com certeza, podemos trabalhar juntos. Existe uma estratégia específica em que você e eu

TABELA 11.1 Procedimentos da TCCB que combinam com objetivos comuns identificados pelo paciente

Objetivo do paciente	Plano de resposta a crises	Controle dos estímulos do sono	Treino de habilidades de relaxamento	Treino de habilidades de *mindfulness*	Razões para viver/*kit* de sobrevivência	Folha de atividade ABC	Folha de atividade Perguntas Desafiadoras	Folha de atividade Padrões de Pensamento Problemáticos	Planejamento de atividades	Cartões de enfrentamento
Reduzir a depressão	×			×	×	×	×	×	×	×
Reduzir a ansiedade/agitação	×		×	×		×	×	×	×	×
Reduzir a raiva	×		×	×		×	×	×	×	×
Aumentar o humor positivo	×			×	×	×	×	×	×	×
Melhorar o sono		×	×	×						
Melhorar os relacionamentos						×	×	×	×	×
Aumentar a energia				×						×
Reduzir o consumo de álcool	×			×		×	×	×	×	×
Melhorar a autoestima						×	×	×	×	×
Melhorar o gerenciamento do estresse	×		×	×		×	×	×	×	×

podemos trabalhar juntos para tratar disso. É chamada de [nome da intervenção]. Vamos listar isso como parte do nosso plano de tratamento.

O clínico repete esse processo para cada problema identificado.

Passo 4: revise a declaração de compromisso com o tratamento

O clínico fornece ao paciente uma cópia da declaração de compromisso com o tratamento e o convida a lê-lo em voz alta, uma seção de cada vez, para que possa ser discutida colaborativamente. Depois de cada item, o clínico pede que o paciente descreva suas reações a esse item particular e aborda alguma preocupação que o paciente possa ter.

> **EXEMPLO DE ROTEIRO DO CLÍNICO**
>
> Agora que já desenvolvemos um plano de ação formal para trabalharmos juntos, eu gostaria de conversar um pouco sobre nossas expectativas para o processo de tratamento e o atingimento desses objetivos. Este documento é chamado de declaração de compromisso com o tratamento e descreve inúmeras coisas que contribuem para resultados mais rápidos e melhores no tratamento. Eu gostaria que lêssemos juntos cada um desses itens e depois conversássemos sobre eles, um por um, para nos certificarmos de que estamos de acordo. Por que você não segue em frente e lê a primeira sentença e a primeira declaração abaixo dela? [Perguntas abertas possíveis para facilitar a discussão:]
>
> O que você pensa sobre isso?
> Isso parece razoável para você?
> Você acha que poderia se comprometer com isso?
> O que dificultaria comprometer-se com esse item?
> Qual foi sua experiência com essa questão no tratamento passado que você recebeu?
> [Quando o paciente chega ao item nº 9]: Nesta seção, acrescentaremos as expectativas que você tem do tratamento ou de mim como seu clínico. O que você espera de mim como parte do nosso trabalho juntos?

EXEMPLOS DE CASOS ILUSTRATIVOS

Os exemplos de planos de tratamento para John, Mike e Janice são fornecidos na Figura 11.1. (Veja o Apêndice A.3 para uma versão em branco desse modelo do plano de tratamento, que o clínico pode copiar e usar com os pacientes.) Como pode ser visto, o risco de suicídio é priorizado em todos os três casos, e o plano de resposta a crises é listado como a intervenção principal. A restrição dos meios, que será discutida em detalhes no Capítulo 12, é acrescentada como uma intervenção para John e Mike devido à sua posse de armas de fogo. Os objetivos secundários do tratamento focam nos fatores de risco que contribuem diretamente para o risco de suicídio de cada paciente. A ordem específica desses objetivos do tratamento é escolhida com base no esquema de priorização preferido de cada paciente. Em todos os casos, intervenções específicas do protocolo da TCCB são selecionadas para cada um desses objetivos, e o número previsto de sessões que serão dedicadas a cada problema é registrado. No caso de John, é recomendado o encaminhamento para um programa de tratamento de abuso de substância, além da TCCB.

O caso de Mike

Como mencionado em capítulos anteriores, Mike relutava em relatar pensamentos

Plano de tratamento para: John					
Problema nº	Descrição do problema	Metas/objetivos	Intervenção	Nº de sessões estimado	Resultado
1	Risco de suicídio	Reduzir o risco de tentativas de suicídio	Plano de resposta a crises, restrição dos meios	12	
2	Baixa autoestima	Reduzir o autocriticismo conforme indicado por reduções no escore da Escala de Cognições Suicidas	Folha de atividade ABC, folha de atividade Perguntas Desafiadoras	5	
3	Insônia	Melhorar a qualidade do sono conforme indicado por reduções no escore da Escala de Gravidade da Insônia	Controle de estímulos do sono, relaxamento	2	

Resultado: 0 – não atingido, 1 – parcialmente atingido, 2 – atingido.

Plano de tratamento para: Mike					
Problema nº	Descrição do problema	Metas/objetivos	Intervenção	Nº de sessões estimado	Resultado
1	Risco de suicídio	Reduzir o risco de tentativas de suicídio	Plano de resposta a crises, restrição dos meios	12	
2	Uso de álcool	Reduzir o consumo de álcool para < 5 drinques por semana	Encaminhamento para programa de tratamento de abuso de substância, relaxamento, reavaliação cognitiva	12	
3	Problemas de relacionamento	Melhorar a qualidade do relacionamento, conforme indicado pela melhora de 10 pontos no Questionário de Satisfação no Relacionamento	Plano de apoio a crises, planejamento de atividades, reavaliação cognitiva	5	

Resultado: 0 – não atingido, 1 – parcialmente atingido, 2 – atingido.

FIGURA 11.1 Exemplos de modelos dos planos de tratamento para John, Mike e Janice. *(Continua)*

Plano de tratamento para: Janice					
Problema nº	Descrição do problema	Metas/objetivos	Intervenção	Nº de sessões estimado	Resultado
1	Risco de suicídio	Reduzir o risco de tentativas de suicídio	Plano de resposta a crises, restrição dos meios	12	
2	Gerenciamento do estresse	Aumentar a habilidade de gerenciar o estresse	Relaxamento, folha de atividade ABC, folha de atividade Perguntas Desafiadoras	7	
3	Melhorar autoestima	Reduzir o autocriticismo	Folha de atividade ABC, folha de atividade Perguntas Desafiadoras	4	

Resultado: 0 – não atingido, 1 – parcialmente atingido, 2 – atingido.

FIGURA 11.1 *(Continuação)* Exemplos de modelos dos planos de tratamento para John, Mike e Janice.

e intenções suicidas, apesar de fazer declarações que implicavam fortemente que ele de fato estava tendo tais pensamentos (i.e., "eu simplesmente deveria fazer aquilo"). O clínico fez algumas perguntas de *follow-up* sobre essa declaração, mas Mike continuou a negar intenção suicida. Apesar disso, o clínico avaliou o risco como elevado e incluiu risco de suicídio como uma prioridade no tratamento. A seguir, é apresentada uma transcrição parcial da discussão do seu plano de tratamento. Observe como o clínico respeita a autonomia de Mike, ao mesmo tempo que transita pela questão delicada da identificação do risco de suicídio como uma prioridade do tratamento, apesar do desconforto de Mike com esse tema:

CLÍNICO: O que eu gostaria de fazer a seguir é desenvolver um plano de tratamento. Um plano de tratamento é basicamente nossa combinação por escrito sobre o que vamos tentar atingir juntos e como planejamos chegar lá. Os planos de tratamento também podem nos oferecer uma maneira de determinar se estamos fazendo progresso ou se estamos fora do caminho. Isso faz sentido?

MIKE: Sim, faz sentido.

CLÍNICO: OK, ótimo. O que queremos fazer aqui é listar os problemas ou as questões mais importantes. Depois que tivermos essa lista, posso fazer recomendações sobre as coisas específicas que deveríamos fazer para focar nessas questões. O que você diria que são seus objetivos principais para trabalharmos juntos? O que você mais gostaria de trabalhar ou mudar?

MIKE: Com certeza, reduzir o consumo de bebida. Se eu pudesse parar de beber, isso resolveria muitos dos meus problemas.

CLÍNICO: OK, isso faz muito sentido, considerando o que já conversamos. Deixe-

-me fazer uma pergunta para garantir que entendo plenamente o seu objetivo aqui. Você está querendo parar completamente de beber álcool ou está pensando mais em algo como reduzir a bebida?

MIKE: Parar completamente. Tenho que parar de beber, caso contrário, vou continuar tendo problemas com minha esposa.

CLÍNICO: Sim, OK. Então não beber absolutamente nada. E quanto aos fins de semana, quando você está em um churrasco com os amigos, ou está assistindo a um jogo de futebol na TV? Você também está querendo evitar beber nesses momentos, ou não teria problema tomar umas duas cervejas nessas situações?

MIKE: Bem, acho que tudo bem tomar algumas cervejas com os amigos, ou mesmo um cálice de vinho no jantar. Não tenho problemas quando faço isso. É quando estou sozinho e estou bebendo muito que as coisas são um problema.

CLÍNICO: OK, isso faz sentido. Eu só queria me certificar de que estávamos de acordo, porque algumas pessoas querem parar de beber completamente, mas outras têm um objetivo diferente.

MIKE: Sim, entendo. Agradeço por isso. É bom ser claro, porque, se minha esposa e eu saíssemos para jantar ou dar uma volta com amigos, e eu bebesse alguma coisa, provavelmente eu iria me recriminar, quando esse na verdade não é o problema que estou tendo.

CLÍNICO: Certo, isso é o que estou pensando também. Então o que devemos definir como nosso objetivo?

MIKE: Bem, se eu só beber alguns drinques no fim de semana ou tomar um drinque no jantar, isso não seria mais do que cinco drinques durante uma semana.

CLÍNICO: OK, então queremos definir como seu objetivo beber menos que cinco drinques por semana?

MIKE: Sim.

CLNICO: Você acha que cinco é um número realista?

MIKE: Sim, porque só bebemos vinho no jantar talvez uma vez por semana, e se saímos ou vamos visitar amigos, beber apenas três ou quatro drinques é um bom número. Eu não perco o controle e é tipo uma coisa social.

CLÍNICO: OK, então serão cinco. O que mais você diria que é um objetivo que espera atingir?

MIKE: Quero melhorar meu relacionamento com minha esposa.

CLÍNICO: OK, faz sentido. Com certeza podemos fazer isso. Para que seu relacionamento melhorasse, o que seria diferente em relação a isso?

MIKE: Bem, acho que brigaríamos com menos frequência e eu me sentiria melhor quanto ao relacionamento e me sentiria mais feliz.

CLÍNICO: Hum-hmm. OK. Bem, talvez uma coisa que podemos fazer para monitorar seu progresso é você preencher um breve questionário que pergunta sobre a qualidade do seu casamento. Alguns dos itens perguntam sobre discordâncias e discussões, então isso é relevante para o que você está falando, e outros itens perguntam sobre satisfação e sentir-se próximo à sua parceira. Como o questionário tem sido usado em muitos estudos diferentes, podemos usar o escore geral como um parâmetro para a melhora. Um aumento de 10 pontos, por exemplo, é tipicamente usado como um indicador de melhora importante e significativa na qualidade do relacionamento. O que você acha de usar um questionário como esse para monitorar seu progresso quanto a esse objetivo?

MIKE: Faz sentido. Posso fazer isso.

CLÍNICO: OK, então vamos incluir isso como um objetivo do tratamento. Algum outro objetivo?

MIKE: Bem, acho que tenho outros objetivos, mas tenho a impressão de que, se resolver esses problemas, os outros problemas vão melhorar, como a raiva, que é outro problema, mas sei que fico com raiva principalmente quando estou discutindo com minha esposa. Se pudermos melhorar nosso casamento, eu não ficaria com tanta raiva o tempo todo, sabe?

CLÍNICO: Isso faz sentido para mim. Vamos manter a raiva em mente, mas, como você disse, pode fazer mais sentido focar primeiro nesses objetivos.

MIKE: Sim.

CLÍNICO: OK, isso parece ótimo. Há outro objetivo que eu gostaria de trabalhar, se você estiver disposto a considerar a possibilidade.

MIKE: Certo.

CLÍNICO: Eu gostaria que também trabalhássemos na abordagem do risco de suicídio e para reduzir seu risco de suicídio.

MIKE: Bem, como eu disse antes, este na verdade não é um problema para mim.

CLÍNICO: Certo, lembro de que você disse que não havia tido nenhum pensamento suicida nem tentado suicídio antes, então posso entender por que pode ser confuso que eu levante essa questão.

MIKE: Sim.

CLÍNICO: Bem, deixe-me explicar meu raciocínio. Você descreveu muito estresse na sua vida ultimamente: raiva, problemas de sono, preocupação, autorrecriminação, tristeza, problemas de relacionamento e pressão financeira. Você também falou sobre como se sente sem controle das suas emoções, especialmente quando bebe muito. Todos esses problemas aumentam a probabilidade de suicídio, mesmo entre pessoas que não estavam pensando em suicídio. Suponho que você já ouviu falar de pessoas que morrem por suicídio tendo esses tipos de problemas.

MIKE: Sim, já ouvi falar a respeito, mas jamais faria isso.

CLÍNICO: Fico feliz em ouvir isso. O desafio é que muitas pessoas que pensam em suicídio ou tentam se matar acham que nunca fariam isso, mas, quando as coisas ficam fora de controle e elas estão tendo todos esses problemas, elas meio que esquecem disso. Então, o que eu gostaria de fazer é termos em mente essa questão, mesmo que isso não seja um problema importante para você no momento, para que possamos prevenir que se torne um problema no futuro. É como se planejássemos com antecedência para prevenir maus resultados, mesmo que não estejamos em uma situação ruim agora.

MIKE: Tipo o quê?

CLÍNICO: Vamos usar o álcool como exemplo. A maioria das pessoas não planeja se envolver em acidentes de carro depois que bebeu. Não consigo pensar em ninguém que diga a si mesmo: "vou beber e então dirigir e causar um acidente". Como a maioria de nós não quer que isso aconteça, planejamos com antecedência e tomamos as providências para evitar isso, mesmo se não estamos bebendo naquele momento. Antes de sairmos para bares, por exemplo, designamos um motorista ou planejamos pegar um táxi para voltar para casa. Implementamos esse plano antes de começarmos a beber para evitar problemas relacionados a isso posteriormente, certo?

MIKE: Sim, acho que sim.

CLÍNICO: Podemos fazer o mesmo com o suicídio. Talvez você não esteja tendo pensamentos suicidas neste momento, mas, como disse, os problemas que você está tendo são comuns entre pessoas que enfrentam esses pensamentos. Então, o que estou propondo é monitorarmos isso e garantir que temos um plano implementado como precaução, assim como planejamos com antecedência quando vamos sair para beber com amigos. Isso faz sentido?

MIKE: Sim, faz. Só não sei...

CLÍNICO: Parece que você está desconfortável com esse assunto.

MIKE: Não estou desconfortável com o assunto, só não tenho certeza de que preciso anotar isso na minha papelada.

CLÍNICO: Oh, entendo. Bem, deixe-me perguntar: o que você acha que aconteceria se incluíssemos risco de suicídio como um objetivo do tratamento?

MIKE: Bem, isso significa que há alguma coisa muito errada comigo, e as pessoas vão querer me trancafiar. Não consigo nem me imaginar trancafiado em um hospital. Isso arruinaria meu trabalho, me endividaria, e todos os tipos de problemas.

CLÍNICO: Então, se incluirmos risco de suicídio como um objetivo do tratamento, você está preocupado que possa ser hospitalizado, o que teria uma série de consequências negativas?

MIKE: Sim, com certeza.

CLÍNICO: OK, isso faz sentido para mim. Talvez fosse útil, então, conversarmos sobre como eu tomo decisões sobre a hospitalização de pacientes com risco de suicídio?

MIKE: Sim, isso seria muito bom. Tenho me perguntado sobre isso.

CLÍNICO: OK, não tem problema. Bem, a resposta simples é que tudo se trata de segurança. Como já discutimos, vamos monitorar seu progresso cada vez que nos encontrarmos, tipicamente com escalas de sintomas e outros questionários planejados para ver se você está se saindo bem. Também vamos conversar, cada vez que nos encontrarmos, sobre como as coisas estão evoluindo, se as estratégias que estamos aprendendo e praticando são úteis, etc. Com base nessa combinação das informações, vou tomar uma decisão sobre a segurança do tratamento. Se parecer que nosso trabalho oferece segurança suficiente, continuaremos a nos encontrar em nível ambulatorial. Se parecer que seu risco aumentou tanto que a segurança já não parece provável, então eu recomendaria hospitalização. Agora, é importante ter em mente, primeiro, que há muita distância entre nos encontrarmos uma vez por semana até você ser hospitalizado. Você e eu poderíamos decidir, por exemplo, que deveríamos nos encontrar duas vezes por semana, ou talvez três, para ajudá-lo a passar pelos maus momentos, ou talvez façamos ligações telefônicas entre nossos encontros para checar e lhe dar suporte. Em geral, prefiro fazer isso antes de decidir por uma hospitalização. De qualquer forma, sempre falaremos sobre essas decisões juntos – eu não tomaria a decisão sem a sua participação e as suas considerações. Faço isso porque sei que você vai ficar melhor mais rapidamente se estiver plenamente integrado ao tratamento e estivermos trabalhando juntos como um time. Isso faz sentido?

MIKE: Então, você não decide simplesmente hospitalizar as pessoas contra sua vontade?

CLÍNICO: Na verdade, nunca tive que fazer isso. Já recomendei hospitalização antes, mas, quando o fiz, foi só depois que o paciente e eu conversamos a respeito e concordamos que aquele era o melhor curso de ação no momento. Nunca tive que recomendar hospitalização contra a vontade de alguém e espero continuar assim. É por isso que levantei essa questão com você. Descobri que quando meus pacientes e eu estamos trabalhando juntos para acompanhar e monitorar o risco de suicídio, mesmo que eles não estejam se sentindo suicidas no começo do tratamento, tendemos a estar de acordo e raramente discordamos em relação às decisões do tratamento.

MIKE: Isso é interessante.

CLÍNICO: Sim, sempre funcionou muito bem. E ainda acrescento que não vejo nenhuma razão para que isso seja diferente com você.

MIKE: Mesmo?

CLÍNICO: Sim, realmente. Isso explica como procedo para tomar decisões sobre hospitalização?

MIKE: Sim, isso é muito útil.

CLÍNICO: OK, bom. Fico feliz por ter esclarecido.

MIKE: Eu também.

CLÍNICO: Então, agora que já conversamos sobre isso em detalhes, gostaria de saber o que você pensa de incluirmos risco de suicídio como um dos nossos objetivos do tratamento.

MIKE: Faz sentido. Embora essa não seja uma questão agora, poderia ser no futuro, então provavelmente é melhor termos um plano preparado.

CLÍNICO: Concordo. Já fizemos algumas coisas para abordar essa questão, mas vamos falar sobre outras coisas que também poderíamos fazer.

Nessa interação, o clínico abriu o tema do planejamento do tratamento convidando Mike a expressar seus objetivos pessoais para o tratamento, em vez de imediatamente forçar o risco de suicídio como um objetivo do tratamento, um movimento que provavelmente seria recebido com relutância e atitude defensiva. Depois que as prioridades de Mike foram identificadas, o clínico levantou a questão do risco de suicídio, pedindo a permissão de Mike para introduzir um novo objetivo. Quando Mike expressou preocupação com esse assunto, o clínico não se mostrou defensivo em contrapartida, mas respondeu com franqueza e transparência. Isso levou à identificação da preocupação de Mike em relação à hospitalização. Depois que isso foi identificado, o clínico convidou Mike a descrever suas preocupações específicas sobre hospitalização e depois o engajou em uma discussão franca sobre a tomada de decisão clínica, mais uma vez demonstrando alto nível de transparência. Essa transparência transmite respeito pelo paciente, já que comunica que ele é visto como um indivíduo autônomo com preocupações legítimas que são tratadas com respeito. O clínico também comunicou respeito pela autonomia de Mike, explicando claramente que ele estará envolvido nas decisões do tratamento, em vez de ser o receptor passivo da decisão do clínico. Isso reduziu a ansiedade de Mike e possibilitou que ele e o clínico incluíssem risco de suicídio como um objetivo do tratamento, apesar da sua falta de endosso de pensamentos ou comportamentos suicidas. Ao respeitar a posição de Mike e a sua experiência, o clínico o engajou como um aliado no objetivo compartilhado de prevenção de suicídio sem coerção.

Dicas e conselhos para o planejamento do tratamento e declaração de compromisso com o tratamento

1. **Priorize o risco de suicídio, mas não à custa da autonomia do paciente.** A TCCB prioriza o risco de suicídio como seu tratamento primário, e os clínicos são incentivados a documentar isso explicitamente no plano de tratamento. No entanto, a TCCB não exige que o risco de suicídio seja listado no topo do plano de tratamento em todos os casos. Se um paciente insistir na priorização de outro objetivo acima do risco de suicídio, o clínico deve acompanhá-lo. Preservar a aliança terapêutica e manter o paciente engajado é mais importante do que escrever as palavras "risco de suicídio" no alto de um formulário.

2. **Lembre-se de preservar e respeitar a autonomia do paciente.** Embora a declaração de compromisso com o tratamento seja concebida para estimular a motivação do paciente e o seu engajamento no tratamento, os clínicos não devem usá-la como uma ferramenta para coagir o paciente. Como o compromisso com o tratamento ajuda a estruturá-lo como um processo para o desenvolvimento de uma vida significativa em vez de um processo para evitar a morte, pode ser útil estimular uma conversa sobre mudança e orientar o paciente para o crescimento. Entretanto, quando utilizado como uma ferramenta que restringe a autonomia, ele pode, na verdade, minar a motivação e o engajamento.

12

Aconselhamento sobre a segurança dos meios e o plano de apoio a crises

O aconselhamento sobre a segurança dos meios, também referido como aconselhamento para restrição dos meios, envolve duas ações distintas, porém inter-relacionadas (Harvard University School of Public Health, n.d.): (1) avaliar se um indivíduo em risco de suicídio tem acesso a uma arma de fogo ou outro meio letal de suicídio e (2) trabalhar com o indivíduo e seu sistema de apoio para limitar o acesso a esses meios até que ele não esteja mais se sentindo suicida. Uma das muitas intervenções e estratégias desenvolvidas para prevenir suicídio, a restrição do acesso a meios letais recebeu muito apoio empírico e é, sem dúvida, a única intervenção que, de forma consistente, levou a reduções no suicídio em diversas amostras e populações (Bryan, Stone, & Rudd, 2011; Mann et al., 2005). No âmbito da população, a segurança dos meios é mais eficaz quando os meios aos quais queremos restringir o acesso são comuns e altamente letais (Mann et al., 2005). Embora a segurança dos meios há muito tempo seja considerada um componente importante do trabalho clínico com pacientes suicidas, apenas recentemente emergiram orientações e recomendações nessa área (Britton et al., 2016; Bryan et al., 2011).

O aconselhamento sobre a segurança dos meios pode ser complementado pelo plano de apoio a crises, uma intervenção que incorpora explicitamente o envolvimento e o apoio de outra pessoa significativa na vida do paciente suicida. Como um complemento para o aconselhamento sobre a segurança dos meios, o plano de apoio a crises é concebido para aumentar a probabilidade de adesão do paciente a estratégias de gerenciamento do risco e recomendações de tratamento e para aumentar a conectividade social entre o paciente suicida e uma pessoa significativa para ele. Para completar o plano de apoio a crises, o clínico convida o paciente a trazer uma pessoa significativa para a sessão. Idealmente, essa pessoa significativa é aquela que o paciente identificou para ajudar com o aconselhamento sobre a segurança dos meios.

A remoção completa do acesso a meios letais é geralmente desejável, mas nem sempre é praticável ou viável. Assim, a segurança dos meios também inclui a colocação de barreiras entre os indivíduos suicidas e seu método preferido ou escolhido. Por exemplo, o uso de travas de gatilho, travas de cabos e/ou cofre de armas foi sugerido para indivíduos suicidas que possuem armas de fogo, mas não estão dispostos a removê-las da sua casa (Bryan et al., 2011). Em alguns casos, essas barreiras, de forma eficiente, podem tornar um método inutilizável (uma trava de gatilho ou trava de cabo impede que a arma seja disparada) ou suficientemente inconveniente (guardar uma arma descarregada em um cofre de armas e a munição em um local separado), o que permite ao indivíduo tempo suficiente para se acalmar da sua crise.

JUSTIFICATIVA

O aconselhamento sobre os meios de segurança está baseado em três pressupostos primários: (1) os períodos de estresse suicida agudo são breves; (2) outras tentativas de suicídio são improváveis se alguém sobrevive a uma crise suicida; e (3) o acesso fácil a meios letais é o determinante mais forte do desfecho de uma tentativa de suicídio (i.e., fatal *versus* não fatal). O primeiro pressuposto está alinhado com a teoria da vulnerabilidade fluida, que postula que o risco de suicídio é inerentemente dinâmico ao longo do tempo, com os períodos de risco agudo sendo relativamente breves e de duração limitada, e é apoiado por pesquisas que indicam que a maioria dos indivíduos que fazem uma tentativa de suicídio tomou a decisão final de agir no período de 1 hora anterior à tentativa de suicídio (Simon et al., 2001). Dados mais recentes fornecem informações ainda mais detalhadas: a decisão final referente ao método da tentativa de suicídio costuma ocorrer aproximadamente 2 horas antes da tentativa, a decisão final referente ao local da tentativa em geral ocorre aproximadamente 30 minutos antes da tentativa, e a decisão final de agir ocorre cerca de 5 minutos antes da tentativa (Millner, Lee, & Nock, 2016). Como essa janela de tempo reduzida torna impraticável a intervenção do clínico e de outras pessoas de apoio, os procedimentos de segurança dos meios podem prevenir um desfecho fatal durante um período de estresse emocional intenso.

O segundo pressuposto é corroborado por achados de que apenas 10% dos indivíduos que sobrevivem a uma tentativa de suicídio medicamente grave tentam morrer posteriormente por suicídio (Owens, Horrocks, & House, 2002). Isso sugere que é improvável que indivíduos que sobrevivem à crise suicida, mesmo uma crise que envolva uma tentativa de suicídio, façam outra tentativa, muito menos uma tentativa fatal.

O terceiro pressuposto com frequência é surpreendente para os clínicos. Entre os clínicos, costuma-se presumir que a gravidade médica de uma tentativa de suicídio é uma função da gravidade da intenção suicida do indivíduo, o que está baseado na suposição de que os indivíduos que têm um desejo muito forte de suicídio escolherão métodos mais letais. No entanto, as pesquisas não corroboram esse pressuposto: a intenção suicida na verdade é um correlato relativamente fraco da letalidade da tentativa (Brown, Henriques, Sosdjan, & Beck, 2004; Pirkola, Isometsä, & Lönnqvist, 2003; Swahn & Potter, 2001). Um correlato muito mais forte é a facilidade ou conveniência de acesso ao método (Eddleston, Buckley, Gunnell, Dawson, & Konradsen, 2006; Peterson, Peterson, O'Shanick, & Swann, 1985). Esses achados indicam que os indivíduos suicidas tendem a escolher métodos que estão facilmente disponíveis para eles em seu momento de estresse agudo. Por uma perspectiva prática, isso significa que mesmo indivíduos com intenção suicida relativamente leve podem fazer uma tentativa altamente letal se tiverem acesso a métodos altamente letais (p. ex., armas de fogo). Por sua vez, indivíduos com intenção suicida relativamente grave podem fazer uma tentativa com baixa letalidade se tiverem acesso apenas a métodos com perfis de baixa letalidade (p. ex., cortar-se). Em suma, um paciente suicida não pode morrer por suicídio se ele não tiver os meios para fazê-lo, apesar da presença de um forte desejo ou intenção de morte.

Esses três pressupostos são extremamente importantes quando são consideradas armas de fogo, que têm um perfil de letalidade especialmente alto. Nos Estados Unidos, armas de fogo são o método mais comumente usado para suicídio, representando mais da metade de todas as mortes por suicídio. Como o fácil acesso a um método altamente letal como armas de fogo pode ser tão perigoso para esses indivíduos suicidas, os clínicos devem avaliar ou perguntar a cada paciente sobre a presença de armas de fogo em casa, mesmo que o paciente declare que está considerando um modo alternativo para o suicídio. Isso pode ser realizado pela avaliação dos itens na documentação de admissão ou nas escalas de avaliação, ou por meio de investigação direta pelo clínico. Os pacientes suicidas também podem relatar o acesso a armas de fogo durante o curso da avaliação da narrativa.

O plano de apoio a crises é concebido para construir apoio social e aumentar a probabilidade de sucesso de outras intervenções, que incluem o plano de resposta a crises e a segurança dos meios. Problemas de relacionamento estão entre os eventos ativadores mais comuns associados a tentativas de suicídio (Bryan & Rudd, 2012; Frey & Cerel, 2015; Smith, Mercy, & Conn, 1988), enquanto o apoio social está entre um dos fatores mais robustos que reduzem o risco de tentativas de suicídio (Bryan & Hernandez, 2013; Joiner, 2005). Problemas de relacionamento crônicos, em particular, estão associados a crises suicidas mais graves e à maior frequência de tentativas (Bryan, Clemans, Leeson, & Rudd, 2015). O plano de apoio a crises pode ser especialmente útil para pacientes que estão lidando com relações tensas, pois pode alinhar o paciente e a pessoa significativa juntos contra o problema do suicídio. Em alguns casos, também pode funcionar como um método para reduzir a influência negativa dos problemas de relacionamento no estado emocional do paciente.

COMO FAZER: ACONSELHAMENTO SOBRE A SEGURANÇA DOS MEIOS LETAIS

A abordagem geral do aconselhamento sobre a segurança dos meios letais deve levar em conta a forte probabilidade de *ambivalência*, um estado psicológico caracterizado por sentimentos mistos, até mesmo contraditórios. Especificamente, os pacientes podem reconhecer o risco aumentado de ter fácil acesso a métodos de suicídio potencialmente letais, mas também podem sentir um forte desejo de manter ou preservar sua possiblidade de acesso a esses métodos. Esse desejo pode ser influenciado por inúmeros fatores, incluindo visões sociopolíticas (p. ex., crença no direito a possuir armas), pressupostos e visões de mundo relacionados à segurança (p. ex., o desejo de proteger a si mesmo e à sua família) e autonomia (p. ex., preservar a opção de se matar). Se o clínico argumentar muito fortemente a favor da segurança dos meios, o paciente tem muito mais probabilidade de adotar a posição contrária, argumentando contra os procedimentos de segurança. Essa tendência é conhecida como "reactância" e é um princípio bem compreendido da ambivalência e da mudança comportamental (Britton et al., 2016). O clínico deve, portanto, abordar o aconselhamento sobre a segurança dos meios usando estratégias relativamente simples e diretas, seguindo quatro processos centrais da entrevista motivacional (Miller & Rollnick, 2012): engajar, focar, evocar e planejar.

Engajar

No começo da conversa, o clínico introduz a noção de segurança dos meios e convida o paciente a expressar abertamente seus pensamentos iniciais sobre o tema. O clínico deve ouvir atentamente os pensamentos e as percepções do paciente para obter informações críticas sobre como melhor proceder com a discussão e como melhor se alinhar com o paciente contra o problema do suicídio e o acesso a meios letais. Por exemplo, o clínico pode engajar o paciente perguntando sobre armas de fogo em geral: "sei que você é proprietário de uma arma. Que tipos de armas você tem?". Ao fazer a abertura com uma pergunta não ameaçadora que convida o paciente a compartilhar seus pensamentos e suas percepções sobre armas, o clínico pode obter pistas úteis de como abordar a conversa. Um paciente que descreve ter armas longas (p. ex., rifles, espingardas) para fins de caça ou esporte, por exemplo, pode se beneficiar com uma abordagem diferente da abordagem de um paciente que descreve armas pequenas (p. ex., revólveres, pistolas) para autodefesa e proteção. No primeiro caso, os procedimentos de armazenamento seguro podem ser vistos como mais aceitáveis do que no segundo caso.

Focar

O clínico precisa assegurar que o tópico da segurança dos meios seja abordado diretamente, mas deve fazer isso de uma maneira orientadora, que mantenha os pacientes engajados na conversa, ao mesmo tempo que mantém sua autonomia. Uma abordagem orientadora é um meio-termo entre uma abordagem diretiva (i.e., assumindo o controle da conversa), o que pode reduzir a boa vontade do paciente para se engajar na conversa, e uma abordagem de acompanhamento (i.e., permitindo que o paciente assuma o controle da conversa), o que pode levar a conversa a se desviar completamente do tópico da segurança dos meios. Por exemplo, um clínico pode focar a conversa no tópico da segurança dos meios levantando a questão da segurança, em particular, e depois perguntando ao paciente se ele estaria disposto a discutir o tópico: "isso me faz lembrar de uma coisa sobre a qual eu queria conversar: segurança. Você estaria disposto a falar um pouco sobre os procedimentos de segurança que você segue como proprietário de uma arma?". Ao levantar a questão dessa maneira, o clínico equilibra o controle da conversa sem abandonar completamente o controle. Além disso, o clínico convida o paciente a discutir os procedimentos de segurança que ele já tomou, em vez de presumir que nada foi feito, o que poderia implicar que o paciente não valoriza a segurança.

Evocar

Depois que o paciente concorda em discutir a segurança dos meios, o clínico o convida a falar sobre suas razões pessoais para restringir o acesso. Em essência, o clínico configura uma situação em que é possível que o paciente se convença de restringir os meios potenciais para suicídio. Por exemplo, o clínico pode pedir que o paciente discuta suas opiniões ou considerações sobre procedimentos de armazenamento seguro: "o que você pensa sobre proteger ou trancar as armas de fogo em casa?". Como uma parte desse processo, é comum que o paciente também queira falar sobre os argumentos contra a segurança dos meios. O clínico deve permitir que o paciente expresse esses argumentos e depois refleti-los de forma respeitosa e não julgadora. Às vezes, o paciente não estará pronto para restringir seu acesso a métodos potenciais de suicídio; nesses casos, o clínico deve ter em mente que o processo de mudança pode levar mais tempo para alguns pacientes do que para outros, e essa mudança também pode ocorrer entre as sessões. Simplesmente levantar a questão pode ser um primeiro passo importante para uma mudança eventual. Revisitar o assunto durante sessões futuras pode assegurar que ele permaneça em discussão, com mudanças graduais voltadas para a segurança dos meios sendo apoiadas ao longo do tempo.

Planejar

Quando o paciente começar a falar sobre mudança, o clínico deve introduzir a possibilidade de estabelecer um plano escrito para restringir o acesso aos meios: "muitas pessoas acham útil anotar seu plano de segurança; posso ajudá-lo a criar um para você e sua casa?". O clínico pode introduzir o plano de segurança dos meios e recebimento (veja a Figura 12.1) como um mecanismo para desenvolver e documentar um plano escrito. De forma similar a qualquer outro plano de ação que é desenvolvido no tratamento, o clínico deve ajudar o paciente a definir objetivos específicos e identificar indivíduos específicos para ajudar a encenar o plano. No plano de segurança dos meios e recebimento, o clínico e o paciente identificam alguém na vida do paciente que vai ajudar a encenar o plano de segurança e, então, verificar se ele foi implementado. O clínico e o paciente escrevem o plano mutuamente acordado (p. ex., "entregar as armas para o meu amigo"; "colocar trava no gatilho da minha arma"; "trancar medicamentos extras no cofre e dar a chave para minha esposa") e as condições em que o plano de segurança não será mais necessário e/ou em que o paciente poderá voltar a ter acesso ao método. Depois que o plano de segurança estiver aprovado, o paciente poderá pedir que a pessoa de apoio confirme isso assinando o plano.

Ao conduzir o aconselhamento para segurança dos meios, o clínico deve ter como objetivo apresentar um *menu* de opções dentre as quais o paciente pode escolher. Isso respeita a autonomia do paciente e preserva uma sensação de controle sobre a decisão, além de preservar a responsabilidade do paciente pela própria segurança. O clínico também deve abordar esse tópico pela perspectiva da promoção da segurança em vez da prevenção de suicídio, já que essa última pode, algumas vezes, ser encarada pelo paciente como uma restrição da sua autonomia. Por exemplo, o clínico pode falar sobre "segurança com armas" em vez de "restrição do acesso a armas". Por fim, o clínico deve pedir que o paciente envolva um familiar, um amigo ou outra pessoa significativa para auxiliar na segurança do acesso a meios letais ou melhorar a sua segurança. Depois de acordado um plano de segurança dos meios, o clínico e o paciente o formalizam por escrito. O plano de segurança dos meios deve detalhar os passos específicos a serem dados para reduzir o acesso fácil a meios potencialmente letais, a pessoa que vai auxiliar no plano e as condições em que o acesso ao método potencial será restituído. Um modelo para o plano de segurança dos meios pode ser encontrado no Apêndice A.5.

Uma lista dos pontos de discussão para o clínico consultar quando conduzir aconselhamento sobre a segurança dos meios é fornecida na Figura 12.1, apresentada como um meio para ajudar os clínicos a guiar sua discussão com o paciente. Como mencionado anteriormente, a eficácia dessa abordagem aumentará se o clínico usar estratégias de evocação que incentivem os próprios pacientes a identificar e suscitar esses pontos em vez de serem apresentados pelo clínico.

1. O desejo suicida pode aumentar muito rapidamente.
2. O acesso fácil a meios letais de suicídio pode ser perigoso durante as crises.
3. Aumentar a segurança, ao reduzir temporariamente o acesso a meios letais, pode reduzir a chance de maus resultados.
4. Se a remoção completa de um meio não for possível, outras opções ainda podem aumentar a segurança:
   a. Entregar o meio letal para um amigo de confiança ou familiar.
   b. Trancar o meio de modo que seja difícil o acesso.
   c. **Para armas de fogo**:
      - Desmontar a arma de fogo e entregar uma peça essencial a uma pessoa significativa.
      - Trancar a arma de fogo em um cofre inviolável guardado por uma pessoa significativa.
      - Guardar a arma de fogo descarregada e armazenar a munição em um local separado.
      - Usar uma trava de gatilho ou trava de cabo.
5. Esconder meios desbloqueados (especialmente armas de fogo) não é suficiente, uma vez que itens escondidos podem ser encontrados com dificuldade mínima.
6. No caso de situações de custódia conjunta de crianças e adolescentes que são suicidas, assegurar que os meios letais sejam guardados com segurança em todas as casas visitadas pelo paciente.
7. O envolvimento de um familiar ou amigo para ajudar a implementar o plano de segurança pode aumentar a probabilidade de sucesso.

FIGURA 12.1 Pontos de discussão recomendados para aconselhamento sobre a segurança dos meios.

Passo 1: levante a questão da segurança e monitore o acesso a armas de fogo

O clínico inicia o aconselhamento sobre a segurança dos meios segundo a perspectiva da maximização da segurança no âmbito de um tratamento ambulatorial.

EXEMPLO DE ROTEIRO DO CLÍNICO

Já conversamos um pouco sobre o que tem acontecido na sua vida ultimamente e os problemas que você vem enfrentando. Agradeço que você se dispôs a compartilhar tudo isso comigo, mesmo que não tenha sido fácil. Considerando tudo o que tem acontecido ultimamente, você estaria disposto a conversar um pouco mais sobre como podemos maximizar sua segurança enquanto você estiver neste tratamento?

DICA PARA SOLUÇÃO DE PROBLEMAS

E se o paciente disser que não quer conversar sobre segurança? Se o paciente responder negativamente a essa questão, o clínico pode responder convidando-o a compartilhar suas razões para essa perspectiva. Por exemplo:

Se fôssemos conversar sobre questões de segurança no tratamento, como você acha que isso seria ou o que você acha que aconteceria?

Em muitos casos, a relutância do paciente em falar sobre questões de segurança está relacionada a preocupações quanto à restrição da autonomia (p. ex., remoção de armas de fogo, hospitalização). Se o paciente abordar essas preocupações, ele terá mais possibilidade de discutir questões relacionadas à segurança.

Passo 2: informe o paciente sobre segurança com armas

O clínico apresenta uma explicação breve para focar na segurança com armas e orienta o paciente a discutir os pontos descritos na Figura 12.1. O clínico pede que o paciente identifique e discuta as razões para guardar temporariamente alguma arma de fogo à qual ele possa ter acesso.

EXEMPLO DE ROTEIRO DO CLÍNICO

Uma questão importante relativa à segurança envolve a segurança com armas de fogo. A razão pela qual eu gostaria de conversar sobre a segurança com armas é porque ter acesso fácil a armas quando você está perturbado pode levar a maus resultados. Pesquisas mostraram, por exemplo, que os lares que não seguem procedimentos de armazenamento seguro, como trancar ou guardar de forma segura uma arma de fogo, têm muito mais probabilidade de ter óbitos relacionados a armas. O que você pensa sobre guardar ou trancar armas de fogo em casa?
[Possíveis perguntas abertas para facilitar a discussão:]

- O que você pensa sobre alguém ter acesso a armas quando está muito perturbado e suicida?
- Quais seriam os benefícios de limitar temporariamente seu acesso a armas de fogo?
- Se não for possível a remoção completa das armas, quais são outras opções para praticar uma boa segurança com a arma enquanto você estiver passando por este tratamento?
- O que você acha de elaborarmos juntos um plano para isso?

Passo 3: desenvolva um plano escrito para a segurança dos meios

O clínico e o paciente desenvolvem colaborativamente um plano escrito para a segurança dos meios e identificam alguém na vida do paciente que possa auxiliar na implementação do plano.

EXEMPLO DE ROTEIRO DO CLÍNICO

Agora que já identificamos alguns passos específicos que podemos dar para aumentar sua segurança, o que você gostaria de fazer? Muitas pessoas acham útil anotar seu plano de segurança. Posso ajudá-lo a criar um para você e sua família? Envolver um familiar ou amigo para nos ajudar a implementar seu plano pode aumentar as chances de sucesso. Há alguém na sua vida que poderia nos ajudar a colocar esse plano em ação? Você acha que seria útil trazer essa pessoa com você na próxima vez que conversarmos mais sobre esse plano e sobre a segurança com armas em geral?

DICAS PARA SOLUÇÃO DE PROBLEMAS

E se o paciente disser que não quer escrever o plano? Se o paciente disser que não quer criar um plano por escrito, o clínico deve sugerir anotar o plano para seu próprio benefício. Por exemplo:

OK, tudo bem. Vou apenas anotar o plano aqui para mim, para que não me esqueça dele. Vou guardar uma cópia nas minhas anotações para que possamos consultá-lo no futuro. Vamos repassar o plano juntos mais uma vez para nos certificarmos de que entendi direito.

O clínico e o paciente podem examinar cada componente do plano de segurança dos meios. Depois disso, o clínico pode fornecer ao paciente uma cópia do plano escrito, cumprindo, desse modo, a tarefa de forma sutil e indireta:

Acho que terminamos. Parece correto para você? Agora vou rapidamente fazer uma cópia para você, assim você pode guardá-la no seu registro do tratamento ou em outo lugar, caso precise consultá-lo de novo, como eu provavelmente farei.

> **E se o paciente disser que não seria útil trazer uma pessoa significativa para discutir o plano de segurança?** Se o paciente não quiser trazer uma pessoa significativa, o clínico deve respeitar essa decisão, mas reforçar a importância de envolvê-la mesmo assim. Por exemplo:
>
>> Tudo bem. Mesmo que essa pessoa não possa vir com você para nos reunirmos, ainda podemos pedir sua ajuda. Você estaria disposto a conversar sobre esse plano com ela e pedir que ela confirme que o plano foi implementado, assinando nosso plano? Desse modo, saberemos com certeza se ela vai embarcar e se está disposta a ajudar.

[Depois de terminar o plano:] Em uma escala de 0 a 10, com 0 sendo "de modo algum" e 10 sendo "com certeza", qual seria a probabilidade de você implementar esse plano para aumentar sua segurança durante o tratamento?

[Se a avaliação for menos de 7 em 10:] Há alguma parte desse plano que reduz sua probabilidade de usá-lo? O que poderíamos mudar nele para que haja maior probabilidade de você utilizá-lo?

COMO FAZER: O PLANO DE APOIO A CRISES

Em uma sessão conjunta conduzida com a fonte de apoio identificada do paciente (geralmente o cônjuge, um amigo ou um familiar), o clínico inicia pedindo que o paciente descreva seu modo suicida para a pessoa significativa. Pedir que o paciente eduque essa pessoa com suas próprias palavras oferece um mecanismo para avaliar se o paciente entende ou não a conceitualização de caso e consegue expressar claramente seus fatores únicos e as circunstâncias relacionadas ao risco de suicídio. Colocar o paciente no papel de "professor" também apoia implicitamente a noção de que ele tem domínio sobre seus problemas. Em seguida, o clínico convida o paciente a descrever o plano de resposta a crises e compartilhar os passos específicos que o plano abrange. Aqui, novamente, pedir que o paciente seja o professor fornece um mecanismo para o clínico avaliar sua base de conhecimento e reforça a filosofia do autogerenciamento, já que o paciente está declarando explicitamente, com suas próprias palavras, qual é "meu" plano personalizado para gerenciar as "minhas" crises.

O clínico, então, fornece uma cópia por escrito do plano de apoio a crises para o paciente e a pessoa significativa, e eles o examinam em grupo. Na primeira seção do plano de apoio a crises, o paciente e a pessoa significativa identificam várias maneiras como essa última pode apoiar o paciente. Por exemplo, os dois podem fazer uma caminhada juntos, praticar exercícios respiratórios juntos, abraçar-se, assistir a um filme ou jogar *videogame* juntos. Como muitos pacientes suicidas têm dificuldade de expressar para os outros suas necessidades de modo eficiente, esse passo pode servir como treino de habilidades básicas de comunicação interpessoal e até mesmo inviabilizar ou enfraquecer padrões relacionais negativos que contribuem para o estresse emocional do paciente. O clínico, então, revisa os princípios básicos do aconselhamento sobre a segurança dos meios e convida a pessoa significativa a auxiliar nas precauções de segurança. Por fim, o clínico revisa os procedimentos de gerenciamento de crises com a pessoa significativa. Esse passo final é essencial para que a pessoa significativa não presuma erroneamente que ela é a única responsável pelo manejo das crises e perceba que chamar ajuda em uma emergência é não só aceitável como também incentivado.

Como passo final, o clínico pergunta ao paciente e à pessoa significativa se eles têm alguma pergunta ou preocupação em relação ao plano e conclui pedindo que a pessoa significativa classifique sua probabilidade de conseguir implementar o plano em uma escala de 0 (nada provável) a 10 (muito provável). Se ela fornecer uma classificação de probabilidade baixa, o clínico deve lhe perguntar o que precisaria ser mudado ou reformulado no plano para aumentar suas chances de uso. Um modelo do plano de apoio a crises está disponível no Apêndice A.6.

Passo 1: revise o modo suicida

O clínico convida o paciente a explicar o conceito do modo suicida para a pessoa significativa e como o modo suicida se aplica a ele.

EXEMPLO DE ROTEIRO DO CLÍNICO

[Paciente], eu gostaria de começar pedindo que você compartilhe com [pessoa significativa] seu modo suicida. Você estaria disposto a lhe explicar o que é o modo suicida e a lhe mostrar o modo suicida personalizado em que trabalhamos até agora no tratamento?
[Pessoa significativa], se a qualquer momento você tiver alguma pergunta ou precisar de algum esclarecimento, por favor, nos diga.
[Quando o paciente tiver terminado:] [Pessoa significativa], que perguntas você tem sobre o modo suicida e sobre como o usamos para entender o que está acontecendo com [paciente]?

Passo 2: revise o plano de resposta a crises

O clínico convida o paciente a explicar o propósito e a justificativa para o plano de resposta a crises e depois revisa os passos envolvidos em seu plano.

EXEMPLO DE ROTEIRO DO CLÍNICO

Nós usamos essa noção do modo suicida para ajudar a guiar as mudanças a serem feitas e os passos que vamos dar, especialmente em uma crise. O primeiro passo que demos foi desenvolver o que é chamado de plano de resposta a crises. [Paciente], você poderia explicar o que é o plano de resposta a crises e compartilhá-lo com [pessoa significativa]?
[Depois que o paciente terminou:] [Paciente], como esse plano foi útil para você até agora?

Passo 3: introduza o plano de apoio a crises

A seguir, o clínico introduz o plano de apoio a crises e explica a justificativa para a intervenção. Enfatiza que ele é concebido para aumentar a segurança do paciente e melhorar os resultados do tratamento.

EXEMPLO DE ROTEIRO DO CLÍNICO

O que eu gostaria de fazer agora é examinar o que chamamos de plano de apoio a crises. Ele é similar em muitos aspectos ao plano de resposta a crises recém-descrito, mas tem um papel muito mais explícito para inclusão de pessoas de apoio. Seu propósito é identificar estratégias concretas para apoiar [o paciente] e para aumentar a segurança em geral, o que produzirá melhores resultados no tratamento. Esta é uma cópia do plano; vamos examiná-lo juntos.

Passo 4: identifique ações apoiadoras úteis

O clínico facilita uma discussão entre o paciente e a pessoa significativa para identificar estratégias comportamentais simples que a pessoa significativa pode usar para apoiar o paciente durante uma crise.

> **EXEMPLO DE ROTEIRO DO CLÍNICO**
>
> Esta primeira seção é um lugar onde podemos listar algumas estratégias simples que você pode adotar para ajudar a apoiar [paciente] no dia a dia.
> [Paciente], quais são algumas coisas que [pessoa significativa] poderia fazer ou dizer para encorajá-lo e apoiá-lo? Com que frequência e quando você gostaria que [pessoa significativa] fizesse isso?
> [Quando uma estratégia é sugerida:] [Pessoa significativa], isso é razoável para você fazer? Você acha que poderia fazer isso?

Passo 5: forneça aconselhamento sobre a segurança dos meios

O clínico e o paciente conduzem colaborativamente o aconselhamento sobre a segurança dos meios para a pessoa significativa e revisam o plano de segurança dos meios. A pessoa significativa é convidada a auxiliar na segurança dos meios. O plano de segurança dos meios é adaptado e editado quando necessário com base na participação da pessoa significativa.

> **EXEMPLO DE ROTEIRO DO CLÍNICO**
>
> A próxima coisa que eu gostaria de fazer é conversarmos sobre como tornar a casa o mais segura possível para [paciente], especialmente no que diz respeito a armas de fogo [ou outro método suicida]. [Paciente] e eu conversamos sobre a segurança com armas e desenvolvemos um plano de segurança inicial que gostaríamos de compartilhar com você para que possamos saber o que você pensa a respeito e também ver se você seria capaz de nos ajudar a colocá-lo em prática. Vamos examinar juntos alguns dos pontos principais.
> [O clínico lê os pontos no item 3 do plano de apoio a crises, apresentado no Apêndice A.6. Depois de cada item:]
> O que você pensa sobre isso?
> Você acha que esse passo é viável? Há algum obstáculo para fazer isso?

Passo 6: revise os procedimentos de emergência e obtenha a adesão

O clínico revisa as medidas de emergência a serem tomadas no caso de uma crise ou de risco de suicídio iminente, o que inclui dirigir-se a um pronto-socorro e/ou telefonar para o 188 (Centro de Valorização da Vida – CVV), ou mesmo 192 (Serviço de Atendimento Móvel de Urgência – SAMU). Após a conclusão do plano de apoio a crises, o clínico deve avaliar a adesão, pedindo que o paciente e a pessoa significativa avaliem a probabilidade de executar o plano em uma escala de 0 a 10, com 0 indicando "nada provável" e 10 indicando "muito provável".

> **EXEMPLO DE ROTEIRO DO CLÍNICO**
>
> Agora, uma coisa que eu gostaria de deixar claro é que você nunca deve achar que tem que lidar com uma emergência sozinho. Se [paciente] estiver em uma crise severa, você deve chamar ajuda profissional. Este é o número do meu telefone para que possa me ligar se tiver dúvidas ou precisar de assistência. Como nem sempre estarei imediatamente disponível, deixe-me também lhe dar o número do CVV (188), caso você precise falar com alguém imediatamente e eu não esteja disponível. O CVV é uma rede de conselheiros para crises suicidas que atenderá o telefone 24 horas por dia, 7 dias por semana. Seu número de discagem gratuita já está anotado aqui neste plano. Se você estiver em uma situação de emergência, leve [o paciente] até o pronto-socorro mais próximo ou ligue para receber ajuda do 192 (SAMU).
> Você tem alguma pergunta sobre esses passos de emergência? E sobre o plano como um todo?

> [Depois de terminar o plano:] Em uma escala de 0 a 10, com 0 sendo "nada provável" e 10 sendo "com certeza", qual seria a probabilidade de você colocar esse plano em ação?
>
> [Se a avaliação for menos que 7 de 10:] Há alguma parte desse plano que reduza a probabilidade de usá-lo? O que poderíamos mudar nele para que seja mais provável você utilizá-lo?

EXEMPLOS DE CASOS ILUSTRATIVOS

O caso de Mike

A documentação de admissão da clínica incluía itens para rastrear a posse de arma de fogo, mas Mike havia pulado esses itens. Assim, depois de concluir um plano de resposta a crises, o clínico de Mike perguntou acerca da posse de armas de fogo. Observe como o clínico utiliza a orientação:

CLÍNICO: Quando eu estava dando uma olhada na sua papelada antes de nos encontrarmos hoje, notei que você deixou passar o item que pergunta sobre a posse de armas de fogo. Foi a única coisa que você pulou.

MIKE: Sim, na verdade eu não quero responder essa pergunta. Você é autorizado a me perguntar sobre isso?

CLÍNICO: Sim, sou autorizado a perguntar. Na verdade, os clínicos de saúde mental são incentivados a perguntar aos seus pacientes sobre armas de fogo da mesma maneira que alguns médicos perguntam sobre o uso de cintos de segurança ou o uso de práticas sexuais seguras: trata-se de segurança e prevenção de danos ou outros problemas de saúde.

MIKE: Oh, OK. Só não quero que ninguém pense que eu sou louco e tentem tirar minhas armas quando não fiz nada de errado.

CLÍNICO: Sim, entendo. Sei que essa pode ser uma preocupação comum, mas devo admitir que, na verdade, não ouvi falar de ninguém que tenha tido suas armas retiradas depois de falar com um psicólogo. Bem, acho que devo dizer que isso nunca aconteceu com nenhum dos meus pacientes antes e acho que eles teriam me contado se tivesse acontecido. Você conhece alguém com quem isso aconteceu antes?

MIKE: Não, não pessoalmente.

CLÍNICO: Você já ouviu falar que isso aconteceu com alguém fora do seu círculo pessoal?

MIKE: Não. Quero dizer, você escuta histórias, mas não sei lhe dar um nome.

CLÍNICO: Sim, o mesmo comigo. Já ouvi muitas histórias, também, mas nunca algum nome. Mas isso levanta uma questão interessante: por que você acha que alguém como eu faria essa pergunta?

MIKE: Bem, provavelmente porque algumas pessoas atiram em si mesmas, mas não vou fazer isso.

CLÍNICO: Você está certo, é por causa do suicídio.

MIKE: Mas não estou tendo esses pensamentos.

CLÍNICO: Sim, vi aqui na sua papelada que você disse que não, e você disse antes que não estava tendo esses tipos de pensamentos. No entanto, você disse que estava se sentindo muito pra baixo e não estava dormindo bem e que estava bebendo muito mais que o normal, certo?

MIKE: Sim.

CLÍNICO: E passamos algum tempo falando sobre todo o estresse na sua vida.

MIKE: Sim, mas isso não quer dizer que vou estourar meus miolos.

CLÍNICO: Sim, está correto. Ter problemas e sentir-se mal não significa que você é sempre suicida. No entanto, essas coisas podem dificultar a concentração e a tomada de decisões, não é?

MIKE: Sim.

CLÍNICO: Isso foi algo sobre o qual também conversamos hoje: como você sente que não consegue mais tomar boas decisões e não suporta mais isso. Por isso, você tem bebido mais e ficado com mais raiva.

MIKE: Sim.

CLÍNICO: Então, me diga o que você pensa sobre alguém que tem fácil acesso a armas de fogo quando essa pessoa está tendo muitos problemas na sua vida, sentindo-se deprimida e sobrecarregada, bebendo mais que o normal e tendo problemas para tomar decisões, mesmo que ela não seja suicida.

MIKE: Bem, bebida e armas não são uma boa ideia.

CLÍNICO: Por que não?

MIKE: Bem, você está debilitado e não consegue pensar direito, então poderia acabar fazendo alguma coisa idiota. É como beber e dirigir. Você pode não ter a intenção de fazer alguma coisa idiota, mas, de qualquer modo, pode acabar em maus lençóis se dirigir.

CLÍNICO: E as consequências podem ser muito graves.

MIKE: Sim, com certeza.

CLÍNICO: Então, o uso pesado de álcool e armas pode ser uma combinação perigosa?

MIKE: Sim.

CLÍNICO: E quanto aos outros problemas de que falamos? Coisas como ficar com raiva facilmente e não dormir muito? Como isso combina com o acesso fácil a armas de fogo?

MIKE: Bem, essas também não são boas combinações. Pessoas com raiva que têm armas são assustadoras, e, se você não estiver dormindo bem, provavelmente não vai ficar tão seguro.

CLÍNICO: Então esses são problemas de segurança, também?

MIKE: Sim.

CLÍNICO: Então, se estou entendendo bem o que está dizendo, os problemas que você está enfrentando atualmente aumentam o risco de maus resultados quando combinados com armas de fogo.

MIKE: Sim, acho que sim.

CLÍNICO: O que você pensa sobre como isso pode se aplicar a você?

MIKE: Bem, provavelmente, para mim não é tão seguro dormir com uma arma embaixo da minha cama.

CLÍNICO: Sim, creio que provavelmente você está certo. Que tal se dedicarmos algum tempo para conversar sobre algumas opções diferentes para abordar essa questão de segurança?

MIKE: OK.

Nessa interação, o clínico usa todos os quatro processos da entrevista motivacional: engajar, focar, evocar e planejar. O clínico engaja Mike, convidando-o a compartilhar seus pensamentos sobre a análise da segurança de armas de fogo. A seguir, mantém foco na segurança dos meios de uma forma que isso não assuma o controle da conversa, ao mesmo tempo que assegura que Mike compartilhe seus pensamentos sobre a combinação entre o acesso a armas de fogo e os vários problemas que ele relatou. Desse modo, o clínico guiou Mike a argumentar em favor da segurança dos meios. Por fim, o clínico transporta Mike para um estágio de planejamento ativo, sugerindo uma conversa sobre várias opções para segurança dos meios.

O caso de John

Depois que John foi liberado pela unidade psiquiátrica e trazido para sua consulta inicial para TCCB, o clínico conduziu o aconselhamento sobre segurança dos meios com ele e seu amigo. John e seu amigo combinaram de guardar temporariamente o rifle dele na casa do amigo até o fim do tratamento. A questão da segurança dos meios foi levantada novamente durante a terceira sessão de TCCB, quando John estava acompanhado de sua esposa, Alice. O clínico concluiu o plano de apoio a crises com John e Alice, durante o qual a segurança dos meios foi abordada novamente. Durante o curso dessa discussão, John e Alice expressaram opiniões e pensamentos diferentes sobre os procedimentos permanentes de segurança dos meios, especificamente no que diz respeito à compra de um cofre para a arma. Embora John fosse a favor dessa opção, Alice expressou preocupação com seu custo. Como pode ser visto nesta transcrição parcial da sua discussão, o questionamento cuidadoso por parte do clínico, usando todos os quatro princípios da entrevista motivacional, possibilitou que John e Alice resolvessem essa questão e chegassem a um acordo sobre a segurança da arma:

CLÍNICO: Então, se entendi corretamente, anteriormente vocês dois já haviam conversado sobre comprar um cofre para a arma para aumentar a segurança em geral, mas na verdade ainda não fizeram isso devido ao seu custo, embora pareça que os papéis se inverteram aqui, em termos de quem é a favor e quem não é.

JOHN: Sim, sempre pareceu ter coisas mais importantes onde gastar nosso dinheiro, mas agora estou achando que essa deve ser uma prioridade. Agora ela está dizendo que não podemos arcar com o custo, embora antes fosse ela quem constantemente estava querendo comprar um.

CLÍNICO: Hum, isso é interessante. Alice, qual é sua opinião?

ALICE: Ele está certo em dizer que eu insistia há cerca de um ano para comprar um cofre para a arma. Apenas acho que é mais seguro ter um e manter a arma ali dentro, e, agora que estamos conversando sobre ter um bebê, não quero que ele brinque com uma arma.

CLÍNICO: Então, parece que segurança é muito importante para você.

ALICE: Oh, sim. Eu preferiria não ter a arma em casa, mas é importante para John ter uma.

JOHN: É que me sinto mais seguro com uma arma para que possa proteger minha família, caso alguém tente invadir a casa. Antes eu não achava que isso era uma prioridade assim tão grande, mas agora estou vendo que segurança é muito importante.

CLÍNICO: Então estamos todos concordando que segurança é importante?

JOHN E ALICE: Sim.

CLÍNICO: OK, bom. Então, na verdade, esse não parece ser um tema de debate aqui. Em que ponto vocês não estão concordando?

JOHN: Bem, acho que eu deveria comprar um cofre para a arma agora, mas ela acha que deveríamos esperar porque não podemos pagar por isso, o que me confunde completamente porque, antes de tudo isso ter acontecido, era ela quem queria muito comprar o cofre para a arma.

CLÍNICO: Alice, você concorda com isso?

ALICE: Tecnicamente, sim. Não é que eu não queira comprar um cofre para a arma ou coisa parecida. Sei que isso é importante e não quero que John se machuque.

CLÍNICO: Então você quer um cofre para a arma e também quer que John fique seguro, mas alguma coisa está interferindo que você apoie a compra de um cofre de armas neste momento.

ALICE: Acho que sim.

CLÍNICO: E o que você acha que aconteceria se vocês comprassem um cofre para a arma?

ALICE: Bem, ele iria querer de volta a arma que está com seu amigo, e não sei se essa é uma boa ideia no momento.

CLÍNICO: Conte-me mais sobre isso.

ALICE: Bem, algumas semanas atrás ele pegou aquela coisa para atirar em si mesmo enquanto eu falava com ele ao telefone. Aquele foi o momento mais assustador da minha vida, e ele não me ouvia, nem me respondia. Achei que eu estava a ponto de ouvir ao telefone meu marido se matar com aquela arma. Aquilo foi horrível. Simplesmente não quero aquela arma por perto de novo, pelo menos ainda não. Não sei se ele está pronto para ter a arma de volta.

JOHN: Querida, se tivermos um cofre para a arma, eu vou ficar bem.

ALICE: Mas ela ainda vai estar na nossa casa. É muito cedo.

CLÍNICO: Se estou entendendo direito, o que você está dizendo, Alice, é que ainda está assustada com o que aconteceu e se preocupa que possa não ser suficientemente seguro ter a arma de volta em casa, mesmo que ela esteja em um cofre. É isso?

ALICE: Sim, é bem isso.

CLÍNICO: Então, não é que você se oponha a ter um cofre para a arma; você está preocupada com a segurança do seu marido.

ALICE: Sim, e me preocupo que talvez ele esteja tentando fazer isso para ter sua arma de volta enquanto nossa guarda está baixa.

CLÍNICO: Entendo. Essa é uma preocupação muito válida. O que você acha, John?

JOHN: Não vou fazer isso. Não estou tentando enganar ninguém.

CLÍNICO: Também não acho que você esteja tentando nos enganar. Ao mesmo tempo, Alice está preocupada com a sua segurança e – corrija-me se eu estiver errado, Alice – ainda não está pronta para a volta da arma para sua casa.

ALICE: É isso mesmo.

CLÍNICO: John, o que você acha sobre o que Alice diz quanto a ainda não estar pronta para ter a arma de volta em casa?

JOHN: Posso entender isso.

CLÍNICO: OK, muito bom. Isso significa que a preocupação principal aqui é mais sobre quando trazer a arma de volta para casa do que se vocês vão ter ou não um cofre para a arma?

JOHN: O que você quer dizer?

CLÍNICO: Bem, parece que todos nós estamos de acordo quanto à segurança e também que um cofre para a arma é uma boa ideia. Estou certo quanto a isso?

JOHN E ALICE: Sim.

CLÍNICO: O que ainda não estamos de acordo é quando a arma volta para casa e é colocada nesse cofre.

ALICE: Sim, acho que é isso.

CLÍNICO: E quanto a você, John?

JOHN: Faz sentido. E se apenas comprássemos o cofre para a arma agora, para pelo menos tê-lo, e, mais tarde, quando tiver passado mais tempo, podemos pegar meu rifle e guardá-lo no cofre? Mas não tem que ser imediatamente.

CLÍNICO: Oh, essa é uma ideia interessante. O que você acha disso, Alice?

ALICE: Parece ótimo para mim. Vou ficar bem se tiver o cofre, só não quero aquela arma de volta agora.

JOHN: Tudo bem, querida. Não tenho que tê-la de volta imediatamente. Podemos esperar um pouco.

CLÍNICO: Então chegamos a um acordo aqui?

ALICE: Sim, acho que sim.

JOHN: Sim.

CLÍNICO: OK, bem, acho que vocês vão comprar um cofre, e, então, mais tarde, vamos rever a questão de trazer o rifle de volta. Geralmente eu recomendo termos essa conversa na última sessão do tratamento. Isso seria daqui a uns 2 ou 3 meses. O que lhes parece?

JOHN: Sim, está bem.

CLÍNICO: OK, isso lhes dá algum tempo para encontrar um cofre e assegurar que têm o dinheiro para ele.

Dicas e conselhos para aconselhamento sobre os meios de segurança e planos de apoio a crises

1. **Tenha cuidado com a linguagem.** Constatamos que o uso da linguagem "restrição dos meios" (especialmente "restrição de arma de fogo") com frequência aumenta a postura defensiva do paciente. O uso da linguagem "segurança dos meios" desperta reações negativas menos intensas.

2. **Deixe que o paciente argumente em favor da segurança dos meios.** Os clínicos devem incentivar os pacientes a apresentarem a justificativa para a segurança dos meios. Isso frequentemente pode ser obtido perguntando-se o que eles pensam sobre indivíduos suicidas tendo acesso a armas de fogo (p. ex., "no tópico da segurança, o que você pensa sobre indivíduos suicidas terem acesso fácil a armas de fogo? O que você pensaria sobre um familiar ou amigo ter acesso às suas armas de fogo se eles estivessem suicidas?"). Se o paciente conseguir apresentar razões em defesa à segurança dos meios, o clínico pode posteriormente fazer referência às suas próprias palavras e argumentos (p. ex., "como isso se encaixa com o que você disse antes sobre o perigo de armas de fogo quando suicida?").

3. **Tenha travas de gatilho e travas de cabos disponíveis para os pacientes.** Os clínicos podem facilitar a segurança de armas de fogo mantendo um suprimento de travas de gatilho e/ou travas de cabos em seu consultório. Elas podem ser obtidas com a polícia local por um custo reduzido (ou mesmo sem custo).

4. **Familiarize-se com as leis estaduais e locais que regulam a posse e o armazenamento de armas de fogo.** A legislação sobre armas pode variar consideravelmente entre as diferentes jurisdições. O conhecimento dessas leis pode ajudar clínicos e pacientes a gerarem opções para os planos de segurança de armas de fogo. Alguns estados, por exemplo, permitem que agências de aplicação da lei guardem temporariamente armas de fogo dos cidadãos para facilitar sua segurança.

13

Focalizando o distúrbio do sono

Controle de estímulos e higiene do sono são duas abordagens cognitivo-comportamentais para reduzir distúrbios do sono e insônia. O controle de estímulos está baseado nos princípios da teoria da aprendizagem e do condicionamento clássico, com o objetivo principal de fortalecer as associações entre a cama e comportamentos relacionados ao sono (p. ex., relaxar, deitar, adormecer), simultaneamente enfraquecendo as associações entre a cama e comportamentos que não estão relacionados ao sono (p. ex., ler, assistir à televisão). O controle de estímulos é a intervenção cognitivo-comportamental independente mais eficaz para insônia e tipicamente contribui para 50 a 60% de melhora na insônia (Taylor, McCrae, Gehrman, Dautovich, & Lichstein, 2007). A higiene do sono envolve psicoeducação focada na redução de comportamentos que podem interferir no sono (p. ex., uso excessivo de cafeína, uso de nicotina à noite, exercícios um pouco antes da hora de dormir) e o ajuste das condições ambientais que podem contribuir para problemas do sono (p. ex., controle da temperatura ou do clima, luz ou ruído excessivo). Como é frequentemente usada com outros tratamentos médicos e cognitivo-comportamentais, a eficácia da higiene do sono como uma intervenção independente é desconhecida. No entanto, ela costuma ser usada em combinação com o controle de estímulos.

O controle de estímulos envolve vários princípios primários e inter-relacionados:

- **A cama é só para dormir e para sexo.** Quando o paciente se engaja em outras atividades na cama além de dormir e praticar sexo (p. ex., assistir à televisão, comer, ler, estudar), a cama é associada a atividades não relacionadas ao sono. Entretanto, quando o paciente restringe a cama a apenas sono e sexo, ela é associada a dormir, o que aumenta a probabilidade de o paciente adormecer rapidamente quando vai para a cama.
- **Saia da cama se você não adormeceu em até 15 minutos depois de deitar.** Essa orientação funciona como uma extensão da anterior: ficar deitado na cama por um período prolongado, durante o qual o paciente gradualmente vai ficando frustrado ou estressado, contribui para o desenvolvimento de uma associação da cama com insônia. Ao sair da cama, a pessoa interrompe esse processo aprendido. Quando sair da cama, o paciente deve se envolver em atividades que sejam relaxantes e/ou não estimulantes. Atividades como limpar, assistir à televisão, jogar *videogame* ou navegar

na internet podem não ser ideais, já que podem ser mentalmente ativadoras. As três últimas opções também podem ser prejudiciais, pois envolvem olhar para uma fonte de luz brilhante, o que também pode enganar o cérebro, levando-o a pensar que aquela é a luz do dia.

- **Volte para a cama somente quando estiver com sono.** O paciente deve ser informado sobre a diferença entre sentir-se "cansado" e sentir-se "sonolento". Estar cansado envolve estar fisicamente ou mentalmente exaurido, mas não inclui necessariamente a sensação de sonolência. Portanto, o paciente deve ser instruído a ir para a cama somente quando se sentir *sonolento* (p. ex., cochilando).

JUSTIFICATIVA

Os mecanismos exatos pelos quais o distúrbio do sono está associado ao risco aumentado de pensamentos e comportamentos suicidas não estão completamente entendidos, embora alguns modelos gerais tenham sido propostos. O primeiro desses modelos se relaciona com a excitação emocional excessiva. Esse é amplamente considerado o modelo predominante na literatura de prevenção ao suicídio. Há fortes razões para acreditar que insônia é um indicador de hiperexcitação fisiológica ou agitação, cada uma sendo fator de risco independente para suicídio (Busch et al., 2003; Hall et al., 1999), especialmente entre homens (Bryan, Hitschfeld, et al., 2014). Segundo esse modelo, o distúrbio do sono contribui para estados emocionais negativos via excitação autônoma aumentada. Um segundo modelo possível se relaciona com a perturbação neurocognitiva resultante do distúrbio do sono. De acordo com essa perspectiva, o distúrbio do sono contribui para declínios na solução de problemas (Harrison & Horne, 2000) e na reatividade emocional (Gujar, Yoo, Hu, & Walker, 2011).

Igualmente desconhecidas são as dimensões específicas do distúrbio do sono que são mais relevantes para a emergência de pensamentos e comportamentos suicidas. Hall (2010) descreveu quatro dimensões distintas, mas inter-relacionadas, do distúrbio do sono: duração do sono, continuidade do sono, arquitetura do sono e qualidade do sono. A *duração do sono* se refere à quantidade total de sono que uma pessoa atinge e é tipicamente operacionalizada como o tempo total na cama menos a quantidade de tempo necessária para adormecer e a quantidade de tempo passada acordado durante a noite. Isso é mais frequentemente avaliado pedindo-se que os pacientes relatem quantas horas de sono costumam ter à noite (ou durante um período de 24 horas), embora possa ser obtida maior precisão com o uso de diários do sono ou medidas objetivas da duração do sono (p. ex., eletrencefalograma [EEG]). A *continuidade do sono* foca na habilidade do indivíduo de iniciar e manter o sono. Similar à duração do sono, a continuidade do sono é, com frequência, avaliada por meio de autorrelato e/ou medidas objetivas, como EEG. A *arquitetura do sono* se refere ao padrão de atividade elétrica no cérebro que corresponde a vários estágios do sono, notadamente movimento rápido dos olhos (REM) *versus* sem movimento rápido dos olhos (NREM). Essa dimensão do distúrbio do sono requer esquemas de medida objetiva que medem a atividade elétrica no cérebro durante os períodos de sono. Por fim, a *qualidade do sono* se refere à avaliação subjetiva do indivíduo do seu sono e costuma ser avaliada por métodos de autorrelato, para os quais há muitas diferentes escalas e estratégias.

Dessas quatro dimensões, a qualidade do sono recebeu a maior quantidade de atenção na pesquisa do suicídio e demonstrou de forma consistente estar correlacionada a pensamentos e comportamentos suicidas (Woznica, Carney, Kuo, & Moss, 2015). Um corpo crescente de evidências sugere que o distúrbio do sono é um fator de risco importante para suicídio e, em muitos casos, prediz adicionalmente ideação, tentativas e morte por suicídio, mesmo quando controlados outros fatores de risco, como depressão (Barraclough & Pallis, 1975; Bernert, Joiner, Cukrowicz, Schmidt, & Krakow, 2005). Pesquisas adicionais indicam que pacientes que relatam distúrbio do sono morrem por suicídio significativamente mais próximo à última consulta médica realizada quando comparados com pacientes que não relatam insônia (Pigeon, Britton, Ilgen, Chapman, & Conner, 2012). É interessante apontar que não foram observados padrões diferentes em militares e veteranos. Nessa população, a associação de distúrbio do sono com pensamentos e comportamentos suicidas é mediada pela coocorrência de depressão (Bryan, Gonzalez, et al., 2015), o que sugere que o distúrbio do humor tem uma associação mais próxima com o risco de suicídio do que o distúrbio do sono em militares e veteranos.

Apesar de nossas brechas no conhecimento, o acúmulo de evidências sugere que indivíduos que estão insatisfeitos com seu sono e/ou percebem que têm sono deficiente são mais propensos a ter pensamentos e comportamentos suicidas. Entretanto, permanece incerto o grau em que essas avaliações refletem déficits reais no sono *versus* percepções exageradas ou distorcidas dos parâmetros do sono. Dada a ligação bem estabelecida entre qualidade subjetiva do sono e risco de suicídio, procedimentos e intervenções que visam à qualidade subjetiva do sono podem reduzir pensamentos e comportamentos suicidas. Novas evidências corroboram essa perspectiva. Em um estudo observacional de coorte recente de pacientes tratados com terapia cognitivo-comportamental para insônia (TCC-I), a ideação suicida diminuiu significativamente durante o curso do tratamento (Trockel, Karlin, Taylor, Brown, & Manber, 2015). Nesse estudo, a mudança na gravidade da ideação suicida foi prevista significativamente pela mudança na qualidade do sono autorrelatada, tal que as mudanças na qualidade do sono foram correlacionadas a reduções na ideação suicida. O foco no distúrbio do sono, portanto, parece ter um impacto positivo na redução do risco de suicídio.

COMO FAZER

Uma estratégia simples e direta para conduzir o controle de estímulos e a higiene do sono é listar as principais diretrizes e recomendações para cada um em uma apostila para o paciente (veja o Apêndice A.7, "Melhorando seu sono") e depois examinar a apostila com o paciente. À medida que cada item é examinado, o clínico pergunta ao paciente se a orientação se aplica a ele e, em caso afirmativo, convida o paciente a discutir a viabilidade da implementação de cada estratégia. Depois de examinarem toda a apostila, o clínico e o paciente examinam aquelas áreas que foram identificadas para possível mudança. O clínico, então, pergunta quais mudanças o paciente está disposto a fazer e é capaz de fazer imediatamente. Ele poderá precisar usar estratégias de reforço motivacional para aumentar a disposição do paciente para fazer mudanças em seus comportamentos de sono, especialmente para procedimentos de controle de estímulos, entre os quais alguns podem ser difíceis ou desagradáveis de implementar (p. ex., levantar da cama se não adormecer dentro de 15 minutos). Como pode demorar várias semanas para que a insônia melhore perceptivelmente depois de iniciar o controle de estímulos e a higiene do sono, é melhor que essas intervenções sejam implementadas no começo da TCCB.

Para completar o controle de estímulos e a higiene do sono, o clínico fornece ao paciente a apostila sobre insônia e o convida a examinar cada seção. O clínico pede que o paciente identifique as áreas que podem ser mudadas para melhorar seu sono e, então, o ajuda a desenvolver um plano para fazer essas mudanças.

Passo 1: introduza o controle de estímulos e a higiene do sono

O clínico introduz o controle de estímulos e a higiene do sono, explica a justificativa para a intervenção e fornece ao paciente uma apostila para facilitar a discussão.

> **EXEMPLO DE ROTEIRO DO CLÍNICO**
>
> Já conversamos sobre como o sono tem sido um problema para você e como isso é algo que você gostaria de trabalhar. A insônia está no domínio físico do modo suicida, então, se pudermos fazer algumas melhoras nessa área, abordaremos um aspecto físico do que está acontecendo. A insônia é um problema que você estaria disposto a discutir hoje? O que eu gostaria de fazer é examinar algumas diretrizes sobre o sono, que são chamadas de "controle de estímulos" e "higiene do sono". Essas diretrizes provaram ser os métodos mais eficazes para melhorar o sono. Esta é uma apostila que lista todas as diretrizes para você.

Passo 2: examine os princípios do controle de estímulos e da higiene do sono

O clínico fornece ao paciente a apostila sobre insônia (veja o Apêndice A.7) e o convida a ler uma diretriz de cada vez. Então, pergunta ao paciente se a diretriz é relevante para sua vida e, em caso afirmativo, de que forma é relevante. Se a diretriz for relevante, o clínico pede que o paciente faça uma marcação nela para consulta posterior.

> **EXEMPLO DE ROTEIRO DO CLÍNICO**
>
> Eu gostaria que lêssemos juntos e depois discutíssemos sobre como cada item pode se aplicar a você. Vamos começar aqui com o primeiro item. Você poderia ler em voz alta para nós? O que você pensa sobre esse item? Isso se aplica aos seus hábitos de sono?
> [Se sim:] Conte-me um pouco mais sobre como isso é relevante para você. Já que isso se aplica a você, vamos seguir em frente e fazer uma marcação, e voltaremos a isso mais tarde. Vamos prosseguir para o próximo item. Poderia ler o próximo item em voz alta para nós?
> [Se não:] OK, vamos passar para o próximo, então. Você poderia ler o próximo item em voz alta para nós?

Passo 3: formalize um plano e obtenha a adesão do paciente

Na etapa final sobre o controle de estímulos e a higiene do sono, o clínico pede que o paciente considere todos os itens relevantes e selecione aqueles comportamentos que podem ser mudados imediatamente. As mudanças combinadas devem ser formalizadas em um plano de mudança e designadas pelo clínico. Se o paciente verbalizar relutância ou preocupações quanto a mudar seus comportamentos relacionados ao sono, o clínico deve usar estratégias de reforço motivacional apropriadamente. Depois que um plano de mudança estiver estabelecido, o clínico deve avaliar a adesão, pedindo que o paciente avalie sua probabilidade de colocar o plano em ação em uma escala de 0 a 10, com

0 indicando "nada provável" e 10 indicando "muito provável".

> **EXEMPLO DE ROTEIRO DO CLÍNICO**
>
> Então, agora que já examinamos todos eles, parece que você identificou inúmeras mudanças que poderia fazer para melhorar seu sono. Enquanto olhamos para todas as mudanças que você diz que se aplicam a você, eu pergunto: quais delas você poderia mudar hoje? O que você precisaria fazer para efetuar essa mudança? Vamos anotar isso.
> [Depois de terminar o plano:] Em uma escala de 0 a 10, com 0 sendo "de modo algum" e 10 sendo "com certeza", qual seria a probabilidade de você fazer essas mudanças nos seus hábitos de sono?
> [Se a avaliação for menos de 7 em 10:] Há alguma parte desse plano que reduz sua probabilidade de usá-lo? O que poderíamos mudar nele para aumentar a probabilidade de você usá-lo?

EXEMPLO DE CASO ILUSTRATIVO

Mike relatou problemas significativos para iniciar o sono e mantê-lo. Esses problemas eram constantes há vários anos, mas tinham piorado nos meses imediatamente precedentes ao início da TCCB. Como a melhora do sono era um dos objetivos primários do tratamento para Mike e parecia estar intimamente associada à sua agitação e ao seu estresse emocional, o clínico decidiu introduzir o controle de estímulos e a higiene do sono durante sua terceira sessão. Enquanto eles examinavam a apostila "Melhorando seu sono", Mike identificou as seguintes áreas possíveis para mudança: levantar da cama quando não consegue adormecer dentro de 15 minutos, usar sua cama somente para dormir e fazer sexo, evitar álcool, fazer exercícios regulares, relaxar antes de ir dormir e estabelecer um horário de sono regular. Ele indicou que poderia fazer mudanças em todos esses comportamentos, iniciando imediatamente. No *follow-up*, no entanto, ele não havia feito nenhuma das mudanças. Mike e seu clínico posteriormente tiveram o seguinte diálogo:

CLÍNICO: O que se colocou no caminho para fazer essas mudanças?

MIKE: Não tenho certeza. Todas são suficientemente fáceis. Isto é, não bebi álcool, mas já vinha fazendo isso.

CLÍNICO: Então você conseguiu manter essa mudança em vigor?

MIKE: Sim, mas essa foi a mais fácil porque eu já estava fazendo.

CLÍNICO: Oh, entendo. Então algumas delas são mais difíceis que outras?

MIKE: Sim, acho que sim.

CLÍNICO: Qual das mudanças você diria que é a mais difícil de fazer?

MIKE: Provavelmente levantar da cama depois de 15 minutos. Considero que essa é uma coisa bem simples de fazer, em muitos aspectos, mas parece muito difícil quando estou deitado ali na cama e tudo o que quero é dormir.

CLÍNICO: Sim, essa é a que a maior parte das pessoas acha mais difícil. Mas você está certo: é uma coisa muito simples de fazer que acaba sendo muito difícil na prática. Então, qual delas seria a mudança mais fácil de fazer?

MIKE: Provavelmente definir uma rotina para a hora de dormir e o período de relaxamento.

CLÍNICO: O que nela é mais fácil?

MIKE: Bem, eu meio que já tenho uma rotina, mas não a cumpro necessariamente em um horário consistente. Então, se eu defino um horário compatível para ir para a cama, posso definir um horário consistente para relaxar.

CLÍNICO: Se você tivesse que definir um horário consistente, qual seria?

MIKE: Provavelmente às 23h. Geralmente vou para a cama nesse horário.

CLÍNICO: Quanto tempo você tipicamente fica acordado depois de ir para a cama?

MIKE: Talvez 1 hora ou mais.

CLÍNICO: Então geralmente você pega no sono por volta da meia-noite?

MIKE: Sim, na maioria das noites.

CLÍNICO: Bem, já que queremos maximizar a quantidade de tempo que você está adormecido na cama e minimizar a quantidade de tempo em que está deitado na cama acordado, que tal se estabelecêssemos sua hora de dormir como meia-noite? Desse modo, você começaria a dormir bem rápido depois de ir para a cama.

MIKE: Isso faz sentido.

CLÍNICO: Então, a que horas deveríamos começar o processo de relaxamento?

MIKE: Deveria ser às 23h. Isso me dá 1 hora para me organizar e coisas assim.

CLÍNICO: Parece ser um bom plano. Quando você acha que poderia começar a fazer isso?

MIKE: Provavelmente hoje à noite.

CLÍNICO: Que tal se começarmos esta noite e vermos o que acontece e, se correr bem, podemos voltar a esta lista e escolher a próxima coisa mais fácil de fazer? O que lhe parece?

MIKE: Gosto disso.

CLÍNICO: OK, então vamos começar com o relaxamento às 23h e ir para a cama à meia-noite e, então, começaremos a trabalhar nessas outras mudanças. Assim, começamos pela coisa mais fácil e vamos aumentando o grau de dificuldade.

Na consulta seguinte, Mike relatou que havia seguido esse plano e que havia dado vários outros passos por conta própria: trouxe uma cadeira para seu quarto para que pudesse assistir à TV e ler sem deitar na cama. Quando perguntado sobre essa mudança adicional, Mike respondeu: "bem, depois que comecei a coisa de relaxar, me dei conta de que ler me ajuda a fazer isso. Então levei uma cadeira para meu quarto para fazer isso enquanto sigo as outras orientações". Nas sessões posteriores, Mike continuou a fazer outras mudanças em seus comportamentos na hora de dormir. O clínico conseguiu motivá-lo a fazer essas mudanças ao resolver suas barreiras e elaborar um método simples para contorná-las: estabelecendo uma ordem para todas as mudanças propostas e iniciando pela mudança mais atingível. Depois que Mike conseguiu uma mudança inicial, foi mais fácil para ele continuar com mudanças adicionais.

Dicas e conselhos para focar o distúrbio do sono

1. **Familiarize-se com a TCC-I.** Os princípios do controle de estímulos usados na TCCB estão baseados nos princípios da TCC-I. Além de abordar esses aspectos comportamentais do distúrbio do sono, a TCC-I também foca em pensamentos e crenças distorcidos sobre o sono (p. ex., "preciso ter 8 horas de sono por noite ou não consigo funcionar"; "amanhã será horrível se eu não conseguir dormir"). Os clínicos que estão familiarizados com os princípios da TCC-I serão capazes de focar mais eficientemente o distúrbio do sono durante a TCCB.

2. **Esteja alerta a possíveis transtornos do sono relacionados à respiração.** Transtornos do sono relacionados à respiração, como apneia do sono, não responderão ao controle de estímulos. Os possíveis sinais de transtornos do sono relacionados à respiração incluem ronco e falta de ar durante o sono (geralmente relatados pelos parceiros) e fadiga diurna apesar de uma duração do sono suficiente. Pacientes com possíveis transtornos do sono relacionados à respiração devem ser encaminhados aos seus médicos para avaliação mais aprofundada, inclusive um possível estudo do sono.

14

Treino de habilidades de relaxamento e *mindfulness*

O treino de relaxamento é uma intervenção cognitivo-comportamental muito comum usada para ensinar os pacientes a manejar sua excitação fisiológica. O treino de *mindfulness* é uma intervenção cognitivo-comportamental cada vez mais popular que pode parecer similar, na sua superfície, ao treino de relaxamento. Embora similares em muitos aspectos, as duas intervenções diferem entre si no que diz respeito aos domínios específicos que focam: as habilidades de relaxamento focam no domínio fisiológico, enquanto as habilidades de *mindfulness* focam no domínio cognitivo. Ativando o sistema nervoso parassimpático, o treino de relaxamento tem o efeito de reduzir estados emocionais associados à excitação fisiológica, como ansiedade, medo, estresse generalizado e raiva. Muitas versões diferentes do treino de relaxamento foram descritas, das quais as mais comuns são provavelmente respiração diafragmática e relaxamento muscular progressivo:

- **Respiração diafragmática.** A respiração diafragmática consiste em inspirações profundas muito lentas que preenchem completamente os pulmões, seguidas por expirações bem lentas. A respiração diafragmática é algumas vezes referida como "respiração abdominal", devido à distensão abdominal que ocorre como resultado da expansão para baixo do diafragma durante a inspiração. Ao inicialmente ensinar e demonstrar a respiração diafragmática, o clínico costuma fazer sugestões verbais para aumentar o efeito do relaxamento (p. ex., "enquanto você expira, deixe seus ombros caídos").
- **Relaxamento muscular progressivo.** O relaxamento muscular progressivo consiste em alternadamente tensionar um grupo muscular e depois relaxar o grupo muscular, liberando a tensão. Nele, o paciente tensiona ou aperta um grupo muscular (p. ex., os pés), mantém a tensão por vários segundos e depois libera a tensão. O paciente, então, passa para o próximo grupo muscular (p. ex., as panturrilhas) e mantém esses músculos em um estado de tensão por vários segundos, liberando a tensão depois. O paciente prossegue por todo o corpo, repetindo esse processo de tensionamento dos músculos, segurando a tensão e então liberando. A colocação de tensão sustentada de um lado ao outro, seguida pela sua liberação, proporciona uma consciência aumentada do relaxamento, aumentando, assim, seu efeito percebido.

Existem outras estratégias de relaxamento (p. ex., imagem mental e relaxamento autogênico) que, embora não sejam descritas aqui, são alternativas viáveis à respiração diafragmática e ao relaxamento muscular progressivo.

Em contraste com o relaxamento, que foca na excitação autonômica, o *mindfulness* é um método para ensinar os pacientes a se tornarem mais conscientes de seus pensamentos, suas experiências psicológicas internas e seus comportamentos e a regularem de forma mais eficaz a atenção que está direcionada para essas diferentes experiências internas. Muitos dos pensamentos e comportamentos desadaptativos do paciente suicida ocorrem automaticamente porque foram reforçados e, consequentemente, tornaram-se arraigados. Indivíduos suicidas também tendem a ter reatividade cognitiva elevada, que é o processo pelo qual mudanças no humor desencadeiam reações cognitivas que, de outra forma, estariam latentes (Ingram, Miranda, & Segal, 2006). Indivíduos com crenças nucleares suicidas têm, portanto, maior probabilidade de ter episódios frequentes de estresse agudo e comportamentos desadaptativos quando há uma mudança negativa no humor (p. ex., depressão, raiva, ansiedade). Com frequência se sentem incapazes de controlar ou manejar seu comportamento e podem ser percebidos pelos outros como "reagindo excessivamente" a eventos ativadores. Em suma, o paciente suicida responde a situações na vida com base em padrões habituais, em vez de tomada de decisão intencional.

O treino em *mindfulness* visa a compensar essa vulnerabilidade, fortalecendo a consciência do paciente de seus estados internos e o contexto dentro do qual esses estados são vivenciados, possibilitando, assim, que ele responda a situações da vida de maneira mais intencional. Por exemplo, um paciente suicida com a crença nuclear "sou um fracasso" pode interpretar um evento na vida indesejável ou lamentável como evidência de fracasso, mesmo que suas ações ou decisões tenham pouco a ver com o resultado real. Esse pressuposto automático pode contribuir para sentimentos de culpa ou vergonha. O paciente suicida pode, então, ruminar seu fracasso percebido em uma tentativa de "desfazer" ou "consertar" o problema, o que, em última análise, leva a um estresse emocional ainda maior. Uma ruminação desse tipo pode consumir boa parte da atenção e dos recursos cognitivos do paciente, fazendo-o perder consciência do momento presente. O paciente suicida, portanto, fica "aprisionado" no infortúnio, o que o deixa incapaz de redirecionar a atenção para experiências na vida mais agradáveis e reforçadoras que, de outro modo, poderiam neutralizar ou reduzir o infortúnio. Em muitos casos, essa resposta automática ocorre com pouca, ou nenhuma, consciência ou *insight* por parte do paciente suicida. Portanto, indivíduos suicidas se engajam em padrões cognitivos e comportamentais desadaptativos porque são incapazes de redirecionar sua atenção para experiências que poderiam enfraquecê-los.

Mindfulness não é distração nem afastamento de experiências internas desconfortáveis. Seu propósito é, na verdade, o oposto da distração: é possibilitar que o indivíduo se conscientize de seus estados internos sem julgamento, possibilitando uma resposta deliberada e adaptativa. O *mindfulness* realiza isso não pela redução do estado interno negativo (p. ex., depressão), mas ampliando a consciência do indivíduo, de modo que o estado negativo interno não mais consuma toda ou a maior parte da sua atenção. Portanto, a prática de *mindfulness* não elimina o problema, mas possibilita que o paciente o insira em um contexto mais amplo, tornando-o, assim, mais gerenciável subjetivamente (e talvez objetivamente). Inúmeros exercícios de *mindfulness* foram desenvolvidos e descritos. Até o momento, não há dados sugerindo que um exercício seja mais eficaz que outro.

JUSTIFICATIVA

O treino de relaxamento tem apoio empírico bem estabelecido como uma intervenção para reduzir estresse emocional, depressão, agitação e ansiedade (Jain et al., 2007; Luebbert, Dahme, & Hasenbring, 2001; Stetter & Kupper, 2002). Ele é, portanto, a habilidade de regulação emocional central para toda a gama de transtornos psicológicos e comportamentais. Entre as diferentes estratégias de relaxamento existentes, o relaxamento muscular progressivo mostrou, ainda, ser eficaz para o tratamento de insônia (Taylor et al., 2007). Além da sua utilidade como uma habilidade de regulação emocional, o treino de relaxamento pode, portanto, também ser uma intervenção útil para pacientes suicidas que relatam distúrbio do sono.

Exercícios de *mindfulness* são um ingrediente comum de tratamentos que reduzem de forma eficiente a ideação e tentativas de suicídio (Katz, Cox, Gunasekara, & Miller, 2004; Linehan, 1993; Miklowitz et al., 2009; Rudd et al., 2015) e são úteis com pacientes suicidas devido à capacidade do método de reduzir a reatividade cognitiva (Lynch et al., 2006). Embora os exercícios de *mindfulness* pareçam, na superfície, ser muito similares aos exercícios de relaxamento, e ambos reduzam eficientemente o estresse geral (Jain et al., 2007; Kabat-Zinn et al., 1992; Speca, Carlson, Goodey, & Angen, 2000; Stetter & Kupper, 2002), pesquisas indicam que relaxamento e *mindfulness* operam por meio de mecanismos diferentes. Especificamente, enquanto os exercícios de relaxamento atuam no domínio fisiológico, os exercícios de *mindfulness* atuam no domínio cognitivo. Isso é corroborado pelo achado de pesquisa de que a prática de *mindfulness* reduz a ruminação cognitiva, ao passo que o relaxamento não (Jain et al., 2007). Além disso, o *mindfulness* também parece estimular emoções positivas muito mais que o relaxamento (Jain et al., 2007). Como as habilidades de relaxamento e *mindfulness* atuam em domínios separados do modo suicida e estão associadas a resultados diferentes, ambas são incluídas na TCCB.

COMO FAZER

O treino de relaxamento começa com psicoeducação focada na excitação autonômica e na resposta ao estresse. A maioria dos pacientes tem pelo menos um conhecimento básico do funcionamento do sistema nervoso autônomo, tipicamente no que diz respeito ao conceito da resposta de "luta ou fuga". Depois de explicar como o relaxamento pode ser benéfico para a redução da excitação fisiológica e emocional, o clínico convida o paciente a, juntos, praticarem o relaxamento na sessão. O clínico, então, conduz verbalmente o paciente pelo exercício de relaxamento. Um exemplo de roteiro de relaxamento é apresentado no Apêndice B.6. Com a conclusão do exercício, o clínico ajuda o paciente a obter maior consciência do efeito da intervenção por meio do questionamento socrático.

O treino de *mindfulness* se inicia com psicoeducação focada no modo como o viés atencional pode influenciar a experiência subjetiva do estresse. Para muitos pacientes, a noção de que o estresse emocional pode ser mitigado ao se permitir experienciá-lo, em vez de suprimi-lo ou evitá-lo, será nova. Depois de explicar como o *mindfulness* pode ser benéfico para reduzir a ruminação e colocar as coisas em perspectiva, o clínico deve convidar o paciente a, juntos, praticarem *mindfulness* na sessão. O clínico, então, conduz verbalmente o paciente pelo exercício de relaxamento. Um exemplo de roteiro de *mindfulness* é apresentado no Apêndice B.7. Com a conclusão do exercício, o clínico ajuda o paciente a obter maior consciência do efeito da intervenção por meio do questionamento socrático.

Passo 1a (relaxamento): introduza o conceito de treino de relaxamento e sistema nervoso autônomo

O clínico inicia introduzindo o conceito de relaxamento e educando o paciente sobre ativação e desativação do sistema nervoso autônomo.

EXEMPLO DE ROTEIRO DO CLÍNICO

Vamos conversar um pouco sobre os aspectos físicos de ficar emocionalmente perturbado. Quando você fica emocionalmente perturbado, como sabe que está perturbado? Que mudanças físicas lhe dizem que você está com raiva, por exemplo, em vez de feliz? Que outras mudanças físicas você já notou quando está estressado ou perturbado?

Essas mudanças são resultado da sua resposta ao estresse. Todos nós temos uma resposta ao estresse que é concebida para nos mantermos seguros quando estamos em uma situação perigosa ou ameaçadora. Talvez você já tenha ouvido falar da resposta de "luta ou fuga". Explique para mim o que é resposta de luta ou fuga.

Quando estamos estressados, nosso corpo se prepara para lutar pela nossa vida ou fugir o mais rápido possível. Para que isso seja possível, nosso coração começa a bater mais rápido, começamos a transpirar, ficamos com a boca seca, nossa respiração fica mais rápida e curta, nossos músculos ficam tensos, e ocorre todo tipo de alterações. Quando você estiver estressado ou perturbado, seu corpo vai responder assim. No entanto, ficar em um estado constante de estresse pode ser exaustivo; esgota o corpo e a mente. Com base no que temos conversado até o momento, acho que isso pode se aplicar a você: você está exaurido devido a todo esse estresse. Você diria que isso está correto ou discorda?

A boa notícia é que, na verdade, podemos gerenciar nossa resposta ao estresse empregando algumas estratégias muito simples, como reduzir o ritmo da nossa respiração e focar na tensão em nossos músculos. Você já aprendeu anteriormente algum tipo de técnica respiratória ou de relaxamento?

[Se sim:] Você poderia me explicar o que aprendeu e me mostrar como fazer?

[Se não:] Eu gostaria de lhe mostrar uma técnica muito simples, você estaria interessado em aprender?

Passo 1b (*mindfulness*): introduza o conceito de treino de *mindfulness* e viés atencional

O clínico introduz o conceito de relaxamento e educa o paciente sobre viés atencional.

EXEMPLO DE ROTEIRO DO CLÍNICO

Vamos conversar um pouco sobre como aquilo em que você presta atenção quando está estressado pode mantê-lo emocionalmente perturbado. Você disse que, quando fica perturbado, com frequência se sente completamente sobrecarregado e não consegue pensar em nada além do problema que está enfrentando e o estresse que está sentindo. Algumas pessoas dizem que é como ter uma "visão em túnel".

É esse tipo de coisa que acontece com você? Certamente posso entender como isso tornaria difícil tomar decisões e ter em mente o panorama geral. Quando estamos estressados, não há dúvida de que fica mais difícil ver a figura como um todo e manter as coisas em perspectiva. Nossa atenção se afunila para o problema, e fica difícil ver qualquer outra coisa. Nossas percepções desse problema podem, então, ser coloridas pelos pressupostos e pelas crenças que temos sobre nós mesmos, sobre os outros e sobre o mundo. Então, se em geral achamos que somos más pessoas, quando estivermos estressados, vamos focar naqueles aspectos da situação que se alinham com a noção de que somos uma má pessoa e vamos ignorar aqueles aspectos que contradizem esse pressuposto. Da mesma forma, se acreditamos que somos incapazes de gerenciar o estresse, tenderemos a focar naqueles aspectos da situação que confirmam esse pressuposto.

Quando está perturbado, você tenta não pensar no problema ou em como está perturbado? Tentar não pensar nisso funciona? Isso piora as coisas? O interessante é que, quanto mais tentamos não pensar em alguma coisa, maior o problema parece ficar. É um tipo de paradoxo: tentar não pensar em alguma coisa faz com que você pense ainda mais nela. Uma maneira possível de responder ao estresse é tentar não pensar nele. Outra maneira possível de responder ao estresse é se permitir pensar nele, mas dar um passo atrás, afastando-se do problema e olhando para ele mais objetivamente, sem tentar interferir nele ou julgá-lo. Você já tentou simplesmente notar os problemas, pensamentos e sentimentos, mas sem tentar mudá-los?

Se você estiver disposto a tentar, eu gostaria de lhe ensinar como fazer isso. Aprender a apenas notar os pensamentos e sentimentos, em vez de tentar evitá-los ou se livrar deles, pode nos ajudar a recuar e ver o panorama mais amplo. Isso não faz com que necessariamente o problema desapareça, mas pode torná-lo menos opressor. Você gostaria de aprender essa técnica?

Passo 2: convide o paciente a praticar um exercício

O clínico convida o paciente a praticarem juntos um exercício breve de relaxamento ou *mindfulness* durante a sessão e o orienta durante o procedimento.

> **EXEMPLO DE ROTEIRO DO CLÍNICO**
>
> O que eu gostaria que você fizesse é se certificar de que esteja sentado confortavelmente e ereto na sua cadeira. Isso significa que quero que você se sente ereto sem relaxar o corpo, mas não quero que se sente tão ereto a ponto de ficar tenso e rígido. Se quiser, pode fechar os olhos enquanto fazemos isso, mas você não é obrigado. Algumas pessoas acham mais fácil fazer o exercício se fecharem seus olhos, mas, se não quiser, você pode encontrar um ponto na parede ou no chão e apenas fixar seu olhar naquele ponto, em vez de deixar os olhos se perderem pela sala.

O clínico lê o roteiro de relaxamento detalhado do Apêndice B.6 ou o roteiro de *mindfulness* detalhado do Apêndice B.7.

Passo 3: processe a experiência

Depois de concluir o exercício, o clínico usa perguntas guiadas para ajudar o paciente a reconhecer sua eficácia e seu valor. Embora perguntas abertas sejam o ideal, em alguns casos, o paciente terá uma visão e/ou uma habilidade limitada para reconhecer plenamente os efeitos que o relaxamento teve sobre ele.

> **EXEMPLO DE ROTEIRO DO CLÍNICO (RELAXAMENTO)**
>
> [Possíveis perguntas abertas para facilitar o processamento e a integração:]
>
> Como foi isso para você?
> O que você notou mudando dentro de você enquanto estava fazendo isso?
> O que mudou em relação à tensão em seus músculos/seu ritmo cardíaco/sua respiração?
> Descreva o que você notou.
> Como você soube que estava ficando mais relaxado?
> Onde em seu corpo você se sentiu mais relaxado?

> Alguma parte disso foi difícil fazer?
> Qual foi a parte mais fácil?
> O que você mais gostou nessa atividade?

> **EXEMPLO DE ROTEIRO DO CLÍNICO (*MINDFULNESS*)**
>
> [Possíveis perguntas abertas para facilitar o processamento e a integração:]
>
> Como foi isso para você?
> Descreva o que você notou.
> Você conseguiu mudar seu foco e sua atenção?
> O que foi difícil em relação a mudar sua atenção?
> O que foi fácil em relação a mudar sua atenção?
> O que foi diferente em relação aos pensamentos estressantes desta vez, quando comparado com todas as outras vezes em que você os teve?
> Como foi permanecer calmo enquanto pensava nas coisas estressantes?

Passo 4: formalize um plano e obtenha a adesão do paciente

No passo final do treino de habilidades, o clínico pergunta se o paciente estaria disposto a praticar a habilidade de relaxamento ou *mindfulness* regularmente e, então, desenvolve um plano que especifica a frequência, o momento e a duração da prática. Depois que um plano estiver elaborado, o clínico deve avaliar a adesão do paciente, pedindo que ele avalie a probabilidade de praticar o relaxamento conforme planejado em uma escala de 0 a 10, com 0 indicando "nada provável" e 10 indicando "muito provável".

> **EXEMPLO DE ROTEIRO DO CLÍNICO**
>
> Então, como você pode ver, isso é muito fácil de fazer e não leva muito tempo. A maioria das pessoas percebe que, se praticar diariamente, ou mesmo algumas vezes por dia, elas conseguem ver melhoras em seu nível de estresse. Com que frequência você acha que poderia praticar razoavelmente essa técnica? Quantos minutos você acha que poderia praticar de cada vez? Há algum lugar ou situação particular em que seria especialmente provável que você praticasse? Há algum momento em que seria bom praticar porque isso poderia ajudá-lo?
>
> [Depois de concluir o plano:] Em uma escala de 0 a 10, com 0 sendo "nada provável" e 10 sendo "muito provável", qual seria a probabilidade de você praticar relaxamento diariamente?
>
> [Se a avaliação for menos de 7 em 10:] Há alguma parte desse plano que reduz a probabilidade de usá-lo? O que poderíamos mudar nele para tornar mais provável você usá-lo?

EXEMPLO DE CASO ILUSTRATIVO

O clínico de Janice introduziu o treino de relaxamento durante a quinta sessão como uma habilidade concebida para focar diretamente nos déficits no gerenciamento do estresse. Essa decisão foi tomada em resposta à revelação de Janice durante a sessão anterior de que havia feito outra tentativa de suicídio. Ainda que Janice tivesse usado seu plano de resposta a crises e várias habilidades de enfrentamento, ela relatou que se sentiu no limite, acrescentando que "sentia como se precisasse fazer alguma coisa para ajudar a me acalmar". Esta foi a interação que ocorreu:

CLÍNICO: Você poderia descrever em mais detalhes como é se sentir no limite?

JANICE: Bem, é uma sensação de inquietação, tipo, não consigo ficar parada, e meus músculos ficam completamente tensos.

CLÍNICO: Então, quando você diz que precisa de alguma coisa para se acalmar...

JANICE: Refiro-me a alguma coisa que me ajude a relaxar, como poder me deitar e tirar um cochilo ou algo parecido.

CLÍNICO: OK, isso faz sentido. Você já aprendeu algum tipo de exercício de relaxamento antes?

JANICE: Só aquela coisa de respiração que você me ensinou.

CLÍNICO: OK, então deixe que eu lhe ensine como fazer outro exercício respiratório que vai ajudar seus músculos a ficarem menos tensos e a acalmar mais do que o outro exercício que você tem usado.

Depois de concluírem o exercício de relaxamento, Janice e seu clínico discutiram o exercício juntos:

CLÍNICO: Como foi para você?

JANICE: Eu gostei.

CLÍNICO: Ótimo! Do que você gostou em particular?

JANICE: Bem, eu gostei que meu corpo não parece mais tão tenso, e meu coração desacelerou e não estava mais batendo tão forte.

CLÍNICO: Sim, essa é uma coisa muito comum que as pessoas notam. O que mais mudou dentro de você enquanto estava fazendo isso?

JANICE: Bem, senti como se eu fosse adormecer ali, por um segundo.

CLÍNICO: Sim, eu notei que sua cabeça começou a se inclinar na direção do seu peito.

JANICE: Sim. Foi um tipo de serenidade, como se eu pudesse relaxar.

CLÍNICO: Então você sentiu calma?

JANICE: Sim, com certeza.

CLÍNICO: Então, isso é uma coisa que você acha que poderia fazer regularmente?

JANICE: Sim, vou fazer isso todas as noites quando for para a cama. Também posso fazer pela manhã quando for para o trabalho, porque geralmente começo a ficar tensa.

CLÍNICO: Parece ser um ótimo plano. Vamos anotar isso.

Dicas e conselhos para o treino de habilidades de relaxamento e *mindfulness*

1. **Pratique a modulação da voz.** Os clínicos que ainda não usaram exercícios de relaxamento ou *mindfulness* com seus pacientes não devem deixar de praticar como guiar o paciente de modo eficiente por meio do roteiro. Especialmente importante para a maximização do efeito dos exercícios é a modulação da voz, o que inclui suavizar a própria voz e falar em um padrão rítmico.

2. ***Mindfulness* não envolve evitação ou supressão.** Uma interpretação equivocada de *mindfulness* é que ele é planejado para interromper o pensamento ou, de outra forma, ocultar ou apagar os pensamentos. O propósito do *mindfulness*, no entanto, não é interromper o pensamento, mas observar o próprio pensamento sem julgamento ou interferência. Se um paciente relatar que o *mindfulness* não está ajudando (ou que "parou de funcionar"), o clínico deve procurar determinar se o paciente tem essa falsa concepção. Em caso afirmativo, o clínico deve reeducar o paciente e praticar com ele novamente.

15

A lista de razões para viver e o *kit* de sobrevivência

Os indivíduos suicidas que procuram tratamento frequentemente são ambivalentes quanto ao suicídio: eles querem morrer e viver ao mesmo tempo. Durante crises emocionais, no entanto, os indivíduos suicidas com frequência focam em suas razões para morrer, mais do que em suas razões para viver. Lembrá-los das suas razões para viver durante as crises pode combater esse efeito. A lista das razões para viver e o *kit* de sobrevivência são duas intervenções que atingem esse objetivo, identificando explicitamente as razões por que o paciente *não* quer morrer, o que reforça seu desejo de viver. O *kit* de sobrevivência é referido como a "caixa da esperança" em terapia cognitiva para prevenção do suicídio (Wenzel et al., 2009). Embora essas duas expressões se refiram à mesma intervenção, elas podem ter diferentes níveis de apelo e receptividade em diferentes subgrupos de pacientes. Por exemplo, a expressão "*kit* de sobrevivência" pode ser mais aceitável para pacientes do sexo masculino, enquanto "caixa da esperança" pode ser mais aceitável para pacientes do sexo feminino (especialmente adolescentes).

As duas intervenções são muito parecidas no propósito e no *design*, mas o *kit* de sobrevivência difere da lista de razões para viver usando objetos tangíveis para servir como lembretes físicos das experiências de vida positivas do paciente. Essas intervenções podem não reduzir diretamente o desejo do paciente de morrer, mas, ao aumentarem seu desejo de viver, elas podem criar ambivalência quanto ao suicídio a curto prazo o suficiente para que o paciente possa adiar sua decisão de agir sobre o impulso suicida. Fora dos limites de uma crise aguda, quando o paciente recorda e reflete sobre suas razões para viver, a orientação para a vida é fortalecida, e a orientação para a morte é enfraquecida.

JUSTIFICATIVA

O principal propósito da lista de razões para viver é aumentar a flexibilidade cognitiva, enfraquecendo a tendência do paciente a focar em informações relacionadas a morte e suicídio. O viés cognitivo em relação ao suicídio está associado ao risco de futuras tentativas de suicídio (Cha et al., 2010; Nock et al., 2010) e faz com que o paciente suicida foque a atenção em crenças e memórias que ativam e/ou mantêm as crises suicidas. Devido a esse viés, indivíduos suicidas relatam menos razões para viver do que aqueles não suicidas (Strosahl, Chiles, & Linehan, 1992) e também subestimam a probabilidade de eventos positivos acontecerem com eles no futuro (MacLeod et al., 1993). No entanto, os indivíduos suicidas são capazes de considerar eventos potenciais *negativos* futuros tanto quanto os indivíduos não suicidas, indicando, assim, que os prejuízos na orientação para o futuro entre os indivíduos suicidas estão restritos à habilidade de considerar resultados *desejáveis* em vez de prejuízos mais generalizados ou globais. A lista das razões para viver, portanto, ajuda os pacientes a considerarem resultados potenciais positivos na vida além dos possíveis resultados negativos, o que reduz a desesperança a curto prazo (MacLeod & Tarbuck, 1994).

Similar à lista de razões para viver, os principais objetivos do *kit* de sobrevivência são reduzir a rigidez cognitiva, melhorar a flexibilidade cognitiva e induzir estados emocionais positivos, cada um dos quais contribui para o desejo pela vida. A habilidade de manter e aumentar a experiência emocional positiva do indivíduo é referida como *saborear* (Bryant, 2003). O *kit* de sobrevivência facilita as habilidades de saborear por meio de duas estratégias específicas: possibilitando que o paciente mantenha seu foco no estado emocional positivo, referida como habilidades de *estar presente*, e possibilitando que compartilhe essa experiência com outra pessoa, referida como habilidades de *capitalização* (Quoidbach, Berry, Hansenne, & Mikolajczak, 2010). As habilidades de estar presente estão associadas à frequência e à intensidade aumentadas da experiência de emoções positivas (Bryant, 2003; Erisman & Roemer, 2010; Quoidbach et al., 2010), enquanto as habilidades de capitalização aumentam o efeito de experiências emocionais positivas além da experiência do próprio estado emocional (Gable, Reis, Impett, & Asher, 2004). O compartilhamento de eventos positivos com outras pessoas (p. ex., o clínico) também está associado a maior satisfação na vida (Quoidbach et al., 2010).

As razões para viver também servem para reduzir o risco de suicídio, mesmo entre pacientes com forte desejo de morrer, pela geração de ambivalência. Pesquisas indicam que um desejo muito forte de morrer está associado a risco aumentado de morte por suicídio somente entre pacientes que também relatam não ter desejo de viver (Brown, Steer, Henriques, & Beck, 2005). É digno de nota que mesmo um desejo pequeno a moderado de viver é suficiente para compensar o risco associado ao forte desejo de morrer. Assim, ajudar o paciente a lembrar pelo que vale a pena viver, mesmo que essas razões estejam relativamente subdesenvolvidas, pode ser um contraponto poderoso para o desejo de morrer.

Como discutido no Capítulo 10, o plano de resposta a crises inclui uma discussão explícita das razões do paciente para viver. Esse componente do plano de resposta a crises se sobrepõe a essas intervenções. No protocolo original da TCCB, as razões para viver não foram incluídas como uma parte do plano de resposta a crises; elas foram integradas ao tratamento como os dois procedimentos separados aqui descritos. No entanto, as intervenções da lista de razões para viver e o *kit* de sobrevivência provaram ser componentes especialmente populares entre pacientes de TCCB e estavam entre as intervenções mais frequentemente lembradas dos tratamentos. Nossa pesquisa posterior indicou que o desejo de viver desempenhava um papel especialmente poderoso na redução de tentativas de suicídio entre os pacientes que receberam TCCB e parecia ser um mecanismo primário de mudança (Bryan, Rudd, et al., 2016). Assim, integramos uma tarefa de razões para viver ao plano de resposta a crises em uma tentativa de aumentar sua potência. Embora a adição de uma discussão das razões para viver não tenha aumentado os efeitos do plano de resposta a crises nos pensamentos e comportamentos suicidas, ela contribuiu para um aumento significativo em estados de humor positivo como esperança e tranquilidade e levou a reduções significativamente maiores na sobrecarga percebida. Portanto, focar nas razões para viver de um paciente parece ter um efeito especialmente potente sobre o risco de suicídio.

COMO FAZER: A LISTA DE RAZÕES PARA VIVER

Para criar uma lista de razões para viver, o clínico simplesmente pergunta quais são as razões do paciente para *não* se matar. É relativamente comum que pacientes suicidas afirmem que não têm razões para viver. Nesse caso, o clínico pode prosseguir perguntando ao paciente o que o impede de fazer uma (ou outra) tentativa de suicídio. Para aumentar a saliência emocional dessa intervenção, o clínico deve convidar o paciente a discutir suas razões para viver com o máximo possível de detalhes. As razões para viver do paciente devem, então, ser escritas à mão pelo paciente no verso do plano de resposta a crises ou em uma ficha que pode ser plastificada. A revisão das razões para viver também deve ser acrescentada como uma estratégia de autogerenciamento para o plano de resposta a crises (p. ex., acrescentando "revisar minhas razões para viver" à segunda seção do plano de resposta a crises). A adição das razões para viver do paciente no verso do plano de resposta a crises ajuda a conectar essa intervenção com outras estratégias fundamentais de gerenciamento de crise e regulação emocional.

Passo 1: introduza o conceito de razões para viver

O clínico introduz o conceito de razões para viver e explica a justificativa para a intervenção.

> **EXEMPLO DE ROTEIRO DO CLÍNICO**
>
> Eu gostaria de dedicar algum tempo hoje para conversarmos sobre o que o mantém vivo apesar do estresse que você enfrentou. Você já notou que, quando está mais perturbado ou em crise, é difícil lembrar de boas memórias e pensar em coisas positivas na vida? Isso acontece porque temos esse filtro mental que nos faz focar em coisas que coincidem com o que estamos sentindo no momento. Então, se estamos nos sentindo deprimidos, é mais fácil lembrar de coisas depressivas. Se estamos sentindo medo, é mais fácil lembrar de outras coisas que provocam ansiedade ou são assustadoras. Se estamos suicidas, é mais fácil lembrarmos das razões por que queremos morrer, mas é difícil lembrarmos de nossas razões para querermos viver. Isso não quer dizer que quando estamos suicidas não temos razões para viver, apenas que é difícil lembrarmos dessas razões. Porém, se pudermos dedicar um tempo para nos lembrarmos dessas razões para querer viver, isso poderá ajudar a nos libertarmos e a mantermos uma perspectiva mais ampla do que está acontecendo conosco.

Passo 2: identifique as razões para viver do paciente

O clínico pede que o paciente liste suas razões para viver. Se o paciente não entender a pergunta, o clínico pode reformulá-la pedindo que o paciente identifique razões para não fazer uma tentativa de suicídio.

> **EXEMPLO DE ROTEIRO DO CLÍNICO**
>
> Quais são suas razões para viver ou para não se matar? Com tudo o que tem acontecido na sua vida, o que o ajuda a se manter vivo e seguindo em frente no dia a dia?

Passo 3: aumente a relevância emocional das razões para viver do paciente

O clínico envolve o paciente em uma discussão sobre suas razões para viver e pede que ele descreva detalhes específicos sobre as razões identificadas para viver, de modo a aumentar a vividez da memória do paciente. O clínico, então, pede como prática que o paciente imagine vividamente na sessão uma ou mais razões para viver.

> **EXEMPLO DE ROTEIRO DO CLÍNICO**
>
> [Possíveis perguntas abertas para facilitar a discussão:]
>
> Conte-me mais sobre isso.
> Descreva para mim o que aconteceu.
> E quanto ao que faz você querer ficar vivo?
> Por que você consideraria essa como uma razão para viver?
> O que você acha tão proveitoso nisso?
> Por que essa pessoa é tão importante para você?
> Quando você pensa nessas razões para viver, como seu humor muda?
>
> [Depois que um número suficiente de razões para viver foi identificado:] Dessas muitas razões para viver, qual delas você diria que é a mais forte ou mais importante para você? Por que essa razão é tão mais importante que as outras razões para viver?
>
> O que eu gostaria que você fizesse agora é fechar os olhos e pensar nessa razão para viver em mais detalhes. Quando você pensar sobre [razão para viver], imagine como isso soa, como se parece e o que sente. Lembre-se de uma história positiva sobre essa razão para viver e descreva-a para mim em voz alta e com o máximo de detalhes que puder, para que eu possa entender exatamente o que você está pensando. Enquanto você estiver pensando sobre [razão para viver], reserve um momento para notar como isso muda seu humor e seus pensamentos. Que mudanças específicas ocorrem em seus pensamentos e sentimentos quando você pensa sobre [razão para viver]?

Passo 4: anote as razões para viver

O clínico convida o paciente a escrever à mão suas razões para viver no verso do plano de resposta a crises ou em uma ficha de arquivo que pode ser plastificada.

> **EXEMPLO DE ROTEIRO DO CLÍNICO**
>
> Vamos escrever essas razões para viver em um lugar onde você possa se lembrar delas facilmente. Como pensar nas razões para viver é tão útil quando se está em crise, muitas pessoas acham útil anotar suas razões para viver no verso do seu plano de resposta a crises. Desse modo, elas estarão facilmente acessíveis quando você estiver tentando resolver um problema. O que acha de atualizar seu plano de resposta a crises anotando suas razões para viver no verso da sua ficha?

Passo 5: desenvolva um plano para consultar as razões para viver e obtenha a adesão do paciente

No passo final da lista de razões para viver, o clínico pergunta ao paciente se ele estaria disposto a ler a lista regularmente e, então, desenvolve um plano que especifique a frequência, o momento e a duração da prática. É importante que o clínico se certifique de que o plano de prática inclua a revisão da lista, mesmo quando o paciente estiver se sentindo bem e/ou não estiver em crise, pois esse ensaio repetido facilitará a aprendizagem e a flexibilidade cognitiva. Depois que o plano estiver estabelecido, o clínico deve avaliar a adesão do paciente, pedindo que ele avalie sua probabilidade de consultar a lista das razões para viver conforme foi planejado, em uma escala variando de 0 a 10, com 0 indicando "nada provável" e 10 indicando "muito provável".

> **EXEMPLO DE ROTEIRO DO CLÍNICO**
>
> O que eu gostaria que você fizesse é revisar suas razões para viver várias vezes por dia, para que possa praticar como lembrar delas. Isso facilitará que você se lembre delas quando estiver muito estressado. Você acha que poderia consultar essa ficha algumas vezes, todos os dias, ler a lista e reservar um minuto ou dois para imaginar as coisas que estão nessa lista? Quantas vezes por dia você acha que poderia pegar essa ficha e ler a lista? Quantos minutos de cada vez você poderia razoavelmente imaginar ou mentalizar cada um desses itens? Há algum lugar ou situação particular em que seria especialmente provável que você praticasse? Há algumas situações em que você acha que seria bom praticar porque isso poderia ajudá-lo?
>
> [Depois de concluir o plano:] Então, parece que temos um plano estabelecido. Usando uma escala de 0 a 10, com 0 indicando "nada provável" e 10 indicando "muito provável", qual é a probabilidade de você seguir esse plano para praticar essa habilidade?
>
> [Se a avaliação for menos que 7 em 10:] Há alguma parte desse plano que reduz sua probabilidade de usá-lo? O que poderíamos mudar nele para tornar mais provável que você o use?

COMO FAZER:
O *KIT* DE SOBREVIVÊNCIA

Para construir um *kit* de sobrevivência, o clínico pede que o paciente identifique objetos que evocam emoções positivas, porque servem como lembretes físicos de experiências positivas na vida, atividades agradáveis e significativas ou relacionamentos apoiadores. Por exemplo, fotos de familiares, citações ou passagens inspiracionais, bugigangas ou lembranças de viagens ou férias ou pequenos presentes recebidos de amigos ou pessoas próximas são objetos comuns que são incluídos em um *kit* de sobrevivência. O paciente reúne esses objetos e os coloca em um recipiente (p. ex., uma caixa de sapatos, um envelope, uma caixa de apetrechos) para que possam ser facilmente acessados posteriormente. Depois de montar um *kit* de sobrevivência, o paciente o traz para a sessão para examiná-lo com o clínico. Enquanto o clínico examina o conteúdo do *kit* de sobrevivência, ele pede que o paciente explique por que cada objeto ou item foi incluído. O exame de cada item na sessão serve como uma prática de habilidades, já que tipicamente induz emoções positivas no momento, que é o objetivo principal da atividade. O exame de cada item também proporciona ao clínico a oportunidade de determinar se algum dos objetos é potencialmente iatrogênico (p. ex., fotos de um familiar que abusou sexualmente do paciente). Se for identificado um objeto iatrogênico, o clínico usa o questionamento socrático para ajudar o paciente a reconhecê-lo como tal, guiando-o a optar por sua exclusão.

Depois que o *kit* de sobrevivência foi montado, o paciente é incentivado a examinar seu conteúdo diariamente para induzir emoções positivas e praticar a lembrança de experiências positivas na vida. Também é incentivado a examinar o conteúdo do *kit* de sobrevivência durante crises ou períodos de estresse emocional. O *kit* de sobrevivência, portanto, deve ser acrescentado ao plano de resposta a crises como uma estratégia de autogerenciamento.

Passo 1: introduza o *kit* de sobrevivência e convide o paciente a elaborar um

O clínico introduz o conceito de *kit* de sobrevivência, descreve seu propósito e convida o paciente a elaborar um para si mesmo.

> **EXEMPLO DE ROTEIRO DO CLÍNICO**
>
> Já conversamos um pouco sobre como, ainda que você tenha enfrentado muitos desafios na vida, há alguns momentos positivos e pontos luminosos ao longo do caminho. Ser capaz de lembrar de momentos e eventos mais felizes em nossas vidas pode nos ajudar a enfrentar outros desafios, lidar com o estresse e viver uma vida que vale a pena viver. Como você sabe, pensar em experiências positivas na vida não necessariamente resolve os problemas que você está enfrentando atualmente nem os faz desaparecer, mas pode torná-los menos opressores e, em alguns casos, pode ajudar a pensar em soluções ou alternativas para abordar o problema. Portanto, pensar em memórias positivas pode servir como um tipo de "*kit* de sobrevivência" quando estamos enfrentando problemas.
>
> O que eu gostaria de fazer hoje é conversar sobre como você pode criar um *kit* de sobrevivência para você. Por exemplo, algumas pessoas colocam fotos dos amigos e da família em seu *kit* de sobrevivência; outras colocam passagens ou leituras inspiracionais; outras vão colocar lembranças de férias, viagens ou conquistas na vida. Depois que tivermos montado o *kit* de sobrevivência, o que você pode fazer é consultar o conteúdo do *kit* quando estiver passando por problemas. Isso o ajudará a manter a perspectiva do problema, reduzir a probabilidade de se sentir sobrecarregado e talvez até o ajude a gerar algumas soluções. Você gostaria de ouvir mais sobre como podemos criar um *kit* de sobrevivência?
>
> Como o propósito do *kit* é guardar objetos que o lembrem de experiências positivas na vida, o primeiro passo é encontrar um recipiente de algum tipo para colocar seus itens dentro. A maioria das pessoas usa apenas uma caixa de sapatos ou algo parecido, mas outras já usaram um envelope grande, uma caixa de utensílios ou uma mochila. Que tipo de recipiente você gostaria de usar para seu *kit* de sobrevivência?
>
> O próximo passo é imaginar o que queremos colocar dentro dele. Mais uma vez, lembre-se de que estamos procurando objetos físicos ou itens que o façam lembrar de experiências positivas ou coisas boas na vida. Quais objetos você poderia colocar em seu *kit* de sobrevivência? Vamos anotar alguns desses itens para que, quando você chegar em casa, consiga lembrar do que conversamos.

Passo 2: desenvolva um plano para a criação de um *kit* de sobrevivência e obtenha a adesão do paciente

O clínico pergunta se o paciente estaria disposto a criar um *kit* de sobrevivência para a próxima consulta. Ele deve avaliar a adesão do paciente, pedindo que ele avalie a probabilidade de criar o *kit* em uma escala variando de 0 a 10, com 0 indicando "nada provável" e 10 indicando "muito provável".

> **EXEMPLO DE ROTEIRO DO CLÍNICO**
>
> Parece que temos um plano, então. Você acha que conseguiria montar seu *kit* de sobrevivência antes da nossa próxima consulta e trazê-lo para que o examinemos juntos? Em uma escala de 0 a 10, com 0 indicando "nada provável" e 10 indicando "muito provável", qual é a probabilidade de você montar um *kit* de sobrevivência antes da nossa próxima consulta?
>
> [Se a avaliação for menos de 7 em 10:] Há alguma parte desse plano que reduz sua probabilidade de usá-lo? O que poderíamos mudar nele para que seja mais provável que você o use?

Passo 3: examine o conteúdo do *kit* de sobrevivência (sessão de *follow-up*)

Durante a sessão de *follow-up*, o clínico e o paciente examinam juntos o conteúdo do *kit* de sobrevivência. O clínico facilita esse processo convidando o paciente a "contar a história" de cada item e/ou explicar a justificativa para incluir cada item. O clínico avalia se o item pode ou não ser iatrogênico e, quando um item potencialmente iatrogênico for identificado, discute com o paciente se ele deve ou não ser mantido no *kit* de sobrevivência.

> **EXEMPLO DE ROTEIRO DO CLÍNICO**
>
> Então, vejo que você trouxe seu *kit* de sobrevivência. Você teve alguma dúvida, desafio ou dificuldade para montá-lo?
> Por que não examinamos o *kit* juntos? Qual é o primeiro item que você tem? Conte-me a história deste item e por que você decidiu incluí-lo em seu *kit* de sobrevivência.
> [Para itens potencialmente iatrogênicos:] Este item é interessante. Eu gostaria de falar mais sobre ele. Enquanto você estava me contando sobre esse item, não pude evitar me perguntar se ele também tem alguns aspectos não tão bons, além dos seus aspectos positivos. Em particular, estou me perguntando se ele não poderia fazer você se sentir mais estressado ou perturbado quando estiver enfrentando um problema. Já passamos algum tempo conversando sobre como [pessoa, lugar ou situação associada ao item] lhe causou problemas e estresse no passado e/ou não foi especialmente útil para você. Diante disso, será que esse objeto não poderia fazer você se lembrar dessas experiências negativas em vez das experiências positivas? O que você pensa sobre isso? Diria que esse objeto ativa ou desativa seu modo suicida?
> [Se o paciente estiver relutante em remover um objeto iatrogênico:] Já que há partes positivas e negativas sobre esse objeto, que tal criarmos uma pilha com "talvez", colocando-o aqui temporariamente enquanto examinamos os outros itens? Podemos voltar a ele mais tarde e ver o que pensamos a respeito depois que tivermos conversado sobre todos os outros itens que você tem.
> [Se todos os objetos forem potencialmente iatrogênicos e precisarem ser removidos:] Como você pode ver, isso pode ser um pouco mais difícil do que parece inicialmente, mas é exatamente por isso que estamos fazendo esta atividade. Parece que uma lição aprendida com ela é que pode ser desafiador diferenciar os aspectos da nossa vida que são úteis daqueles que são inúteis. Agora que sabemos um pouco mais sobre o que pode ser inútil, seremos capazes de identificar mais facilmente coisas que são úteis. Vamos dedicar algum tempo para fazer isso.
> Diga algumas coisas que você gostava de fazer e que não faz mais. Vamos ver se podemos encontrar algumas fotos dessas coisas *on-line*, imprimi-las e colocá-las no seu *kit* de sobrevivência.
> Quais são as pessoas que já o apoiaram no passado sem deixarem você se sentindo culpado, envergonhado ou mal sobre si mesmo? Você tem fotos delas no seu telefone ou nas suas mídias sociais? Vamos imprimir algumas fotos delas e incluí-las em seu *kit* de sobrevivência.
> Você já leu alguma coisa que fez com que se sentisse bem consigo mesmo ou o inspirou de alguma forma? Vamos ver se conseguimos encontrar uma passagem *on-line* e imprimi-la para incluir no seu *kit* de sobrevivência.
> Muito bem. Agora que já acrescentamos alguns itens ao seu *kit* de sobrevivência, você quer acrescentar mais algum item ou objeto que represente essas mesmas pessoas, lugares ou eventos? Por exemplo, você tem alguma recordação ou presente que represente essas experiências positivas? Estaria disposto a acrescentar esses objetos ao seu *kit* de sobrevivência antes da próxima sessão?

Passo 4: desenvolva um plano para consultar o conteúdo do *kit* de sobrevivência e obtenha a adesão do paciente

No passo final do *kit* de sobrevivência, o clínico convida o paciente a consultar seu conteúdo regularmente e desenvolve um plano para especificar a frequência, o momento e a duração com que isso será feito. Inicialmente, o clínico deve incentivar o paciente a praticar o acesso e o exame do conteúdo do seu *kit* de sobrevivência, mesmo quando se sentir bem e/ou relativamente calmo, pois isso facilitará a aprendizagem e a aquisição das habilidades de saborear. Depois que um plano estiver estabelecido, o clínico deve avaliar a adesão do paciente, pedindo que ele avalie sua probabilidade de consultar o conteúdo do *kit* de sobrevivência em uma escala de 0 a 10, com 0 indicando "nada provável" e 10 indicando "muito provável".

EXEMPLO DE ROTEIRO DO CLÍNICO

O que eu gostaria que você fizesse é consultar seu *kit* de sobrevivência pelo menos uma vez por dia para que possa praticar a lembrança de experiências positivas na vida. Isso tornará mais fácil para você enfrentar os problemas que surgem em sua vida, especialmente quando estiver estressado. Você acha que conseguiria reservar alguns minutos todos os dias para consultar seu *kit* de sobrevivência e lembrar por que você colocou cada um desses objetos nele? Onde você acha que vai guardá-lo? Há momentos do dia que funcionam melhor para você consultar o *kit* de sobrevivência por alguns minutos?

[Depois de terminar o plano:] Então, parece que temos um plano estabelecido. Usando uma escala de 0 a 10, com 0 indicando "nada provável" e 10 indicando "muito provável", qual é a probabilidade de você examinar seu *kit* de sobrevivência pelo menos uma vez por dia entre hoje e a próxima vez que nos encontrarmos?

[Se a avaliação for menos de 7 em 10:] Há alguma parte desse plano que reduz sua probabilidade de usá-lo? O que poderíamos mudar nele para tornar mais provável você usá-lo?

EXEMPLOS DE CASOS ILUSTRATIVOS

O caso de Mike

Quando a tarefa das razões para viver foi apresentada a Mike, ele inicialmente expressou alguma confusão porque isso implicava que ele era suicida. Como pode ser visto a seguir, o clínico respondeu a isso mencionando que é possível ter razões para viver mesmo que a pessoa não seja suicida. Além disso, observe como o clínico ressaltou a importância das razões para viver de Mike pedindo que ele contasse histórias sobre cada razão.

CLÍNICO: O que eu gostaria de fazer a seguir é passarmos algum tempo conversando sobre suas razões para viver.

MIKE: O que você quer dizer?

CLÍNICO: Razões para viver são coisas que nos fazem seguir em frente no dia a dia, apesar do estresse e das adversidades. As razões para viver geralmente nos dão um senso de propósito ou significado na vida.

MIKE: Mas isso não seria útil apenas para pessoas que querem se matar?

CLÍNICO: Com certeza, isso é útil para pessoas que estão pensando em suicídio, mas também é útil sabermos nossas razões para viver mesmo quando não somos suicidas. Todos nós temos razões para viver, mesmo que não estejamos pensando em suicídio. Para a maioria de nós, essas razões para viver nos ajudam a nos sentirmos bem com nós mesmos, mesmo quando as coisas não estão saindo como queremos. Elas são tipo nossas razões para nos levantarmos pela manhã, fazermos as coisas que fazemos e seguirmos em frente quando as coisas estão difíceis. Você seguramente não precisa ser suicida para experienciar momentos difíceis na vida e certamente não precisa ser suicida para saber pelo que vale a pena viver.

MIKE: Sim, faz sentido.

CLÍNICO: Certo! Então, quais você diria que são suas razões para viver?

MIKE: Bem, com certeza minha esposa.

CLÍNICO: Hum-hmm. E o que ela tem que faz a vida valer a pena?

MIKE: Bem, ela é uma ótima pessoa, muito apoiadora, muito gentil. Nós temos nossos problemas, é claro, e parece que brigamos muito, mas ela é muito importante para mim.

CLÍNICO: Você consegue descrever uma memória favorita que tem com sua esposa?

MIKE: Sim, acho que seria o primeiro Natal que passamos juntos. Estávamos só nós dois naquele ano porque não conseguimos ir visitar a família. Celebramos no meu apartamento e passamos a maior parte do dia juntos. Preparamos o jantar, o que foi muito divertido, e então começou a nevar muito forte, por isso naquela noite nós saímos e construímos um boneco de neve juntos, o que foi completamente ridículo. Eu não fazia aquilo desde que era criança. E, é claro, acabamos fazendo uma guerra de bolas de neve. As crianças que moravam no andar de baixo nos ouviram e saíram, juntando-se a nós, então ficamos eu e ela contra essas crianças. Aquilo foi muito divertido porque estávamos acabando com elas. Elas eram muito descoordenadas. Depois que acabou, voltamos para dentro, trocamos de roupa e passamos a noite assistindo a filmes e comendo as sobras do jantar. Não sei por que aquele Natal se destaca para mim; já tivemos tantos desde então.

CLÍNICO: Essa é uma ótima memória. Com certeza, parece que foi um ótimo Natal. Notei que, enquanto estava contando a história, você começou a sorrir.

MIKE: Sim. Como não poderia? Aquele foi realmente um ótimo dia.

CLÍNICO: Então, pensar em memórias positivas o ajuda a se sentir melhor, mesmo quando as coisas não estão indo bem na vida?

MIKE: Sim, acho que sim. É como se ainda existissem coisas boas na vida, mesmo que as coisas fiquem ruins às vezes. Isso também ajuda a me lembrar que eu e minha esposa tivemos alguns momentos muito bons, então nem tudo está assim tão ruim.

CLÍNICO: Sim, interessante. Parece que você está dizendo que isso coloca as coisas em perspectiva?

MIKE: Sim, com certeza. Nem tudo está tão ruim.

CLÍNICO: Bem, certamente não resolvemos todos os problemas no seu casamento, mas é útil dar um passo atrás e lembrar os bons momentos.

MIKE: Sim.

CLÍNICO: Parece que algumas vezes é difícil para você lembrar dessas memórias divertidas.

MIKE: Oh, sim, definitivamente. Com certeza não penso em nada disso quando estamos discutindo.

CLÍNICO: Talvez devêssemos anotar isso em uma ficha para ajudar a ativar rapidamente a sua memória no futuro. Isso pode ajudá-lo a lembrar de manter as coisas em perspectiva.

MIKE: OK, podemos fazer. Isso provavelmente ajudaria.

O caso de Janice

Janice foi instruída a montar um *kit* de sobrevivência durante a segunda sessão e trazê-lo para a terceira sessão. Ela retornou para a terceira sessão com uma caixa de sapatos que estava decorada no lado de fora de forma artesanal. "Eu queria que parecesse bonito para que se destacasse um pouco na minha estante, para que sempre que eu veja a caixa me lembre do que há dentro." O clínico elogiou sua decisão. Então, ele pediu que Janice lhe mostrasse o que havia incluído em seu *kit* de sobrevivência e explicasse a história de cada item. O *kit* de sobrevivência de Janice continha o seguinte:

- Uma foto da sua filha quando era pequena, brincando no pátio com seu cachorro na época. "Esta é minha foto favorita da minha filha; sempre coloca um sorriso em meu rosto."
- Um livro de bolso de citações motivacionais com várias páginas com os cantos dobrados. "Estas são as páginas com minhas citações favoritas. Gosto delas porque ajudam a me lembrar o que é importante na vida."
- Um cartão de aniversário de um membro da sua igreja que ela havia recebido em seu aniversário vários meses antes. "Eu não esperava isso dela e não podia acreditar que alguém tinha lembrado do meu aniversário. Aquilo foi muito gentil da parte dela."
- Uma medalha militar que ela havia recebido enquanto servia no Exército. "Esta medalha não é especialmente importante, mas a coloquei aqui porque me lembra de quando servi meu país, e isso é algo de que tenho orgulho."
- Um frasco vazio do perfume do seu ex-marido. "Isso me faz lembrar de como tenho sorte de estar longe dele. Ele acabou sendo muito abusivo, então optar por deixá-lo foi uma das decisões mais importantes da minha vida."

Como esse último item estava relacionado a uma época especialmente desafiadora na vida de Janice, o clínico decidiu perguntar mais a respeito. Observe como o clínico ajuda Janice a avaliar criticamente suas razões para incluir esse item em seu *kit* de sobrevivência e a guia para descobrir como isso na verdade facilita o humor, as memórias e os pensamentos negativos que mantêm o modo suicida, em vez de estimular o humor e os pensamentos positivos.

CLÍNICO: Conte-me mais sobre este frasco de perfume.

JANICE: Bem, quando nos casamos, as coisas corriam bem. Mas, com os anos, meu ex foi se tornando cada vez mais controlador e abusivo, tanto emocionalmente quanto fisicamente. Ele gritava comigo o tempo todo e me criticava, dizia como eu era feia e burra. Por fim, ele também começou a me agredir. Eu aguentei por cerca de 3 anos até que finalmente o deixei e me divorciei. Ele era uma pessoa horrível e, de muitas formas, é a fonte de todos os meus problemas e dificuldades de saúde mental.

CLÍNICO: Entendo, acho que isso explicaria por que você pareceu ficar tensa enquanto estava me contando sobre ele. Posso ver que seus olhos se enchem de lágrimas.

JANICE: Sim, não é fácil falar sobre ele.

CLÍNICO: Posso apostar. O que me leva a questionar uma coisa: se pensar nele deixa você tensa e emocionalmente perturbada, deveríamos manter esse lembrete dele em seu *kit* de sobrevivência?

JANICE: Bem, eu coloquei aqui para me lembrar de como minha vida está melhor sem ele.

CLÍNICO: Isso faz sentido. Parece que as coisas estão muito melhores agora.

JANICE: Oh, sim, muito melhores, mesmo que eu ainda tenha que lidar com ele e com o que ele fez para mim.

CLÍNICO: Ele deixou uma impressão duradoura na sua vida...

JANICE: Hum-hmm.

CLÍNICO: ... e essa impressão não é particularmente positiva.

JANICE: Definitivamente não.

CLÍNICO: Então, quando você pensa no seu ex-marido, isso traz à tona todos esses sentimentos, pensamentos e memórias negativos, apesar de ter sido uma coisa boa que ele tenha ido embora.

JANICE: Sim.

CLÍNICO: Bem, considerando o propósito deste kit de sobrevivência para ajudá-la a sentir emoções positivas e lembrar de bons momentos na vida, parece que, em muitos aspectos, esse frasco de perfume faz o contrário. O que você acha?

JANICE: Sim, concordo. Entendo o que você está dizendo. Devo tirar isso.

CLÍNICO: Sim, isso faz sentido. Acho que é uma boa ideia.

JANICE: Provavelmente, devo me livrar dele. Ponto final.

CLÍNICO: Essa é outra ideia. O que você pensa sobre isso?

JANICE: Bem, agora que penso sobre isso, eu guardei porque achei que era minha maneira de me lembrar das minhas boas decisões, mas agora percebo que tudo isso me faz pensar nos maus momentos que tivemos. Preciso jogar fora.

CLÍNICO: Isso faz muito sentido para mim.

Dicas e conselhos para a lista de razões para viver e o *kit* de sobrevivência

1. **Use tanto a lista de razões para viver quanto o *kit* de sobrevivência.** A lista de razões para viver pode ser mais eficaz quando combinada com o *kit* de sobrevivência. Como os dois têm um propósito similar que difere em termos de estrutura física, eles podem servir como intervenções complementares que podem facilitar o uso em uma gama mais ampla de contextos e situações do que cada intervenção isolada. Por exemplo, a lista de razões para viver é a mais transportável das duas intervenções; ela pode, portanto, servir como uma "extensão" do *kit* de sobrevivência em situações em que o acesso a este é impraticável ou inconveniente, ou quando é preferível discrição. O clínico deve, portanto, procurar associar a lista de razões para viver ao *kit* de sobrevivência para aumentar a eficácia de cada intervenção.

2. **Os pacientes não podem sair de uma sessão com um *kit* de sobrevivência vazio.** Uma diretriz importante para o uso do *kit* de sobrevivência é que o paciente não pode sair da sessão com ele vazio. Muito raramente o paciente construirá um *kit* de sobrevivência em que todos os objetos incluídos são potencialmente iatrogênicos, mas, em alguns casos, o clínico e o paciente podem achar que é necessário um novo *kit* para substituir o que foi originalmente construído. Quando isso ocorrer, o clínico deve ajudar o paciente a identificar novos objetos não iatrogênicos para colocar no *kit* antes de concluir a sessão. Por exemplo, se o paciente gosta de ciclismo de montanha ou de fazer trilha em uma localidade particular, o clínico pode procurar *on-line* imagens de uma bicicleta de montanhismo ou um mapa de trilhas para caminhada na localidade preferida do paciente e imprimir essas imagens durante a sessão para acrescentá-las ao *kit* de sobrevivên-

cia. Igualmente, o clínico e o paciente podem procurar *on-line* citações favoritas ou passagens motivadoras e depois imprimi-las para inclusão no *kit*.
3. **Amplie as intervenções com aplicativos apropriados para *smartphone*.** Uma versão eletrônica do *kit* de sobrevivência, denominada "caixa da esperança virtual", foi desenvolvida recentemente e está disponível para *download*. O aplicativo possibilita que o paciente construa um *kit* de sobrevivência em seu *smartphone* com fotos, músicas, *websites* e números de telefones armazenados no telefone do paciente. Ele pode, então, acessar o aplicativo a qualquer momento, com um nível mais alto de discrição do que pode ser obtido com o *kit* de sobrevivência tradicional. Os pacientes suicidas consideram o aplicativo da caixa da esperança virtual benéfico, útil e fácil de usar e tendem a usá-lo mais que o *kit* de sobrevivência convencional (Bush et al., 2014). Os pacientes em geral preferem usar juntos o aplicativo e o *kit* de sobrevivência convencional, pois cada um tem pontos fortes ou qualidades únicas que são desejáveis e complementares. O clínico deve, portanto, considerar o uso de um *kit* de sobrevivência convencional e o aplicativo da caixa da esperança virtual com pacientes suicidas que têm *smartphones* e estão dispostos a baixar o aplicativo.

PARTE IV

Fase dois
Enfraquecendo o sistema de crenças suicidas

16
Folhas de atividade ABC

A folha de atividade ABC é uma das várias técnicas de avaliação cognitiva para ensinar o paciente a identificar pensamentos automáticos negativos e crenças suicidas nucleares que aumentam a vulnerabilidade à ativação do modo suicida. A folha de atividade ABC é uma habilidade fundamental para a reavaliação cognitiva, especificamente ajudando os pacientes a identificar seus vieses cognitivos. Ela ensina o paciente a reconhecer vários processos inter-relacionados e automáticos: como os pensamentos automáticos emergem em resposta a eventos ativadores, como os pensamentos automáticos refletem crenças nucleares subjacentes e como os estados emocionais e os comportamentos são influenciados pelos pensamentos que a pessoa tem em resposta a eventos na vida. Embora muitos tipos diferentes de folhas de atividade ABC tenham sido desenvolvidos e usados em vários manuais de tratamento, na TCCB optamos por incorporar as folhas de atividade ABC desenvolvidas por Resick e colaboradores (2007) para a terapia de processamento cognitivo para TEPT. Escolhemos essa versão em particular por duas razões principais. Primeiro, trauma é comum entre pacientes suicidas, e muitas crenças suicidas frequentemente estão relacionadas ou são influenciadas por experiências traumáticas. Segundo, muitos dos nossos pacientes na TCCB haviam concluído previamente a terapia de processamento cognitivo e, portanto, estavam familiarizados com o uso da folha de atividade. Levando em conta essas circunstâncias, consideramos a folha de atividade ABC, desenvolvida para a terapia de processamento cognitivo, simples e fácil para os pacientes entenderem e altamente útil para focar as muitas crenças suicidas que com frequência são encontradas na TCCB. A folha de atividade ABC pode ser encontrada no Apêndice A.8. O paciente suicida não costuma ter consciência de como está interpretando negativamente os eventos ativadores (sejam internos ou externos) e de como essas interpretações estão motivando comportamentos desadaptativos e reações emocionais negativas. As Folhas de atividade ABC, portanto, servem para ensinar habilidades básicas de automonitoramento, o que efetivamente "desacelera" a cadeia de eventos negativos que se desenvolve desde o evento ativador até o pensamento automático e a consequência emocional ou comportamental. Isso, por sua vez, reduz a probabilidade de que o paciente responda a um ativador externo ou interno de maneira exagerada. A folha de atividade ABC é uma primeira intervenção especialmente útil a ser implementada durante a segunda fase do tratamento.

JUSTIFICATIVA

A reavaliação cognitiva é um conjunto de habilidades comuns que reduzem as tentativas de suicídio (Brown, Ten Have, et al., 2005; Linehan, Comtois, Murray, et al., 2006; Rudd et al., 2015). Consistentes com a teoria da vulnerabilidade fluida do suicídio, as crenças suicidas nucleares emprestam vulnerabilidade persistente e a longo prazo para tentativas de suicídio. Entre os pacientes psiquiátricos ambulatoriais, crenças suicidas como desesperança, percepção de sobrecarga, auto-ódio, percepção de defectividade e vergonha diferenciam aqueles que fizeram uma tentativa de suicídio daqueles que têm pensamento sobre suicídio, mas não fizeram uma tentativa, e aqueles que nunca foram suicidas (Bryan, Rudd, Wertenberger, Etienne, et al., 2014). As crenças suicidas nucleares também predizem melhor tentativas suicidas futuras do que a ideação suicida, uma história de tentativas de suicídio e o estresse emocional (Brown, Beck, Steer, & Grisham, 2000; Bryan, Clemans, & Hernandez, 2012; Bryan, Morrow, Anestis, & Joiner, 2010; Bryan, Rudd, Wertenberger, Etienne, et al., 2014; Joiner, Van Orden, Witte, Selby, et al., 2009; Kanzler, Bryan, McGeary, & Morrow, 2012). Tomados em conjunto, esses achados apoiam a controvérsia da teoria da vulnerabilidade fluida de que as crenças suicidas nucleares servem como vulnerabilidades crônicas ao suicídio independentemente de estresse emocional agudo. O foco específico das crenças suicidas nucleares é um mecanismo de ação importante que distingue aqueles tratamentos que reduzem efetivamente o risco de tentativas de suicídio depois do tratamento. Para focar efetivamente nessas vulnerabilidades cognitivas, os pacientes suicidas precisam primeiro aprender a reconhecer a automaticidade com a qual essas crenças subjacentes contribuem para suas emoções e ações.

COMO FAZER

As folhas de atividade ABC devem ser preenchidas como um projeto de escrita colaborativa, em vez de um exercício meramente verbal. Na prática, isso significa que, quando o paciente estiver trabalhando nas folhas de atividade ABC, ele deve escrever as respostas à mão diretamente na folha de atividade, pois isso aumentará o engajamento emocional na tarefa. Da mesma forma, o clínico deve estar consciente de que o preenchimento da folha de atividade ABC (e todas as outras folhas de atividade descritas em capítulos posteriores) como uma tarefa por escrito funciona melhor do que simplesmente examinar seu conteúdo verbalmente. Isso se alinha com a filosofia do treino de habilidades dos tratamentos eficazes: traduzir a reavaliação cognitiva em um conjunto de habilidades comportamentais aumenta sua eficácia.

A principal seção da folha de atividade ABC contém três quadros: o quadro A representa o evento ativador (i.e., "o que aconteceu comigo?"), o quadro B representa a crença (i.e., "o que eu penso sobre isso ou digo a mim mesmo?"), e o quadro C representa as consequências emocionais (i.e., "o que eu sinto?"). Abaixo dos quadros ABC há duas perguntas que servem para facilitar o processo de reavaliação cognitiva. A primeira pergunta, *Os pensamentos em "B" são úteis?*, é concebida para ajudar o paciente a distinguir pensamentos automáticos e crenças que são adaptativos daqueles que são desadaptativos. Abaixo dessa pergunta, a folha de atividade ABC inclui uma pergunta final concebida para facilitar a reavaliação cognitiva: *Qual é a coisa mais útil que posso dizer a mim mesmo no futuro quando estiver em uma situação parecida?*. Observe que essas perguntas não pedem que os pacientes determinem se suas crenças são "realistas" ou "razoáveis" e não lhes pedem para produzir um pensamento "mais realista" ou "mais razoável", porque, para o paciente suicida, certas crenças negativas são verdadeiramente percebidas como realistas e razoáveis; portanto, pedir que o paciente determine se suas percepções são realistas ou razoáveis geralmente resulta em uma resposta afirmativa. A utilização de linguagem funcionalmente baseada (p. ex., *útil* e *inútil*) também evita os aspectos julgadores e autocríticos da reavaliação cognitiva que podem estar implícitos em palavras como *realista* e *razoável* (p. ex., "sou uma pessoa irracional com pensamento irrealista").

Ao explicar a folha de atividade ABC, o clínico deve primeiro abordar como os eventos da vida, os pensamentos e as emoções estão interconectados. O clínico ensina o paciente a preencher a folha de atividade ABC usando seu episódio suicida índice ou sua tentativa de suicídio como exemplo. Ele pede que o paciente identifique o evento ativador que levou ao episódio suicida ou à tentativa de suicídio e escreva esse evento no quadro A. Como a maioria dos pacientes consegue identificar facilmente as emoções que sentiram durante determinado incidente, mas têm mais dificuldade de identificar seus pensamentos automáticos e suas crenças nucleares, uma estratégia prática para a folha de atividade ABC é temporariamente pular o quadro B e prosseguir até o quadro C. O clínico, então, pede que o paciente identifique as emoções que sentiu em resposta a esse ativador e escreva essas emoções no quadro C. Por fim, pede que o paciente identifique os pensamentos que estavam passando pela sua mente em resposta ao evento ativador e anote isso no quadro B. A maioria dos pacientes identificará um pensamento automático para o quadro B. Depois que o pensamento automático tiver sido identificado, o clínico deve usar questionamento socrático para identificar a crença nuclear subjacente ao pensamento automático.

Uma estratégia comum para revelar as crenças nucleares é a *técnica da seta descendente*. Nela, o clínico pede que o paciente determine as implicações do pensamento automático usando uma fórmula de suposição do tipo "se... então": "se [pensamento automático] for verdadeiro, então o que isso diz sobre você como pessoa?". Em alguns casos, inicialmente o paciente não responderá à seta descendente com uma crença nuclear, mas com outro pensamento automático ou um pressuposto. Nesse caso, o clínico responde com outra seta descendente: "e se for verdadeiro, o que isso diz sobre você como pessoa?". A técnica da seta descendente é ressaltada no estudo de caso de John, descrito a seguir.

Depois que os quadros ABC foram completados, o clínico pede que o paciente responda as duas perguntas de reavaliação cognitiva. Depois que um pensamento ou uma crença nova e mais útil foi identificada, o clínico pede que o paciente considere como a nova crença afeta suas emoções quando comparada com a crença original. Para assegurar o domínio da habilidade, os pacientes devem completar várias folhas de atividade ABC por sessão, além de várias outras entre as sessões. Além de focar no episódio suicida índice, o clínico também pede que o paciente complete folhas de atividade que estão focadas em outros eventos e situações ativadores em sua vida, para que possa ocorrer a generalização dessa habilidade.

Passo 1: introduza o conceito da folha de atividade ABC

O clínico introduz o conceito da folha de atividade ABC e então examina brevemente o modelo cognitivo-comportamental geral para conceitualizar e focar o estresse emocional.

> **EXEMPLO DE ROTEIRO DO CLÍNICO**
>
> Hoje eu gostaria que iniciássemos focando nos pensamentos que você tem durante situações estressantes e as crenças ou "regras" que você adquiriu durante sua vida que influenciam suas decisões. Como um lembrete, já conversamos sobre como o que você diz a si mesmo mentalmente em várias situações pode determinar como você se sente e o que faz em resposta a situações da vida. Por exemplo, se uma pessoa de modo geral acha que ela é um fracasso na vida, quando ela cometer um erro relativamente pequeno, poderá pensar consigo mesma "estraguei tudo de novo, como sempre faço" e provavelmente se sentirá culpada ou triste. Como essa pessoa se sente tão mal, ela pode se afastar dos outros ou ingerir álcool para se sentir melhor. Por sua vez, alguém que em geral se acha uma pessoa inteligente e competente provavelmente responderia a esse mesmo erro de forma diferente, talvez pensando consigo mesmo: "opa, que chato; mas todos cometemos erros, às vezes". Essa pessoa reconhece que erros acontecem às vezes e, então, prossegue com o que estava fazendo. Ainda que tenha ficado frustrada ou incomodada por ter cometido um erro, ela não necessariamente se sente triste ou culpada, pois percebe que, às vezes, erros simplesmente acontecem. Portanto, os pressupostos e as crenças que temos sobre nós mesmos podem influenciar o modo como interpretamos os eventos da vida, como nos sentimos e como agimos. Isso faz sentido?
>
> Hoje quero dedicar algum tempo focando no modo como seus pensamentos e suas crenças contribuíram para sua crise suicida e como eles continuam a contribuir para as emoções negativas e o estresse que você costuma sentir. Para fazer isso, vamos usar o que chamei de folha de atividade ABC. A folha de atividade ABC objetiva nos ajudar a identificar os pensamentos, as crenças e os pressupostos subjacentes às decisões e ações que tomamos na vida.

Passo 2: preencha uma folha de atividade ABC focada no episódio suicida índice ou na tentativa de suicídio

O clínico auxilia o paciente a preencher uma folha de atividade ABC focada no episódio ou na crise suicida índice. O clínico explica cada componente da folha de atividade ABC e guia o paciente com diálogo socrático para identificar pensamentos automáticos e crenças e reconhecer como cognição, emoção e comportamento estão interconectados. Quando o paciente identifica um pensamento automático, o clínico usa a técnica da seta descendente ou outro questionamento socrático para identificar a crença nuclear subjacente. Ele entrega ao paciente uma cópia da folha de atividade ABC e pede que ele preencha cada seção de próprio punho.

> **EXEMPLO DE ROTEIRO DO CLÍNICO**
>
> Esta folha de atividade tem várias seções que vou lhe explicar enquanto a examinamos juntos. Estes três quadros aqui são a seção principal, e é daí que vem o nome "Folha de atividade ABC". Este primeiro quadro é o quadro A. "A" significa "evento ativador". Nesse quadro, queremos responder a pergunta que está logo acima dele: "o que está acontecendo?", além de "o que aconteceu?". Então, vamos pensar retrospectivamente na crise suicida que ocorreu um pouco antes de começarmos a trabalhar juntos. Qual foi o evento ou a situação que ativou ou desencadeou sua crise? Vá em frente e anote isso no quadro A.
>
> Agora, o que vamos fazer é na verdade pular este quadro do meio e passar para este quadro à direita. Este é o quadro C; "C" significa "consequências". Quando falamos sobre as consequências de uma situação, estamos mais interessados na emoção que você sentiu depois. Então, a pergunta no quadro C é: "o que eu sinto como resultado?",

além de "que emoção eu sinto?". Então, se voltarmos à sua crise suicida, quando essa situação estressante ocorreu, o que você estava sentindo depois? Vá em frente e anote isso no quadro C.

Agora vamos examinar este quadro do meio. A razão de eu ter pulado o quadro do meio é que, algumas vezes, saber como nos sentimos em uma situação pode nos ajudar a descobrir o que estávamos pensando no momento. Esse quadro do meio é o quadro B, e "B" representa "crença" (*"belief"*, em inglês). Ali é onde queremos anotar quais eram seus pensamentos no momento. Uma maneira fácil de descobrir o que você estava pensando é fazer a si mesmo as perguntas escritas na folha de atividade: "o que eu digo a mim mesmo?", além de "o que passa pela minha mente?". Então, em sua crise suicida, quando aquela situação estressante ocorreu e você estava sentindo [emoção], o que você estava dizendo a si mesmo e estava passando pela sua mente naquele momento? Anote esse pensamento aqui, no quadro B.

[Se o paciente identificar um pensamento automático, mas não uma crença nuclear:] Vamos falar um pouco mais sobre esse pensamento. Vamos presumir que seu pensamento naquele momento seja completamente verdadeiro e acurado. Se esse pensamento for verdadeiro, o que isso diz sobre você como pessoa?

Então, recapitulando, durante sua crise suicida, esse evento ativador coloca as coisas em movimento. Em resposta a esse evento, você começou a pensar coisas muito negativas sobre a situação e sobre si mesmo, o que fez com que se sentisse perturbado. Agora vamos dar uma olhada nesta próxima pergunta, aqui: "os pensamentos em B são úteis?". Então, nessa situação, foi útil para você dizer essas coisas sobre si mesmo? De modo geral, você acha que é útil pensar essas coisas negativas sobre si mesmo? O que torna esses pensamentos e crenças tão inúteis? Vá em frente e anote isso nesta linha.

Se esses pensamentos e crenças são tão inúteis, há alguma outra coisa que você pode dizer a si mesmo no futuro, quando estiver em uma situação parecida? Vá em frente e anote isso também.

> Agora que entende como esse processo funciona, você tem alguma pergunta? Isso faz sentido? Muito bem. Vamos praticar com outra folha de atividade.

Passo 3: preencha várias folhas de atividade ABC focadas em outras situações estressantes

Para facilitar a aquisição e a generalização das habilidades, o clínico pede que o paciente preencha outras folhas de atividade ABC que estejam focadas em situações estressantes na vida. O clínico fornece cópias adicionais da folha de atividade ABC e guia o paciente durante o preenchimento de cada uma.

> **EXEMPLO DE ROTEIRO DO CLÍNICO**
>
> Para esta folha de atividade, vamos focar em um momento diferente em que você se sentiu estressado ou perturbado. Conte-me sobre uma situação recente em que se sentiu estressado ou perturbado. Assim como a última folha de atividade, vamos examinar cada uma destas seções, para que possamos identificar seus pensamentos e suas crenças e, então, descobrir se eles foram úteis ou não.
>
> Vamos começar com A, o evento ativador. O que aconteceu ou o que estava acontecendo? Anote isso no quadro A.
>
> A seguir, temos C, a consequência. O que você sentiu como resultado, ou que emoção você sentiu? Anote isso no quadro C.
>
> Por fim, temos B, a crença. O que você disse a si mesmo ou o que estava passando pela sua mente naquele momento? E, se for verdade, o que isso diz sobre você como pessoa? Anote isso no quadro B.
>
> Então, nessa situação, quando ocorreu o evento ativador, você começou a dizer a si mesmo essas coisas do quadro B que o fizeram sentir essas emoções negativas.

> Esses pensamentos em B foram úteis nessa situação? Por que não? Anote isso aqui.
> Se esses pensamentos são tão inúteis, o que mais você pode dizer a si mesmo no futuro, caso se encontre em uma situação parecida? Anote isso aqui.
> Bom trabalho. Acho que você está entendendo. Que perguntas você tem sobre como fazer essa folha de atividade? Como ela poderia ser útil na prática?

Passo 4: desenvolva um plano para praticar as folhas de atividade ABC entre as sessões

No passo final da folha de atividade ABC, o clínico convida o paciente a preencher pelo menos uma folha de atividade por dia antes da consulta seguinte. Pelo menos uma dessas folhas de atividade deve ser focada na tentativa de suicídio índice ou no episódio suicida. O clínico, então, avalia a adesão do paciente para determinar sua probabilidade de preencher as folhas de atividade conforme prescrito em uma escala variando de 0 a 10, com 0 indicando "nada provável" e 10 indicando "muito provável". O clínico, então, fornece ao paciente um número suficiente de folhas de atividade ABC em branco para realizar a tarefa.

> **EXEMPLO DE ROTEIRO DO CLÍNICO**
>
> Como todas as outras habilidades sobre as quais falamos até agora, a prática leva à perfeição. Agora que você já preencheu algumas folhas, já pode ver que não levam muito tempo para serem completadas. Você acha que conseguiria preencher pelo menos uma folha de atividade ABC por dia entre hoje e a próxima vez que nos encontrarmos? Você pode focar em qualquer situação que quiser, mas pelo menos uma dessas folhas de atividade deve ser focada na crise suicida original que o trouxe para tratamento. Isso faz sentido? Aqui tem uma pilha de folhas de atividade ABC para você levar consigo.

> [Depois de terminar o plano:] Então, parece que temos um plano estabelecido. Usando uma escala de 0 a 10, com 0 indicando "nada provável" e 10 indicando "muito provável", qual é a probabilidade de você preencher pelo menos uma folha de atividade ABC por dia entre hoje e a próxima vez que nos encontrarmos?
> [Se a avaliação for menos de 7 em 10:] Há alguma parte desse plano que reduz a probabilidade de você praticar essas folhas de atividade? O que poderíamos mudar nele para tornar mais provável você executá-lo?

EXEMPLO DE CASO ILUSTRATIVO

Para sua primeira folha de atividade ABC, John e seu clínico decidiram focar na discussão com a esposa que ativou sua crise suicida. Esse evento foi escolhido porque estava mais proximamente relacionado à sua crise suicida. Como pode ser visto na Figura 16.1, John escreveu "discussão com minha esposa" no quadro A, que designava o evento ativador, porém não conseguiu identificar seus pensamentos e suas crenças, então o clínico o direcionou para o quadro C, que identificava sua resposta emocional. John indicou que sentiu culpa, raiva e tristeza durante a discussão com sua esposa. Para ajudar a identificar suas crenças suicidas, John e o clínico tiveram o seguinte diálogo:

CLÍNICO: Se você relembrasse aquela discussão, o que diria que estava passando pela sua cabeça naquele momento? Que tipo de coisas estava dizendo a si mesmo?

JOHN: Na verdade, não me lembro.

CLÍNICO: Sei que pode ser difícil lembrar os detalhes daquele dia. Quando é difícil lembrar o que estávamos pensando, às vezes podemos examinar nossas emoções para ter algumas pistas, porque certos tipos de pensamentos acompanham certos tipos de emoções.

A Evento ativador (O que aconteceu?)	B Crenças (O que digo a mim mesmo?)	C Consequências (Que emoção eu sinto?)
Discussão com minha esposa	Ela está certa, é tudo minha culpa. Sou um fracasso e sempre serei.	Culpa Raiva Tristeza

A crença acima, no quadro "B", é útil?

Não, porque faz com que eu queira desistir e beber mais.

O que mais posso dizer a mim mesmo no futuro, quando estiver em uma situação parecida?

Não sou perfeito, mas faço algumas coisas do jeito certo.

FIGURA 16.1 Folha de atividade ABC para John.

JOHN: O que você quer dizer?

CLÍNICO: Vamos considerar o pensamento "sou um fracasso" como exemplo. Se você dissesse a si mesmo "sou um fracasso", esperaria se sentir feliz depois disso?

JOHN: Não.

CLÍNICO: Por que não?

JOHN: Bem, dizer a si mesmo que é um fracasso provavelmente significa que você está perturbado ou se sentindo pra baixo ou algo parecido.

CLÍNICO: É isso mesmo! Pensar que você é um fracasso combina com sentir-se pra baixo ou triste, mas não combina com sentir-se feliz. Vamos ver outro. Se você dissesse a si mesmo "não estou seguro", esperaria se sentir relaxado e calmo?

JOHN: Provavelmente não.

CLÍNICO: Por que não?

JOHN: Se você não está seguro, então provavelmente não está relaxado.

CLÍNICO: Qual seria o sentimento em vez de relaxado?

JOHN: Não sei. Medo, eu acho.

CLÍNICO: Você está certo de novo! Pensar que você não está seguro combina com sentir medo ou ficar ansioso, mas não combina com sentir-se relaxado ou calmo. Alguns pensamentos combinam com algumas emoções, mas outros não. Assim, se você conhecer as emoções que está sentindo, frequentemente você pode conseguir descobrir o que está dizendo a si mesmo.

JOHN: Isso faz sentido.

CLÍNICO: OK, ótimo. Então, se você estava se sentindo culpado, com raiva ou triste, que tipos de pensamentos você acha que estava tendo?

JOHN: (*Depois de uma longa pausa*) Acho que eu estava dizendo a mim mesmo como ela está sempre certa e que é minha culpa termos problemas.

CLÍNICO: Sim, isso parece combinar aqui.

JOHN: Sim, acho que entendi agora.

CLÍNICO: OK, vá em frente e anote isso. Esta é minha próxima pergunta: se for verdade que ela está certa e tudo é sua culpa, o que isso diz sobre o tipo de pessoa que você é?

JOHN: Significa que sou um mau marido e um fracasso. Eu estava pensando que sempre serei assim.

CLÍNICO: Esse é um pensamento muito forte. Vamos anotar isso também.

Depois que a crença nuclear de John foi identificada, ele e o clínico preencheram a folha de atividade juntos. John indicou que se culpar e chamar a si mesmo de fracasso não era útil porque só fazia com que ele "quisesse beber mais e desistir". Quando perguntado o que ele poderia dizer no futuro quando tivesse discussões com sua esposa, John respondeu: "com certeza não sou perfeito, mas faço algumas coisas do jeito certo". O clínico direcionou John para também registrar esse pensamento alternativo.

> ### Dicas e conselhos para as folhas de atividade ABC
>
> 1. **Continue a reforçar as habilidades aprendidas na primeira fase da TCCB.** Ainda que o foco da TCCB mude para o domínio cognitivo, os clínicos devem continuar a perguntar ao paciente sobre seu uso do plano de resposta a crises e outras habilidades de regulação emocional.
> 2. **Foque nas crenças nucleares, não nos pensamentos automáticos.** Pensamentos automáticos implicam reações imediatas do indivíduo a eventos ativadores. Assim, os pensamentos automáticos dependem do contexto e, como consequência, são altamente variáveis. As crenças nucleares estão subjacentes aos pensamentos automáticos e tendem a ser estáveis em diferentes contextos. Como os pensamentos automáticos são influenciados por crenças nucleares, os primeiros podem ser usados para revelar os últimos. Por exemplo, um paciente pode ter os pensamentos automáticos "estraguei tudo de novo" e "sempre cometo erros" quando comete um erro. Esses dois pensamentos automáticos podem refletir a crença nuclear subjacente "sou um fracasso", que existe em todos os contextos e situações. Ao focarem na crença nuclear, os clínicos podem abordar uma vulnerabilidade mais central que atravessa as situações e os contextos.
> 3. **Estimule os pacientes a escreverem suas respostas nas folhas de atividade.** Embora boa parte do trabalho cognitivo seja conduzida verbalmente por meio do uso do diálogo socrático, os pacientes podem traduzir esses conceitos em habilidades tangíveis, escrevendo suas respostas na folha de atividade. Ao escreverem suas respostas, podem "ver" suas crenças de uma maneira nova que pode facilitar uma mudança mais rápida. O uso das folhas de atividade também oferece um método concreto para os clínicos monitorarem a prática de habilidades do paciente e sua adesão ao tratamento.
> 4. **Rigidez cognitiva não necessariamente reflete regressão clínica.** Quando os pacientes fazem a transição da primeira para a segunda fase da TCCB, os clínicos frequentemente relatam sentir como se seus pacientes tivessem "regredido". Na maioria dos casos, isso ocorre porque os pacientes estavam progredindo bem durante as primeiras sessões de TCCB, mas então de repente parecem estagnar depois que começam a trabalhar nas folhas de atividade ABC. No entanto, essa desaceleração aparente não necessariamente reflete regressão clínica; ela pode refletir a mudança no foco para o domínio cognitivo, que não havia sido focado diretamente até agora. Como o domínio cognitivo ocupa o lugar de destaque nesse ponto na TCCB, a rigidez cognitiva do paciente passa para o primeiro plano. Os clínicos podem precisar "ir com calma" durante esse período de transição, mas não devem adiar ou abandonar prematuramente o trabalho orientado para a cognição.

17

Folhas de atividade Perguntas Desafiadoras

A folha de atividade Perguntas Desafiadoras é a segunda técnica de reavaliação cognitiva concebida para ensinar o paciente a avaliar criticamente as crenças nucleares que o tornam vulnerável à ativação do modo suicida. A folha de atividade Perguntas Desafiadoras se baseia nas habilidades fundamentais da reavaliação cognitiva aprendidas com as folhas de atividade ABC. A partir de uma perspectiva de sequenciamento, o clínico deve, portanto, introduzir a folha de atividade Perguntas Desafiadoras somente depois que o paciente tiver demonstrado domínio de habilidades básicas de automonitoramento que embasam as folhas de atividade ABC (i.e., reconhecimento do modo como variáveis situacionais, cognição e emoção estão inter-relacionadas). As folhas de atividade Perguntas Desafiadoras facilitam a habilidade do paciente de reconhecer a natureza desadaptativa ou inútil de suas crenças suicidas nucleares arraigadas, possibilitando que considere crenças alternativas mais adaptativas que são inconsistentes com a ativação do modo suicida e reduzindo a vulnerabilidade a tentativas de suicídio posteriores. Semelhantes às folhas de atividade ABC, as folhas de atividade Perguntas Desafiadoras usadas na TCCB foram adaptadas daquelas que foram desenvolvidas para a terapia de processamento cognitivo (Resick et al., 2017). Elas devem ser preenchidas como uma atividade de escrita colaborativa, em vez de se limitar a um exercício verbal. A folha de atividade Perguntas Desafiadoras pode ser encontrada no Apêndice A.9.

JUSTIFICATIVA

Como mencionado no capítulo anterior, a reavaliação cognitiva é um elemento comum dos tratamentos que reduzem as tentativas de suicídio (Brown, Ten Have, et al., 2005; Linehan, Comtois, Murray, et al., 2006; Rudd et al., 2015). O objetivo principal da avaliação cognitiva é substituir crenças suicidas por crenças mais adaptativas e estilos cognitivos positivos que reduzem o risco de suicídio, como otimismo (Bryan, Ray-Sannerud, Morrow, & Etienne, 2013b; Hirsch & Conner, 2006; Hirsch, Conner, & Duberstein, 2007; Hirsch, Wolford, Lalonde, Brunk, & Parker-Morris, 2009), significado na vida (Bryan, Elder, et al., 2013; Dogra, Basu, & Das, 2011; Heisel & Flett, 2008), esperança (Dogra et al., 2011), orgulho (Bryan, Ray-Sannerud, et al., 2013c) e autoeficácia (Bryan, Andreski, et al., 2014). Culpa e vergonha podem ser alvos particularmente importantes para a avaliação cognitiva, dadas suas fortes relações com pensamentos e comportamentos suicidas (Bryan, Morrow, Etienne, & Ray-

-Sannerud, 2013; Bryan, Ray-Sannerud, Morrow, & Etienne, 2013a; Bryan, Roberge, Bryan, & Ray-Sannerud, 2015; Hendin & Haas, 1991). Apoiando ainda mais essa possibilidade, novas evidências sugerem que a capacidade de se perdoar por transgressões e delitos percebidos está associada ao risco reduzido de fazer uma tentativa de suicídio (Bryan, Theriault, & Bryan, 2014). A folha de atividade Perguntas Desafiadoras ajuda a enfraquecer a culpa, a vergonha, a autoacusação e outras crenças desadaptativas por meio do desenvolvimento de flexibilidade cognitiva. À medida que a flexibilidade cognitiva dos pacientes aumenta e sua rigidez cognitiva diminui, eles se tornam mais bem equipados para avaliar a si mesmos, os outros e o mundo de uma maneira mais equilibrada. Isso, por sua vez, reduz o risco de fazer tentativas de suicídio no futuro.

COMO FAZER

No alto da folha de atividade Perguntas Desafiadoras, há uma área para o paciente anotar uma crença nuclear (ou outra) suicida desadaptativa. Abaixo dessa seção, há uma lista de perguntas que direcionam o paciente a avaliar criticamente a crença nuclear identificada no alto da folha. Como o paciente deve trabalhar em apenas uma crença nuclear por folha de atividade, escrever a crença nuclear na parte mais alta proporciona um ponto de referência visual (e um lembrete) sobre qual crença nuclear específica está sendo avaliada. Ao ensinar a folha de atividade Perguntas Desafiadoras, o clínico revisa as folhas de atividade ABC com referência específica às perguntas de reavaliação cognitiva na parte inferior da folha de atividade ABC (i.e., "os pensamentos em 'B' são úteis? O que mais posso dizer a mim mesmo no futuro quando estiver em uma situação parecida?"). O clínico menciona que a folha de atividade Perguntas Desafiadoras é o próximo passo na aprendizagem de como pensar sobre os eventos da vida de uma maneira diferente e explica que a folha de atividade serve para fortalecer a habilidade do paciente de determinar se seus pensamentos e suas crenças são úteis. O clínico ensina ao paciente como trabalhar com a folha de atividade Perguntas Desafiadoras usando uma crença suicida nuclear como exemplo e pede que ele anote essa crença na seção no alto da folha. Então, pede que o paciente leia a primeira pergunta e considere como ela se aplica à crença identificada no alto da folha. O clínico usa questionamento socrático para ajudar o paciente a identificar perspectivas alternativas e mais adaptativas sobre si mesmo. Depois que o paciente identifica uma perspectiva alternativa e mais adaptativa, o clínico o convida a anotar essa nova perspectiva na Folha. O clínico e o paciente repetem esse processo até que todas as perguntas tenham sido respondidas.

Ao trabalharem na folha de atividade Perguntas Desafiadoras pela primeira vez, muitos pacientes têm dificuldade de desafiar suas crenças nucleares e considerar perspectivas alternativas. Isso é comum, mesmo para aqueles que estão respondendo muito bem ao tratamento e têm progresso mais considerável. O clínico deve ter em mente que dificuldades com essa tarefa não são necessariamente uma indicação de falta de progresso no tratamento; elas são um reflexo da automaticidade do sistema de crenças suicidas. Em suma, as crenças desadaptativas do paciente são tão fortes que continuam a persistir mesmo quando os sintomas do paciente começam a entrar em remissão e seu estresse emocional é reduzido. No começo do processo de ensino de habilidades de reavaliação cognitiva, o clínico deve ter em mente que o objetivo não é ajudar o paciente a abandonar completamente crenças arraigadas, mas ajudá-lo a reconhecer a *possibilidade* de uma perspectiva alternativa, mesmo que ele não acredite ou aceite plenamente a alternativa.

Para assegurar o domínio da habilidade, os pacientes devem preencher várias folhas de atividade Perguntas Desafiadoras por sessão, além de várias outras entre cada sessão. O clínico pede que o paciente preencha pelo menos uma folha de atividade focada em uma crença suicida que estava presente durante o episódio suicida índice.

çada para fazer isso. Para aprender essa habilidade, usaremos uma nova folha de atividade, denominada folha de atividade Perguntas Desafiadoras. Ela lhe apresentará uma série de perguntas que você pode fazer para determinar se uma crença é útil ou não. Se você determinar que uma crença não é útil como resultado da formulação dessas perguntas, também estará mais bem posicionado para descobrir como pensar sobre o que está acontecendo a você de modo mais útil.

Passo 1: introduza o conceito da folha de atividade Perguntas Desafiadoras

O clínico introduz o conceito da folha de atividade Perguntas Desafiadoras e examina brevemente o conceito geral de avaliação cognitiva.

EXEMPLO DE ROTEIRO DO CLÍNICO

Durante a semana passada, focamos muito nas folhas de atividade ABC para aprender como nossos pensamentos e nossas crenças em certas situações contribuem para o estresse emocional. Quando preencheu as folhas de atividade ABC, você foi solicitado a determinar se seus pensamentos e suas crenças eram úteis e, se não, que pensasse em outra coisa que poderia dizer a si mesmo no futuro para reduzir a probabilidade de vivenciar essas emoções negativas. Como você está começando a aprender, o que dizemos a nós mesmos e as "regras" que seguimos na vida têm um impacto importante na forma como nos sentimos e como escolhemos agir em resposta a situações estressantes. Ao avaliarmos nossos pensamentos e nossas crenças, podemos identificar melhor aqueles pensamentos e crenças que são inúteis e identificar modos mais úteis ou equilibrados de pensar sobre as coisas.

Hoje eu gostaria de dar o próximo passo, ensinando uma habilidade mais avan-

Passo 2: preencha a folha de atividade Perguntas Desafiadoras focada em uma crença suicida

O clínico ajuda o paciente a preencher a folha de atividade Perguntas Desafiadoras focada em uma crença suicida que estava presente durante o episódio suicida índice. O clínico explica cada componente da folha e guia o paciente com diálogo socrático para avaliar a crença suicida. Quando o paciente apresenta uma resposta que apoia a crença suicida (i.e., sem evidências de mudança), o clínico usa o questionamento socrático para descobrir informações que se oporiam à crença nuclear e pergunta ao paciente se a perspectiva alternativa é possível, mesmo que ele não acredite ou não a aceite plenamente. O clínico, então, entrega ao paciente uma cópia da folha de atividade Perguntas Desafiadoras e pede que ele preencha cada seção de próprio punho.

EXEMPLO DE ROTEIRO DO CLÍNICO

Esta folha de atividade tem duas seções principais. Aqui em cima, no topo, é onde podemos anotar um pensamento ou uma crença particular em que queremos focar quando completamos a folha. Ao trabalharmos com essas folhas de atividade, sempre vamos focar em apenas uma crença de cada vez. Abaixo dessa seção, há uma série de perguntas que vamos fazer sobre a crença e, então, anotaremos nossas respostas. Como veremos em seguida, essas perguntas são concebidas para colocar sua crença em julgamento, por assim dizer. Usaremos as perguntas para nos ajudar a determinar se a crença é útil ou inútil.

Vamos começar escolhendo uma crença na qual focar. Se pensarmos no episódio suicida que o trouxe para o tratamento, que coisas você estava pensando no momento que o levaram à sua tentativa [ou crise] de suicídio? Vamos prosseguir e anotar essa crença nesta linha em branco. Agora, vamos fazer cada uma destas perguntas aqui para ver qual é a relação delas com essa crença. Em outras palavras, vamos descobrir o quanto essa crença é útil, formulando todas essas perguntas.

Vá em frente e leia a primeira pergunta em voz alta. Como você diria que ela se relaciona com essa crença? Anote sua resposta abaixo dessa pergunta.

[O clínico repete todas as perguntas posteriores da folha de atividade:] Vamos seguir para a próxima. Como você responderia a essa pergunta? Anote sua resposta abaixo da pergunta, aqui.

Muito bem. Agora que você já preencheu toda a folha de atividade, o que pensa sobre isso? Que perguntas você tem sobre o preenchimento desta folha de atividade? Vamos praticar outra.

> **EXEMPLO DE ROTEIRO DO CLÍNICO**
>
> Para esta folha de atividade, vamos focar em uma crença diferente que identificamos como inútil. Assim como na última folha de atividade, vamos examinar juntos cada uma das perguntas para que possamos descobrir se a crença é útil ou não. Em que crença devemos focar para esta folha de atividade? Vá em frente e anote isso no topo.
>
> Vamos começar pela primeira pergunta. Vá em frente, leia-a em voz alta e então me diga como você responderia. Anote sua resposta logo abaixo.
>
> [O clínico repete todas as perguntas posteriores da folha de atividade:] Vá em frente até a próxima. Qual é a pergunta e como você a responderia? Prossiga e anote sua resposta logo abaixo.
>
> Bom trabalho. Acho que você está entendendo. Que perguntas você tem sobre esta folha de atividade? Como ela poderia ser útil para praticar regularmente?

Passo 3: preencha várias folhas de atividade Perguntas Desafiadoras focadas em outras crenças desadaptativas

Para facilitar a aquisição e a generalização das habilidades, o clínico preenche várias outras folhas de atividade Perguntas Desafiadoras e guia o paciente durante o preenchimento de cada uma.

Passo 4: desenvolva um plano para praticar as folhas de atividade Perguntas Desafiadoras entre as sessões

No passo final da folha de atividade Perguntas Desafiadoras, o clínico convida o paciente a preencher pelo menos uma por dia antes da consulta seguinte. Pelo menos uma dessas folhas de atividade deve estar focada em uma crença suicida que estava presente durante a tentativa de suicídio índice ou o episódio depressivo. O clínico determina a adesão do paciente pedindo que ele avalie sua probabilidade de preencher as folhas de atividade conforme prescrito em uma escala de 0 a 10, com 0 indicando "nada provável" e 10 indicando "muito provável". Então, fornece ao paciente um número suficiente de folhas de atividade Perguntas Desafiadoras para realizar a tarefa.

> **EXEMPLO DE ROTEIRO DO CLÍNICO**
>
> Agora que você preencheu algumas delas, já sabe como devem ser feitas. Você acha que conseguiria preencher pelo menos uma folha de atividade Perguntas Desafiadoras por dia entre hoje e a próxima vez que nos encontrarmos? Você pode focar em qualquer crença que quiser, mas pelo menos uma dessas folhas de atividade deve estar focada em uma crença que você teve durante sua última tentativa de suicídio ou crise suicida. Isso faz sentido? Aqui está uma pilha de folhas de atividade Perguntas Desafiadoras para levar com você.
>
> [Depois de terminar o plano:] Parece que temos um plano estabelecido. Usando uma escala de 0 a 10, com 0 indicando "nada provável" e 10 indicando "muito provável", qual é a probabilidade de você preencher pelo menos uma folha de atividade Perguntas Desafiadoras por dia entre hoje e a próxima vez que nos encontrarmos?
>
> [Se a avaliação for menos de 7 em 10:] Há alguma parte desse plano que reduz sua probabilidade de preencher essas folhas de atividade? O que poderíamos mudar nele para tornar mais provável que você preencha as folhas de atividade?

EXEMPLO DE CASO ILUSTRATIVO

Com base em seu trabalho inicial com as folhas de atividade ABC, John escolheu trabalhar na crença nuclear "sou um fracasso" na sua primeira folha de atividade Perguntas Desafiadoras. As respostas de John podem ser encontradas na Figura 17.1. Para a segunda pergunta na folha de atividade (i.e., "esta crença está baseada em fatos ou é algo que você apenas se acostumou a dizer?"), John incialmente responde que a crença estava baseada em fatos. Quando questionado sobre sua resposta, descreveu inúmeros erros que cometeu como evidências que apoiam a discussão de que a crença estava baseada em fatos. Entretanto, em vez de discordar abertamente da conclusão de John, o clínico o engajou em uma série de perguntas para introduzir a possibilidade de que a crença também fosse algo que John estivesse acostumado a dizer:

CLÍNICO: Parece que há muitos exemplos em que você disse a si mesmo que é um fracasso. Você já se flagrou tendo o pensamento "sou um fracasso" muito frequentemente?

JOHN: Sim, acho que sim.

CLÍNICO: Quantas vezes por dia você diria que pensa ser um fracasso?

JOHN: Não sei. Acho que pelo menos uma vez por dia, mas alguns dias é mais.

CLÍNICO: Parece que você teve muitos desses pensamentos. Considerando a frequência com que tem esse pensamento, você diria que é muito fácil pensar sobre como você é um fracasso?

JOHN: Sim, é muito fácil pensar nisso.

CLÍNICO: Você diria que ficou tão fácil ter esse pensamento a ponto de ele surgir para você rapidamente, sem precisar refletir muito? Como se simplesmente aparecesse na sua mente automaticamente?

JOHN: Sim, acho que sim. Sim. É como se ele sempre estivesse ali quando eu estrago as coisas.

CLÍNICO: Entendi. Então, se estou entendendo direito, esse pensamento sobre ser um fracasso vem à mente rapidamente, sem muito esforço e parece ocorrer repetidamente, quase como se fosse uma resposta automática. Está correto?

JOHN: Sim, eu diria que sim.

CLÍNICO: Humm... Bem, não sei, mas isso parece ser mais como um hábito.

JOHN: O que você quer dizer?

CLÍNICO: Bem, um hábito é alguma coisa que fazemos repetidamente sem pensar muito, e geralmente nem mesmo temos consciência de que estamos fazendo isso. Pelo menos é assim que penso sobre o que é um hábito. Como você descreveria um hábito?

JOHN: Provavelmente eu descreveria da mesma maneira.

CLÍNICO: OK, então estamos de acordo aqui. Com base em como você acabou de explicar esse pensamento de ser um fracasso, parece muito que isso se tornou um hábito para você.

JOHN: Bem, mas está baseado em fatos.

CLÍNICO: Certo, você me contou sobre todos os erros que cometeu.

JOHN: Sim.

CLÍNICO: Então, talvez seja ambos, um fato e um hábito?

JOHN: Sim, talvez.

CLÍNICO: Talvez seja isso. Porque você diz que está baseado em fatos, mas também falou sobre como é tipo um hábito, também. O que acha?

JOHN: Sim, concordo. Isso faz sentido.

CLÍNICO: OK, então o que você acha que deveríamos colocar na folha de atividade?

JOHN: Acho que vou colocar ambos.

CLÍNICO: OK, isso parece bom. Você acha que seria útil também anotar algumas palavras para explicar como isso é um hábito? Parece que essa é a parte dessa crença que não era tão óbvia.

JOHN: Sim, isso seria bom.

Nessa interação, John compreensivelmente argumentou que sua crença quanto a ser um fracasso estava baseada em fatos. O clínico pôde introduzir uma possibilidade alternativa de que a crença estivesse baseada no hábito, sem discordar da perspectiva de John, o que poderia ter incentivado-o a defender sua posição, mas usando o diálogo socrático. O clínico começou guiando John a descrever a natureza da sua crença de uma forma que se alinhasse com o conceito de um hábito. Então, pediu que John conciliasse essa descrição com o conceito mais geral ou a definição de um hábito. Quando John continuou a manter a perspectiva de que sua crença era factual, o clínico se adaptou a isso e não discordou, mas propôs a possibilidade de que a crença estivesse baseada em ambos, fatos *e* hábito, e não em um dos dois. Em essência, o clínico aceitou um "meio-termo", tornando possível, desse modo, que John aceitasse a possibilidade de que sua crença fosse um hábito em certa medida. Isso, por sua vez, enfraqueceu a possibilidade de que ela estivesse baseada inteiramente em fatos. Embora John possa ainda não estar pronto para abandonar totalmente a crença desadaptativa, com prática adicional a força da crença diminuirá. A folha de atividade Perguntas Desafiadoras de John completa é apresentada na Figura 17.1.

Dicas e conselhos para as folhas de atividade Perguntas Desafiadoras

1. **Comece com pequenos passos para ir mais longe.** Um erro comum de muitos clínicos é ter expectativas irrealistas quanto ao progresso do paciente ao usar as folhas de atividade Perguntas Desafiadoras. Entretanto, como os pacientes suicidas têm processos de pensamento e habilidades de solução de problemas muito restritos, às vezes a mudança pode ser lenta. Quando trabalhar com pacientes suicidas, esteja disposto a aceitar pequenas mudanças inicialmente, pois isso com frequência motivará e/ou reforçará mudanças maiores posteriormente durante o processo. Como foi demonstrado no caso de John, um clínico que meramente aceita a disposição do paciente a admitir a possível existência de uma perspectiva alternativa pode plantar a semente para a mudança posterior.

Crença: Sou um fracasso.

1. **Quais são as evidências a favor e contra essa ideia?**
   A favor: sinto-me sobrecarregado, bebo o tempo todo, já me divorciei várias vezes.
   Contra: consegui ficar bem até agora, tenho um bom desempenho no trabalho.

2. **Sua crença é um hábito ou está baseada em fatos?**
   Tanto fato quanto hábito – estou tão acostumado a dizer isso que acho que é verdade.

3. **Se outra pessoa tivesse essa mesma crença na mesma situação, você a consideraria acurada?**
   Não muito acurada, porque já fiz muitas coisas certas na vida, também.

4. **Você está pensando em termos de tudo ou nada?**
   Sim, acho que sou um completo fracasso, mesmo que só tenha cometido erros que todos cometem.

5. **Você está usando palavras ou expressões que são extremas ou exageradas (isto é, "sempre", "para sempre", "nunca", "preciso", "devo", "não posso" e "todas as vezes")?**
   Não, mas realmente acho que sou sempre um fracasso.

6. **Você só está focando em um aspecto do evento e ignorando outros fatos importantes da situação que explicam as coisas?**
   Sim, apenas focando na minha preocupação e na minha raiva e exagerando na reação.

7. **Qual é a fonte dessa crença? Essa fonte é confiável?**
   Eu sou a fonte. Não sou uma fonte confiável porque só digo isso quando estou incomodado ou bêbado, que não é quando sou o melhor juiz.

8. **Você está encarando as coisas de modo desproporcional? Ou ao contrário: minimizando as coisas?**
   Sim – as chances são de que ela não vai me deixar se eu conversar com ela e resolver as coisas. Isso só é provável de acontecer se eu não tomar medidas para controlar minha ingestão de álcool, o que eu consigo fazer.

9. **Sua crença está baseada em sentimentos em vez de fatos?**
   Baseada sobretudo no estresse.

10. **Você está focando em detalhes não relacionados com a situação?**
    Sim, estou focando em como tenho medo de que minha esposa me deixe, em vez de focar no que realmente está acontecendo.

FIGURA 17.1 Exemplo da folha de atividade Perguntas Desafiadoras de John.

Aceitar uma mudança relativamente pequena pode, portanto, ser um primeiro passo importante no processo de mudança.

2. **Enfatize a importância do contexto.** Um componente fundamental da flexibilidade cognitiva é a habilidade de contextualizar as próprias crenças, decisões e ações. Em muitos casos, as crenças suicidas resultam da tendência do paciente a desconsiderar ou ignorar esse contexto. Das dez perguntas listadas nas folhas de atividade Perguntas Desafiadoras, três são especificamente planejadas para contextualizar as crenças do paciente: a pergunta 3 ("se outra pessoa tivesse essa crença na mesma situação, você a consideraria acurada?"), a pergunta 6 ("você só está focando em um aspecto do evento e ignorando outros fatos importantes da situação que explicam as coisas?") e a pergunta 10 ("você está focando em detalhes não relacionados com a situação?"). Embora todas as dez perguntas sejam essenciais para ajudar os pacientes a desenvolver a capacidade de avaliar criticamente suas crenças, essas três são especialmente importantes para ajudá-los a "ver o quadro geral". Os clínicos devem, portanto, certificar-se de prestar particular atenção às respostas do paciente a essas perguntas.

18
Folhas de atividade Padrões de Pensamento Problemáticos

A folha de atividade Padrões de Pensamento Problemáticos é a terceira técnica de reavaliação cognitiva usada para ensinar os pacientes a identificar e nomear diferentes tipos de distorções cognitivas que aumentam a vulnerabilidade à ativação do modo suicida. Distorções cognitivas são padrões de pensamento exagerados ou disfuncionais que fazem com que o paciente perceba os eventos na vida de maneira enviesada, reforçando, desse modo, emoções e crenças negativas e interferindo no funcionamento cotidiano (Beck, 1972; Burns, 1989). A folha de atividade Padrões de Pensamento Problemáticos é uma ferramenta útil para ajudar os pacientes a reconhecerem pensamentos automáticos desadaptativos e crenças nucleares, especialmente aqueles pacientes que estão tendo dificuldade de dominar as habilidades que embasam as folhas de atividade Perguntas Desafiadoras (veja o Capítulo 17). O reconhecimento dos padrões gerais ou das "categorias" de cognições desadaptativas pode ajudar com essas outras folhas de atividade, pois pode ensinar o paciente a avaliar suas crenças com mais eficácia. De modo similar às folhas de atividade ABC e Perguntas Desafiadoras, as folhas de atividade Padrões de Pensamento Problemáticos estão baseadas nas folhas desenvolvidas para a terapia de processamento cognitivo (Resick et al., 2017) e devem ser preenchidas como uma atividade escrita colaborativamente. A folha de atividade Padrões de Pensamento Problemáticos pode ser encontrada no Apêndice A.10.

JUSTIFICATIVA

A rotulagem ou "designação" explícita das crenças nucleares desadaptativas facilita o processo de reavaliação cognitiva, ajudando o paciente a considerar *como* a crença identificada é desadaptativa, em vez de considerar *se* a crença identificada é desadaptativa. Ao apresentar ao paciente uma lista de categorias e definições que são inequivocamente desadaptativas, pedindo que ele considere como essas crenças específicas combinam com uma ou mais dessas categorias, a folha de atividade Padrões de Pensamento Problemáticos pressupõe implicitamente que a crença nuclear é desadaptativa. Considerando suas crenças a partir dessa perspectiva implícita, a folha de atividade ajuda o paciente a encarar e considerar a crença como desadaptativa.

> **DICA PARA SOLUÇÃO DE PROBLEMAS**
>
> **E se o paciente não for capaz ou não estiver disposto a ver suas crenças como desadaptativas?** A inabilidade ou indisponibilidade de encarar as crenças desadaptativas como tal reflete rigidez cognitiva subjacente. Se os pacientes insistem que suas crenças desadaptativas são razoáveis, os clínicos devem direcioná-los para considerar e/ou avaliar suas crenças no que diz respeito à sua *utilidade*. Por exemplo:
>
> > Posso perceber que você vê essa crença como verdadeira. No entanto, fico me perguntando o quanto ela é útil para você. Em outras palavras, em que aspecto é benéfico para você dizer isso para si mesmo repetidamente?
>
> Embora os pacientes possam achar que suas crenças são críveis ou verdadeiras, eles raramente acham essas crenças úteis. Ao apontarem que uma crença pode ser inútil, mesmo que possa ser verdadeira, os clínicos frequentemente conseguem contornar a rigidez cognitiva dos pacientes.

COMO FAZER

Na folha de atividade Padrões de Pensamento Problemáticos, há uma lista de distorções cognitivas com definições breves concebidas para ajudar o paciente a determinar qual categoria (ou categorias) melhor descreve a crença. Os pacientes são incentivados a trabalhar em múltiplas crenças nucleares em cada folha para que possam começar a identificar padrões específicos em seu pensamento. Uma abordagem especialmente útil é examinar as crenças desadaptativas identificadas durante tarefas anteriores (i.e., as folhas de atividade ABC e Perguntas Desafiadoras) e categorizá-las na folha de atividade Padrões de Pensamento Problemáticos. Desse modo, o paciente pode reunir múltiplas estratégias de reavaliação cognitiva para enfraquecer mais efetivamente crenças suicidogênicas. Ao introduzir a folha de atividade Padrões de Pensamento Problemáticos, o clínico pode mencionar que alguns indivíduos tendem a ter certos padrões ou "estilos" de pensamento que contribuem para seu estresse e que outra estratégia útil para determinar a utilidade desses pensamentos e dessas crenças é classificá-los em diferentes categorias. O clínico pede que o paciente preencha a folha de atividade Padrões de Pensamento Problemáticos usando uma crença suicida nuclear como exemplo e escreva essa crença na categoria apropriada na folha de atividade. O clínico usa questionamento socrático para ajudar o paciente a avaliar a crença dentro do contexto de cada distorção cognitiva. Se o paciente determinar que a crença se encaixa em uma categoria, o clínico o convida a escrever uma explicação de como e por que ela se encaixa. O clínico e o paciente repetem esse processo até que todas as distorções cognitivas tenham sido consideradas.

Para assegurar o domínio da habilidade, os pacientes devem categorizar várias crenças desadaptativas nas folhas de atividade Padrões de Pensamento Problemáticos por sessão e preencher as folhas de atividade entre as sessões. O clínico deve se certificar de direcionar o paciente para categorizar as crenças suicidas que estavam presentes durante o episódio suicida índice.

Passo 1: introduza o conceito da folha de atividade Padrões de Pensamento Problemáticos

O clínico introduz o conceito da folha de atividade Padrões de Pensamento Problemáticos e revisa brevemente o conceito geral de avaliação cognitiva.

> **EXEMPLO DE ROTEIRO DO CLÍNICO**
>
> Agora que você já usou as folhas de atividade ABC para reconhecer como eventos

na vida, pensamentos e emoções influenciam uns aos outros e começou a aprender como avaliar se seus pensamentos e suas reações a diferentes situações são úteis, usando as folhas de atividade Perguntas Desafiadoras, eu gostaria que trabalhássemos em mais uma habilidade concebida para ajudá-lo a avaliar seus pensamentos e suas crenças.

Muitos de nós temos certos padrões problemáticos ou "estilos" de pensamento que moldam como vemos a nós mesmos e o mundo. Por exemplo, algumas pessoas tendem a simplificar excessivamente as coisas, vendo a vida em termos de tudo ou nada. Elas veem as coisas como preto ou branco e têm problemas para ver as áreas cinzas da vida. Para elas, tudo tem que ser uma coisa ou seu oposto; não pode haver nada intermediário. Você conhece alguém que tende a simplificar excessivamente, olhando as coisas por uma perspectiva do tipo preto ou branco? Você diria que tende a simplificar excessivamente?

Outro padrão de pensamento problemático é tirar conclusões precipitadas. Os indivíduos que tiram conclusões precipitadas tendem a presumir que coisas ruins vão acontecer no futuro com base em pouquíssimas informações. Por exemplo, eles têm uma discussão com seu parceiro e presumem que isso significa que seu parceiro não os ama e vai romper com eles. Esses indivíduos tendem a predizer eventos futuros negativos, mesmo que não haja muitas evidências ou informações que apoiem isso. Você conhece alguém que tenha tendência a tirar conclusões precipitadas? E quanto a você? Tende a tirar conclusões precipitadas em situações estressantes?

Vamos examinar mais alguns desses padrões de pensamento problemáticos e discutir se você tem ou não alguns padrões que são inúteis. Para isso, usaremos a folha de atividade Padrões de Pensamento Problemáticos. Ela lista sete estilos de pensamento inúteis. Já falamos sobre dois: simplificação excessiva e tirar conclusões precipitadas. Vamos examinar os demais juntos.

Exagerar é quando nós vemos as coisas de modo desproporcional ou reagimos exageradamente a uma situação, ao passo que minimizar é quando rejeitamos ou minimizamos a importância de alguma coisa. Por exemplo, se evito ir a um evento social porque tenho medo de dizer alguma coisa idiota e ficar constrangido, estaria exagerando porque estou imaginando de forma desproporcional a probabilidade de uma experiência negativa. No entanto, se eu fosse o líder de um projeto em equipe no meu trabalho, mas dissesse que não tive nada a ver com o sucesso do projeto, eu estaria minimizando, porque estou ignorando o papel importante que tive no projeto.

Ignorar é quando focamos nos aspectos negativos de uma situação, mas não focamos nos aspectos positivos. Por exemplo, se eu acertei 95% em um teste, mas foco apenas nos poucos itens que errei, eu estou ignorando, porque não estou focando no fato de que tirei um A.

Generalização excessiva é quando presumimos que um único evento na vida ou situação sempre vai acontecer ou nunca vai acabar. Por exemplo, se eu cometo um pequeno erro em uma reforma na minha casa, mas digo a mim mesmo "eu sempre estrago tudo e sempre vou ser um fracasso", estou generalizando excessivamente, porque estou assumindo que um único erro sempre vai acontecer ou nunca vai acabar.

Leitura mental é quando presumimos que sabemos o que as pessoas estão pensando quando não temos nenhuma evidência que apoie isso, especialmente quando assumimos que os outros estão pensando coisas negativas sobre nós. Por exemplo, se eu estiver interessado em conhecer alguém, mas disser a mim mesmo "ela simplesmente vai achar que sou um idiota", estou fazendo leitura mental, porque estou assumindo que sei o que a outra pessoa está pensando, sem nenhuma evidência.

Raciocínio emocional é quando presumimos que alguma coisa é verdadeira porque tivemos determinado sentimento. Por exemplo, posso estar me sentindo culpado ou triste em uma situação e, então, assumo que devo ter feito algo errado ou devo ser um fracasso. Esse é um raciocínio emocional, porque estou assumindo que é verdade que eu fiz algo errado simplesmente porque estou sentindo uma emoção particular.

Passo 2: preencha uma folha de atividade Padrões de Pensamento Problemáticos focada em uma crença suicida

O clínico auxilia o paciente a preencher uma folha de atividade Padrões de Pensamento Problemáticos focada em uma crença suicida que estava presente durante o episódio suicida índice. O clínico se assegura de que o paciente entenda cada uma das distorções cognitivas listadas na folha e o guia com diálogo socrático para determinar se a crença suicida serve como um exemplo da distorção cognitiva. Quando um paciente determina que a crença suicida se enquadra em uma categoria particular, o clínico usa o questionamento socrático para explicar por que ou como a crença se encaixa e, então, pede que o paciente escreva sua explicação à mão abaixo da categoria apropriada.

> **EXEMPLO DE ROTEIRO DO CLÍNICO**
>
> Quando trabalharmos nessas folhas de atividade, focaremos em apenas uma crença por vez, para tornarmos as coisas mais simples. Esta é uma lista dos padrões de pensamento problemáticos com uma breve definição de cada um. Vamos examinar esses padrões, um de cada vez, para determinar se sua crença inútil se enquadra dentro de cada categoria. É possível que a crença se encaixe em apenas uma categoria, mas também é possível que se encaixe em múltiplas categorias.
> Vamos começar escolhendo uma crença na qual focar. Se relembrarmos o episódio suicida que trouxe você para o tratamento, em que coisas você estava pensando no momento que o levaram à tentativa de suicídio [ou crise]? Agora vamos descobrir em quais padrões essa crença se enquadra.
> Vá em frente e leia essa primeira definição aqui. Você diria que sua crença é um exemplo de conclusões precipitadas?
> [Se sim:] De que modo sua crença é um exemplo de conclusões precipitadas? Vá em frente e anote isso aqui.

> [O clínico repete todas as perguntas seguintes da folha de atividade:] Vamos passar para a próxima. Você diria que sua crença é um exemplo de [distorção cognitiva]? De que modo sua crença é um exemplo disso? Vá em frente e anote isso.
> Muito bem. Agora que você já preencheu toda a folha de atividade, o que você pensa sobre isso? Que perguntas você tem sobre o uso dela? Vamos escolher outra crença e praticar novamente.

Passo 3: preencha várias folhas de atividade Padrões de Pensamento Problemáticos focadas em outras crenças desadaptativas

Para facilitar a aquisição e a generalização das habilidades, o clínico ajuda o paciente a identificar outras crenças suicidas ou desadaptativas e repete o processo. Ele fornece cópias adicionais da folha de atividade Padrões de Pensamento Problemáticos quando necessário.

> **EXEMPLO DE ROTEIRO DO CLÍNICO**
>
> Agora, vamos focar em uma crença que consideramos ser inútil. Assim como da última vez, vamos examinar juntos cada uma das categorias para que possamos identificar melhor em que padrão ela se enquadra. Em que crença deveríamos focar nesta folha de atividade?
> Vamos começar com o primeiro padrão. Vá em frente, leia em voz alta e me diga se você acha que sua crença se encaixa ali. Anote sua resposta abaixo.
> [O clínico repete o processo em todas as perguntas seguintes da folha de atividade:] Vá em frente até a próxima. Qual é o padrão, e você acha que sua crença se encaixa ali? Vá em frente e anote o porquê logo abaixo.
> Bom trabalho. Acho que você está entendendo. Você tem alguma pergunta sobre

essa folha de atividade? Como seria útil praticar essa folha de atividade regularmente?

Passo 4: desenvolva um plano para praticar as folhas de atividade Padrões de Pensamento Problemáticos entre as sessões

No passo final da folha de atividade Padrões de Pensamento Problemáticos, o clínico convida o paciente a preencher pelo menos uma folha de atividade por dia antes da consulta seguinte. Pelo menos uma dessas folhas deve estar focada nas crenças suicidas que estavam presentes durante a tentativa de suicídio índice ou o episódio suicida. O clínico, então, determina a adesão do paciente e pede que ele avalie sua probabilidade de preencher as folhas conforme prescrito em uma escala de 0 a 10, com 0 indicando "nada provável" e 10 indicando "muito provável". Então, fornece ao paciente um número suficiente de folhas de atividade Padrões de Pensamento Problemáticos para completar a tarefa.

> **EXEMPLO DE ROTEIRO DO CLÍNICO**
>
> Agora que você já completou algumas folhas, já sabe como elas devem ser preenchidas. Acha que conseguiria preencher pelo menos uma folha de atividade Padrões de Pensamento Problemáticos por dia entre hoje e a próxima vez que nos encontrarmos? Você pode focar em qualquer crença que quiser, mas pelo menos uma dessas folhas deve estar focada nas crenças que você teve durante sua última tentativa de suicídio ou crise suicida. Isso faz sentido? Aqui está uma pilha de folhas de atividade Padrões de Pensamento Problemáticos para você levar.

> [Depois de terminar o plano:] Então, parece que temos um plano estabelecido. Usando uma escala de 0 a 10, com 0 indicando "nada provável" e 10 indicando "muito provável", qual é a sua probabilidade de preencher pelo menos uma folha de atividade Padrões de Pensamento Problemáticos por dia entre hoje e a próxima vez que nos encontrarmos?
>
> [Se a avaliação for menos de 7 em 10:] Há alguma parte desse plano que reduza sua probabilidade de preencher essas folhas de atividade? O que poderíamos mudar nele para tornar mais provável que você preencha as folhas?

EXEMPLO DE CASO ILUSTRATIVO

A folha de atividade Padrões de Pensamento Problemáticos foi apresentada a John na 10ª sessão de TCCB. Nesse ponto do tratamento, John e seu clínico haviam identificado inúmeras crenças suicidas e tinham começado a desafiá-las usando as folhas de atividade ABC e as folhas de atividade Perguntas Desafiadoras. Durante o curso de várias sessões, o clínico notou que John parecia ter dificuldade de entender por que suas crenças desadaptativas eram inúteis. Cabe salientar que John frequentemente comentava: "eu sei, logicamente, que essas crenças não fazem sentido, mas, de qualquer modo, elas parecem tão verdadeiras para mim". O clínico, portanto, introduziu a folha de atividade Padrões de Pensamento Problemáticos com a intenção de ajudar John a entender esse aparente paradoxo. Os dois primeiramente revisaram o conteúdo das duas folhas de atividade previamente preenchidas, e depois o clínico pediu que John classificasse todas as crenças das folhas anteriores em vários padrões de pensamento problemáticos e explicasse cada uma. As respostas de John são apresentadas na Figura 18.1.

Tirar conclusões precipitadas quando não há evidências ou elas são até mesmo contraditórias.

"Eu não deveria nem tentar, pois vou estragar tudo" – presumindo que as coisas não vão correr bem, muito embora eu nem tenha tentado ainda.

"Minha família ficaria melhor sem mim" – presumindo que eu pioro as coisas para todos, embora eles discordem.

Exagerar ou minimizar uma situação (reagir às coisas de forma desproporcional ou minimizar sua importância inapropriadamente).

"Não pode ficar pior" – fazendo as coisas parecerem piores do que na realidade são.

"Sempre estrago tudo" – reagindo às coisas de forma desproporcional quando cometi um erro.

Ignorar aspectos importantes de uma situação.

"É minha culpa" – me culpando pela morte do meu amigo, embora ninguém assim tão machucado conseguisse sobreviver.

Simplificar as coisas excessivamente como boas/ruins ou certas/erradas.

"Sou um fracasso" – dizendo que sou completamente mau com base em um único erro, embora eu também faça coisas corretas.

"Sempre estrago tudo" – ignorando as coisas que faço certo.

Generalização excessiva a partir de um único incidente (um evento negativo é visto como um padrão interminável).

"Sempre estrago tudo" – respondendo às coisas de forma desproporcional com base em um único erro, mesmo que eu também faça coisas certas.

Leitura mental (presumir que as pessoas estão pensando coisas negativas a seu respeito quando não há evidências definitivas disso).

"Minha família ficaria melhor sem mim" – presumindo que isso é verdade quando, na verdade, eles me amam e sentiriam a minha falta.

Raciocínio emocional (ter um sentimento e presumir que deve haver uma razão).

"Não suporto mais isso" – presumindo que não consigo lidar com as coisas só porque me sinto mal.

"Sou um fracasso" – sinto-me constrangido ou com raiva de mim mesmo, então acho que estrago tudo.

"Minha família estaria melhor sem mim" – sinto vergonha e raiva, então acho que torno as coisas piores para a minha família.

FIGURA 18.1 Folha de atividade Padrões de Pensamento Problemáticos de John.

Depois de preenchida a folha de atividade, John e seu clínico tiveram o seguinte diálogo:

CLÍNICO: Alguma coisa se destaca nessa folha de atividade?

JOHN: Bem, parece que alguns dos meus pensamentos se enquadram em diferentes padrões.

CLÍNICO: Sim, isso é muito comum. Muitas das nossas crenças inúteis são problemáticas em muitos aspectos.

JOHN: Sim. Outra coisa é que parece que eu tiro conclusões precipitadas e faço raciocínio emocional mais do que os outros.

CLÍNICO: O que você conclui a partir disso?

JOHN: Acho que provavelmente elas estão relacionadas umas com as outras.

CLÍNICO: Como assim?

JOHN: Bem, acho que, quando me sinto mal ou incomodado, eu presumo que há uma razão para isso, então penso alguma coisa sobre mim mesmo que combine com o sentimento, mesmo que não haja evidências para isso. Então o raciocínio emocional acaba me fazendo tirar conclusões precipitadas.

CLÍNICO: Essa é uma observação muito interessante.

JOHN: Sim. Quando examino essa folha de atividade e conversamos sobre ela, acho que pode ser por isso que sinto como se as coisas fossem verdadeiras, mesmo que eu saiba que não são: as crenças estão baseadas nas minhas emoções.

CLÍNICO: Então, é como se os pensamentos e as crenças estivessem vindo das suas emoções?

JOHN: Sim, deve ser. Nunca pensei desse modo antes, mas, sempre que me sinto mal ou algo parecido, é quando realmente começo a pensar em todas essas coisas. Ainda que esses pensamentos não façam sentido para a situação, eu acabo acreditando neles mesmo assim simplesmente porque estou me sentindo mal.

CLÍNICO: Então, o que você acha que devemos fazer com esse novo conhecimento?

JOHN: Bem, uma coisa é que posso dizer a mim mesmo que, só porque estou me sentindo mal, isso não quer dizer que eu tenha feito algo de errado. Acho que isso realmente ajudaria.

Dicas e conselhos para as folhas de atividade Padrões de Pensamento Problemáticos

1. **As crenças suicidas se enquadram em mais de uma categoria.** Os clínicos devem lembrar e ajudar os pacientes a reconhecerem que algumas crenças suicidas se enquadram em múltiplas categorias. Isso reflete as múltiplas fontes de viés que podem influenciar o pensamento de um indivíduo e indica várias abordagens potenciais para avaliação e reestruturação dos seus pensamentos.

2. **Identifique os "estilos" de pensamento.** Para muitos pacientes, as crenças geralmente se agruparão em uma ou duas das sete categorias descritas na folha de atividade Padrões de Pensamento Problemáticos. Isso pode sugerir um viés ou "estilo" cognitivo particular para o paciente. Se um estilo particular estiver aparente, isso pode ajudar o paciente e o clínico a identificarem mais eficientemente crenças inúteis e avaliá-las de modo eficaz. Por exemplo, se um paciente tende a tirar conclusões precipitadas (como John), seus pensamentos alternativos precisarão incorporar fatores situacionais e contextuais que ele pode estar ignorando. Por sua vez, se um paciente tende a exagerar ou generalizar excessivamente, provavelmente os pensamentos alternativos precisam abordar o pensamento do tipo tudo ou nada e/ou minimizar o uso de linguagem extrema (p. ex., "sempre", "nunca").

19

Planejamento de atividades e cartões de enfrentamento

Indivíduos suicidas com frequência vivenciam um maior número de eventos aversivos do que eventos prazerosos. Também tendem a tomar decisões e/ou se engajar em comportamentos que inadvertidamente mantêm esse desequilíbrio, mantendo, desse modo, seu estresse emocional ao longo do tempo. Por exemplo, indivíduos agudamente suicidas podem se afastar dos outros ou abandonar o tratamento de forma prematura, o que reduz o contato social positivo com os outros. O propósito principal do planejamento de atividades é aumentar o engajamento do paciente naquelas atividades recreativas prazerosas e significativas que foram abandonadas ou reduzidas durante períodos de distúrbio do humor, de modo a elevar o humor e substituir as respostas de enfrentamento desadaptativas por positivas.

Os cartões de enfrentamento são um método simples para apoiar e reforçar a aquisição de habilidades do paciente aprendidas no tratamento. Criados com o uso de fichas de arquivo medindo 7,5 × 12 cm, os cartões de enfrentamento servem como lembretes físicos facilmente transportáveis de estratégias cognitivas e/ou comportamentais adaptativas que o paciente pode guardar em seu bolso, bolsa, mochila, carro ou em outro local conveniente. O cartão de enfrentamento é planejado para servir como um auxílio visual da memória, para lembrar os pacientes como ou quando usar uma habilidade, seja de natureza cognitiva ou comportamental. Por exemplo, um cartão de enfrentamento pode ser criado para ajudar o paciente com a reavaliação cognitiva de uma crença suicida ou desadaptativa particular, e outro cartão de enfrentamento pode ser criado para lembrá-lo de usar uma habilidade de enfrentamento (p. ex., relaxamento ou *mindfulness*) em uma situação particular (p. ex., durante fissura por álcool ou substâncias). Portanto, os cartões de enfrentamento servem como uma forma de "cola" ou referência rápida, similar aos *flashcards* criados para estudar para uma prova.

JUSTIFICATIVA

De acordo com modelos comportamentais da depressão (p. ex., Ferster, 1973; Lewinsohn & Graf, 1973; Lewinsohn & Libet, 1972), o início da depressão é atribuído a um decréscimo em eventos prazerosos e/ou um aumento de eventos aversivos. Por extensão, o distúrbio do humor é mantido com o tempo pelo desequilíbrio relativo entre eventos prazerosos e aversivos na vida. Por uma perspectiva do tratamento, isso sugere que os tratamentos devem ser focados no desequilíbrio entre eventos prazerosos e aversivos na vida, especificamente aumentando a frequência e a relevância de experiências prazerosas na vida. À medida que o paciente vivenciar um maior número de experiências prazerosas e a proporção entre experiências prazerosas aumentar em relação às aversivas, o distúrbio do humor se resolverá. Aumentar sua exposição a experiências prazerosas na vida também pode servir como um método para reavaliar crenças nucleares desadaptativas. Por exemplo, um evento social agradável com amigos pode servir como evidência para combater a perspectiva suicida do paciente de que a vida não tem sentido e de que ele é um fardo para os outros.

O estudo dos componentes da terapia cognitivo-comportamental para depressão revela que o componente do tratamento de planejamento de atividades pode ser o principal contribuinte para se recuperar da depressão. Por exemplo, tratamentos que focam exclusivamente no aumento do envolvimento em atividades prazerosas (referido como *ativação comportamental*) são tão eficazes na prevenção de recaída quanto a terapia cognitiva (Dimidjian et al., 2006; Gortner, Gollan, Dobson, & Jacobson, 1998). Entre pacientes com depressão mais grave, o aumento de atividades prazerosas pode ser especialmente importante para a remissão total e a prevenção de recaída (Dimidjian et al., 2006). Como a maioria dos indivíduos se engaja em atividades prazerosas com outras pessoas, o planejamento de atividades pode ser especialmente eficaz com indivíduos suicidas porque aumenta o apoio social, um fator protetivo bem estabelecido para suicídio (Bryan & Hernandez, 2013; Kaslow et al., 2005). Atividades que colocam indivíduos suicidas em contato com pares ou pessoas apoiadoras que respeitam e expressam preocupação com o paciente são especialmente importantes (Bryan & Hernandez, 2013), pois frequentemente enfraquecem crenças nucleares suicidas como vergonha, culpa e percepção de sobrecarga. Atividades que são pessoalmente significativas (p. ex., passar um tempo com a família ou amigos, fazer voluntariado, praticar exercícios) também têm o benefício adicional de fomentar um forte senso de propósito e significado na vida, o que demonstrou estar associado a um decréscimo no risco de suicídio e positivamente correlacionado ao apoio social (Bryan, Elder, et al., 2013).

O principal propósito dos cartões de enfrentamento é servir como um auxílio para a memória para facilitar ao paciente a retenção de informações e habilidades fora do tratamento. Os cartões de enfrentamento, portanto, apoiam a aquisição de habilidades de reavaliação cognitiva e regulação emocional e podem ser usados como um complemento para a maioria (se não todas) das intervenções contidas na TCCB.

COMO FAZER: PLANEJAMENTO DE ATIVIDADES

Para fazer o planejamento de atividades, o clínico pede que o paciente identifique uma ou mais atividades de que gosta. Se ele disser que não gosta de "nada" ou não consegue identificar nenhuma atividade prazerosa em sua vida, o clínico pode pedir que ele identifique atividades que *costumava* desfrutar, mas que abandonou. Para pacientes especialmente estressados ou "bloqueados", uma estratégia alternativa é pedir que o paciente identifique atividades prazerosas em que ele *deseja* se engajar, mas ainda não fez devido a várias barreiras. Depois que uma atividade é identificada, o clínico e o paciente desenvolvem colaborativamente uma programação específica para o paciente retomar ou aumentar o engajamento na atividade.

A eficácia do planejamento de atividades é, em grande parte, determinada pela habilidade do clínico de identificar e solucionar problemas quanto às prováveis barreiras à atividade. Por exemplo, uma atividade comumente programada na TCCB é fazer exercícios, mas há muitos passos pequenos e graduais que devem ser dados e considerações a serem feitas para que o paciente atinja com sucesso esse objetivo. Por exemplo, o clínico e o paciente devem considerar o momento do exercício (p. ex., pela manhã, antes do trabalho, ou à tarde ou à noite, depois do trabalho), o local (p. ex., na academia ou em casa) e os passos preparatórios necessários para se exercitar (p. ex., arrumar uma mochila para a academia). Para pacientes com insônia grave, acordar cedo pode ser problemático; portanto, planejar exercícios à tarde ou à noite funcionaria melhor. Por sua vez, para pacientes com crianças em casa, planejar fazer exercícios em uma academia, em vez de em casa, pode aumentar a probabilidade de se exercitar sem distração. Outra atividade comumente programada em TCCB é cozinhar. No entanto, para concluir essa tarefa com sucesso, o paciente pode precisar primeiro comprar todos os ingredientes e suprimentos necessários. Portanto, o clínico e o paciente podem precisar criar uma lista de compras como um passo preliminar para a realização da atividade maior.

Nessa mesma linha, ambos devem se certificar de estabelecer um plano que seja específico, mensurável e realista. Os planos específicos têm parâmetros detalhados e claros para a atividade (p. ex., tempo, frequência, duração e/ou localização), os planos mensuráveis são quantificáveis, e os planos realistas são viáveis e/ou prováveis de serem atingidos. Por exemplo, "mais exercício" não é um plano de atividade ideal porque não é nem específico (i.e., o que constitui "exercício"?) nem mensurável (i.e., uma caminhada de 1 minuto é considerada "mais" exercício?), embora possa ser realista. Da mesma forma, "correr 15 quilômetros nos fins de semana" pode não ser um bom objetivo para um paciente que não faz exercícios há vários meses, pois não é realista como um primeiro passo, embora seja específico e mensurável. Portanto, o clínico e o paciente podem precisar "negociar" os termos do plano de atividades para garantir que ele respeite essas três características.

Passo 1: introduza o conceito de planejamento de atividades

O clínico introduz o conceito de planejamento de atividades e explica a justificativa para a intervenção.

> **EXEMPLO DE ROTEIRO DO CLÍNICO**
>
> Quando estamos passando por muito estresse, pode ser fácil deixar de lado atividades significativas e agradáveis, pois achamos que não temos mais tempo suficiente para elas. Outra razão para abrir mão de atividades prazerosas é que perdemos nossa motivação ou nosso interesse por elas. Embora abrir mão delas por um curto período possa fazer sentido quando lidamos com um estressor a curto prazo, se continuamos a ter estresse por muito tempo e não retomamos essas atividades prazerosas, nossa vida fica desequilibrada, porque acabamos tendo muitos eventos estressantes, mas poucos eventos prazerosos. Quando isso acontece, faz sentido que vejamos a vida como sem sentido e nossos problemas como intermináveis. Como você diria que isso reflete sua própria vida?

Passo 2: identifique atividades prazerosas

O clínico pede que o paciente liste atividades de que ele gosta. Se o paciente indicar que não consegue identificar atividades prazerosas, o clínico pede que ele identifique atividades de que costumava gostar no passado.

> **EXEMPLO DE ROTEIRO DO CLÍNICO**
>
> Uma maneira fácil de compensar esse desequilíbrio é aumentar ou retomar essas atividades prazerosas na vida. O desafio para a maioria das pessoas é que, quando elas se sentem estressadas, deprimidas ou suicidas, frequentemente sentem que não podem realizar essas atividades, mas a boa notícia é que a maioria de nós pode realizá-las e recuperar o equilíbrio em nossas vidas, mesmo sem ter vontade ou achando que não podemos. Quais são as atividades que você gosta de fazer, mas que talvez não faça com tanta frequência quanto gostaria ou com a frequência que costumava fazer?
> [Se o paciente não consegue identificar atividades prazerosas:] O que você costumava gostar de fazer, mesmo que não faça mais?

Passo 3: desenvolva um plano para engajamento na atividade

O clínico e o paciente estabelecem colaborativamente um plano para engajamento nas atividades identificadas.

> **EXEMPLO DE ROTEIRO DO CLÍNICO**
>
> [Possíveis perguntas abertas para facilitar a criação de um plano de atividades:]
> Você estaria disposto a criar uma programação para fazer essa atividade?
> Com que frequência você faz essa atividade atualmente?
> Com que frequência você costuma fazer essa atividade?
> Com que frequência você gostaria de fazer essa atividade?
> Quando você acha que conseguiria iniciar essa atividade?
> Com que frequência você acha que poderia fazer essa atividade?
> Quanto tempo você acha que poderia realisticamente dedicar a essa atividade a cada vez?
> Há alguém que poderia fazer essa atividade com você?
> Onde você poderia fazer essa atividade?
> Há alguma coisa que você precisa fazer para se preparar para essa atividade?

Passo 4: obtenha a adesão do paciente

Depois que uma programação foi finalizada, o clínico pede que o paciente avalie sua probabilidade de se engajar nas atividades conforme programado em uma escala de 0 a 10, com 0 indicando "nada provável" e 10 indicando "muito provável".

> **EXEMPLO DE ROTEIRO DO CLÍNICO**
>
> Este parece ser um plano muito bom. O que você acha? Usando uma escala de 0 a 10, com 0 indicando "nada provável" e 10 indicando "muito provável", qual é a probabilidade de você seguir esse plano?
> [Se a avaliação for menos de 7 em 10:] Há alguma parte desse plano que reduz sua probabilidade de usá-lo? O que poderíamos mudar nele para tornar mais provável que você o use?

EXEMPLO DE CASO ILUSTRATIVO

Devido à tendência de Janice de se isolar em casa e evitar os outros, seu clínico introduziu o planejamento de atividades como uma forma de aumentar seu engajamento em atividades e sua conexão com os outros. O clínico primeiramente procurou identificar algumas atividades que Janice anteriormente achava agradáveis, mas depois havia abandonado. Assim, ajudou-a a desenvolver um plano específico, mensurável e realista para retomar essa atividade. Durante o processo de desenvolvimento desse plano, o clínico ajudou Janice a identificar e evitar entraves e barreiras potenciais:

CLÍNICO: Acho que este exercício seria um ótimo ponto de partida para aumentar seu nível de atividade. Qual seria um bom objetivo inicial para o exercício?

JANICE: Bem, eu gostaria de voltar a fazer exercícios todos os dias. Quando eu me exercitava com essa frequência, me sentia muito melhor comigo mesma.

CLÍNICO: Há quanto tempo você não faz exercícios diariamente?

JANICE: Oh, não sei. Anos. Muitos, muitos anos.

CLÍNICO: Com que frequência você se exercita agora?

JANICE: Não faço exercícios há muito tempo. Na verdade, não faço nenhum exercício.

CLÍNICO: OK, entendo. Então, quando você diz que quer fazer exercícios todos os dias, isso é algo que você está querendo fazer imediatamente ou é um objetivo a mais longo prazo?

JANICE: Bem, eu gostaria de fazer imediatamente, mas sei que isso não vai acontecer.

CLÍNICO: Sim, você pode estar certa. Se praticar exercícios diariamente não é um objetivo realista neste momento, o que você diria que é um bom ponto de partida, então?

JANICE: Bem, talvez se eu fizesse alguma coisa como uma caminhada alguns dias por semana e, talvez, algumas aulas de ioga. Isso provavelmente seria um bom começo.

CLÍNICO: Quando você diz "alguns dias por semana", isso são dois dias, três dias, quatro dias?

JANICE: Eu diria três dias por semana. Seria regular, mas também me daria alguns dias de descanso. Provavelmente vou ficar cansada e dolorida inicialmente.

CLÍNICO: Essa é uma boa observação. OK, então três dias por semana para começar. E isso seria uma combinação de caminhada e ioga?

JANICE: Sim, mas terei que me inscrever para as aulas de ioga em algum lugar, presumindo que eu possa pagar por elas.

CLÍNICO: OK, então começar a ioga imediatamente pode não ser possível, mas talvez nas próximas semanas?

JANICE: Sim.

CLÍNICO: Então deveríamos começar com caminhadas três dias por semana? Ou você só está querendo caminhar dois dias por semana e reservar um dia para a ioga?

JANICE: Acho que eu deveria começar com três dias de caminhada e, então, mais tarde, posso trocar um dos dias por ioga. Acho que preciso criar o hábito do exercício regular, portanto, fazer uma caminhada provavelmente me ajudaria a criar o hábito.

CLÍNICO: OK, parece bom. Quais são os três dias da semana que deveríamos planejar?

JANICE: Segundas, quartas e sextas, com certeza, antes de ir para o trabalho. Vou caminhar pela vizinhança por 15 minutos.

CLÍNICO: Esses dias parecem bons. Já que você vai sair para caminhar 15 minutos pela manhã antes do trabalho, a que horas vai precisar acordar para que isso aconteça?

JANCE: Oh, eu não tinha pensado nisso. Não sei se eu conseguiria acordar cedo. Já está sendo difícil acordar em tempo para o trabalho.

CLÍNICO: Sim, eu estava pensando nisso. Já conversamos bastante sobre isso e fizemos algum progresso em relação ao seu sono.

JANICE: Sim, não quero estragar isso.

CLÍNICO: OK, então se não for pela manhã, antes do trabalho, em que outro horário poderia dar certo?

JANICE: Bem, eu poderia fazer isso depois do trabalho. Na verdade, tem um parque muito bonito no caminho para casa, e muitas pessoas estão caminhando no fim da tarde. Cada vez que passo por ali de carro, penso em como o parque é bonito.

CLÍNICO: Oh, parece ser uma ótima opção. Gosto muito disso. Você acha que conseguiria fazer uma parada no parque às segundas, quartas e sextas no seu caminho para casa, quando sair do trabalho, para fazer uma caminhada de 15 minutos?

JANICE: Com certeza. Acho que isso seria muito divertido, na verdade.

CLÍNICO: OK, vamos anotar isso, então, para não esquecermos. Outra coisa que devemos discutir é o que você vai precisar levar com você para essas caminhadas.

JANICE: O que você quer dizer?

CLÍNICO: Bem, você vai estar voltando do trabalho, certo?

JANICE: Sim.

CLÍNICO: As roupas que você usa para trabalhar são adequadas para uma caminhada no fim da tarde ou à noite?

JANICE: Entendo o que você está dizendo. Acho que tudo bem, mas, agora que você mencionou, eu não iria querer que elas ficassem suadas ou algo parecido, então devo trocar de roupa. Também preciso levar meus tênis para que tenha calçados mais confortáveis e não fique com bolhas ou algo do tipo.

CLÍNICO: Sim, com certeza você não iria querer isso.

JANICE: Não, certamente não.

CLÍNICO: Já que essa é uma atividade nova, provavelmente você ainda não tem o hábito de levar esses itens extras para o trabalho. O que você acha de criar uma *checklist* das coisas que vai precisar colocar na mochila para levar com você, para não acabar chegando ao parque sem as coisas de que vai precisar?

JANICE: Boa ideia.

CLÍNICO: OK, então vamos anotar isso também. Quais são as coisas que você vai precisar levar com você para o trabalho às segundas, quartas e sextas para fazer uma caminhada à tarde?

JANICE: Vou precisar de uma camiseta, uma bermuda ou calças de treino, meias e tênis.

CLÍNICO: OK, bom. E seu plano é preparar tudo isso pela manhã, na noite anterior ou em outro momento?

JANICE: Vou fazer na noite anterior para não me esquecer. Tenho uma bolsa de academia que posso usar.

CLÍNICO: Ótimo. E, depois que tiver organizado tudo, onde você vai colocar a bolsa de academia para não se esquecer dela quando sair pela manhã?

JANICE: Vou pendurá-la na maçaneta da porta da garagem. Assim não vou esquecer.

CLÍNICO: Boa ideia. Você consegue pensar em alguma outra coisa que precisamos planejar para que isso aconteça?

JANICE: Não, acho que não.

CLÍNICO: Eu também não. Uma última pergunta: quando você vai começar esse plano?

JANICE: Amanhã. Vou arrumar as coisas nesta noite e vou fazer a primeira caminhada amanhã.

COMO FAZER: CARTÕES DE ENFRENTAMENTO

Os cartões de enfrentamento são idealmente escritos à mão pelo paciente em uma ficha fornecida pelo clínico. Para focar a atenção do paciente em menos habilidades e acelerar o domínio, devem ser criados não mais que dois ou três cartões de enfrentamento para o paciente em determinado momento. Na TCCB, os cartões de enfrentamento são mais usados para reforçar a mudança no sistema de crenças e comportamentos do paciente. Nos cartões de enfrentamento orientados cognitivamente, as crenças suicidas ou desadaptativas são escritas em um lado, e uma perspectiva alternativa ou um contraponto é escrito no verso. O paciente que estiver usando esses cartões pode ser instruído a revisá-los várias vezes por dia em intervalos regulares (p. ex., durante as refeições, quando estiver usando o banheiro, entre as aulas), bem como quando experienciar pensamento desadaptativo. Quando usado dessa maneira, o cartão funciona de forma similar às folhas de atividade ABC, Perguntas Desafiadoras e Padrões de Pensamento Problemáticos.

Os cartões de enfrentamento orientados comportamentalmente descrevem um evento ou uma situação específica em um lado e, no verso, listam vários passos concretos a serem dados pelo paciente em resposta a essa situação. Observe que os cartões de enfrentamento subdividem a resposta comportamental desejada em passos distintos que são específicos, mensuráveis e facilmente atingidos. Eles podem ser muito úteis para aumentar a probabilidade de um paciente se engajar em um novo padrão de resposta ao subdividirem o comportamento em uma sequência de passos menores que podem reduzir a complexidade ou a dificuldade percebida do comportamento. Quando usados dessa maneira, funcionam de forma parecida com um plano de resposta a crises; de fato, o plano de resposta a crises pode ser conceitualizado como um tipo muito específico de cartão de enfrentamento.

Depois de criados, os cartões podem ser plastificados para aumentar sua durabilidade e sua importância pessoal. O paciente deve ser orientado a revisá-los várias vezes por dia, mesmo que não haja o evento ou estímulo ativador, já que isso, por extensão, promove o ensaio mental, a aprendizagem mais rápida e a integração do conteúdo do cartão.

Passo 1: introduza o conceito do cartão de enfrentamento

O clínico introduz o conceito do cartão de enfrentamento e explica sua justificativa como um auxiliar da memória para facilitar o domínio de uma nova habilidade.

EXEMPLO DE ROTEIRO DO CLÍNICO

Vamos criar um cartão de enfrentamento para ajudá-lo a lembrar e aprender mais rápido. Um cartão de enfrentamento é um auxiliar para a memória, um tipo de cartão de resumo que você pode criar quando está estudando para uma prova. O que podemos fazer com esse cartão de enfrentamento é anotar em uma ficha as partes mais importantes da habilidade que você acabou de aprender. Você pode guardar a ficha na sua bolsa, no seu bolso, na sua mochila ou em outro lugar conveniente e facilmente acessível. Desse modo, pode pegá-lo e revisá-lo como um lembrete rápido daquilo em que você está trabalhando.

Passo 2: crie o cartão de enfrentamento

O clínico auxilia o paciente na criação de um cartão de enfrentamento, certificando-se de conectar o conteúdo do cartão de enfrentamento diretamente com outra intervenção da TCCB.

> **EXEMPLO DE ROTEIRO DO CLÍNICO**
>
> [Para cartões orientados cognitivamente:] Esta crença parece ser muito importante e parece que vai exigir muita atenção e prática. O que acha de fazer um cartão de enfrentamento que foque nessa crença particular, para que você tenha um tipo de "cola" que pode consultar rapidamente para se lembrar do que conversamos hoje?
> Neste primeiro lado do cartão, vá em frente e anote a crença. Agora vire o cartão e, no verso, anote a nova resposta para essa crença que acabamos de discutir.
> [Para cartões orientados comportamentalmente:] Parece que esta situação particular apresenta um desafio único para você, e lembrar de usar uma nova habilidade será desafiador. O que acha de fazer um cartão de enfrentamento que possa lembrá-lo do que fazer quando estiver nessa situação, como se fosse uma "cola"?
> Neste primeiro lado do cartão, vá em frente e anote a situação. Agora vire o cartão e, no verso, anote o novo comportamento que você vai começar a usar nessa situação. Às vezes, é útil dividir as coisas em passos menores, como se você estivesse lendo um manual de instruções quando está montando uma peça de mobília, como um armário ou algo parecido. Você acha que seria útil subdividir isso em alguns passos menores?

Passo 3: desenvolva um plano para consultar o cartão de enfrentamento entre as sessões

O clínico e o paciente desenvolvem colaborativamente um plano para o paciente consultar o cartão de enfrentamento regularmente entre as sessões. O clínico explica que o cartão de enfrentamento deve ser consultado conforme agendado, mesmo que não seja necessário nos horários agendados, pois isso facilita uma aprendizagem mais rápida. Então, o clínico avalia a adesão do paciente, pedindo que ele avalie sua probabilidade de consultar o cartão de enfrentamento conforme programado em uma escala de 0 a 10, com 0 indicando "nada provável" e 10 indicando "muito provável".

> **EXEMPLO DE ROTEIRO DO CLÍNICO**
>
> Agora eu gostaria que você levasse este cartão consigo e o consultasse regularmente, várias vezes por dia, mesmo que não esteja enfrentando o estímulo ativador. A razão para isso é porque se trata de prática. Mesmo que você não "precise" do cartão naquele momento específico, deve reservar alguns segundos para consultá-lo mesmo assim, pois isso o ajuda a lembrar dele mais rápido. É mais ou menos como estudar para uma prova: você revisa o material repetidamente para se certificar de lembrar de tudo antes de fazer a prova, para que tenha conhecimento do material quando chegar a hora da prova propriamente dita. Isso faz sentido?
> Então, vamos escolher alguns momentos durante o dia em que você pode pegar este cartão e consultá-lo. A boa notícia é que você só vai precisar de alguns segundos, portanto, isso não é assim tão demorado. Ao aprender uma nova habilidade como essa, geralmente é recomendável programar a prática em horários que são muito fáceis de lembrar e que vão acontecer de qualquer maneira. Por exemplo, podemos programar sua consulta para durante o café da manhã, o almoço ou o jantar porque, de qualquer modo, você vai fazer essas refeições, então será mais fácil lembrar. Ou podemos programar sua consulta para sempre que for ao banheiro. Você terá que ir ao banheiro pelo menos algumas vezes por dia, então ler seu cartão nessa situação tornará mais fácil lembrar. O que acha que funcionaria melhor para você?
> [Depois de terminar o plano:] Então, parece que temos um plano estabelecido: você vai ler seu cartão sempre que experienciar o estímulo ativado e também vai ler seu cartão várias vezes por dia para praticar. Usando uma escala de 0 a 10, com 0 indicando "nada provável" e 10 indicando "muito provável", qual é a sua probabilidade de seguir esse plano?

[Se a avaliação for menos de 7 em 10:] Há alguma parte desse plano que reduz sua probabilidade de usá-lo? O que poderíamos mudar nele para aumentar sua probabilidade de usá-lo?

Exemplo de caso ilustrativo

À medida que Mike foi se aproximando do final do tratamento, seu clínico decidiu desenvolver alguns cartões de enfrentamento para reforçar seu progresso na redução de comportamentos suicidas e vários fatores de risco associados. Vários dos cartões de enfrentamento de Mike podem ser encontrados na Figura 19.1. Os cartões A e B visavam a reforçar as habilidades de reavaliação cognitiva de Mike, focando em duas crenças suicidas especialmente persistentes: "não tenho valor" e "as pessoas ficariam melhor sem mim". Essas crenças suicidas foram escritas na parte da frente das fichas, e suas crenças alternativas foram escritas no verso. As crenças alternativas vieram de várias folhas de atividade que Mike havia preenchido em sessões anteriores de TCCB. Além desses cartões orientados cognitivamente, Mike e seu clínico também desenvolveram cartões orientados

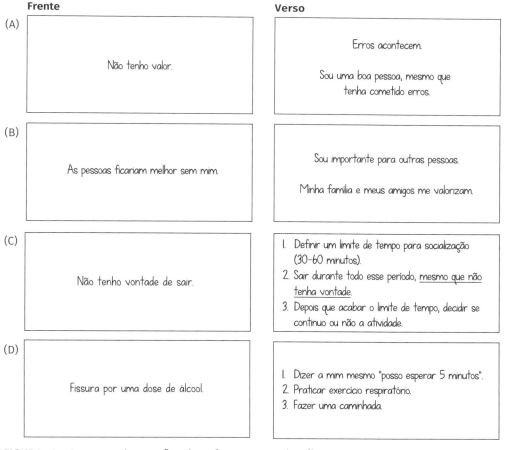

FIGURA 19.1 Amostras dos cartões de enfrentamento de Mike.

comportamentalmente, que visavam a dois fatores de risco importantes para Mike: isolar-se quando se sentia deprimido (cartão C) e uso de álcool (cartão D). Na parte da frente desses cartões, Mike resumiu as condições psicológicas sob as quais esses fatores de risco tinham tendência a emergir: durante períodos de baixa motivação e a fissura por álcool. No verso desses cartões, Mike listou vários passos que poderia seguir para manejar esses fatores de risco de modo mais eficiente.

> ### Dicas e conselhos para o planejamento de atividades e cartões de enfrentamento
>
> 1. **Especificidade é importante.** A especificidade no planejamento de atividades e cartões de enfrentamento é central para seu sucesso. "Fazer mais exercícios" é muito vago para que seja útil ou significativo como um plano de atividade. Determinar quando, onde, com que frequência e com quem o paciente vai se engajar em um plano de atividade aumentará drasticamente sua probabilidade de segui-lo.
>
> 2. **Planeje com antecedência e não se esqueça dos detalhes.** As barreiras mais comuns para a execução de um plano de atividades envolvem pequenos detalhes que são facilmente ignorados durante o estágio de planejamento. Esses pequenos detalhes tipicamente incluem passos intermediários que são pré-requisitos para atingir o objetivo final. Por exemplo, se um paciente quer preparar um bolo como uma atividade prazerosa, provavelmente ele precisará primeiro ir ao mercado para comprar os ingredientes. O clínico deve ajudar os pacientes a pensar sobre esses passos intermediários e planejá-los de modo a aumentar as chances de sucesso. Isso foi demonstrado pelo clínico de Janice, que levou em conta os passos intermediários, como preparar uma muda de roupa e desenvolver um plano com Janice, para se certificar de que ela não os negligenciasse.

PARTE V

Fase três
Prevenção de recaída

20

A tarefa de prevenção de recaída e encerramento do tratamento

A tarefa de prevenção de recaída é o procedimento final da TCCB e é concebida para assegurar que o paciente tenha adquirido competência suficiente no uso aplicado de habilidades de regulação emocional e reavaliação cognitiva. Além disso, a tarefa de prevenção de recaída serve para estimular a flexibilidade cognitiva do paciente ao desafiá-lo a se adaptar com sucesso aos desafios à medida que eles se apresentam. Por fim, serve como uma ferramenta de avaliação para determinar se o paciente adquiriu competência suficiente nas habilidades da TCCB, o que serve como base para determinação da conclusão do tratamento. Na tarefa de prevenção de recaída, o paciente se imagina em uma crise suicida e, então, utilizando com sucesso uma ou mais habilidades aprendidas na TCCB para resolver a crise. Esse processo é repetido muitas vezes. A cada iteração da tarefa, o clínico aumenta sua dificuldade, exigindo, desse modo, que o paciente se adapte flexivelmente a situações novas e gradualmente desafiadoras. Assim, neste passo final do tratamento, o paciente deve sintetizar todas as informações adquiridas no tratamento e demonstrar seu domínio do conteúdo, como se fosse um "exame final".

JUSTIFICATIVA

A tarefa de prevenção de recaída é um exercício de imagem mental planejado para facilitar a memória motora procedural específica para as habilidades efetivas usadas. Apesar da sua ausência de aporte sensorial de estímulos externos, a imagem mental inclui processos perceptuais dentro do cérebro (Munzert, Lorey, & Zentgraf, 2009). Como a tarefa de prevenção de recaída está especificamente focada no ensaio mental de comportamentos e ações, ela aproveita o sistema imaginário motor, além dos sistemas sensoriais básicos. A imagem mental motora baseada em uma perspectiva na primeira pessoa está associada a ativações nas áreas sensório-motora e motora do cérebro, que são similares a ativações observadas quando um indivíduo está verdadeiramente se engajando na tarefa motora (Jeannerod, 2001; Zentgraf et al., 2005). Em um nível neurológico, o ensaio mental de um comportamento é, portanto, equivalente a verdadeiramente engajar-se no próprio comportamento. Isso explica os achados de que a preparação comportamental e o ensaio de uma tentativa de suicídio estão entre os preditores mais fortes e mais robustos de tentativas de suicídio (Joiner et al., 1997; Minnix et al., 2007). A tarefa de prevenção de recaída, portanto, oferece ao paciente a oportunidade de praticar repetidamente e aplicar suas habilidades recentemente adquiridas a situações de crise dentro de um contexto controlado. Em essência, o paciente pratica repetidamente *não* fazer uma tentativa de suicídio quando ele está emocionalmente perturbado.

Após a conclusão da tarefa de prevenção de recaída, o clínico auxilia o paciente na transição para um nível mais baixo de cuidados, que envolve um término completo do tratamento ou uma transição para outras formas de tratamento de saúde mental que não estão focadas na redução aguda do risco de tentativas de suicídio. A sessão final de TCCB visa a reforçar o progresso do paciente no tratamento e articular claramente o plano do paciente para seguir adiante. Como discutido no Capítulo 3, a TCCB usa uma abordagem baseada na competência para determinar a conclusão do tratamento. Para esse fim, a TCCB é considerada concluída quando o paciente demonstra a capacidade de usar eficientemente habilidades de regulação emocional, solução de problemas e reavaliação cognitiva dentro do contexto específico da tarefa de prevenção de recaída. A competência é demonstrada durante a tarefa de prevenção de recaída por meio de vários critérios observáveis:

1. **Escolha de uma habilidade que seja relevante ou apropriada à situação.** O paciente precisa ser capaz de demonstrar a habilidade de avaliar acuradamente suas necessidades dentro de uma situação de crise e escolher uma habilidade e uma resposta adequadas a essas necessidades. A escolha de uma habilidade ou uma resposta que não foque diretamente na necessidade subjacente do paciente será ineficaz. Por exemplo, se o objetivo do paciente for "se acalmar" durante uma crise, ele deve escolher uma intervenção que reduza a ativação fisiológica, lhe possibilite reestruturar a situação ou induza um estado emocional positivo. A seleção de uma habilidade que não ajude diretamente o paciente a "se acalmar" não será relevante nem apropriada à situação e é mais improvável que seja útil. Este critério, portanto, demonstra a capacidade de autoconsciência do paciente.

2. **Escolha de uma habilidade que seja prática dentro das restrições da situação.** O paciente deve ser capaz de demonstrar a habilidade de avaliar acuradamente os parâmetros da situação e, então, escolher uma habilidade e uma resposta que sejam adequadas a essas restrições. A escolha de uma habilidade ou uma resposta que seja impraticável ou impossível de implementar durante uma crise será ineficaz. Por exemplo, a estratégia de enfrentamento de um paciente pode ser sair para correr, mas, se ele tem uma crise no meio do expediente no trabalho, a estratégia de enfrentamento pode não ser viável naquele momento particular. Este critério, portanto, demonstra a habilidade do paciente de avaliar acuradamente as demandas situacionais.

3. **Adaptação em resposta a demandas situacionais.** O paciente deve ser capaz de demonstrar a habilidade de adaptar o uso das habilidades em resposta à mudança das circunstâncias. Se o paciente escolher uma habilidade apropriada para a situação, mas a habilidade se mostrar inefetiva devido a uma razão inesperada ou imprevista, ele deve ser capaz de adaptar a forma como a habilidade é usada para fazer com que ela funcione melhor ou escolher uma nova habilidade que funcione melhor dentro

dos parâmetros dados. Por exemplo, se o paciente escolhe dar uma volta de motocicleta como uma estratégia de enfrentamento, mas descobre que uma tempestade se aproxima, ele pode precisar escolher uma estratégia de enfrentamento alternativa. Igualmente, se ele usa uma habilidade de enfrentamento como relaxamento, mas ainda se sente altamente perturbado emocionalmente depois disso, ele pode precisar escolher outra habilidade de enfrentamento para manejar seu estresse de modo eficaz. Este critério, portanto, demonstra a flexibilidade cognitiva do paciente.

4. **Escolha e implementação rápidas das habilidades.** O paciente deve ser capaz de demonstrar a habilidade de escolher rapidamente uma estratégia de enfrentamento em resposta a uma crise. Em uma crise, a velocidade é um fator fundamental para o sucesso; se o paciente demorar muito para avaliar a situação e escolher uma resposta inapropriada, ele pode ficar sobrecarregado diante de uma solução que pode ser implementada. Como a maioria das estratégias e habilidades de enfrentamento terá algum efeito positivo na resolução da crise, mesmo que apenas um impacto muito pequeno, a velocidade é provavelmente o critério mais importante para avaliar a competência. Em suma, é melhor para o paciente gerar rapidamente uma solução consideravelmente útil, em vez de levar um período de tempo prolongado para gerar uma solução "perfeita".

Depois que o paciente demonstrou esses quatro critérios, ele já está pronto para concluir a TCCB. Na maioria dos casos, o clínico e o paciente conduzem o encerramento formal do tratamento após a conclusão da tarefa final de prevenção de recaída. Uma consulta separada dedicada inteiramente ao encerramento do tratamento não é necessária.

COMO FAZER: TAREFA DE PREVENÇÃO DE RECAÍDA

A tarefa de prevenção de recaída foca em pelo menos duas crises: a crise suicida índice e uma crise futura hipotética. Quando a tarefa de prevenção de recaída é inicialmente introduzida e ensaiada, o clínico deve pedir que o paciente imagine sua crise suicida índice e a resolva com sucesso. Depois que o paciente demonstrou domínio suficiente da habilidade relacionada à crise suicida índice, o clínico e o paciente desenvolvem colaborativamente uma crise hipotética futura que considere o histórico do paciente. O paciente, então, imagina essa crise e a resolve com sucesso. Depois que o paciente demonstrou domínio suficiente da habilidade relacionada à crise hipotética, a TCCB é considerada concluída.

A prevenção de recaída envolve quatro passos principais: (1) revisão das habilidades e estratégias aprendidas no tratamento, (2) educação do paciente e consentimento informado, (3) tarefa de imagem mental e (4) integração. No primeiro passo da tarefa de prevenção de recaída, o clínico pede que o paciente consulte seu registro do tratamento para revisar seu conteúdo e que nomeie as muitas habilidades e estratégias que aprendeu durante o curso da TCCB para gerenciar o estresse emocional e as crises suicidas. À medida que o paciente nomeia as intervenções, o clínico as escreve em um quadro branco ou em uma folha de papel. O clínico pede que o paciente descreva sua experiência com essas habilidades e estratégias, sejam elas positivas ou negativas. O propósito desse primeiro passo é tornar explícito o progresso considerável que o paciente fez no tratamento. A lista por escrito das habilidades e estratégias aprendidas também pode ser usada pelo paciente como um auxiliar da memória caso ele tenha dificuldades ou "fique travado" durante a tarefa de imagem mental.

O clínico, em seguida, descreve o procedimento em detalhes e explica sua justificativa. A tarefa de prevenção de recaída pode ser um procedimento emocionalmente estressante para o paciente; o clínico deve, portanto, reservar um tempo extra para educar o paciente para garantir que ele esteja plenamente consciente do que esperar e para permitir ampla oportunidade de fazer perguntas e/ou expressar preocupações.

Vários pontos para o clínico abordar durante o passo da educação e do consentimento informado são descritos na Figura 20.1.

Depois que o paciente entende o procedimento e está pronto para começar, o clínico pede que ele feche os olhos e se imagine no ambiente onde ocorreu a crise suicida. O clínico pede que o paciente descreva em detalhes o que ele vê e ouve, para intensificar a vivacidade da imagem, e então pergunta "o que acontece a seguir?", para facilitar o progresso da tarefa. Durante o procedimento, o clínico estimula o paciente a descrever seus pensamentos e sentimentos para aumentar seu engajamento emo-

---

- Você aprendeu muitas habilidades e estratégias novas no tratamento que melhoraram sua habilidade de manejar eficientemente o estresse e as crises.
- Nesta fase final do tratamento, queremos garantir que você tenha adquirido um nível muito alto de domínio dessas habilidades, especialmente na área de manejo das crises suicidas.
- Para avaliar o domínio das habilidades, vamos fazer um procedimento denominado tarefa de prevenção de recaída.
- Na tarefa de prevenção de recaída, você será solicitado a imaginar as circunstâncias de uma crise suicida. Especificamente, você deverá imaginar os detalhes da situação, os pensamentos e sentimentos que teve naquele momento e as ações que tomou.
- Enquanto fizermos isso juntos, posso lhe fazer algumas perguntas ou dar algumas sugestões para aumentar a vividez, ou o realismo, da imagem mental. Farei isso porque, quanto mais realista for, melhor esse procedimento vai funcionar.
- Ainda que você vá reviver um momento particular de sua vida, sua tarefa neste momento é mudar o final, resolvendo o problema com sucesso com o uso de uma nova habilidade ou estratégia que aprendeu no tratamento. Você pode usar alguma das habilidades sobre as quais falamos no tratamento para mudar o resultado – a que você preferir.
- Antes de iniciarmos, quero lhe falar sobre um risco associado a este procedimento. Este procedimento pode ser emocionalmente perturbador para alguns pacientes, pois você vai pensar sobre um período perturbador da sua vida e lembrar de todos os pensamentos negativos e sentimentos dolorosos que teve naquele momento. Entretanto, esse risco não é específico desta parte particular do tratamento; você já se recordou de muitos pensamentos estressantes e negativos durante nosso trabalho juntos. Estarei disponível para apoiá-lo, assim como estive durante todo o tratamento.
- Depois que tivermos feito esta tarefa, discutiremos o procedimento juntos.
- Este procedimento será repetido várias vezes. Cada vez que o praticarmos, eu o tornarei um pouco mais difícil para você resolver o problema. Assim, você terá que encontrar uma nova maneira de resolver a situação. Isso vai nos ajudar a saber com certeza se você dominou verdadeiramente essas habilidades.
- Que perguntas ou preocupações você tem sobre a tarefa de prevenção de recaída?

FIGURA 20.1 Componentes do consentimento informado para a tarefa de prevenção de recaída.

cional na tarefa e evocar os vários domínios do modo suicida. Depois que o paciente consegue se imaginar resolvendo a crise com sucesso ao descrever o uso apropriado da habilidade aprendida, o clínico encerra o procedimento e elogia o paciente. O clínico, então, solicita o *feedback* do paciente e como foi sua experiência do procedimento. Após o processamento suficiente da tarefa, o clínico diz ao paciente que o procedimento será repetido e que agora ele deve resolver o problema de maneira diferente (p. ex., usando uma habilidade em um momento diferente durante a crise, usando uma habilidade de maneira diferente, usando uma habilidade diferente).

A tarefa de prevenção de recaída é repetida muitas vezes, com cada iteração se tornando cada vez mais difícil para o paciente resolver. O propósito da repetição é facilitar a aplicação eficaz das habilidades aprendidas durante a prática. Com o aumento da dificuldade da tarefa de prevenção de recaída a cada vez, o paciente precisa demonstrar flexibilidade cognitiva e habilidade para solução de problemas – uma habilidade essencial para a redução do risco a longo prazo. Como as crises podem emergir em uma variedade de contextos e podem ser caracterizadas de muitas maneiras diferentes, o paciente pode nem sempre ser capaz de usar sua estratégia de enfrentamento preferida. Se não for capaz de se adaptar a tais situações, não será capaz de manejar a crise com eficiência. A repetição da tarefa de prevenção de recaída é, portanto, essencial para garantir que o paciente tenha a habilidade de se adaptar rápida e eficientemente a diferentes circunstâncias contextuais. Se, depois de várias iterações da tarefa de prevenção de recaída, o paciente não for capaz de resolver de modo eficiente suas crises imaginadas, o clínico deve agendar sessões adicionais para continuar ensaiando as habilidades e praticando o procedimento até que a competência do paciente seja estabelecida.

Passo 1: revise o registro do tratamento do paciente e as estratégias de autogerenciamento

O clínico e o paciente revisam juntos o registro do tratamento do paciente e discutem as estratégias de autogerenciamento que o paciente aprendeu e usou eficientemente durante o curso da TCCB.

EXEMPLO DE ROTEIRO DO CLÍNICO

Antes de passarmos para o estágio final do tratamento, quero reservar algum tempo para examinarmos o que aprendemos até aqui. Você tem seu registro do tratamento com você? Vamos pegá-lo e examinar todas as "lições aprendidas" durante o curso deste tratamento. Ao longo de todo este tratamento, quais foram as habilidades e estratégias que você aprendeu para manejar o estresse, resolver problemas e lidar com as crises? Vou anotá-las neste quadro branco para nós.

Muito bem. De todas essas estratégias, quais você diria que são suas três estratégias principais para usar? O que nessas estratégias você acha tão útil?

Parece que você aprendeu uma ampla variedade de habilidades que se revelaram muito úteis para você. Essencialmente, você começou a usá-las na sua vida cotidiana para responder de modo mais eficaz aos problemas e ao estresse.

Passo 2: forneça o consentimento informado para a tarefa de prevenção de recaída

O clínico descreve a tarefa de prevenção de recaída em detalhes e sonda as dúvidas e as preocupações do paciente quanto ao procedimento.

EXEMPLO DE ROTEIRO DO CLÍNICO

Como acabamos de discutir, você aprendeu muitas habilidades e estratégias novas no tratamento durante os últimos meses que melhoraram sua habilidade de manejar eficientemente o estresse e as crises. Todas essas habilidades estão escritas aqui no quadro branco. Nesta fase final do tratamento, vamos fazer o que é denominado uma "tarefa de prevenção de recaída", que é um procedimento planejado para nos assegurarmos de que você não só adquiriu conhecimentos sobre essas habilidades, especialmente no que diz respeito ao manejo das crises suicidas, como também adquiriu a habilidade de usá-las de forma eficaz. A tarefa de prevenção de recaída é um procedimento baseado na imagem mental, em que você colocará em uso todas as habilidades que aprendeu para demonstrar a habilidade de responder a crises sem fazer uma tentativa de suicídio. Isso é um tipo de "exame final" do tratamento, pois você tem que mostrar o que aprendeu e também que sabe como aplicar seu novo conhecimento a problemas específicos. Em muitos aspectos, este passo é muito parecido com a forma como os atletas se imaginam fazendo um arremesso, marcando um ponto ou apresentando seu melhor desempenho. Ao praticarem mentalmente suas ações, eles têm maior probabilidade de ter um desempenho como imaginaram. O mesmo vale para você: ao praticar mentalmente suas habilidades, você terá maior probabilidade de usá-las no futuro.

Na tarefa de prevenção de recaída, vou pedir que você imagine as circunstâncias de uma crise suicida. Vou pedir que você imagine os detalhes da situação: onde está, como são as coisas à sua volta e o que você consegue ouvir. Também vou pedir que você imagine os pensamentos e sentimentos que tem durante a crise e as atitudes que toma. Você vai descrever verbalmente todas essas coisas para mim, em voz alta, para que eu possa acompanhar sua imaginação. Enquanto fizermos isso juntos, pode ser que eu lhe faça algumas perguntas sobre o que você está vendo ou fazendo, ou posso lhe dar algumas sugestões sobre o que você está pensando e sentindo. Farei isso para aumentar o realismo da imagem. Quanto mais realista for a imagem, melhor este procedimento funcionará.

Faremos esse exercício de imaginação várias vezes. Nas primeiras vezes, vou pedir que você foque na crise suicida que o trouxe ao tratamento. Ainda que esteja revivendo uma crise suicida particular, desta vez o que você fará é mudar o final dessa história, resolvendo sua crise com uma habilidade ou estratégia que aprendeu no tratamento. Em outras palavras, você vai se imaginar respondendo mais eficientemente a essa situação, como se estivesse tendo uma oportunidade de "fazer de novo". Você pode usar qualquer uma das habilidades sobre as quais falamos no tratamento para mudar o resultado; a que você preferir.

Antes de iniciarmos, quero lhe falar sobre um risco associado a este procedimento. A tarefa de prevenção de recaída pode ser emocionalmente perturbadora para alguns pacientes, porque você vai pensar sobre um período muito perturbador da sua vida e relembrar todos os pensamentos negativos e sentimentos dolorosos que teve naquela época. Entretanto, devo mencionar que esse risco particular de experienciar memórias dolorosas não é específico deste procedimento. Como sabe, você já relembrou muitas memórias estressantes e pensamentos negativos durante o curso deste tratamento. Assim como fiz durante o tratamento inteiro, estarei disponível para ajudá-lo e apoiá-lo durante este procedimento. Depois que tivermos terminado a tarefa de imagem mental, discutiremos o procedimento juntos, assim como fizemos cada vez que você aprendia uma habilidade nova.

Como mencionei anteriormente, vamos praticar este procedimento várias vezes. Cada vez que o praticarmos, vou tornar um pouco mais difícil para você resolver o problema; assim, você terá que descobrir múltiplas maneiras de resolver a situação. Isso nos ajudará a saber com certeza que você realmente domina as habilidades aprendidas neste tratamento. Depois que você demonstrou a habilidade de resolver sua crise suicida original de várias maneiras diferentes, vou pedir que pratique este procedimento imaginando uma ou mais crises hipotéticas futuras que você tem probabilidade de experienciar em algum momento da sua vida.

Antes de prosseguirmos, quero fazer uma pausa e lhe dar a oportunidade de me fazer alguma pergunta que possa ter sobre esse procedimento.

Qual é a habilidade que você poderia usar aqui?
Alguma coisa que você aprendeu no tratamento poderia ajudar neste momento?
Há alguma coisa listada no quadro branco que poderia ser útil nesta situação?

Passo 3: conduza a tarefa de prevenção de recaída focada na crise suicida índice

O clínico guia o paciente em uma tarefa de imagem mental em que o paciente reconta as circunstâncias e os passos que conduziram à sua crise suicida índice. O clínico ajuda o paciente a imaginar o uso eficaz de uma estratégia de autogerenciamento para evitar uma tentativa de suicídio.

EXEMPLO DE ROTEIRO DO CLÍNICO

Vá em frente, fique confortável na sua cadeira e feche seus olhos. Reserve um minuto para pensar na crise suicida que o trouxe para o tratamento e imagine-se naquela situação, sempre que a história começar. Você consegue descrever para mim onde você está e o que vê?

[Exemplo de estímulos para aumentar a vividez da imagem mental:]

O que está acontecendo à sua volta?
O que lhe parece?
Descreva como é.
Quais são as palavras exatas que a pessoa usa quando ela diz isso para você?
Que emoção você sente?
O que está passando pela sua mente neste momento?
Onde no seu corpo você tem essa sensação?
O que você faz a seguir?

[Para pacientes com dificuldade de identificar ou usar eficientemente uma habilidade de autogerenciamento:]

Passo 4: processe a experiência

Depois de concluir a tarefa de prevenção de recaída, o clínico usa perguntas orientadoras para ajudar o paciente a reconhecer a eficácia e o valor do procedimento.

EXEMPLO DE ROTEIRO DO CLÍNICO

[Exemplo de estímulos para facilitar o processamento:]

Como foi isso para você?
O que você notou enquanto estava fazendo a tarefa?
O que foi fácil nesta tarefa?
O que foi difícil nesta tarefa?
Por que você escolheu usar essa habilidade específica?
De que outras maneiras você poderia ter resolvido esse problema?

Passo 5: repita a tarefa de prevenção de recaída várias vezes

O clínico guia o paciente por múltiplas iterações da tarefa de imagem mental, mas, a cada vez, o leva a resolver a crise de uma maneira diferente. A cada iteração, o paciente reconta as circunstâncias e os passos que conduziram à sua crise suicida índice e imagina o uso eficaz de uma estratégia de autogerenciamento para evitar uma tentativa de suicídio, e o clínico introduz novas barreiras que tornam a resolução bem-sucedida da crise mais difícil para o paciente.

Depois de cada iteração, o clínico e o paciente processam a experiência.

> **EXEMPLO DE ROTEIRO DO CLÍNICO**
>
> Ótimo trabalho! OK, conforme mencionei no começo, faremos isso várias vezes juntos, porque quanto mais praticarmos, melhor você ficará. Vamos fazer outra vez, mas agora quero que você resolva o problema de uma maneira diferente, seja usando uma habilidade diferente ou usando a mesma habilidade de uma nova maneira. Mas destaco que, enquanto fizermos isso repetidas vezes, cada vez vou tornar mais difícil para você resolver o problema. Por exemplo, você pode escolher uma habilidade para usar, mas vou encontrar uma razão por que a habilidade não vai funcionar conforme planejado, então você terá que descobrir alguma coisa nova nesse momento em resposta a esse problema novo. Isso faz sentido?
> OK, ótimo. Vá em frente e feche os olhos, e faremos isso novamente.

Passo 6: identifique colaborativamente uma crise suicida futura hipotética

O clínico e o paciente discutem as possíveis crises que têm alta probabilidade de emergir no futuro.

> **EXEMPLO DE ROTEIRO DO CLÍNICO**
>
> Você está sendo fantástico! Claramente já dominou como usar seu conhecimento e suas habilidades para resolver a crise que deu início ao tratamento. O que queremos a seguir é que você pratique essas habilidades enquanto pensa em uma crise que possivelmente enfrentará no futuro. Pode ser uma discussão ou um conflito com uma pessoa amada, receber notícias decepcionantes de algum tipo ou sentir-se criticado ou decepcionado com um colega de trabalho.
> Com base no que conversamos nos últimos meses, que tipos de situações parecem mais acionar você? Que tipo de situação provavelmente vai perturbá-lo no futuro?

Passo 7: conduza uma tarefa de prevenção de recaída focada na crise suicida hipotética

O clínico guia o paciente por uma tarefa de imagem mental em que o paciente imagina as circunstâncias que levaram à crise suicida hipotética futura. O clínico ajuda o paciente a imaginar o uso eficaz de uma estratégia de autogerenciamento para evitar uma tentativa de suicídio.

> **EXEMPLO DE ROTEIRO DO CLÍNICO**
>
> Agora que temos uma crise hipotética futura, faremos exatamente a mesma coisa que estávamos fazendo antes para praticar suas habilidades. Vá em frente, feche seus olhos e descreva para mim onde você está e o que está acontecendo à sua volta.
> [Exemplos de estímulos para aumentar a vividez da imagem mental:]
>
> O que está acontecendo à sua volta?
> O que lhe parece?
> Descreva como é.
> Quais são as palavras exatas que a pessoa usa quando ela diz isso para você?
> Que emoção você sente?
> O que está passando pela sua mente neste momento?
> Onde no seu corpo você tem essa sensação?
> O que você faz a seguir?
>
> [Para pacientes com dificuldade de identificar ou usar eficientemente uma habilidade de autogerenciamento:]
>
> Qual é a habilidade que você poderia usar aqui?
> Alguma coisa que você aprendeu no tratamento poderia ajudar neste momento?

Há alguma coisa listada no quadro branco que poderia ser útil nesta situação?

Passo 8: processe a experiência

Depois de concluir a tarefa de prevenção de recaída, o clínico usa perguntas orientadoras para ajudar o paciente a reconhecer a eficácia e o valor do procedimento.

EXEMPLO DE ROTEIRO DO CLÍNICO

[Exemplos de estímulos para facilitar o processamento:]

Como foi isso para você?
O que você notou enquanto estava fazendo a tarefa?
O que foi fácil nesta tarefa?
O que foi difícil nesta tarefa?
Por que você escolheu usar essa habilidade específica?
De que outras maneiras você poderia ter resolvido esse problema?

Passo 9: repita a tarefa de prevenção de recaída

O clínico guia o paciente por múltiplas iterações da tarefa de imagem mental, mas o direciona para resolver a crise de uma maneira diferente a cada vez. A cada iteração, o paciente reconta as circunstâncias e os passos que conduziram à sua crise suicida índice e imagina o uso eficaz de uma estratégia de autogerenciamento para evitar uma tentativa de suicídio, e o clínico introduz novas barreiras que tornam a resolução bem-sucedida da crise mais difícil para o paciente. Depois de cada iteração, o clínico e o paciente processam a experiência.

EXEMPLO DE CASO ILUSTRATIVO

Uma transcrição parcial do caso de Janice é apresentada a seguir, para demonstrar como o clínico aumentou a dificuldade da tarefa de prevenção de recaída depois de várias execuções bem-sucedidas. Observe que o clínico introduz novos desafios que requerem que Janice "reaja rapidamente", demonstrando, desse modo, a aquisição de maior flexibilidade cognitiva:

CLÍNICO: Bom trabalho, novamente; acho que você está entendendo agora.
JANICE: Sim, acho que entendi.
CLÍNICO: OK, então. Vamos recomeçar e fazer mais uma vez. Desta vez, quero ver como você responderia se as coisas não funcionassem conforme planejado.
JANICE: OK.
CLINICO: Vá em frente e comece desde o início.
JANICE: OK. Estou no trabalho, e meu chefe está sendo um perfeito idiota. Ele está me dizendo que eu estrago tudo e nunca faço nada direito, e, quando eu tento me defender, ele simplesmente me ignora e diz que estou dando desculpas. Posso sentir que estou ficando com raiva e querendo chorar, pensando que não quero lidar mais com isso, então decido ir tomar uma xícara de café porque essa é a primeira coisa no meu plano de resposta a crises. Então vou até a cafeteria no primeiro andar do meu prédio.
CLÍNICO: E se você for até a cafeteria e eles tiverem fechado mais cedo naquele dia?
JANICE: Bem, eu poderia ir até outra cafeteria a alguns prédios de distância e tomar um café por lá.
CLÍNICO: OK, bom. Descreva-se fazendo isso.

JANICE: Bem, saio do meu prédio e desço a rua, então paro no sinal e dobro à direita.

CLÍNICO: Imagine que você recebe uma mensagem e checa seu telefone, e é seu supervisor perguntando aonde você foi.

JANICE: Vou simplesmente ignorá-lo e continuo indo até a cafeteria.

CLÍNICO: Bem, e se ele mandar outra mensagem?

JANICE: Vou simplesmente continuar ignorando-o.

CLÍNICO: E se ele começar a ligar se você não responder?

JANICE: (*Suspira*) Vou desligar meu telefone e pensar nos meus filhos durante algum tempo.

CLÍNICO: E o que você está pensando em relação a eles?

JANICE: Bem, estou pensando que podemos fazer planos para ficarmos juntos no fim de semana, e talvez os cachorros possam brincar no pátio.

CLÍNICO: O que acontece a seguir?

JANICE: Tomo o meu café e volto para o escritório pela escada dos fundos para não ter que cruzar com meu chefe.

CLÍNICO: E se ele estiver esperando por você na porta do seu escritório?

JANICE: Bem, acho que então não vou poder evitá-lo e vou me lembrar de que ele não é uma fonte de informação confiável, que sou uma boa pessoa mesmo que ele esteja sendo um idiota. Se eu começar a me criticar, isso é apenas raciocínio emocional, e vou me lembrar de que algumas vezes as pessoas vão ser idiotas e que isso não necessariamente reflete o que sou como pessoa.

CLÍNICO: Uau, ótimo trabalho! Vamos em frente e parar por aí.

JANICE: Obrigada. Isso na verdade foi muito mais fácil do que pensei.

COMO FAZER: ENCERRAMENTO DO TRATAMENTO

Depois da conclusão da tarefa de prevenção de recaída e da demonstração de domínio das habilidades, o clínico levanta o assunto do encerramento da TCCB, que deve envolver o término completo do tratamento ou outra forma de transição dos cuidados (p. ex., continuação de outra terapia ou tratamento). O clínico revisa os conceitos de prevenção de recaída e informa o paciente sobre os procedimentos de *follow-up*. Fundamentalmente, o clínico deve comunicar ao paciente que ele pode retomar os serviços novamente no futuro se emergir um novo episódio suicida.

Passo 1: discuta a prevenção de recaída

O clínico discute o registro do tratamento como um plano escrito para ajudar o paciente a manejar crises no futuro.

EXEMPLO DE ROTEIRO DO CLÍNICO

Bem, você percorreu um longo caminho em um período muito curto. Com base no seu desempenho na tarefa de prevenção de recaída, eu diria que agora você tem uma compreensão muito clara de como lidar com crises na vida. O que você acha?

À luz do seu progresso, acho que estamos em um lugar agora onde podemos encerrar formalmente a TCCB. Como parte deste processo, quero destacar vários pontos importantes. Primeiro, este registro do tratamento deve servir como seu plano formal para gerenciar problemas na vida no futuro. É por isso que continuamos nos reportando a ele e anotando todas as lições mais úteis aprendidas no tratamento. Em essência, você tem anotadas aqui todas as informações mais importantes para continuar a viver uma vida que vale a pena viver. É como guardar um caderno de aula para que você possa voltar e revisar suas anotações posteriormente, para refrescar sua memória depois que já terminou aquela aula.

Agora que terminamos o tratamento, onde você acha que poderia guardar esse registro do tratamento? Acha que poderia lançar mão dele e revisá-lo quando necessário no futuro?

Passo 2: discuta os procedimentos de *follow-up* e faça recomendações para cuidados contínuos

O clínico fornece informações sobre como o paciente pode procurar sessões de tratamento adicionais no futuro (i.e., "sessões de reforço") caso surja a necessidade e faz recomendações para cuidados contínuos, se apropriado.

EXEMPLO DE ROTEIRO DO CLÍNICO

A segunda coisa que quero discutir é como retomar o tratamento no futuro se você precisar de ajuda adicional. Só porque encerramos este tratamento, isso não significa que você não possa voltar para algumas sessões de reforço se precisar de algum apoio ou orientação. É muito comum que os pacientes peçam para retornar algumas vezes depois que se passaram alguns meses e eles enfrentam uma nova crise na vida, por exemplo, e estão tendo problemas para lidar com ela. Na maioria dos casos, as pessoas só precisam de mais um ou dois encontros para uma atualização ou uma "adaptação", por assim dizer, mas às vezes elas precisam de um pouco mais que isso. Portanto, se você se encontrar em uma situação como essa no futuro, é só me ligar, e combinaremos um encontro.

Por fim, quero lhe dar algumas recomendações sobre o próximo passo que acho que você deve dar no tratamento.

O clínico fornece recomendações adicionais sobre o tratamento e o *follow-up* baseadas nas circunstâncias únicas do paciente.

EXEMPLOS DE CASOS ILUSTRATIVOS

O caso de John

Como John não estava engajado em outras formas de tratamento com outros profissionais de saúde mental, o encerramento da TCCB marcou a conclusão do seu tratamento de saúde mental. Quando o clínico fez o *follow-up* de rotina de John após 1 ano, o paciente indicou que estava passando bem e que não havia tido nenhuma outra crise suicida.

O caso de Mike

Mike compareceu a apenas uma sessão de prevenção de recaída, pois havia iniciado um trabalho em tempo integral. Como ele havia concluído com sucesso várias iterações da tarefa de prevenção de recaída durante a sessão final, o clínico determinou que ele havia demonstrado competência nas habilidades e não precisava de uma sessão adicional. Aproximadamente 6 meses mais tarde, Mike voltou a contatar seu clínico para indagar sobre uma possível consulta psiquiátrica. Mike relatou agitação e irritabilidade contínuas, embora notasse que "estava bem melhor do que quando iniciou terapia pela primeira vez". Ele e sua esposa concordavam que os sintomas estavam interferindo o suficiente para justificar uma consulta com um psiquiatra sobre possível medicação. O clínico ajudou a facilitar esse encaminhamento.

O caso de Janice

Na conclusão da TCCB, o clínico recomendou que Janice fizesse transição para psicoterapia focada no trauma para abordar o TEPT. Janice concordou com essa recomendação, mencionando que "finalmente me sinto pronta para enfrentar o abuso que tive na minha vida". Ela concluiu seu tratamento vários meses mais tarde, quando, então, já não satisfazia mais os critérios para TEPT. Ela mencionou que ocasionalmente teve pensamentos suicidas durante seu tratamento para TEPT, mas, "desta vez, eu sabia lidar com isso".

Dicas e conselhos para a tarefa de prevenção de recaída e encerramento do tratamento

1. **Esteja alerta à evitação.** Evitação e supressão emocional reduzem o impacto da tarefa de prevenção de recaída e servem como fatores de risco para comportamento suicida continuado. Os pacientes podem manifestar evitação durante a tarefa de prevenção de recaída de várias formas diferentes, como disfarçar partes difíceis da história ou recusar-se a fornecer detalhes. Os clínicos devem estar atentos a esse comportamento, pois ele pode sinalizar dificuldades existentes com a regulação emocional e a reavaliação cognitiva.
2. **Dê voz às crenças suicidas do paciente.** Relacionada ao primeiro ponto, uma estratégia especialmente potente para aumentar a relevância emocional da tarefa de prevenção de recaída é chamar a atenção para as crenças suicidas do paciente. Se o paciente não estiver disposto a verbalizar suas crenças suicidas (um sinal de evitação), o clínico deve verbalizá-las.
3. **Esteja alerta à rigidez cognitiva.** Enquanto recontam seu episódio suicida índice, alguns pacientes se manterão presos à memória e esquecerão que o propósito da tarefa é mudar o desfecho. Como o objetivo principal da tarefa de prevenção de recaída é facilitar a habilidade do paciente de se engajar em habilidades de enfrentamento apropriadas que não sejam o comportamento suicida, os clínicos devem redirecionar o paciente caso ele tenha dificuldade de "romper a cadeia" da sua crise suicida.

APÊNDICE A

Formulários e apostilas do paciente

APÊNDICE A.1   O modo suicida
APÊNDICE A.2   Folha de informações ao paciente sobre terapia cognitivo-comportamental breve para prevenir tentativas de suicídio
APÊNDICE A.3   Modelo de plano de tratamento
APÊNDICE A.4   Declaração de compromisso com o tratamento
APÊNDICE A.5   Plano de segurança dos meios letais
APÊNDICE A.6   Plano de apoio a crises
APÊNDICE A.7   Apostila: Melhorando seu sono
APÊNDICE A.8   Folha de atividade ABC
APÊNDICE A.9   Folha de atividade Perguntas Desafiadoras
APÊNDICE A.10   Folha de atividade Padrões de Pensamento Problemáticos

APÊNDICE A.1
O modo suicida

O modo suicida é uma maneira de organizar os muitos diferentes fatores de risco e protetivos associados a uma crise suicida. Esses fatores podem ser organizados em vários domínios: cognitivo (fatores relacionados a como e o que pensamos quando estressados), comportamental (fatores relacionados às ações que tomamos e às coisas que fazemos em resposta ao estresse), emocional (fatores relacionados aos sentimentos que temos quando estressados) e físico (fatores relacionados à biologia e às sensações corporais quando estressados). Os fatores na linha de base são relativamente fixos ou improváveis de mudar, ao passo que os fatores agudos mudam em resposta a eventos ativadores que acontecem em nossa vida.

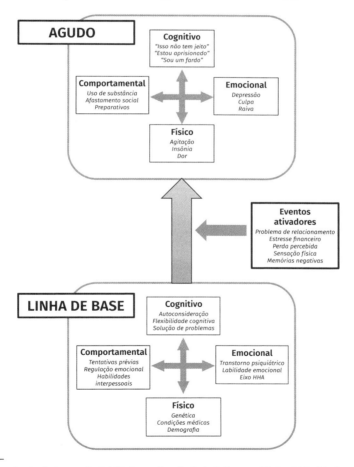

De *Brief Cognitive-Behavioral Therapy for Suicide Prevention*, de Craig J. Bryan e M. David Rudd. Copyright © 2018 The Guilford Press. A reprodução deste material é permitida aos compradores deste livro para uso pessoal e uso com clientes individuais (veja a página do livro em loja.grupoa.com.br para fazer *download* de cópias adicionais deste material).

APÊNDICE A.2
Folha de informações ao paciente sobre terapia cognitivo-comportamental breve para prevenir tentativas de suicídio

Qual é o nome do tratamento que estou recebendo?

Terapia cognitivo-comportamental breve (TCCB) para prevenir tentativas de suicídio.

Como e onde meu clínico aprendeu a administrar a TCCB?

[As respostas vão variar de clínico para clínico, mas devem incluir informações sobre a graduação, a experiência de pós-graduação e treinamentos adicionais. Os clínicos também devem descrever a quantidade e a natureza da supervisão recebida específica para TCCB.]

Como a TCCB se compara a outros tratamentos?

Em estudos de pesquisa, a TCCB foi comparada ao que é denominado tratamento usual. Tratamento usual é o tratamento de saúde mental típico fornecido por profissionais na comunidade. Em termos de depressão, pensamento suicida e outros sintomas emocionais, os pacientes em TCCB e tratamento usual melhoram aproximadamente na mesma medida. Em termos de tentativas de suicídio e hospitalização, para pacientes em TCCB, a probabilidade de fazer uma tentativa de suicídio diminui em aproximadamente 60%, e eles passam menos dias em um hospital psiquiátrico.

Como a TCCB funciona?

A TCCB é uma terapia individual que se concentra em ensiná-lo a resolver problemas, manejar crises e pensar sobre si mesmo e sobre sua vida de forma diferente. À medida que aprender essas novas habilidades, você descobrirá que tem mais capacidade de manejar as crises na sua vida. Para isso, você e seu clínico conversam sobre situações estressantes na vida e praticam novas habilidades para lidar com essas situações de forma diferente.

Com que frequência nos encontraremos e quanto tempo a TCCB dura?

A TCCB geralmente tem a duração de 12 encontros, que são agendados uma vez por semana ou duas vezes por semana, dependendo das suas necessidades e da disponibilidade do seu clínico. A primeira consulta, em geral, tem 1 hora e meia de duração, e as 11 consultas restantes costumam durar 1 hora.

De *Brief Cognitive-Behavioral Therapy for Suicide Prevention*, de Craig J. Bryan e M. David Rudd. Copyright © 2018 The Guilford Press. A reprodução deste material é permitida aos compradores deste livro para uso pessoal e uso com clientes individuais (veja a página do livro em loja.grupoa.com.br para fazer *download* de cópias adicionais deste material).

Quais são os possíveis riscos associados à TCCB?

O risco mais comum é sentir-se perturbado ao falar sobre situações, pensamentos e sentimentos estressantes ou dolorosos; o tratamento envolverá discussões de tópicos emocionalmente difíceis que, algumas vezes, podem aumentar seu estresse a curto prazo. Esses períodos de estresse aumentado tendem a ser muito breves, mas podem aumentar seu desejo de suicídio por curtos períodos. Seu clínico trabalhará com você para ajudá-lo a atravessar esses períodos.

Outro risco comum é a tentativa de suicídio. Aproximadamente metade dos pacientes que fizeram uma tentativa de suicídio no passado ou que iniciam o tratamento com ideação suicida fazem uma tentativa de suicídio durante ou logo após o tratamento. Esse risco tende a diminuir com o tempo, e a TCCB demonstrou reduzi-lo em mais da metade.

Um risco muito menos comum, porém grave, é morte por suicídio, que é mais alto entre pacientes com histórico de tentativas de suicídio, especialmente aqueles que fizeram múltiplas tentativas. Os pacientes que fazem uma tentativa de suicídio durante o tratamento estão em risco maior de morrer por suicídio.

Quantos pacientes melhoram na TCCB? Como você sabe?

Resultados de estudos científicos de alta qualidade indicam que mais de 75% dos pacientes que recebem TCCB começam a ver melhoras na ideação suicida, na depressão, na desesperança e na ansiedade nos primeiros 3 meses de tratamento. Essas melhoras tendem a durar até 2 anos após o tratamento. Os pacientes que recebem TCCB também têm menos probabilidade de fazer uma tentativa de suicídio no espaço de 3 meses do início do tratamento. Essa melhora no risco dura até 2 anos depois do tratamento. Os pacientes que recebem TCCB também tendem a relatar melhoras em outras áreas da vida, como menor probabilidade de ter problemas no trabalho.

Quantos pacientes pioram na TCCB? Como você sabe?

Resultados de estudos científicos de alta qualidade indicam que poucos pacientes vão piorar na TCCB, mas alguns não respondem tão bem quanto outros. Entre 15 e 30% dos pacientes continuarão a experienciar estresse emocional significativo e podem fazer uma tentativa de suicídio durante ou logo após o tratamento.

Como os pacientes que recebem TCCB se comparam àqueles que não recebem tratamento e àqueles que recebem outros tratamentos?

Os resultados de pacientes que recebem TCCB ainda não foram comparados com os resultados de pacientes que não recebem nenhum tratamento.

Mais de 75% dos pacientes relatam melhora no estresse emocional quando recebem TCCB. Um número similar de pacientes relata melhora quando recebem outras formas de terapia e medicação. No entanto, apenas 15 a 30% dos pacientes que recebem TCCB fazem uma tentativa de suicídio durante ou logo após o tratamento, quando comparados com 30 a 60% daqueles que recebem outras formas de terapia e medicação. Isso significa que pacientes em TCCB têm metade da probabilidade de fazer uma tentativa de suicídio comparados a pacientes em outros tratamentos.

Um tratamento alternativo que funciona tão bem quanto a TCCB é a chamada terapia comportamental dialética, ou TCD. A TCCB e a TCD ainda não foram comparadas diretamente uma com a outra, mas, assim como a TCCB, a TCD reduz o estresse emocional na maioria dos pacientes e reduz o risco de tentativa de suicídio aproximadamente na mesma proporção. A TCD e a TCCB são muito parecidas em termos do ensino de habilidades para resolver problemas e manejar crises, mas diferentes em termos da duração e da modalidade de tratamento. A TCD inclui sessões semanais de terapia individual e de grupo que duram 12 meses, além de uma consulta de 15 minutos por telefone entre as sessões semanais, totalizando 52 sessões de terapia individual mais 52 sessões em grupo durante 1 ano. A TCCB inclui sessões individuais semanais que duram 12 semanas (6 semanas para duas sessões semanais).

Outra opção de tratamento é a medicação psiquiátrica, que pode incluir antidepressivos, estabilizadores do humor, medicamentos antiansiedade ou outros tipos de medicações. Pesquisas sugerem que a maioria dos pacientes sente que seus sintomas melhoram enquanto tomam medicações, mas estas, por si só, não parecem reduzir o risco de tentativas de suicídio.

Uma opção final de tratamento é uma combinação de terapia e medicação. Poucos estudos compararam o tratamento combinado e o uso de terapia ou medicação isoladamente. A maioria dos pacientes que recebem TCCB também toma medicação e se recupera tão bem quanto os pacientes que recebem TCCB, mas não tomam medicação.

O que eu faço se sentir que a TCCB não está funcionando?

No começo de cada consulta, você será solicitado a descrever como as coisas correram desde a última consulta e será questionado se as novas habilidades e estratégias ajudaram. Se uma estratégia particular não estiver funcionando, você deve expressar nesse momento. Seu clínico pode ajudá-lo a descobrir como fazer a estratégia funcionar melhor. Em casos raros, você e seu clínico podem determinar que a estratégia não funciona e concordarão em parar de usá-la e encontrar outra que funcione melhor.

APÊNDICE A.3
Modelo de plano de tratamento

Neste tratamento, vamos adaptar o que fazemos às suas necessidades e aos seus interesses específicos. Isso nos ajudará a ter um plano claro a seguir que esteja baseado nessas necessidades e interesses. Este formulário é chamado de plano de tratamento. Ele resume as prioridades que vamos definir e nos fornece um meio de monitorar o progresso. Em nosso trabalho juntos, incluiremos naturalmente "risco de suicídio" como um problema a ser focado. Também vamos incluir "reduzir o risco de comportamentos suicidas" como uma meta ou um objetivo, mas provavelmente haverá outros objetivos que incluiremos, e talvez acrescentaremos, durante o curso do tratamento.

Problema nº	Descrição do problema	Metas/ objetivos	Intervenção	Nº de sessões estimado	Resultado
1.					
2.					
3.					
4.					

Resultado: 0 – não atingido; 1 – parcialmente atingido; 2 – atingido.

De *Brief Cognitive-Behavioral Therapy for Suicide Prevention*, de Craig J. Bryan e M. David Rudd. Copyright © 2018 The Guilford Press. A reprodução deste material é permitida aos compradores deste livro para uso pessoal e uso com clientes individuais (veja a página do livro em loja.grupoa.com.br para fazer *download* de cópias adicionais deste material).

APÊNDICE A.4
Declaração de compromisso com o tratamento

Eu, _____, concordo em assumir o compromisso com o processo de tratamento. Entendo que isso significa que concordei em estar ativamente envolvido em todos os aspectos do tratamento, incluindo:

1. comparecer às consultas (ou informar meu prestador quando não for possível);
2. estabelecer objetivos;
3. expressar minhas opiniões, pensamentos e sentimentos honestamente e abertamente com meu prestador (sejam eles negativos ou positivos, mas, sobretudo, meus sentimentos negativos);
4. estar ativamente envolvido *durante* as consultas;
5. realizar as tarefas do dever de casa;
6. tomar meus medicamentos conforme prescrito;
7. experimentar novos comportamentos e novas maneiras de fazer as coisas;
8. implementar meu plano de resposta a crises, quando necessário;
9. quaisquer termos adicionais combinados entre meu prestador e eu.

Entendo e reconheço que, em grande medida, o sucesso do resultado do tratamento depende da quantidade de energia que eu dedicar e do esforço que empregar. Se eu achar que o tratamento não está funcionando, concordo em discuti-lo com meu prestador e tentar chegar a um entendimento comum sobre quais são os problemas e identificar as soluções potenciais.

Também entendo e reconheço que, se eu não comparecer a uma consulta sem notificar meu prestador, ele poderá entrar em contato com os indivíduos dentro da minha rede de apoio social, incluindo minha cadeia de comando, para confirmar a minha segurança.

Em suma, concordo em assumir um compromisso com o tratamento e um compromisso com a vida.

Este contrato será aplicável durante a vigência do nosso plano de tratamento, que será revisado e modificado na seguinte data: _____.

Assinatura do paciente: _____ Data: _____

Assinatura do prestador: _____ Data: _____

De *Brief Cognitive-Behavioral Therapy for Suicide Prevention*, de Craig J. Bryan e M. David Rudd. Copyright © 2018 The Guilford Press. A reprodução deste material é permitida aos compradores deste livro para uso pessoal e uso com clientes individuais (veja a página do livro em loja.grupoa.com.br para fazer *download* de cópias adicionais deste material).

APÊNDICE A.5
Plano de segurança dos meios letais

O plano de segurança dos meios descreve os passos a serem dados para aumentar a segurança e reduzir o acesso a meios para suicídio potencialmente letais.

Dúvidas? Contate seu prestador: _____

Emergências? Ligue 192.

Nome do paciente: _____

Nome do apoio: _____

Contato do apoio: _____

Plano de segurança: _____
_____
_____
_____
_____
_____
_____
_____
_____
_____
_____

Termos para encerramento do plano: _____
_____
_____
_____
_____

Assinatura do paciente: _____

Assinatura do apoio: _____
(deve ser assinado após implementação do plano de segurança dos meios)

De *Brief Cognitive-Behavioral Therapy for Suicide Prevention*, de Craig J. Bryan e M. David Rudd. Copyright © 2018 The Guilford Press. A reprodução deste material é permitida aos compradores deste livro para uso pessoal e uso com clientes individuais (veja a página do livro em loja.grupoa.com.br para fazer *download* de cópias adicionais deste material).

APÊNDICE A.6
Plano de apoio a crises

Coisas que posso fazer para ajudar _____ :
(*Nome do paciente*)

1. Oferecer encorajamento e apoio das seguintes formas:
   -
   -
   -
2. Ajudar _____ a seguir seu plano de resposta a crises.
3. Garantir um ambiente seguro fazendo o seguinte:
   - REMOVER todas as armas de fogo e munição.
   - REMOVER ou TRANCAR:
     ✓ todas as facas, lâminas e outros objetos pontiagudos;
     ✓ todos os medicamentos de prescrição e de venda livre (incluindo vitaminas e aspirina);
     ✓ todo tipo de bebida alcoólica, drogas ilegais e objetos relacionados.
   - Garantir que alguém esteja disponível para oferecer suporte pessoal e monitorar o paciente o tempo todo durante uma crise e posteriormente, quando necessário.
   - Prestar atenção ao método de suicídio/autolesão/intenção de causar danos a outros indicado pelo paciente e restringir o acesso a veículos, cordas, líquidos inflamáveis, etc., quando apropriado.
   - Limitar/restringir o acesso a veículos/chaves de carro, quando apropriado.
   - Identificar pessoas que podem aumentar o risco para o paciente e reduzir seu contato com elas.
   - Oferecer acesso a coisas que o paciente identifica como úteis e incentivar escolhas e comportamentos que promovem a saúde, como boa nutrição, exercícios e repouso.

Caso eu não consiga continuar a oferecer esses meios de apoio, ou se achar que o plano de resposta a crises não é útil ou suficiente, farei contato com o prestador de tratamento do paciente para expressar minhas preocupações.

Se eu achar que _____ é um perigo para si ou para os outros, concordo em:
- ligar para seu prestador de tratamento de saúde mental – _____;
- ligar para o telefone do Centro de Valorização da Vida (CVV) – 188;
- ajudar _____ a chegar até um pronto-socorro;
- ligar para 192 (SAMU – Serviço de Atendimento Móvel de Urgência).

Concordo em seguir este plano até _____.

_____   _____
Assinatura do assistente   Assinatura do paciente

_____
Assinatura do clínico

De *Brief Cognitive-Behavioral Therapy for Suicide Prevention*, de Craig J. Bryan e M. David Rudd. Copyright © 2018 The Guilford Press. A reprodução deste material é permitida aos compradores deste livro para uso pessoal e uso com clientes individuais (veja a página do livro em loja.grupoa.com.br para fazer *download* de cópias adicionais deste material).

APÊNDICE A.7
Apostila: Melhorando seu sono

1. **Vá para a cama somente quando estiver com sono.** Não há razão para ir para a cama se você não estiver com sono. Quando você vai para a cama muito cedo, isso só lhe dá mais tempo para ficar frustrado. Os indivíduos frequentemente refletem sobre os acontecimentos do dia, planejam a agenda do dia seguinte ou se preocupam com sua inabilidade para adormecer. Esses comportamentos são incompatíveis com o sono e tendem a perpetuar a insônia. Portanto, você deve *adiar seu horário de dormir até que esteja com sono*. Isso pode significar que você vá para a cama mais tarde do que seu horário habitual. No entanto, mantenha seu horário habitual de despertar *independentemente* da hora que for para a cama.

2. **Saia da cama quando não conseguir adormecer ou não conseguir voltar a dormir dentro de 15 minutos.** Quando você reconhecer que começou a consultar o relógio, saia da cama. Se acordou durante o sono e já tentou voltar a dormir por 15 minutos e não consegue, saia da cama. Lembre-se de que o objetivo é adormecer rapidamente. Volte para a cama somente quando estiver com sono (i.e., bocejando, balançando a cabeça, fechando os olhos, diminuindo a concentração). O objetivo é você reconectar sua cama com o sono, e não com a frustração. Você terá que repetir este passo com a frequência necessária.

3. **Use sua cama apenas para dormir e para sexo.** O propósito desta diretriz é associar seu quarto ao sono, e não à vigília. Assim como você pode associar cozinha com fome, esta diretriz vai ajudá-lo a associar sono e prazer com seu quarto. Siga esta regra tanto durante o dia quanto à noite. Não assista à TV, não ouça rádio, nem coma ou leia na cama. Você pode ter que temporariamente retirar a TV ou o rádio do seu quarto para ajudá-lo a recuperar um ciclo de sono estável.

DIRETRIZES PARA O SONO

1. **Limite a cafeína.** Nada de cafeína de 6 a 8 horas antes da hora de dormir. Sim, é verdade que a cafeína atrapalha o sono, mesmo para aquelas pessoas que acham que não experienciam o efeito de estimulação. Indivíduos com insônia frequentemente são mais sensíveis a estimulantes leves do que aqueles com sono normal. A cafeína é encontrada em itens como café, chá, refrigerante, chocolate e muitos medicamentos de venda livre (p. ex., Excedrin).

2. **Evite nicotina.** Nicotina é um estimulante. É um mito a afirmação de que fumar ajuda a "relaxar". Quando a nicotina se incorpora ao sistema, ela produz um efeito similar ao da cafeína. *Não* fume para conseguir voltar a dormir.

De *Brief Cognitive-Behavioral Therapy for Suicide Prevention*, de Craig J. Bryan e M. David Rudd. Copyright © 2018 The Guilford Press. A reprodução deste material é permitida aos compradores deste livro para uso pessoal e uso com clientes individuais (veja a página do livro em loja.grupoa.com.br para fazer *download* de cópias adicionais deste material).

3. **Evite álcool.** Álcool frequentemente promove o início do sono, mas, quando ele é metabolizado, o sono se torna perturbado e fragmentado. Assim, uma grande quantidade de álcool é um auxílio negativo para o sono e não deve ser usado como tal. Limite o uso de álcool a quantidades pequenas a moderadas.

4. **Limite os medicamentos para dormir.** Os medicamentos para dormir são eficazes apenas temporariamente. Cientistas demonstraram que eles perdem sua eficácia em cerca de duas a quatro semanas quando tomados regularmente. Com o tempo, os comprimidos para dormir na verdade pioram os problemas de sono. Quando usados por um longo período, a retirada do medicamento pode levar a um rebote da insônia. Assim, depois do uso a longo prazo, muitos indivíduos concluem incorretamente que "precisam" desses comprimidos para conseguir dormir normalmente.

5. **Faça exercícios regularmente.** Preferencialmente 30 minutos por dia. Exercícios no fim da tarde ou no início da noite podem auxiliar o sono, embora o efeito positivo geralmente leve várias semanas para se tornar perceptível. Não faça exercícios menos de 2 horas antes da hora de dormir, porque isso pode elevar a atividade no seu sistema nervoso e interferir no início do sono.

6. **Ambiente do quarto.** Com temperatura moderada, silencioso, escuro e confortável. Extremos de calor ou frio podem perturbar o sono. Os ruídos podem ser disfarçados com ruído branco ao fundo (como o ruído de um ventilador) ou com tampões de ouvido. Os quartos podem ser escurecidos com persianas, ou podem ser usadas máscaras de dormir. Posicione relógios fora do seu campo de visão, pois olhar o relógio pode aumentar a preocupação com os efeitos da falta de sono. Garanta que seu colchão não seja macio demais ou firme demais e que seu travesseiro tenha a altura e a firmeza corretas.

7. **Alimentação.** Evite refeições pesadas um pouco antes da hora de dormir. Você deve evitar os seguintes alimentos na hora de dormir: amendoim, feijão, a maioria das frutas e vegetais crus (eles podem causar gases), qualquer coisa cafeinada (como chocolate) e alimentos com alto teor de gordura, como salgadinho de batata frita ou salgadinho de milho. Seja especialmente cuidadoso para evitar refeições e temperos pesados à noite. Não vá para a cama com muita fome ou depois de comer em excesso. Evite lanches no meio da noite, pois o despertar pode ficar associado à fome. Um lanche leve na hora de dormir, como um copo de leite quente, queijo ou uma tigela de cereal, pode promover o sono.

8. **Evite tirar cochilos durante o dia.** O sono que você tem durante o dia rouba o sono de que você precisa à noite, resultando em um sono mais leve e mais agitado, dificuldade para começar a dormir ou despertar antes do horário habitual. Se você precisar tirar um cochilo, seja breve e tente programá-lo para antes das 15h. É melhor programar um despertador para garantir que você não durma mais do que 15 a 30 minutos.

9. **Relaxe.** Permita-se relaxar pelo menos 1 hora antes de ir para a cama. O cérebro não é um interruptor de luz que você pode ligar e desligar instantaneamente. A maioria de nós não pode ter a expectativa de que, estando a plena velocidade até as 22h, possa adormecer tranquilamente às 22h30. Tome um banho quente, leia um romance, assista a um pouco de TV ou tenha uma conversa agradável com seu cônjuge ou seus filhos. Encontre o que funciona para você e torne isso a sua rotina antes de ir para a cama. Procure não se deter em um problema, ter uma discussão antes de ir para a cama ou fazer alguma outra coisa que aumente sua excitação corporal.

10. **Horário regular para dormir.** Mantenha um horário regular, mesmo nos fins de semana e feriados. Passar um tempo excessivo na cama tem duas consequências negativas: (1) você começa a associar seu quarto com excitação e frustração e (2) seu sono acaba se tornando superficial. Surpreendentemente, é muito importante que você reduza seu tempo de sono para melhorar seu sono. Configure o despertador e saia da cama no mesmo horário todas as manhãs, tanto nos dias úteis quanto nos fins de semana, independentemente da sua hora de dormir ou da quantidade de sono que você teve na noite anterior. Provavelmente, você ficará tentado a ficar na cama se não dormiu bem, mas tente manter seu novo horário. Esta diretriz é planejada para regular seu relógio biológico interno e reconfigurar seu ritmo de sono-vigília.

APÊNDICE A.8
Folha de atividade ABC

A folha de atividade ABC é usada para identificar como os pensamentos e sentimentos estão conectados uns aos outros em resposta a eventos na vida. Primeiro, identifique uma situação estressante e escreva um resumo dela no quadro A. No quadro B, identifique os pensamentos que você teve durante essa situação e anote-os. No quadro C, identifique as emoções que você sentiu nessa situação e anote-as. Depois disso, explique o quanto os pensamentos e as crenças que você anotou no quadro B são úteis ou inúteis para você. Se seus pensamentos forem inúteis, identifique e anote uma maneira diferente de pensar sobre a situação que possa contrapor diretamente o que você escreveu no quadro B.

A Evento ativador (O que aconteceu?)	B Crenças (O que digo a mim mesmo?)	C Consequências (Que emoção eu sinto?)

A crença acima, no quadro "B", é útil?

O que mais posso dizer a mim mesmo no futuro, quando estiver em uma situação parecida?

Adaptado de *Cognitive Processing Therapy for PTSD: A Comprehensive Manual*, de Patricia A. Resick, Candice M. Monson e Kathleen M. Chard. Copyright © 2017 The Guilford Press. Reproduzido em *Brief Cognitive-Behavioral Therapy for Suicide Prevention*, de Craig J. Bryan e M. David Rudd (The Guilford Press, 2018). A reprodução deste material é permitida aos compradores deste livro para uso pessoal e uso com clientes individuais (veja a página do livro em loja.grupoa.com.br para fazer *download* de cópias adicionais deste material).

APÊNDICE A.9
Folha de atividade Perguntas Desafiadoras

A folha de atividade Perguntas Desafiadoras é usada para avaliar seus pensamentos e suas crenças para determinar se são úteis ou inúteis. Primeiro, identifique uma crença negativa e escreva-a no quadro no alto da folha de atividade. Depois, examine cada pergunta em relação a essa crença. Anote sua resposta para cada pergunta no espaço fornecido abaixo da pergunta.

Crença:

1. **Quais são as evidências a favor e contra essa ideia?**

2. **Sua crença é um hábito ou está baseada em fatos?**

3. **Se outra pessoa tivesse essa mesma crença na mesma situação, você a consideraria acurada?**

4. **Você está pensando em termos de tudo ou nada?**

(Continua...)

Adaptado de *Cognitive Processing Therapy for PTSD: A Comprehensive Manual*, de Patricia A. Resick, Candice M. Monson e Kathleen M. Chard. Copyright © 2017 The Guilford Press. Reproduzido em *Brief Cognitive-Behavioral Therapy for Suicide Prevention*, de Craig J. Bryan e M. David Rudd (The Guilford Press, 2018). A reprodução deste material é permitida aos compradores deste livro para uso pessoal e uso com clientes individuais (veja a página do livro em loja.grupoa.com.br para fazer *download* de cópias adicionais deste material).

(Continuação)

5. Você está usando palavras ou expressões que são extremas ou exageradas (isto é, "sempre", "para sempre", "nunca", "preciso", "devo", "não posso" e "todas as vezes")?
6. Você só está focando em um aspecto do evento e ignorando outros fatos importantes da situação que explicam as coisas?
7. Qual é a fonte dessa crença? Essa fonte é confiável?
8. Você está encarando as coisas de modo desproporcional? Ou ao contrário: minimizando as coisas?
9. Sua crença está baseada em sentimentos em vez de fatos?
10. Você está focando em detalhes não relacionados com a situação?

APÊNDICE A.10
Folha de atividade Padrões de Pensamento Problemáticos

A folha de atividade Padrões de Pensamento Problemáticos é usada para categorizar seus pensamentos em diferentes "tipos" ou padrões de crenças. Escreva seus pensamentos e crenças negativos abaixo do padrão que melhor combinar com eles. Observe que alguns pensamentos e crenças se encaixam em múltiplos padrões.

Tirar conclusões precipitadas quando não há evidências ou elas são até mesmo contraditórias.
Exagerar ou minimizar uma situação (reagir às coisas de forma desproporcional ou minimizar sua importância inapropriadamente).
Ignorar aspectos importantes de uma situação.
Simplificar as coisas excessivamente como boas/ruins ou certas/erradas.
Generalização excessiva a partir de um único incidente (um evento negativo é visto como um padrão interminável).
Leitura mental (presumir que as pessoas estão pensando coisas negativas a seu respeito quando não há evidências definitivas disso).
Raciocínio emocional (ter um sentimento e presumir que deve haver uma razão).

Adaptado de *Cognitive Processing Therapy for PTSD: A Comprehensive Manual*, de Patricia A. Resick, Candice M. Monson e Kathleen M. Chard. Copyright © 2017 The Guilford Press. Reproduzido em *Brief Cognitive-Behavioral Therapy for Suicide Prevention*, de Craig J. Bryan e M. David Rudd (The Guilford Press, 2018). A reprodução deste material é permitida aos compradores deste livro para uso pessoal e uso com clientes individuais (veja a página do livro em loja.grupoa.com.br para fazer *download* de cópias adicionais deste material).

APÊNDICE B
Ferramentas do clínico

APÊNDICE B.1 *Checklists* de fidelidade
APÊNDICE B.2 Modelo de documentação para avaliação do risco de suicídio
APÊNDICE B.3 Modelo de plano de resposta a crises
APÊNDICE B.4 Possíveis sinais de alerta
APÊNDICE B.5 Estratégias comuns de autogerenciamento
APÊNDICE B.6 Roteiro de relaxamento
APÊNDICE B.7 Roteiro de *mindfulness*

APÊNDICE B.1
Checklists de fidelidade

Não	Parcial	Sim	Descrição da TCCB
☐	☐	☐	Verificação inicial do sintoma/humor
☐	☐	☐	Definição da agenda
☐	☐	☐	Revisão da tarefa de casa e do registro do tratamento
☐	☐	☐	Construção de habilidades com a prática
☐	☐	☐	Designação da tarefa de casa
☐	☐	☐	Modelo de tratamento em três fases
☐	☐	☐	Explicação do papel no manejo de crises, no apoio social saudável e na construção de habilidades
☐	☐	☐	Determinação da compreensão do paciente sobre a estrutura do tratamento
☐	☐	☐	Obtenção da contribuição e do *feedback* sobre a estrutura do tratamento
☐	☐	☐	Fornecimento de oportunidade para o paciente fazer perguntas sobre a estrutura do tratamento

Não	Parcial	Sim	Avaliação da narrativa da crise suicida índice
☐	☐	☐	Facilitação da descrição narrativa dos eventos que levaram ao episódio suicida índice
☐	☐	☐	Obtenção de informações sobre os domínios contribuintes/associados, incluindo:
☐	☐	☐	Predisposições
☐	☐	☐	Eventos ativadores
☐	☐	☐	Cognições
☐	☐	☐	Emoções
☐	☐	☐	Comportamentos
☐	☐	☐	Físico
☐	☐	☐	Identificação das consistências entre as crises suicidas ou as tentativas de suicídio (quando apropriado)

(Continua...)

De *Brief Cognitive-Behavioral Therapy for Suicide Prevention*, de Craig J. Bryan e M. David Rudd. Copyright © 2018 The Guilford Press. A reprodução deste material é permitida aos compradores deste livro para uso pessoal e uso com clientes individuais. Os compradores podem fazer *download* de cópias adicionais deste material na página do livro em loja.grupoa.com.br.

(Continuação)

Não	Parcial	Sim	Conceitualização cognitivo-comportamental
			Explicação do conceito do modo suicida usando linguagem que seja compreensível para o paciente
			Integração das informações da avaliação até a conceitualização nos seguintes domínios:
			Predisposições
			Eventos ativadores
			Cognições
			Emoções
			Comportamentos
			Físico
			Determinação da compreensão do paciente sobre a conceitualização (modo suicida)
			Obtenção da concordância do paciente de que o modelo é um reflexo acurado da sua experiência
			Se o paciente discordou, obtenção de *feedback* e reconceitualização do modelo
			Paciente incentivado a registrar o modelo escrito do modo suicida no registro do tratamento

Não	Parcial	Sim	Planejamento do tratamento
			Explicação da justificativa para o tratamento
			Obtenção de *feedback* e informações do paciente referentes aos alvos do tratamento
			Os principais alvos do tratamento enfatizam o desenvolvimento de habilidades
			Estabelecimento de resultados objetivos e mensuráveis para os focos do tratamento
			Identificação da hierarquia dos sintomas quando apresentada com uma mistura de sintomas proeminentes
			Determinação da compreensão do paciente sobre o plano de tratamento
			Estabelecimento da data para examinar/revisar o plano de tratamento

(Continua...)

(Continuação)

Não	Parcial	Sim	**Declaração de compromisso com o tratamento (DCT)**
			Explicação da justificativa para a DCT
			Revisão colaborativa da DCT com o paciente
			Obtenção de *feedback* e contribuição do paciente referentes aos itens da DCT e às expectativas
			Paciente convidado a fazer acréscimos ou modificar a DCT
			Determinação da compreensão do paciente sobre a DCT
			Estabelecimento da data para examinar/revisar o plano de tratamento

Não	Parcial	Sim	**Plano de resposta a crises (PRC)**
			Escrito em ficha (ou item similar) que pode ser facilmente transportada pelo paciente
			Explicação da justificativa para o PRC
			Identificação e listagem dos sinais de alerta pessoais
			Identificação e listagem de habilidades de automonitoramento
			Identificação e listagem das fontes externas de apoio
			Identificação e listagem das fontes profissionais de ajuda
			Prestadores de assistência à saúde
			Telefone de emergência para crise suicida (CVV: 188)
			Pronto-socorro e SAMU 192
			Revisão verbal de todos os passos
			Determinação da compreensão do paciente sobre o PRC

(Continua...)

(Continuação)

Não	Parcial	Sim	Aconselhamento sobre a segurança dos meios
			Explicação da justificativa para a segurança dos meios
			Discussão sobre impulsividade, confusão cognitiva e solução de problemas deficiente quando altamente estressado
			Identificação de métodos potenciais para segurança dos meios
			Indagação sobre acesso a armas de fogo
			Paciente engajado colaborativamente na discussão sobre a segurança dos meios
			Obtenção de *feedback* e contribuição do paciente referentes às opções preferidas para a segurança dos meios

Não	Parcial	Sim	Treino de habilidades
			Explicação da justificativa para a habilidade
			Associação explícita ao modo suicida/à conceitualização de caso
			Demonstração/modelagem da habilidade
			Prática da habilidade na sessão
			Determinação da compreensão e do domínio da habilidade pelo paciente
			Designação de habilidades para prática entre as sessões
			Uso do diário do tratamento, incluindo seu papel como uma ferramenta para prevenção de recaída
			Paciente incentivado a registrar as lições aprendidas na sessão no diário do tratamento

Não	Parcial	Sim	Tarefa de prevenção de recaída (TPR): consentimento informado
			Explicação da justificativa para a intervenção
			Obtenção de *feedback* e perguntas sobre a TPR
			Discussão do potencial para reações emocionais negativas à TPR
			Identificação de estratégias de enfrentamento e habilidades para uso durante a TPR
			Obtenção de consentimento do paciente para conduzir a TPR

(Continua...)

(Continuação)

Não	Parcial	Sim	**Tarefa de prevenção de recaída (TPR): crise índice**
			Paciente incentivado a recontar o episódio índice
			Estrategicamente, paciente incentivado a aumentar a vividez da memória
			Foco em crenças, emoções, comportamentos e circunstâncias diretamente relacionados à crise
			Facilitação da solução de problemas introduzindo novos desafios/barreiras ao uso das habilidades
			Paciente incentivado a imaginar o uso das habilidades aprendidas
			Debriefing com o paciente

Não	Parcial	Sim	**Tarefa de prevenção de recaída (TPR): crise futura**
			Identificação colaborativa de prováveis desencadeantes de episódios suicidas futuros
			Paciente incentivado a recontar episódios suicidas futuros
			Estrategicamente, paciente incentivado a aumentar a vividez da memória
			Foco em crenças, emoções, comportamentos e circunstâncias diretamente relacionados à crise
			Facilitação da solução de problemas introduzindo novos desafios/barreiras ao uso das habilidades
			Paciente incentivado a imaginar o uso das habilidades aprendidas
			Debriefing com o paciente

APÊNDICE B.2
Modelo de documentação para avaliação do risco de suicídio

S   N   Ideação suicida
- Conteúdo: _____
- Frequência: Nunca   Raramente   Às vezes   Frequentemente   Sempre
- Intensidade: Breve/passageira   Deliberação focada   Ruminação intensa   Outra
- Duração: Segundos   Minutos   Horas

S   N   Intenção recente
- Relatos subjetivos: _____
- Sinais objetivos: _____

S   N   Plano de suicídio
- Como: _____
- Quando: _____
- Onde: _____

S   N   Acesso aos meios: _____

S   N   Preparação/ensaio do suicídio: _____

S   N   História de ideação e tentativas de suicídio
- Ideação: _____
- Tentativas: _____

S   N   Impulsividade
- Relatos subjetivos: _____
- Sinais objetivos: _____

S   N   Abuso de substância: _____

S   N   Perda significativa: _____

(Continua...)

De *Brief Cognitive-Behavioral Therapy for Suicide Prevention*, de Craig J. Bryan e M. David Rudd. Copyright © 2018 The Guilford Press. A reprodução deste material é permitida aos compradores deste livro para uso pessoal e uso com clientes individuais. Os compradores podem fazer *download* de cópias adicionais deste material na página do livro em loja.grupoa.com.br.

(Continuação)

S N Problemas de relacionamento: _____

S N Problemas de saúde: _____

S N Problemas legais: _____

S N Outros problemas: _____

FATORES PROTETIVOS

S N Razões para viver: _____

S N Esperança: _____

S N Apoio social: _____

S N Significado na vida: _____

S N Outros fatores protetivos: _____

Nível do risco atual avaliado: **Não elevado**   **Baixo**   **Moderado**   **Alto**

No momento atual, cuidados ambulatoriais **podem/não podem** prover segurança e estabilidade suficientes.

Hospitalização **é/não é** necessária, com base nos fatores acima.

O paciente concorda com o plano de resposta a crises por escrito: S   N

Plano para segurança do acesso aos meios: _____

_____

_____

_____

_____

_____

_____

_____

APÊNDICE B.3
Modelo de plano de resposta a crises

O plano de resposta a crises abrange várias seções: sinais de alerta, autogerenciamento, razões para viver, apoio social e serviços de atendimento a crises e profissionais. O plano de resposta a crises pode ser escrito à mão em uma ficha de arquivo para fácil acesso pelos pacientes, como um lembrete de como responder de modo eficaz a períodos de estresse intenso.

Sinais de alerta

Perambular
Sentir raiva
"Não aguento mais"

Autogerenciamento

Sair para uma caminhada
Ouvir um pouco de música
Jogar no meu telefone

Razões para viver

Meus filhos (Tim e Lisa)
Minha esposa (Susan)

Apoio social

Ligar para Susan (esposa): 555-555-5555
Ligar para John (amigo): 555-555-5555

Serviços de atendimento a crises e profissionais

Ligar para meu médico e deixar mensagem: 555-555-5555
Ligar para telefone de emergência: CVV 188
Ir ao pronto-socorro
Ligar 192 (SAMU)

De *Brief Cognitive-Behavioral Therapy for Suicide Prevention*, de Craig J. Bryan e M. David Rudd. Copyright © 2018 The Guilford Press. A reprodução deste material é permitida aos compradores deste livro para uso pessoal e uso com clientes individuais. Os compradores podem fazer *download* de cópias adicionais deste material na página do livro em loja.grupoa.com.br.

APÊNDICE B.4
Possíveis sinais de alerta

Pensamentos	"Sou um idiota." "Lá vamos nós de novo." "Isso nunca vai acabar." "Isso é minha culpa." "Ninguém se importa comigo." "De que adianta?" "Não aguento mais isso." "Eu mereço ser punido." "Sou um fracasso."
Imagens mentais	Memórias estressantes *Flashbacks* do trauma Reviver situações desconfortáveis Me ver fazendo uma tentativa de suicídio
Emoções ou sentimentos	Tristeza ou depressão Culpa ou remorso Preocupação Raiva
Comportamentos ou ações	Perambular Ficar em silêncio perto de outras pessoas Evitar outras pessoas Gritar de raiva, medo ou dor Chorar Estremecer/tremer Agressão Autolesão Praticar/ensaiar a tentativa de suicídio Me preparar para uma tentativa de suicídio
Sensações físicas	Dores de cabeça ou outra dor Agitação/me sentir no limite Taquicardia Tensão muscular Náusea Dificuldades respiratórias Insônia

---

De *Brief Cognitive-Behavioral Therapy for Suicide Prevention*, de Craig J. Bryan e M. David Rudd. Copyright © 2018 The Guilford Press. A reprodução deste material é permitida aos compradores deste livro para uso pessoal e uso com clientes individuais. Os compradores podem fazer *download* de cópias adicionais deste material na página do livro em loja.grupoa.com.br.

APÊNDICE B.5
Estratégias comuns de autogerenciamento

• Assistir a um filme	• Exercícios de relaxamento ou respiratórios
• Assistir a um programa na TV	• Oração
• Ouvir música	• Quebra-cabeças (p. ex., palavras cruzadas, *sudoku*, jogos de computador)
• Cantar	• Pensar em um evento positivo futuro
• Brincar com um animal de estimação	• Pensar em memórias positivas
• Sair para uma caminhada	• Olhar fotos de amigos
• Fazer exercícios	• Ler cartas ou *e-mails* de familiares
• Tomar um banho quente	• Comer uma comida favorita (p. ex., sorvete, *pizza*)
• Ler um livro	
• Ler material espiritual ou religioso	• Cozinhar
• Meditar	• Praticar um esporte

De *Brief Cognitive-Behavioral Therapy for Suicide Prevention*, de Craig J. Bryan e M. David Rudd. Copyright © 2018 The Guilford Press. A reprodução deste material é permitida aos compradores deste livro para uso pessoal e uso com clientes individuais. Os compradores podem fazer *download* de cópias adicionais deste material na página do livro em loja.grupoa.com.br.

APÊNDICE B.6
Roteiro de relaxamento

Observação: As elipses [...] indicam pontos em que o clínico deve fazer uma pausa de alguns segundos.

Vamos começar inspirando lenta e profundamente pelo nariz, de modo que você encha os pulmões e sinta que sua barriga começa a se expandir... E então, muito lentamente, deixe o ar sair pela boca... Bom... Vamos repetir isso... Uma inspiração lenta e profunda... E, então, muito lentamente, deixe o ar sair... Muito bom... E você pode continuar a inspirar de maneira muito lenta, muito profunda... Para dentro... Para fora... Dentro... e fora... Bom... Assim mesmo.

[Pausa de 15 segundos]

E agora, a cada expiração, o que eu gostaria que você fizesse é apenas liberar a tensão e os ombros e os deixar cair... Como se eles estivessem sendo puxados para baixo por pequenos pesos... A cada expiração lenta, apenas deixe que eles caiam um pouco mais... Permitindo que eles fiquem totalmente relaxados... Bom... Continue respirando lenta e profundamente... Enchendo seus pulmões e sua barriga... E lentamente liberando a tensão a cada vez que expirar... repetidamente... Muito bom.

[Pausa de 15 segundos]

Agora que você está em um estado de relaxamento, eu gostaria que mais uma vez você inspirasse profundamente... E, então, lentamente, deixe o ar sair... E, quando estiver pronto, pode abrir os olhos.

De *Brief Cognitive-Behavioral Therapy for Suicide Prevention*, de Craig J. Bryan e M. David Rudd. Copyright © 2018 The Guilford Press. A reprodução deste material é permitida aos compradores deste livro para uso pessoal e uso com clientes individuais. Os compradores podem fazer *download* de cópias adicionais deste material na página do livro em loja.grupoa.com.br.

APÊNDICE B.7
Roteiro de *mindfulness*

Observação: As elipses [...] indicam pontos em que o clínico deve fazer uma pausa de alguns segundos.

Vamos começar desacelerando sua respiração, bem devagar, respirações regulares seguidas por respirações lentas... Expire... Inspire... E expire... Inspire... E expire... Muito bom... Vamos continuar a respirar lenta e profundamente, assim mesmo, enquanto fazemos este exercício de atenção.

[Pausa de 15 segundos]

Pare um momento para realmente focar a atenção na sua respiração... Note como é a sensação do ar entrando em seu corpo... Note como você sente seu peito enquanto seus pulmões se enchem de ar... E, então, note como é a sensação do ar enquanto ele sai do seu corpo... Apenas foque na sua respiração... Inspire... E expire... Se você notar sua mente se dispersando enquanto faz isso, tudo bem... Apenas note isso e então traga sua atenção de volta para sua respiração.

[Pausa de 15 segundos]

Agora mude sua atenção para a percepção dos sons... Pare um momento para notar todos os sons que consegue ouvir... Note até mesmo aqueles sons em segundo plano que normalmente você iria ignorar ou filtrar... Se notar sua mente se dispersando enquanto faz isso, tudo bem... Apenas note e então traga sua atenção de volta para os sons... Sempre voltando... Não importa para onde sua mente vá ou o que ela pensa... Apenas trazendo seu foco de volta para sua respiração... De novo... E de novo... E de novo.

[Pausa de 15 segundos]

Agora pare um momento para notar os pensamentos que passam pela sua mente... Não tente mudá-los... Não tente interrompê-los... Apenas olhe para eles enquanto passam pela sua mente, como se estivessem em uma esteira rolante e passassem por você... Às vezes, seus pensamentos são como palavras ou sentenças... Se você tiver pensamentos que sejam palavras ou sentenças, simplesmente coloque essas palavras na esteira rolante

(Continua...)

De *Brief Cognitive-Behavioral Therapy for Suicide Prevention*, de Craig J. Bryan e M. David Rudd. Copyright © 2018 The Guilford Press. A reprodução deste material é permitida aos compradores deste livro para uso pessoal e uso com clientes individuais. Os compradores podem fazer *download* de cópias adicionais deste material na página do livro em loja.grupoa.com.br.

(Continuação)

e observe-as passarem por você... Às vezes, seus pensamentos são como figuras ou imagens... Se você tiver pensamentos que são figuras ou imagens, apenas os coloque na esteira rolante, também, e observe as imagens passarem por você... Sempre que notar um pensamento, apenas o observe passar pela sua mente sem tentar interferir nele... Agora traga sua atenção de volta para a percepção dos sons... Note como você pode mudar o foco dos seus pensamentos para alguma outra coisa, sempre que quiser... Provavelmente, você vai notar que mais pensamentos ficam pipocando na sua cabeça, e está tudo bem... Apenas os observe passar por você e depois traga seu foco de volta para sua respiração... Repita esse processo sempre que um pensamento entrar na sua mente, mesmo que ele seja um pensamento estressante ou um pensamento incômodo... De novo... E de novo... E de novo... Sempre trazendo a atenção de volta para sua respiração.

[Pausa de 15 segundos]

Agora pare um momento para pensar sobre alguma coisa estressante... Talvez seja um problema que você está enfrentando ou alguma coisa com que tem se preocupado... Apenas observe esse pensamento estressante passar por você, como todos os outros pensamentos, e então traga seu foco de volta para sua respiração... Frequentemente, nossos pensamentos estressantes continuarão voltando à nossa mente, e os notaremos de novo... Tudo bem... Sempre que isso acontecer, apenas olhe para o pensamento e observe-o passar por você, e então retorne à sua respiração... Faça isso repetidamente... De novo e de novo... Sempre que um pensamento vier à sua mente... Apenas notando e depois focando na sua respiração... Bom.

[Pausa de 15 segundos]

Vá em frente e, mais uma vez, inspire lenta e profundamente... E então deixe o ar sair lentamente... E, quando estiver pronto, pode abrir os olhos.

Referências

Aharonovich, E., Liu, X., Nunes, E., & Hasin, D. S. (2002). Suicide attempts in substance abusers: Effects of major depression in relation to substance use disorders. *American Journal of Psychiatry, 159*(9), 1600-1602.

Akiskal, H. S., & Benazzi, F. (2005). Psychopathologic correlates of suicidal ideation in major depressive outpatients: Is it all due to unrecognized (bipolar) depressive mixed states? *Psychopathology, 38*(5), 273-280.

Allen, J. P., Litten, R. Z., Fertig, J. B., & Babor, T. (1997). A review of research on the Alcohol Use Disorders Identification Test (AUDIT). *Alcoholism: Clinical and Experimental Research, 21*, 613-619.

Bagge, C. L., Conner, K. R., Reed, L., Dawkins, M., & Murray, K. (2015). Alcohol use to facilitate a suicide attempt: An event-based examination. *Journal of Studies on Alcohol and Drugs, 76*, 474-481.

Barraclough, B., & Pallis, D. (1975). Depression followed by suicide: A comparison of depressed suicides with living depressives. *Psychological Medicine, 5*, 55-61.

Bastien, C. H., Vallieres, A., & Morin, C. M. (2000). Validation of the Insomnia Severity Index as an outcome measure for insomnia research. *Sleep Medicine, 2*, 297-307.

Baumeister, R. F. (1990). Suicide as escape from self. *Psychological Review, 97*, 90-113.

Beck, A. T. (1972). *Depression: Causes and treatment*. Philadelphia: University of Pennsylvania Press.

Beck, A. T., Brown, G. K., & Steer, R. A. (1997). Psychometric characteristics of the Scale for Suicide Ideation with psychiatric outpatients. *Behaviour Research and Therapy, 35*, 1039-1046.

Beck, A. T., Kovacs, M., & Weissman, A. (1979). Assessment of suicidal intention: The Scale for Suicide Ideation. *Journal of Consulting and Clinical Psychology, 47*, 343-352.

Beck, A. T., & Steer, R. A. (1991). *Manual for the Beck Scale for Suicide Ideation*. San Antonio, TX: Psychological Corporation.

Beck, A. T., Steer, R. A., & Brown, G. K. (1996). *Beck Depression Inventory–II*. San Antonio, TX: Psychological Corporation.

Bedics, J. D., Atkins, D. C., Comtois, K. A., & Linehan, M. M. (2012). Treatment differences in the therapeutic relationship and introject during a 2-year randomized controlled trial of dialectical behavior therapy versus nonbehavioral psychotherapy experts for borderline personality disorder. *Journal of Consulting and Clinical Psychology, 80*(1), 66-77.

Benazzi, F. (2005). Suicidal ideation and bipolar-II depression symptoms. *Human Psychopharmacology: Clinical and Experimental, 20*(1), 27-32.

Benazzi, F., & Akiskal, H. S. (2006). Psychometric delineation of the most discriminant symptoms of depressive mixed states. *Psychiatry Research, 141*(1), 81-88.

Bennett, B. E., Bricklin, P. M., Harris, E. C., Knapp, S., VandeCreek, L., & Younggren, J. N. (2006). *Assessing and managing risk in psychological practice*. Washington, DC: American Psychiatric Association.

Berman, A. L. (2006). Risk management with suicidal patients. *Journal of Clinical Psychology, 62*(2), 171-184.

Bernert, R. A., Joiner, T. E., Cukrowicz, K. C., Schmidt, N. B., & Krakow, B. (2005). Suicidality and sleep disturbances. *Sleep, 28*(9), 1135.

Bond, G. R., Becker, D. R., & Drake, R. E. (2011). Measurement of fidelity of implementation of evidence-based practices: Case example of the IPS fidelity scale. *Clinical Psychology: Science and Practice, 18*(2), 126-141.

Borges, G., Walters, E. E., & Kessler, R. C. (2000). Associations of substance use, abuse, and dependence with subsequent suicidal behavior. *American Journal of Epidemiology, 151*(8), 781-789.

Bostwick, J. M., & Pankratz, V. S. (2001). "Omission of suicide data": Reply. *American Journal of Psychiatry, 158*(11), 1935.

Boudreaux, E. D., Miller, I., Goldstein, A. B., Sullivan, A. F., Allen, M. H., Manton, A. P., et al. (2013). The Emergency Department Safety Assessment and Follow-up Evaluation (ED-SAFE): Method and design considerations. *Contemporary Clinical Trials, 36,* 14-24.

Britton, P. C., Bryan, C. J., & Valenstein, M. (2016). Motivational interviewing for means restriction counseling with patients at risk for suicide. *Cognitive and Behavioral Practice, 23*(1), 51-61.

Brown, G. K., Beck, A. T., Steer, R. A., & Grisham, J. R. (2000). Risk factors for suicide in psychiatric outpatients: A 20-year prospective study. *Journal of Consulting and Clinical Psychology, 68*(3), 371-377.

Brown, G. K., Henriques, G. R., Sosdjan, D., & Beck, A. T. (2004). Suicide intent and accurate expectations of lethality: Predictors of medical lethality of suicide attempts. *Journal of Consulting and Clinical Psychology, 72*(6), 1170-1174.

Brown, G. K., Steer, R. A., Henriques, G. R., & Beck, A. T. (2005). The internal struggle between the wish to die and the wish to live: A risk factor for suicide. *American Journal of Psychiatry, 162,* 1977-1979.

Brown, G. K., Ten Have, T., Henriques, G. R., Xie, S. X., Hollander, J. E., & Beck, A. T. (2005). Cognitive therapy for the prevention of suicide attempts: A randomized controlled trial. *Journal of the American Medical Association, 294*(5), 563-570.

Bryan, A. O., Theriault, J. L., & Bryan, C. J. (2014). Self-forgiveness, posttraumatic stress, and suicide attempts among military personnel and veterans. *Traumatology, 21,* 40-46.

Bryan, C. J. (2016). Treating PTSD within the context of heightened suicide risk. *Current Psychiatry Reports, 18*(8), 1-7.

Bryan, C. J., Andreski, S. R., McNaughton-Cassill, M., & Osman, A. (2014). Agency is associated with decreased emotional distress and suicidal ideation in military personnel. *Archives of Suicide Research, 18*(3), 241-250.

Bryan, C. J., Bryan, A. O., May, A. M., & Klonsky, E. D. (2015). Trajectories of suicide ideation, nonsuicidal self-injury, and suicide attempts in a nonclinical sample of military personnel and veterans. *Suicide and Life-Threatening Behavior, 45*(3), 315-325.

Bryan, C. J., Bryan, A. O., Ray-Sannerud, B. N., Etienne, N., & Morrow, C. E. (2014). Suicide attempts before joining the military increase risk for suicide attempts and severity of suicidal ideation among military personnel and veterans. *Comprehensive Psychiatry, 55*(3), 534-541.

Bryan, C. J., Clemans, T. A., & Hernandez, A. M. (2012). Perceived burdensomeness, fearlessness of death, and suicidality among deployed military personnel. *Personality and Individual Differences, 52*(3), 374-379.

Bryan, C. J., Clemans, T. A., Leeson, B., & Rudd, M. D. (2015). Acute vs. chronic stressors, multiple suicide attempts, and persistent suicide ideation in US soldiers. *Journal of Nervous and Mental Disease, 203,* 48-53.

Bryan, C. J., Corso, K. A., Corso, M. L., Kanzler, K. E., Ray-Sannerud, B., & Morrow, C. E. (2012). Therapeutic alliance and change in suicidal ideation during treatment in integrated primary care settings. *Archives of Suicide Research, 16,* 316-323.

Bryan, C. J., Corso, K. A., Rudd, M. D., & Cordero, L. (2008). Improving identification of suicidal patients in primary care through routine screening. *Primary Care and Community Psychiatry, 13,* 143-147.

Bryan, C. J., Elder, W. B., McNaughton-Cassill, M., Osman, A., Hernandez, A. M., & Allison, S. (2013). Meaning in life, emotional distress, suicidal ideation, and life functioning in an active duty military sample. *Journal of Positive Psychology, 8,* 444-452.

Bryan, C. J., Garland, E. L., & Rudd, M. D. (2016). From impulse to action among military personnel hospitalized for suicide risk: Alcohol consumption and the reported transition from suicidal thought to behavior. *General Hospital Psychiatry, 41,* 13–19.

Bryan, C. J., Gartner, A. M., Wertenberger, E., Delano, K. A., Wilkinson, E., Breitbach, J., et al. (2012). Defining treatment completion according to patient competency: A case example using brief cognitive behavioral therapy (BCBT) for suicidal patients. *Professional Psychology: Research and Practice, 43*(2), 130–136.

Bryan, C. J., Gonzales, J., Rudd, M. D., Bryan, A. O., Clemans, T. A., Ray-Sannerud, B., et al. (2015). Depression mediates the relation of insomnia severity with suicide risk in three clinical samples of U.S. military personnel. *Depression and Anxiety, 32,* 647–655.

Bryan, C. J., Griffith, J., Pace, B. T., Hinkson, K., Bryan, A. O., Clemans, T., et al. (2015, April). *Combat exposure and risk for suicidal thoughts and behaviors among military personnel and veterans: A systematic review and meta-analysis.* Paper presented at the annual meeting of the American Association of Suicidology, Atlanta, GA.

Bryan, C. J., Grove, J. L., & Kimbrel, N. A. (2017). Theory-driven models of self-directed violence among individuals with PTSD. *Current Opinion in Psychology, 14,* 12–17.

Bryan, C. J., & Hernandez, A. M. (2013). The functions of social support as protective factors for suicidal ideation in a sample of air force personnel. *Suicide and Life-Threatening Behavior, 43*(5), 562–573.

Bryan, C. J., Hitschfeld, M. J., Palmer, B. A., Schak, K. M., Roberge, E. M., & Lineberry, T. W. (2014). Gender differences in the association of agitation and suicide attempts among psychiatric inpatients. *General Hospital Psychiatry, 36,* 726–731.

Bryan, C. J., Kanzler, K. E., Grieser, E., Martinez, A., Allison, S., & McGeary, D. (2017). A shortened version of the Suicide Cognitions Scale for identifying chronic pain patients at risk for suicide. *Pain Practice, 17*(3), 371–381.

Bryan, C. J., Kopta, S. M., & Lowes, B. D. (2012). CelestHealth System: A new horizon for mental health treatment. *Science and Practice, 2,* 7–11.

Bryan, C. J., Mintz, J., Clemans, T. A., Leeson, B., Burch, T. S., Williams, S. R., et al. (2017). Effect of crisis response planning vs. contracts for safety on suicide risk in US Army soldiers: A randomized clinical trial. *Journal of Affective Disorders, 212,* 64–72.

Bryan, C. J., Morrow, C. E., Anestis, M. D., & Joiner, T. E. (2010). A preliminary test of the interpersonal-psychological theory of suicidal behavior in a military sample. *Personality and Individual Differences, 48*(3), 347–350.

Bryan, C. J., Morrow, C. E., Etienne, N., & Ray-Sannerud, B. (2013). Guilt, shame, and suicidal ideation in a military outpatient clinical sample. *Depression and Anxiety, 30*(1), 55–60.

Bryan, C. J., Ray-Sannerud, B., Morrow, C. E., & Etienne, N. (2013a). Guilt is more strongly associated with suicidal ideation among military personnel with direct combat exposure. *Journal of Affective Disorders, 148*(1), 37–41.

Bryan, C. J., Ray-Sannerud, B., Morrow, C., & Etienne, N. (2013b). Optimism reduces suicidal ideation and weakens the effect of hopelessness among military personnel. *Cognitive Therapy and Research, 37*(5), 996–1003.

Bryan, C. J., Ray-Sannerud, B., Morrow, C. E., & Etienne, N. (2013c). Shame, pride, and suicidal ideation in a military clinical sample. *Journal of Affective Disorders, 147*(1–3), 212–216.

Bryan, C. J., Roberge, E. M., Bryan, A. O., Ray-Sannerud, B., Morrow, C. E., & Etienne, N. (2015). Guilt as a mediator of the relationship between depression and posttraumatic stress with suicide ideation in two samples of military personnel and veterans. *International Journal of Cognitive Therapy, 8,* 43–155.

Bryan, C. J., & Rudd, M. D. (2006). Advances in the assessment of suicide risk. *Journal of Clinical Psychology, 62,* 185–200.

Bryan, C. J., & Rudd, M. D. (2012). Life stressors, emotional distress, and trauma-related thoughts occurring in the 24 h preceding active duty U.S. soldiers' suicide attempts. *Journal of Psychiatric Research, 46,* 843–848.

Bryan, C. J., & Rudd, M. D. (2015). Response to Stankiewicz et al. [Letter to the editor]. *American Journal of Psychiatry, 172,* 1022–1023.

Bryan, C. J., & Rudd, M. D. (2017). Nonlinear change processes during psychotherapy characterize patients who have made multiple suicide attempts. *Suicide and Life-Threatening Behavivor.* [Epub ahead of print]

Bryan, C. J., Rudd, M. D., Peterson, A. L., Young-McCaughan, S., & Wertenberger, E. G. (2016). The ebb and flow of the wish to live and the wish to die among suicidal military personnel. *Journal of Affective Disorders, 202,* 58–66.

Bryan, C. J., Rudd, M. D., Wertenberger, E., Etienne, N., Ray-Sannerud, B. N., Morrow, C. E., et al. (2014). Improving the detection and prediction of suicidal behavior among military personnel by measuring suicidal beliefs: An evaluation of the Suicide Cognitions Scale. *Journal of Affective Disorders, 159,* 15–22.

Bryan, C. J., Rudd, M. D., Wertenberger, E., Young-McCaughan, S., & Peterson, A. (2014). Nonsuicidal self-injury as a prospective predictor of suicide attempts in a clinical sample of military personnel. *Comprehensive Psychiatry.* [Epub ahead of print]

Bryan, C. J., Sinclair, S., & Heron, E. A. (2016). Do military personnel "acquire" the capability for suicide from combat?: A test of the interpersonal-psychological theory of suicide. *Clinical Psychological Science, 4,* 376–385.

Bryan, C. J., Stone, S. L., & Rudd, M. D. (2011). A practical, evidence-based approach for meansrestriction counseling with suicidal patients. *Professional Psychology: Research and Practice, 42*(5), 339.

Bryan, C. J., & Tomchesson, J. (2007, April). *Clinician definitions of common suicide-related terms.* Poster presented at the annual meeting of the American Association of Suicidology, New Orleans, LA.

Bryant, F. (2003). Savoring Beliefs Inventory (SBI): A scale for measuring beliefs about savouring. *Journal of Mental Health, 12*(2), 175–196.

Budman, S. H., & Gurman, A. S. (2002). *Theory and practice of brief therapy.* New York: Guilford Press.

Burns, D. D. (1989). *The feeling good handbook: Using the new mood therapy in everyday life.* New York: Morrow.

Busch, K. A., Fawcett, J., & Jacobs, D. G. (2003). Clinical correlates of inpatient suicide. *Journal of Clinical Psychiatry, 64,* 14–19.

Bush, K., Kivlahan, D. R., McDonell, M. B., Fihn, S. D., & Bradley, K. A. (1998). The AUDIT alcohol consumption questions (AUDIT-C): An effective brief screening test for problem drinking. *Archives of Internal Medicine, 158,* 1789–1795.

Bush, N. E., Dobscha, S. K., Crumpton, R., Denneson, L. M., Hoffman, J. E., Crain, A., et al. (2015). A virtual hope box smartphone app as an accessory to therapy: Proof-of-concept in a clinical sample of veterans. *Suicide and Life-Threatening Behavior, 45,* 1–9.

Buysse, D. J., Reynolds, C. F., Monk, T. H., Berman, S. R., & Kupfer, D. J. (1989). The Pittsburgh Sleep Quality Index: A new instrument for psychiatric practice and research. *Psychiatry Research, 28,* 1 93–213.

Centers for Disease Control and Prevention. (2016). Web-based Injury Statistics Query and Reporting System (WISQARS) [Online]. Retrieved from *www.cdc.gov/injury/wisqars/index.html.*

Cha, C. B., Najmi, S., Park, J. M., Finn, C. T., & Nock, M. K. (2010). Attentional bias toward suiciderelated stimuli predicts suicidal behavior. *Journal of Abnormal Psychology, 119,* 616–622.

Chang, S., Stuckler, D. S., Yip, P., & Gunnell, D. (2013). Impact of 2008 global economic crisis on suicide: Time trend study in 54 countries. *British Medical Journal, 347,* f5239.

Cipriani, A., Pretty, H., Hawton, K., & Geddes, J. R. (2005). Lithium in the prevention of suicidal behavior and all-cause mortality in patients with mood disorders: A systematic review of randomized trials. *American Journal of Psychiatry, 162*(10), 1805–1819.

Cook, D. A. (2009). Thorough informed consent: A developing clinical intervention with suicidal clients. *Psychotherapy Theory, Research, Practice, Training, 46,* 469–471.

Coombs, D. W., Miller, H. L., Alarcon, R., Herlihy, C., Lee, J. M., & Morrison, D. P. (1992). Presuicide attempt communications between parasuicides and consulted caregivers. *Suicide and Life-Threatening Behavior, 22,* 289–302.

Cordero, L., Rudd, M. D., Bryan, C. J., & Corso, K. A. (2008). Accuracy of primary care medical providers' understanding of the FDA black box warning label for antidepressants. *Primary Care and Community Psychiatry, 13,* 109–114.

Crits-Christoph, P., Ring-Kurtz, S., Hamilton, J., Lambert, M. J., Gallop, R., McClure, B., et al. (2012). Preliminary study of the effects of individual patient-level feedback in outpatient substance abuse treatment programs. *Journal of Substance Abuse Treatment, 42,* 301–309.

Crosby, A., Ortega, L., & Melanson, C. (2011, February). *Self-directed violence surveillance: Uniform definitions and recommended data elements, version 1.0.* Atlanta, GA: Centers for Disease Control and Prevention.

Dawes, R., Faust, D., & Meehl, P. (1989). Clinical versus actuarial judgment. *Science, 243,* 1668–1674.

Dimidjian, S., Hollon, S. D., Dobson, K. S., Schmaling, K. B., Kohlenberg, R. J., Addis, M. E., et al. (2006). Randomized trial of behavioral activation, cognitive therapy, and antidepressant medication in the acute treatment of adults with major depression. *Journal of Consulting and Clinical Psychology, 74,* 658–670.

Dogra, A. K., Basu, S., & Das, S. (2011). Impact of meaning in life and reasons for living to hope and suicidal ideation: A study among college students. *Journal of Projective Psychology and Mental Health, 18,* 89.

Eddleston, M., Buckley, N. A., Gunnell, D., Dawson, A. H., & Konradsen, F. (2006). Identification of strategies to prevent death after pesticide self-poisoning using a Haddon matrix. *Injury Prevention, 12,* 333–337.

Ellis, T. E., & Rufino, K. A. (2015). A psychometric study of the Suicide Cognitions Scale with psychiatric inpatients. *Psychological Assessment, 27,* 82–89.

Erisman, S. M., & Roemer, L. (2010). A preliminary investigation of the effects of experimentally induced mindfulness on emotional responding to film clips. *Emotion, 10,* 72–82.

Esposito-Smythers, C., Spirito, A., Kahler, C. W., Hunt, J., & Monti, P. (2011). Treatment of cooccurring substance abuse and suicidality among adolescents: A randomized trial. *Journal of Consulting and Clinical Psychology, 79,* 728–739.

Fawcett, J. (1999). Profiles of completed suicides. In D. Jacobs (Ed.), *The Harvard Medical School guide to suicide assessment and intervention* (pp. 132–148). San Francisco: Jossey-Bass.

Ferster, C. B. (1973). A functional analysis of depression. *American Psychologist, 28,* 857–870.

Forman, E. M., Berk, M. S., Henriques, G. R., Brown, G. K., & Beck, A. T. (2004). History of multiple suicide attempts as a behavioral marker of severe psychopathology. *American Journal of Psychiatry, 161,* 437–443.

Franklin, J. C., Ribeiro, J. D., Fox, K. R., Bentley, K. H., Kleiman, E. M., Huang, X., et al. (2017). Risk factors for suicidal thoughts and behaviors: A meta-analysis of 50 years of research. *Psychological Bulletin, 143*(2), 187–232.

Frey, L. M., & Cerel, J. (2015). Risk for suicide and the role of family: A narrative review. *Journal of Family Issues, 36,* 716–736.

Gable, S. L., Reis, H. T., Impett, E. A., & Asher, E. R. (2004). What do you do when things go right?: The intrapersonal and interpersonal benefits of sharing positive events. *Journal of Personality and Social Psychology, 87,* 228.

Garland, E. L., Gaylord, S. A., Boettiger, C. A., & Howard, M. O. (2010). Mindfulness training modifies cognitive, affective, and physiological mechanisms implicated in alcohol dependence: Results of a randomized controlled pilot trial. *Journal of Psychoactive Drugs, 42,* 177–192.

Ghahramanlou-Holloway, M., Bhar, S. S., Brown, G. K., Olsen, C., & Beck, A. T. (2012). Changes in problem-solving appraisal after cognitive therapy for the prevention of suicide. *Psychological Medicine, 42,* 1185–1193.

Gortner, E. T., Gollan, J. K., Dobson, K. S., & Jacobson, N. S. (1998). Cognitive–behavioral treatment for depression: Relapse prevention. *Journal of Consulting and Clinical Psychology, 66,* 377–384.

Green, K. L., Brown, G. K., Jager-Hyman, S., Cha, J., Steer, R. A., & Beck, A. T. (2015). The predictive validity of the Beck Depression Inventory suicide item. *Journal of Clinical Psychiatry, 76,* 1683–1686.

Grove, W. M. (2005). Clinical versus statistical prediction: The contribution of Paul E. Meehl. *Journal of Clinical Psychology, 61,* 1233–1243.

Guan, K., Fox, K. R., & Prinstein, M. J. (2012). Nonsuicidal self-injury as a time-invariant predictor of adolescent suicide ideation and attempts in a diverse community sample. *Journal of Consulting and Clinical Psychology, 80,* 842–849.

Gujar, N., Yoo, S., Hu, P., & Walker, M. P. (2011). Sleep deprivation amplifies reactivity of brain reward networks, biasing the appraisal of positive emotional experiences. *Journal of Neuroscience, 31*, 4466–4474.

Gysin-Maillart, A., Schwab, S., Soravia, L., Megert, M., & Michel, K. (2016). A novel brief therapy for patients who attempt suicide: A 24-months follow-up randomized controlled study of the attempted suicide short intervention program (ASSIP). *PLOS Medicine, 13*(3), e1001968.

Hall, M. H. (2010). Behavioral medicine and sleep: Concepts, measures, and methods. In A. Steptoe (Ed.), *Handbook of behavioral medicine: Methods and applications* (pp. 749–765). New York: Springer.

Hall, R. C., Platt, D. E., & Hall, R. C. (1999). Suicide risk assessment: A review of risk factors for suicide in 100 patients who made severe suicide attempts: Evaluation of suicide risk in a time of managed care. *Psychosomatics, 40*, 18–27.

Harmon, S. C., Lambert, M. J., Smart, D. W., Hawkins, E. J., Nielsen, S. L., Slade, K., et al. (2007). Enhancing outcome for potential treatment failures: Therapist/client feedback and clinical support tools. *Psychotherapy Research, 17*, 379–392.

Harris, E. C., & Barraclough, B. (1997). Suicide as an outcome for mental disorders: A meta-analysis. *British Journal of Psychiatry, 170*, 205–228.

Harrison, Y., & Horne, J. A. (2000). The impact of sleep deprivation on decision making: A review. *Journal of Experimental Psychology: Applied, 6*, 236–249.

Harvard University School of Public Health. (n.d.). Lethal means counseling. Retrieved February 8, 2015, from *www.hsph.harvard.edu/means-matter/lethal-means-counseling*.

Hayes, S. C., Wilson, K. G., Gifford, E. V., Follette, V. M., & Strosahl, K. (1996). Experiential avoidance and behavioral disorders: A functional dimensional approach to diagnosis and treatment. *Journal of Consulting and Clinical Psychology, 64*, 1152–1168.

Heisel, M. J., & Flett, G. L. (2008). Psychological resilience to suicide ideation among older adults. *Clinical Gerontologist, 31*, 51–70.

Hendin, H., & Haas, A. P. (1991). Suicide and guilt as manifestations of PTSD in Vietnam combat veterans. *American Journal of Psychiatry, 148*, 586–591.

Hill, R. M., Rey, Y., Marin, C. E., Sharp, C., Green, K. L., & Pettit, J. W. (2015). Evaluating the Interpersonal Needs Questionnaire: Comparison of the reliability, factor structure, and predictive validity across five versions. *Suicide and Life-Threatening Behavior, 45*, 302–314.

Hirsch, J. K., & Conner, K. R. (2006). Dispositional and explanatory style optimism as potential moderators of the relationship between hopelessness and suicidal ideation. *Suicide and Life-Threatening Behavior, 36*, 661–669.

Hirsch, J. K., Conner, K. R., & Duberstein, P. R. (2007). Optimism and suicide ideation among young adult college students. *Archives of Suicide Research, 11*, 177–185.

Hirsch, J. K., Wolford, K., Lalonde, S. M., Brunk, L., & Parker-Morris, A. (2009). Optimistic explanatory style as a moderator of the association between negative life events and suicide ideation. *Crisis, 30*, 48–53.

Horesh, N., Levi, Y., & Apter, A. (2012). Medically serious versus non-serious suicide attempts: Relationships of lethality and intent to clinical and interpersonal characteristics. *Journal of Affective Disorders, 136*, 286–293.

Horvath, A. O., & Greenberg, L. S. (1989). Development and validation of the Working Alliance Inventory. *Journal of Counseling Psychology, 36*, 223–233.

Ilgen, M. A., Harris, A. H. S., Moos, R. H., & Tiet, Q. Q. (2007). Predictors of a suicide attempt one year after entry into substance use disorder treatment. *Alcoholism: Clinical and Experimental Research, 31*, 635–642.

Ingram, R. E., Miranda, J., & Segal, Z. (2006). Cognitive vulnerability to depression. In L. B. Alloy & J. H. Riskind (Eds.), *Cognitive vulnerability to emotional disorders* (pp. 63–91). Mahwah, NJ: Erlbaum.

Inskip, H. M., Harris, E. C., & Barraclough, B. (1998). Lifetime risk of suicide for affective disorder, alcoholism and schizophrenia. *British Journal of Psychiatry, 172*, 35–37.

Jain, S., Shapiro, S. L., Swanick, S., Roesch, S. C., Mills, P. J., Bell, I., et al. (2007). A randomized controlled trial of mindfulness meditation versus relaxation training: Effects on distress, positive states of mind, rumination, and distraction. *Annals of Behavioral Medicine, 33*, 11–21.

Jeannerod, M. (2001). Neural simulation of action: A unifying mechanism for motor cognition. NeuroImage, 14, S103–S109.

Joiner, T. E., Jr. (2005). Why people die by suicide. Cambridge, MA: Harvard University Press.

Joiner, T. E., Jr., Conwell, Y., Fitzpatrick, K. K., Witte, T. K., Schmidt, N. B., Berlim, M. T., et al. (2005). Four studies on how past and current suicidality relate even when "everything but the kitchen sink" is covaried. Journal of Abnormal Psychology, 114, 291–303.

Joiner, T. E., Jr., Pfaff, J. J., & Acres, J. G. (2002). A brief screening tool for suicidal symptoms in adolescents and young adults in general health settings: Reliability and validity data from the Australian National General Practice Youth Suicide Prevention Project. Behaviour Research and Therapy, 40, 471–481.

Joiner, T. E., Jr., Rudd, M. D., & Rajab, M. H. (1997). The Modified Scale for Suicidal Ideation: Factors of suicidality and their relation to clinical and diagnostic variables. Journal of Abnormal Psychology, 106, 260–265.

Joiner, T. E., Jr., Steer, R. A., Brown, G., Beck, A. T., Pettit, J. W., & Rudd, M. D. (2003). Worst-point suicidal plans: A dimension of suicidality predictive of past suicide attempts and eventual death by suicide. Behaviour Research and Therapy, 41, 1469–1480.

Joiner, T. E., Jr., Van Orden, K. A., Witte, T. K., & Rudd, M. D. (2009). The interpersonal theory of suicide: Guidance for working with suicidal clients. Washington, DC: American Psychological Association.

Joiner, T. E., Jr., Van Orden, K. A., Witte, T. K., Selby, E. A., Ribeiro, J. D., Lewis, R., et al. (2009). Main predictions of the interpersonal-psychological theory of suicidal behavior: Empirical tests in two samples of young adults. Journal of Abnormal Psychology, 118, 634–646.

Joiner, T. E., Jr., Walker, R. L., Rudd, M. D., & Jobes, D. A. (1999). Scientizing and routinizing the assessment of suicidality in outpatient practice. Professional Psychology: Research and Practice, 30, 447.

Judd, L. L., Schettler, P. J., Akiskal, H., Coryell, W., Fawcett, J., Fiedorowicz, J. G., et al. (2012). Prevalence and clinical significance of subsyndromal manic symptoms, including irritability and psychomotor agitation, during bipolar major depressive episodes. Journal of Affective Disorders, 138, 440–448.

Kabat-Zinn, J., Massion, A. O., Kristeller, J., Peterson, L. G., Fletcher, K. E., Pbert, L., et al. (1992). Effectiveness of a meditation-based stress reduction program in the treatment of anxiety disorders. American Journal of Psychiatry, 149, 936–943.

Kanzler, K. E., Bryan, C. J., McGeary, D. D., & Morrow, C. E. (2012). Suicidal ideation and perceived burdensomeness in patients with chronic pain. Pain Practice, 12, 602–609.

Kaslow, N. J., Sherry, A., Bethea, K., Wyckoff, S., Compton, M. T., Grall, M. B., et al. (2005). Social risk and protective factors for suicide attempts in low income African American men and women. Suicide and Life-Threatening Behavior, 35, 400–412.

Katz, L. Y., Cox, B. J., Gunasekara, S., & Miller, A. L. (2004). Feasibility of dialectical behavior therapy for suicidal adolescent inpatients. Journal of the American Academy of Child and Adolescent Psychiatry, 43, 276–282.

Kessler, R. C., Borges, G., & Walters, E. E. (1999). Prevalence of and risk factors for lifetime suicide attempts in the National Comorbidity Survey. Archives of General Psychiatry, 56, 617–626.

Klonsky, E. D., & May, A. M. (2015). The three-step theory (3ST): A new theory of suicide rooted in the "ideation-to-action" framework. International Journal of Cognitive Therapy, 8, 114–129.

Klonsky, E. D., May, A. M., & Glenn, C. R. (2013). The relationship between nonsuicidal self-injury and attempted suicide: Converging evidence from four samples. Journal of Abnormal Psychology, 122, 231–237.

Kopta, S. M., & Lowry, J. L. (2002). Psychometric evaluation of the Behavioral Health Questionnaire-20: A brief instrument for assessing global mental health and the three phases of psychotherapy outcome. Psychotherapy Research, 12, 413–426.

Kovacs, M., Beck, A. T., & Weissman, A. (1976). The communication of suicidal intent: A reexamination. Archives of General Psychiatry, 33, 198–201.

Kroenke, K., Spitzer, R. L., & Williams, J. B. (2001). The PHQ-9. Journal of General Internal Medicine, 16, 606–61.

Lambert, M. J. (2013). Outcome in psychotherapy: The past and important advances. *Psychotherapy, 50*, 42–51.

Lambert, M. J., Morton, J. J., Hatfield, D., Harmon, C., Hamilton, S., Reid, R. C., et al. (2004). *Administration and scoring manual for the OQ-45*. Orem, UT: American Professional Credentialing Services.

Lambert, M. J., Whipple, J. L., Smart, D. W., Vermeersch, D. A., Nielsen, S. L., & Hawkins, E. J. (2001). The effects of providing therapists with feedback on patient progress during psychotherapy: Are outcomes enhanced? *Psychotherapy Research, 11*, 49–68.

Lewinsohn, P. M., & Graf, M. (1973). Pleasant activities and depression. *Journal of Consulting and Clinical Psychology, 41*, 261–268.

Lewinsohn, P. M., & Libet, J. (1972). Pleasant events, activity schedules, and depressions. *Journal of Abnormal Psychology, 79*, 291–295.

Linehan, M. M. (1993). *Cognitive-behavioral treatment of borderline personality disorder*. New York: Guilford Press.

Linehan, M. M., Armstrong, H. E., Suarez, A., Allmon, D., & Heard, H. L. (1991). Cognitivebehavioral treatment of chronically parasuicidal borderline patients. *Archives of General Psychiatry, 48*, 1060–1064.

Linehan, M. M., Comtois, K. A., Brown, M. Z., Heard, H. L., & Wagner, A. (2006). Suicide Attempt Self-Injury Interview (SASII): Development, reliability, and validity of a scale to assess suicide attempts and intentional self-injury. *Psychological Assessment, 18*, 303–312.

Linehan, M. M., Comtois, K. A., Murray, A. M., Brown, M. Z., Gallop, R. J., Heard, H. L., et al. (2006). Two-year randomized controlled trial and follow-up of dialectical behavior therapy vs therapy by experts for suicidal behaviors and borderline personality disorder. *Archives of General Psychiatry, 63*, 757–766.

Luebbert, K., Dahme, B., & Hasenbring, M. (2001). The effectiveness of relaxation training in reducing treatment-related symptoms and improving emotional adjustment in acute non-surgical cancer treatment: A meta-analytical review. *Psycho-Oncology, 10*, 490–502.

Lynch, T. R., Chapman, A. L., Rosenthal, M. Z., Kuo, J. R., & Linehan, M. M. (2006). Mechanisms of change in dialectical behavior therapy: Theoretical and empirical observations. *Journal of Clinical Psychology, 62*, 459–480.

MacLeod, A. K., Rose, G. S., & Williams, J. M. G. (1993). Components of hopelessness about the future in parasuicide. *Cognitive Therapy and Research, 17*, 441–455.

MacLeod, A. K., & Tarbuck, A. F. (1994). Explaining why negative events will happen to oneself: Parasuicides are pessimistic because they can't see any reason not to be. *British Journal of Clinical Psychology, 33*, 317–326.

Mann, J. J., Apter, A., Bertolote, J., Beautrais, A., Currier, D., Haas, A., et al. (2005). Suicide prevention strategies: A systematic review. *Journal of the American Medical Association, 294*, 2064–2074.

Martin, D. J., Garske, J. P., & Davis, M. K. (2000). Relation of the therapeutic alliance with outcome and other variables: A meta-analytic review. *Journal of Consulting and Clinical Psychology, 68*, 438.

May, A. M., & Klonsky, E. D. (2016). What distinguishes suicide attempters from suicide ideators?: A meta-analysis of potential factors. *Clinical Psychology: Science and Practice, 23*, 5–20.

Meltzer, H. Y., Alphs, L., Green, A. I., Altamura, A. C., Anand, R., Bertoldi, A., et al. (2003). Clozapine treatment for suicidality in schizophrenia: International suicide prevention trial (InterSePT). *Archives of General Psychiatry, 60*, 82–91.

Miklowitz, D. J., Alatiq, Y., Goodwin, G. M., Geddes, J. R., Fennell, M. J. V., Dimidjian, S., et al. (2009). A pilot study of mindfulness-based cognitive therapy for bipolar disorder. *International Journal of Cognitive Therapy, 2*, 373–382.

Miller, I. W., Camargo, C. A., Arias, S. A., Sullivan, A. F., Allen, M. H., Goldstein, A. B., et al., for the ED-SAFE Investigators. (2017). Suicide prevention in an emergency department population: The ED-SAFE study. *JAMA Psychiatry, 74*(6), 563–570.

Miller, W. R., & Rollnick, S. (2012). *Motivational interviewing: Helping people change* (3rd ed.). New York: Guilford Press.

Millner, A. J., Lee, M. D., & Nock, M. K. (2017). Describing and measuring the pathway to suicide attempts: A preliminary study. *Suicide and Life-Threatening Behavior, 47*(3), 353–369.

Minnix, J. A., Romero, C., Joiner T. E., Jr., & Weinberg, E. F. (2007). Change in "resolved plans" and "suicidal ideation" factors of suicidality after participation in an intensive outpatient treatment program. *Journal of Affective Disorders, 103,* 63–68.

Munzert, J., Lorey, B., & Zentgraf, K. (2009). Cognitive motor processes: The role of motor imagery in the study of motor representations. *Brain Research Reviews, 60,* 306–326.

Nasir, M., Baucom, B., Bryan, C. J., Narayanan, S., & Georgiou, P. (2017, August). Complexity in speech and its relation to emotional bond in therapist–patient interactions during suicide risk assessment interviews. *Proceedings of the Annual Conference of the International Speech Communication Association, INTERSPEECH,* pp. 3296–3300.

National Action Alliance Clinical Care & Intervention Task Force. (2012). *Suicide care in systems framework.* Washington, DC: National Action Alliance for Suicide Prevention.

National Institute for Health and Clinical Excellence. (2012). *Self-harm: Longer-term management.* Leicester, UK: British Psychological Society.

Nock, M. K., Borges, G., Bromet, E. J., Alonso, J., Angermeyer, M., Beautrais, A., et al. (2008). Crossnational prevalence and risk factors for suicidal ideation, plans, and attempts. *British Journal of Psychiatry, 192,* 98–105.

Nock, M. K., Park, J. M., Finn, C. T., Deliberto, T. L., Dour, H. J., & Banaji, M. R. (2010). Measuring the suicidal mind: Implicit cognition predicts suicidal behavior. *Psychological Science, 21,* 511–517.

Nock, M. K., & Prinstein, M. J. (2005). Contextual features and behavioral functions of self-mutilation among adolescents. *Journal of Abnormal Psychology, 114,* 140.

O'Connor, R. C. (2011). Towards an integrated motivational–volitional model of suicidal behaviour. In R. C. O'Connor, S. Platt, & J. Gorden (Eds.), *International handbook of suicide prevention: Research, policy, and practice* (pp. 181–198). Chichester, UK: Wiley.

O'Connor, R. C., & Noyce, R. (2008). Personality and cognitive processes: Self-criticism and different types of rumination as predictors of suicidal ideation. *Behaviour Research and Therapy, 46,* 392–401.

O'Connor, R. C., & O'Connor, D. B. (2003). Predicting hopelessness and psychological distress: The role of perfectionism and coping. *Journal of Counseling Psychology, 50,* 362–372.

O'Connor, R. C., Rasmussen, S., & Hawton, K. (2010). Predicting depression, anxiety, and selfharm in adolescents: The role of perfectionism and acute life stress. *Behaviour Research and Therapy, 48,* 52–59.

Oquendo, M. A., Galfalvy, H. C., Currier, D., Grunebaum, M. F., Sher, L., Sullivan, G. M., et al. (2011). Treatment of suicide attempters with bipolar disorder: A randomized clinical trial comparing lithium and valproate in the prevention of suicidal behavior. *American Journal of Psychiatry, 168,* 1050–1056.

Owens, D., Horrocks, J., & House, A. (2002). Fatal and non-fatal repetition of self-harm: Systematic review. *British Journal of Psychiatry, 181,* 193–199.

Peterson, L. G., Peterson, M., O'Shanick, G. J., & Swann, A. (1985). Self-inflicted gunshot wounds: Lethality of method versus intent. *American Journal of Psychiatry, 142,* 228–231.

Pigeon, W. R., Britton, P. C., Ilgen, M. A., Chapman, B., & Conner, K. R. (2012). Sleep disturbance preceding suicide among veterans. *American Journal of Public Health, 102*(Suppl. 1), S93–S97.

Pirkola, S., Isometsä, E., & Lönnqvist, J. (2003). Do means matter?: Differences in characteristics of Finnish suicide completers using different methods. *Journal of Nervous and Mental Disease, 191,* 745–750.

Pomerantz, A. M., & Handelsman, M. M. (2004). Informed consent revisited: An updated written question format. *Professional Psychology: Research and Practice, 35,* 201–205.

Poulin, C., Shiner, B., Thompson, P., Vepstas, L., Young-Xu, Y., Goertzel, B., et al. (2014). Predicting the risk of suicide by analyzing the text of clinical notes. *PLOS ONE, 9,* e85733.

Price, R. K., Risk, N. K., Haden, A. H., Lewis, C. E., & Spitznagel, E. L. (2004). Post-traumatic stress disorder, drug dependence, and suicidality among male Vietnam veterans with a history of heavy drug use. *Drug and Alcohol Dependence, 76*(Suppl.), S31–S43.

Pugh, M. J., Hesdorffer, D., Wang, C. P., Amuan, M. E., Tabares, J. V., Finley, E. P., et al. (2013). Temporal trends in new exposure to antiepileptic drug monotherapy and suicide-related behavior. *Neurology, 81,* 1900–1906.

Quoidbach, J., Berry, E. V., Hansenne, M., & Mikolajczak, M. (2010). Positive emotion regulation and well-being: Comparing the impact of eight savoring and dampening strategies. *Personality and Individual Differences, 49,* 368–373.

Resick, P. A., Monson, C. M., & Chard, K. M. (2017). *Cognitive processing therapy for PTSD: A comprehensive manual.* New York: Guilford Press.

Rihmer, Z., & Akiskal, H. (2006). Do antidepressants t(h)reat(en) depressives?: Toward a clinically judicious formulation of the antidepressant–suicidality FDA advisory in light of declining national suicide statistics from many countries. *Journal of Affective Disorders, 94,* 3–13.

Rihmer, Z., & Pestality, P. (1999). Bipolar II disorder and suicidal behavior. *Psychiatric Clinics of North America, 22,* 667–673.

Rudd, M. D. (2006). Fluid vulnerability theory: A cognitive approach to understanding the process of acute and chronic risk. In T. E. Ellis (Ed.), *Cognition and suicide: Theory, research, and therapy* (pp. 355–368). Washington, DC: American Psychological Association.

Rudd, M. D. (2009). Psychological treatments for suicidal behavior: What are the common elements of treatments that work? In D. Wasserman (Ed.), *Oxford textbook of suicidology* (pp. 427–438). Oxford, UK: Oxford University Press.

Rudd, M. D. (2012). Brief cognitive behavioral therapy (BCBT) for suicidality in military populations. *Military Psychology, 24,* 592–603.

Rudd, M. D., Bryan, C. J., Wertenberger, E., Peterson, A. L., Young-McCaughon, S., Mintz, J., et al. (2015). Brief cognitive behavioral therapy effects on post-treatment suicide attempts in a military sample: Results of a 2-year randomized clinical trial. *American Journal of Psychiatry, 172,* 441–449.

Rudd, M. D., Cordero, L., & Bryan, C. J. (2009). What every psychologist should know about the Food and Drug Administration's black box warning label for antidepressants. *Professional Psychology: Research and Practice, 40,* 321–326.

Rudd, M. D., Joiner, T., Brown, G. K., Cukrowicz, K., Jobes, D. A., Silverman, M., et al. (2009). Informed consent with suicidal patients: Rethinking risks in (and out of) treatment. *Psychotherapy, 46,* 459–468.

Rudd, M. D., Joiner, T. E., Jr., & Rajab, M. H. (1995). Help negation after acute suicidal crisis. *Journal of Consulting and Clinical Psychology, 63,* 499–503.

Rudd, M. D., Joiner, T., & Rajab, M. H. (1996). Relationships among suicide ideators, attempters, and multiple attempters in a young-adult sample. *Journal of Abnormal Psychology, 105,* 541–550.

Rudd, M. D., Joiner, T. E., Jr., & Rajab, M. H. (2001). *Treating suicidal behavior: An effective, timelimited approach.* New York: Guilford Press.

Saunders, J. B., Aasland, O. G., Babor, T. F., De la Fuente, J. R., & Grant, M. (1993). Development of the Alcohol Use Disorders Identification Test (AUDIT): WHO collaborative project on early detection of persons with harmful alcohol consumption—II. *Addiction, 88,* 791–804.

Schmitz, W. M., Allen, M. H., Feldman, B. N., Gutin, N. J., Jahn, D. R., Kleespies, P. M., et al. (2012). Preventing suicide through improved training in suicide risk assessment and care: An American Association of Suicidology task force report addressing serious gaps in U.S. mental health training. *Suicide and Life-Threatening Behavior, 42,* 292–304.

Selby, E. A., Anestis, M. D., Bender, T. W., Ribeiro, J. D., Nock, M. K., Rudd, M. D., et al. (2010). Overcoming the fear of lethal injury: Evaluating suicidal behavior in the military through the lens of the interpersonal-psychological theory of suicide. *Clinical Psychology Review, 30,* 298–307.

Shimokawa, K., Lambert, M. J., & Smart, D. W. (2010). Enhancing treatment outcome of patients at risk of treatment failure: Meta-analytic and mega-analytic review of a psychotherapy quality assurance system. *Journal of Consulting and Clinical Psychology, 78,* 298–311.

Silverman, M. M. (2006). The language of suicidology. *Suicide and Life-Threatening Behavior, 36*(5), 519–532.

Simon, G. E., Rutter, C. M., Peterson, D., Oliver, M., Whiteside, U., Operskalski, B., et al. (2013). Does response on the PHQ-9 Depression Questionnaire predict subsequent suicide attempt or suicide death? *Psychiatric Services, 64,* 1195–1202.

Simon, G. E., & Savarino, J. (2007). Suicide attempts among patients starting depression treatment with medications or psychotherapy. *American Journal of Psychiatry, 164,* 1029–1034.

Simon, O. R., Swann, A. C., Powell, K. E., Potter, L. B., Kresnow, M. J., & O'Carroll, P. W. (2001). Characteristics of impulsive suicide attempts and attempters. *Suicide and Life-Threatening Behavior, 32*(Suppl. 1), 49–59.

Simon, W., Lambert, M. J., Busath, G., Vazquez, A., Berkeljon, A., Hyer, K., et al. (2013). Effects of providing patient progress feedback and clinical support tools to psychotherapists in an inpatient eating disorders treatment program: A randomized controlled study. *Psychotherapy Research, 23*, 287–300.

Slade, K., Lambert, M. J., Harmon, S. C., Smart, D. W., & Bailey, R. (2008). Improving psychotherapy outcome: The use of immediate electronic feedback and revised clinical support tools. *Clinical Psychology and Psychotherapy, 15*, 287–303.

Smith, J. C., Mercy, J. A., & Conn, J. M. (1988). Marital status and the risk of suicide. *American Journal of Public Health, 78*, 78–80.

Speca, M., Carlson, L. E., Goodey, E., & Angen, M. (2000). A randomized, wait-list controlled clinical trial: The effect of a mindfulness meditation-based stress reduction program on mood and symptoms of stress in cancer outpatients. *Psychosomatic Medicine, 62*, 613–622.

Stanley, B., & Brown, G. K. (2012). Safety Planning Intervention: A brief intervention to mitigate suicide risk. *Cognitive and Behavioral Practice, 19*, 256–264.

Stetter, F., & Kupper, S. (2002). Autogenic training: A meta-analysis of clinical outcome studies. *Applied Psychophysiology and Biofeedback, 27*, 45–98.

Stewart, A. L., Ware, J. E., Brook, R. H., & Davies, A. R. (1978). *Conceptualization and measurement of health for adults in the Health Insurance Study: Vol. II. Physical health in terms of functioning*. Santa Monica, CA: RAND Corporation.

Strosahl, K., Chiles, J. A., & Linehan, M. (1992). Prediction of suicide intent in hospitalized parasuicides: Reasons for living, hopelessness, and depression. *Comprehensive Psychiatry, 33*, 366–373.

Substance Abuse and Mental Health Services Administration. (2014). *Results from the 2013 National Survey on Drug Use and Health: Mental health findings*. Rockville, MD: Author.

Suicide Prevention Resource Center. (2006). *Core competencies in the assessment and management of suicidality*. Newton, MA: Author.

Swahn, M. H., & Potter, L. B. (2001). Factors associated with the medical severity of suicide attempts in youths and young adults. *Suicide and Life-Threatening Behavior, 32*(Suppl. 1), 21–29.

Tarrier, N., Taylor, K., & Gooding, P. (2008). Cognitive-behavioral interventions to reduce suicide behavior: A systematic review and meta-analysis. *Behavior Modification, 32*, 77–108.

Taylor, D. J., McCrae, C. S., Gehrman, P. R., Dautovich, N., & Lichstein, K. L. (2007). Insomnia. In M. Hersen & J. Rosqvist (Eds.), *Handbook of psychological assessment, case conceptualization, and treatment* (pp. 674–700). New York: Wiley.

Trockel, M., Karlin, B. E., Taylor, C. B., Brown, G. K., & Manber, R. (2015). Effects of cognitive behavioral therapy for insomnia on suicidal ideation in veterans. *Sleep, 38*, 259–265.

VandeCreek, L. (2009). Time for full disclosure with suicidal patients. *Psychotherapy Theory, Research, Practice, Training, 46*, 472–473.

Van Orden, K. A., Cukrowicz, K. C., Witte, T. K., & Joiner, T. E., Jr. (2012). Thwarted belongingness and perceived burdensomeness: Construct validity and psychometric properties of the Interpersonal Needs Questionnaire. *Psychological Assessment, 24*, 197–215.

Van Orden, K. A., Witte, T. K., Gordon, K. H., Bender, T. W., & Joiner, T. E. (2008). Suicidal desire and the capability for suicide: Tests of the interpersonal-psychological theory of suicidal beahvior among adults. *Journal of Consulting and Clinical Psychology, 76*, 72–83.

Wenzel, A., & Beck, A. T. (2008). A cognitive model of suicidal behavior: Theory and treatment. *Applied and Preventive Psychology, 12*, 189–201.

Wenzel, A., Brown, G. K., & Beck, A. T. (2009). *Cognitive therapy for suicidal patients: Scientific and clinical applications*. Washington, DC: American Psychological Association.

Wilcox, H. C., Conner, K. R., & Caine, E. D. (2004). Association of alcohol and drug use disorders and completed suicide: An empirical review of cohort studies. *Drug and Alcohol Dependence, 76*, S11–S19.

Wilkinson, P., Kelvin, R., Roberts, C., Dubicka, B., & Goodyer, I. (2011). Clinical and psychosocial predictors of suicide attempts and nonsuicidal self-injury in the Adolescent Depression Antidepressants and Psychotherapy Trial (ADAPT). *American Journal of Psychiatry, 168*, 495-501.

Williams, J. M. G., Barnhofer, T., Crane, C., & Beck, A. (2005). Problem solving deteriorates following mood challenge in formerly depressed patients with a history of suicidal ideation. *Journal of Abnormal Psychology, 114*, 421.

Woznica, A. A., Carney, C. E., Kuo, J. R., & Moss, T. G. (2015). The insomnia and suicide link: Toward an enhanced understanding of this relationship. *Sleep Medicine Reviews, 22*, 37-46.

Zentgraf, K., Stark, R., Reiser, M., Kunzell, S., Schienle, A., Kirsch, P., et al. (2005). Differential activation of pre-SMA and SMA proper during action observation: Effects of instructions. *NeuroImage, 26*, 662-672.

Índice

Nota. Os números de páginas em *itálico* indicam uma figura ou uma tabela.

A

Abordagem baseada na competência, para conclusão do tratamento, 78-81
Abordagem do número de sessões, para conclusão do tratamento, 78-80
Abordagem dos resultados do paciente, para conclusão do tratamento, 78-80
Aconselhamento sobre a segurança dos meios
    abordagem geral para o uso de estratégias de entrevista motivacional, 153-155
    desenvolvendo um plano escrito para segurança dos meios, 157-158
    dicas e conselhos para, 165
    discutindo questões de segurança e monitorando o acesso a armas de fogo, 156-157
    discutindo segurança de armas, 157
    exemplos de caso, 161-165
    panorama, 151
    plano de apoio a crises e, 151, 159-161
    pontos de discussão recomendados, *156*
    pressupostos subjacentes, 152-153
    responsabilidade e autonomia do paciente, 12-13
Aconselhamento sobre restrição dos meios, 70. *Ver também* Aconselhamento sobre a segurança dos meios
Adesão, 11-12
Adesão do paciente, 11-12
Ajuda profissional, recursos, 125-126
Aliança terapêutica, 40-43
Ameaça aos moderadores do *self*, 32-33
Ameaça de suicídio, 40
Amigos. *Ver também* Pessoa significativa
    identificando amigos e familiares apoiadores, 124-125
Antidepressivos
    manejo do risco de suicídio e, 82-83
    rótulo de advertência de tarja preta, 84-87
Aplicativos para *smartphone*, 193-194
Apneia do sono, 172-173
Apostila: Melhorando seu sono, 170-171, 255-257
Armas de fogo
    aconselhamento sobre a segurança dos meios e, 151. *Ver também* Aconselhamento sobre a segurança dos meios
    avaliação da presença em casa, 153, 156
    conhecendo as leis sobre, 165
    discutindo a segurança com, 157
    mortes por suicídio e, 153
    segurança dos meios, 151-152. *Ver também* Segurança dos meios
    travas de gatilho e travas de cabo, 165
Arquitetura do sono, 168
Ativação comportamental, 222
Ativação interna, 111-112
Atividades/eventos prazerosos, 222. *Ver também* Planejamento de atividades
Ausência de medo da morte, 31-32
Autolesão não suicida
    como um preditor de tentativa de suicídio atual e futura, 28-30
    como um termo recomendado, 39
    definição, 38
    distinção de tentativa de suicídio, 38-39

Autonomia do paciente
    declaração de compromisso com o tratamento e, 148-149
    planejamento do tratamento e, 148-149
    respeitando e apoiando, 42-44
    terapia cognitivo-comportamental breve e, 12-13
Avaliação cognitiva, 214-216. *Ver também* Reavaliação cognitiva
Avaliação da narrativa
    comparada com a avaliação do risco de suicídio tradicional, 96
    complexidade da fala e empatia, 97-98
    conceituação de caso e, 98-99, 107
    corregulação afetiva e, 97-98
    crise suicida índice e, 95
    desenvolvimento da estrutura do modo suicida, 97-99
    dicas e conselhos para, 103-105
    exemplos de caso, 99-104
    panorama e propósito, 71-73, 95-96, 103-104
    passos na, 98-99
    sincronia afetiva e, 96-98
    tentativas de suicídio durante o tratamento, 64-66
Avaliação do risco de suicídio e documentação
    como fazer, 52-55
    dicas e conselhos para, 54, 56
    exemplos de caso, 54-56
    fontes de informação, 49
    importância da, 49
    justificativa para, 49-52

C

Caixa da esperança, 183-184. *Ver também* Kit de sobrevivência
Caixa da esperança virtual, 193-194
Capacidade suicida, 31-32
Cartões de enfrentamento
    abordando o uso de substância, 81-82
    criando com o paciente, 227-229
    dicas e conselhos para, 230
    domínios do modo cognitivo focados, 69-70
    exemplo de caso, 228-230
    propósito, 74-76, 221-222
    uso dos, 226-228
Checklists da fidelidade (formulário), 79-80, 265-269
Clínicos
    abordagem de julgamento para conclusão do tratamento, 78-80
    conhecimento fundamental necessário para TCCB, 86-87
    consentimento informado e responsabilização por negligência, 46-47
    experiências de emoções negativas, 41-43
    identificando crenças pessoais sobre suicídio, 40
Clozapina, 82-83
Conceituação de caso
    avaliação da narrativa e, 98-99, 107
    dicas e conselhos para, 119-120
    exemplos de caso, 115-119
    modo suicida e, 107-109
    passos na, 110-115
    propósito, 107, 109
    registro do tratamento e, 109
Conceituação de caso cognitivo-comportamental, 86-87
Conclusão do tratamento
    conduzindo com o paciente, 242-244
    definindo na TCCB, 77-81
    dicas e conselhos para, 244
    exemplos de casos, 243-244
Confidencialidade, 92-94
Consentimento informado
    discussão do, 43-47
    tarefa de prevenção de recaída e, 236-239
Contextualização, 210-212
Continuidade do sono, 168
Controle de estímulos
    domínios do modo suicida focados, 70
    estratégia para conduzir, 169-171
    exemplo de caso, 170-173
    princípios do, 167-168
    terapia cognitivo-comportamental para insônia e, 172-173
Controle de estímulos no sono. *Ver* Controle de estímulos

Controle dos impulsos, *51*
Corregulação afetiva, 97-98
Crenças desadaptativas
   identificando, 213-214
   preenchendo folhas de atividade Padrões de Pensamento Problemáticos focadas nas, 216-217
   preenchendo folhas de atividade Perguntas Desafiadoras focadas nas, 207-209
   relutância do paciente em reconhecer, 213-214
Crenças suicidas
   avaliação do risco de suicídio, *51*
   importância da verbalização na tarefa de prevenção de recaída, 244
   preenchendo uma folha de atividade Padrões de Pensamento Problemáticos focada nas, 215-216
   preenchendo uma folha de atividade Perguntas Desafiadoras focada nas, 207-208
   uma variável no monitoramento do progresso do tratamento, 58
Crenças suicidas nucleares
   identificando no tratamento, 114-115
   reavaliação cognitiva, 197-198, 205-206, 213-214. *Ver também* Reavaliação cognitiva
   substituindo por crenças alternativas, 205-206. *Ver também* Folha de atividade Perguntas Desafiadoras
   técnica da seta descendente de reavaliação cognitiva para revelar, 198
Crise suicida hipotética, 240-241
Crise suicida índice
   avaliação da narrativa e, 95, 98-99. *Ver também* Avaliação da narrativa
   definição, 95
   foco na tarefa de prevenção de recaída, 235-240
   preenchendo uma folha de atividade ABC focada na, 200-201
Cuidados contínuos, 242-244
Cuidados razoáveis
   documentação da avaliação do risco de suicídio, 49-50
   implicações legais do monitoramento do progresso do tratamento, 61-64
   morte por suicídio e responsabilização por negligência, 46-47
Cuidados usuais, 7-8

D

Declaração de compromisso com o tratamento
   adesão do paciente e, 11-12
   dicas e conselhos para, 148-149
   examinando com o paciente, 138-139, 142
   não adesão à TCCB e, 136-138
   panorama, 135
   propósito, 135-137
Declaração de compromisso com o tratamento (formulário), 135, 252
Depressão
   atividades prazerosas e, 222
   uso de substância e, 81-82
Desejo suicida, 49-50, 53-54
Desencadeantes. *Ver* Eventos ativadores
Desintoxicação médica, 80-81
Desregulação comportamental, *51*
Dever de assistência, 46-47
Distúrbio do sono
   dicas e conselhos para focalizar, 172-173
   dimensões do, 168-169
   exemplo de caso, 170-173
   reduzindo com controle de estímulos e higiene do sono, 167-171
   risco de suicídio e, 168-169
Duração do sono, 168

E

Emoções negativas enfrentadas pelos clínicos, 41-43
Enquadramento da ideação para a ação, 30-33
Entrevista motivacional, 86-87
Escala de Ideação Suicida (SSI), 59-61
Estabilizadores do humor, 84-87
Estratégias comuns de autogerenciamento (folha de informações), 124-125, 131, 274

Estratégias de autogerenciamento
  identificando, 124-125, 131
  revisando, na tarefa de prevenção de
    recaída, 237
Eventos ativadores
  avaliações do risco de suicídio, 51
  identificando no tratamento, 111-113
  sensibilização para risco de suicídio e,
    25-27
  variáveis, 98-99
Eventos ativadores externos, 111-112
Evitação, 244
Exemplos de caso
  abordando o uso de substância, 82-83
  aconselhamento sobre a segurança dos
    meios, 161-165
  avaliação do risco de suicídio e
    documentação, 54-56
  avaliações da narrativa, 99-104
  conceitualização de caso, 115-119
  conclusão do tratamento, 243-244
  focalizando o distúrbio do sono,
    170-173
  focando fatores de risco cognitivos na
    linha de base, 75-76
  focando fatores de risco
    comportamentais na linha de base,
    73-74
  folha de atividade ABC, 202-204
  folha de atividade Padrões de
    Pensamento Problemáticos, 217-219
  folha de atividade Perguntas
    Desafiadoras, 208-212, *211*
  implicações legais do monitoramento do
    progresso do tratamento, 62-64
  introdução, 33-35
  kit de sobrevivência, 191-193
  lista de razões para viver, 190-192
  planejamento de atividades, 224-227
  planos de resposta a crises, 127-131
  planos de tratamento, 142-149
  primeira sessão de TCCB, 71-73
  tarefa de prevenção de recaída, 76-77,
    241-242
  tentativas de suicídio durante o
    tratamento, 65-67
  treino de relaxamento, 180-181

F

Familiares
  discussão do papel potencial no
    tratamento, 93-94
  identificando membros apoiadores,
    124-125
Fase motivacional, 32-33
Fase pré-motivacional, 32-33
Fase volitiva, 32-34
Fatores de risco agudos
  domínios do modo suicida, 22-26
  panorama, 22
  relação com eventos ativadores e fatores
    de risco na linha de base, 23-27
Fatores de risco cognitivos
  focando a TCCB, 74-76
  identificando no tratamento, 113-115
  importância da redução do risco a longo
    prazo, 26-28
  variáveis, 98-99
Fatores de risco comportamentais
  focando as sessões de TCCB, 3-6, 72-75
  identificando no tratamento, 112-113
  importância para a redução do risco a
    longo prazo, 26-28
  variáveis, 98
Fatores de risco de suicídio
  fatores cognitivos e comportamentais e
    risco persistente, 26-28
  implicações clínicas do modelo de
    vulnerabilidade fluida, 27-30
  Ver também Fatores de risco agudos;
    Fatores de risco na linha de base
Fatores de risco emocionais, 98, 113-114
Fatores de risco físicos, 98
Fatores de risco fisiológicos, 113-114
Fatores de risco na linha de base
  avaliações do risco de suicídio, 51
  domínios do modo suicida, 22-25
  focando fatores comportamentais,
    72-75
  focando fatores de risco cognitivos,
    74-76
  identificando no tratamento, 111-112
  implicações clínicas da teoria da
    vulnerabilidade fluida, 27-30
  panorama, 21-22

relação com eventos ativadores e fatores de risco agudos, 23-27
Fatores protetivos, 51
Fidelidade do clínico, 10-12
Folha de atividade ABC
　desenvolvendo um plano para praticar entre as sessões, 202-203
　dicas e conselhos para, 204
　domínios do modo suicida focados, 69-70
　ensinando e preenchendo com o paciente, 198-203
　exemplos de casos, 75-76, 202-204
　folha de atividade Perguntas Desafiadoras e, 205-206
　panorama e propósito, 74-75, 197-198
　reavaliação cognitiva de crenças suicidas nucleares, 198
　seção principal, 198-199
Folha de atividade ABC (formulário), 197, 258
Folha de atividade Padrões de Pensamento Problemáticos
　desenvolvendo um plano para praticar entre as sessões, 216-219
　dicas e conselhos para, 219
　domínios do modo suicida focados, 70
　ensinando e preenchendo com o paciente, 213-219
　exemplo de caso, 217-219
　panorama e propósito, 74-75, 213-214
Folha de atividade Padrões de Pensamento Problemáticos (formulário), 261
Folha de atividade Perguntas Desafiadoras
　desenvolvendo um plano para praticar entre as sessões, 208-209
　dicas e conselhos para, 210-212
　domínios do modo suicida focados, 69-70
　ensinando o paciente e preenchendo com o paciente, 206-209
　exemplo de caso, 208-212, *211*
　panorama e propósito, 74-75, 205-206
Folha de atividade Perguntas Desafiadoras (formulário), 259-260
Folha de informações ao paciente sobre terapia cognitivo-comportamental breve (TCCB) para prevenir tentativas de suicídio, 43-45, 248-250
Food and Drug Administration, 84-86

G
Gesto suicida, 37-40

H
Habilidades de capitalização, 183-184
Habilidades de estar presente, 183-184
Habilidades de saborear, 183-184
Higiene do sono
　estratégia para conduzir, 169-171
　exemplo de caso, 170-173
　panorama, 167
Hospitalização, 64-67

I
Ideação suicida
　avaliação do risco de suicídio, 52
　como um termo recomendado, 39
　distúrbio do sono e, 168-169
　enquadramento da ideação para a ação, 30-33
　entendendo o rótulo de advertência de tarja preta para antidepressivos, 84-86
　modelo integrado motivacional-volitivo e, 32-33
　substituto para morte por suicídio, 7-8
　teoria psicológica interpessoal e, 30-32
Imagem mental motora, 233-234
Índice de Gravidade da Insônia (ISI), 59-61
Índice de Qualidade do Sono de Pittsburgh (PSQI), 59-61
Índice de Sintomas de Depressão (DSI-SS), 59-61
Inibidores seletivos da recaptação da serotonina (ISRSs), 84
Insônia. *Ver* Distúrbio do sono
Intenção objetiva, 49-52, 54, 56
Intenção subjetiva, 49-52, 54, 56
Intenção suicida
　avaliação do risco de suicídio, 52
　definição, 39, 49-50
　intenção subjetiva e objetiva, 49-52, 54, 56

período de tempo e segurança dos meios, 152-153
Intervenção de plano de segurança, 9-10. *Ver também* Plano de resposta a crises
Inventário de Depressão de Beck – 2ª Edição (BDI-II), 59-60

K

Kit de sobrevivência
  caixa da esperança virtual, 193-194
  criando e revisando com o paciente, 187-190
  desenvolvimento do, 9-10
  dicas e conselhos para, 193-194
  diferença da lista de razões para viver, 183-184
  domínios do modo suicida focados, 70
  exemplo de caso, 191-193
  habilidades de saborear e, 183
  plano de resposta a crises e, 183-185, 187-188
  propósito, 183-185

L

Leis sobre armas, 165
Linguagem
  do suicídio, 37-40
  na discussão sobre a segurança dos meios, 165
Lista de razões para viver
  criando com o paciente, 184-187
  diferenças do *kit* de sobrevivência, 183-184
  domínios do modo suicida focados, 69-70
  exemplo de caso, 190-192
  plano de resposta a crises e, 183-185
  propósito, 183-185
  usando o *kit* de sobrevivência, 193-194
Lítio, 82-84

M

Manejo de crises, 12-13
Manejo de habilidades comportamentais, 73-74
Mania aguda, 80-81
Manuais de tratamento, 11-12

Medicações antiepiléticas, 84-86
Medicações psicotrópicas, 82-84
Medical Outcomes Study Sleep Scale, 59, 60-61
Medida de Saúde Comportamental-20 (BHM-20), 59, 60-61
Meios letais
  aconselhamento sobre os meios de segurança e, 151. *Ver também* Aconselhamento sobre a segurança dos meios
  intenção suicida e, 152-153
  segurança dos meios, 151-152
  Ver também Armas de fogo
Mindfulness
  abordando o uso de substância, 81-82
  dicas e conselhos para, 181
  distinção de treino de relaxamento, 175
  domínios do modo suicida focados, 70, 176-177
  eficácia, 176-177
  panorama e descrição de, 175-177
  passos na condução, 176-181
Modelo biossocial, 10-11
Modelo de documentação para avaliação do risco de suicídio, 52, 270-271
Modelo de plano de resposta a crises, 122-123, 272
Modelo do plano de tratamento, 251
Modelo dos fatores de risco, 4-6
Modelo funcional do suicídio, 4-7
Modelo integrado motivacional-volitivo, 29-34
Modelo psiquiátrico sindrômico, 4-7, 13-14
Moderadores volitivos, 32-34
Modo suicida
  conceitualização de caso e, 107-109
  domínios focados por intervenções de TCCB, 70
  eventos ativadores e sensibilização para risco de suicídio, 25-28
  examinando com a pessoa significativa, 158-159
  implicações clínicas, 27-30
  individualizado
    avaliando a compreensão do paciente, 114-115

dicas e conselhos para, 119-120
identificando eventos ativadores, 111-113
identificando fatores de risco na linha de base, 111-112
identificando o domínio cognitivo, 113-115
identificando o domínio comportamental, 112-113
identificando o domínio emocional, 113-114
identificando o domínio fisiológico, 113-114
introduzindo o conceito de, 110-111
registro do tratamento e, 109-111, 115
Ver também Conceitualização de caso
modelo integrado motivacional-volitivo e, 32-34
panorama e conceito de, 22-26
representação visual do, 22-25, 247
risco de suicídio e fatores protetivos por domínio, 98
sistema de crenças suicidas e risco persistente, 26-28
teoria da vulnerabilidade fluida e, 21
teoria psicológica interpessoal e, 31-32
terapia cognitiva para suicídio e, 10-11
terapia cognitivo-comportamental breve e, 9-11
uso de substância e, 81-82
Modo suicida (apostila), 247
Modulação da voz, 181
Monitorando o progresso do tratamento
implicações legais, 61-64
importância e benefícios, 57-58
métodos e estratégias, 59-62
monitorando as variáveis, 58
resumo, 63-64
Morte por suicídio, 39
Mortes por suicídio
armas de fogo e, 153
consentimento informado e responsabilização por negligência, 46-47
eficácia do tratamento e, 6-7

implicações legais do monitoramento do progresso do tratamento, 61-64
segurança dos meios e, 152-153
substitutos para, 6-8
utilização de serviços de saúde mental e, 43-45
Múltiplas tentativas de suicídio, 53-54

N
Não adesão, 136-138
Negligência, 46-47, 61-64

O
Objetivos, aliança terapêutica e, 41-42
Outcomes Questionnaire-45 (OQ-45), 59, 60-61

P
Padrão de cuidados
avaliação do risco de suicídio e, 49-50
implicações legais do monitoramento do progresso do tratamento, 61-64
morte por suicídio e responsabilização por negligência, 46-47
Parassuicídio, 8*n*2, 38, 51-52
Pensamentos automáticos, 204
Pertencimento frustrado, 30-31
Pessoa significativa
plano de apoio a crises do paciente e, 157-161
plano de segurança dos meios do paciente e, 157-158
Ver também Amigos
Planejamento de atividades
conduzindo com o paciente, 222-225
dicas e conselhos para, 230
domínios do modo suicida focados, 70
exemplo de caso, 224-227
justificativa, 222
propósito, 74-76, 221
Planejamento resolvido, 49-50, 53-54
Plano de apoio a crises
aconselhamento sobre a segurança dos meios e, 151, 159-161
dicas e conselhos para, 165
identificando ações apoiadoras, 159-160
problemas de relacionamento e, 153

propósito, 151
revisando os procedimentos de
emergência e obtenção da adesão do
paciente, 160-161
sessão conjunta com a pessoa
significativa do paciente, 157-161
Plano de apoio a crises (formulário), 254
Plano de resposta a crises
abordando o uso de substância, 81-82
avaliando durante as sessões de TCCB,
76-77
benefícios e eficácia, 122-123
componentes, 121-122
dicas e conselhos para, 130-131
domínios do modo cognitivo focados,
69-70
examinando e revisando em sessões
posteriores, 126-128
exemplos de casos, 127-130, 130
identificando amigos ou familiares de
apoio, 124-125
identificando estratégias de
autogerenciamento, 124-125, 131
identificando sinais de alerta pessoais,
123-124, 131
introduzindo no tratamento, 122-124
lista de razões para viver e *kit* de
sobrevivência como componentes,
183-185, 187-188
listando recursos de ajuda profissional,
125-126
panorama,121
propósito, 121-122
responsabilidade do paciente e, 12-13
revisando o plano e determinando a
adesão do paciente, 125-127
terapia cognitivo-comportamental breve
e, 9-10
Plano de segurança dos meios
a pessoa significativa para o paciente e,
157-158
desenvolvendo um plano escrito,
157-158
revisando com a pessoa significativa para
o paciente, 159-161
Plano de segurança dos meios letais
(formulário), 253

Plano de suicídio, 39
Plano de tratamento
componentes, 135, 137-139
dicas e conselhos para, 148-149
estabelecendo colaborativamente outros
objetivos identificados pelo paciente,
140-142
exemplos de caso, 142-149
explicando a justificativa para, 138-140
não adesão à TCCB e, 136-138
panorama e propósito, 135-136
priorizando o risco de suicídio e a
segurança no, 139-141
Possíveis sinais de alerta (folha de
informações), 123-124, 131, 273
Prestadores de cuidados de saúde,
experiências negativas dos pacientes com,
69-72
Previsibilidade
documentação da avaliação do risco de
suicídio, 49-50
implicações legais do monitoramento do
progresso do tratamento, 61-64
morte por suicídio e responsabilização
por negligência, 46-47
Problemas de relacionamento, plano de apoio
a crises e, 153
Procedimentos de emergência, 160-161
Procedimentos de *follow-up*, 242-244
Programa de intervenção curta em tentativa
de suicídio (ASSIP), 41-42
Psicose aguda, 80-81

Q

Qualidade do sono, 168-169
Questionário de Necessidades Interpessoais
(INQ), 59-62
Questionário sobre a Saúde do Paciente-9
(PHQ-9), 59-60
Questões de responsabilização por
negligência, 46-47, 61-64
Questões de segurança
dicas para solução de problemas,
156-157
priorizando no plano de tratamento,
139-141
segurança dos meios, 151-152

Ver também Aconselhamento sobre a
   segurança dos meios

R
Reavaliação cognitiva
   cartões de enfrentamento, 222
   de crenças suicidas nucleares, 197-198, 205-206, 213-214
   folha de atividade ABC, 197-204
   folha de atividade Perguntas Desafiadoras, 205-211
   identificando cognições desadaptativas, 213-214
   identificando vieses cognitivos, 197-198
   substituindo crenças suicidas nucleares por crenças alternativas, 205-206
Registro do tratamento
   como um plano para manejar crises futuras, 242-243
   conceitualização de caso e, 109
   dicas e conselhos para, 119-120
   identificando e revisando as lições aprendidas, 109-111
   introduzindo, 109-110
   melhorando a motivação para manter, 109-110
   modo suicida individualizado e, 109-111, 115
   panorama, 107, *108*
   propósito e descrição do, 107-108
   tarefa de prevenção de recaída e, 107-108, 237
Relaxamento muscular progressivo, 175-177
Respiração diafragmática, 175
Responsabilidade do paciente, 12-13
Rigidez cognitiva, 204, 244
Risco agudo, 22
Risco de suicídio
   atribuição do nível de risco, 52-55
   consentimento informado e implicações legais, 43-47
   distúrbio do sono e, 168-169
   eventos ativadores e sensibilização, 25-27
   focando os protocolos de tratamento, 10-12
   medicações psicotrópicas e, 82-87

modelo funcional do suicídio e, 5-7
persistência apesar do tratamento, 64-65
priorizando no plano de tratamento, 139-141
risco agudo, 22
risco na linha de base, 21-22. *Ver também* Risco na linha de base
sistema de crenças suicidas e risco persistente, 26-28
uso de substância e, 80-83
Risco na linha de base
   capacidade suicida e, 31-32
   panorama, 21-22
   retorno ao, depois de episódios suicidas agudos, 29-30
Roteiro de *mindfulness,* 179-180, 276-277
Roteiro de relaxamento, 176-177, 179-180, 275
Rótulo de advertência de tarja preta, 84-87

S
Segurança de armas, 157
Segurança dos meios
   deixando o paciente argumentar a favor, 165
   desenvolvendo um plano escrito para, 157-158
   intenção suicida e, 152-153
   panorama, 151-152
   problemas de linguagem e atitude defensiva do paciente, 165
   travas de gatilho e travas de cabo, 165
Sessão de admissão, 49. *Ver também* Avaliação do risco de suicídio e documentação
Sessões de TCCB
   descrevendo a estrutura da sessão, 91-92, 94
   descrevendo as fases do tratamento, 92-93
   estrutura geral das 76-78
   focando fatores de risco comportamentais na linha de base na fase 1, 72-75
   focando fatores de risco comportamentais na linha de base na fase 2, 74-76
   panorama, 69-70

prevenção de recaída na fase 3, 75-77
primeira sessão, 69-73
    avaliação da narrativa, 95-99. *Ver também* Avaliação da narrativa
    descrevendo a estrutura da TCCB, 91-94
    plano de resposta a crises, 121-131
    registro do tratamento e conceitualização de caso, 107-120. *Ver também* Conceitualização de caso; Registro do tratamento
Sinais de alerta pessoais, 123-124, 131
Sincronia afetiva, 96-98
Sistema de crenças suicidas, 26-28
Sistema nervoso autônomo, 177-178
Sobrecarga percebida, 30-31
Suicidalidade, 39
Suicide Cognitions Scale (SCS), 59-62
Suicídio
    linguagem e terminologia, 37-40
    panorama da pesquisa sobre, 3-4
    panorama dos modelos de tratamento, 4-7
Suicídio completado, 39

T
Tarefa de prevenção de recaída
    consentimento informado e, *236*, 237-239
    critérios para competência, 234-235
    desenvolvimento da, 9-10
    dicas e conselhos para, 244
    domínios do modo suicida focados, *70*
    exemplos de caso, 76-77, 241-242
    foco na crise suicida índice, 235-240
    justificativa para, 233-234
    panorama e propósito, 75-76, 233
    passos na e condução com o paciente, 235-241
    registro do tratamento e, 107-108
Tarefas, aliança terapêutica e, 41-42
Taxas de suicídio, tendências nas, 3-4
TCCB. *Ver* Terapia cognitivo-comportamental breve
Técnica da seta descendente, 199
Tentativa fracassada, 39
Tentativas de suicídio
    abordando durante o tratamento, 63-67
    avaliações da narrativa, 64-66
    como um preditor de tentativa de suicídio atual e futura, 28-30
    como um termo recomendado, 39
    definição, 38
    distinção de autolesão não suicida, 38-39
    entendendo o rótulo de advertência de tarja preta para antidepressivos, 84-87
    período de tempo e segurança dos meios, 152-153
    perspectiva do treino de habilidades, 64-65
    substituto para morte por suicídio, 7-8
    utilização de serviços de saúde mental e, 43-45
    Ver também Crise suicida índice
Teoria da aprendizagem, 86-87
Teoria da vulnerabilidade fluida
    aconselhamento sobre a segurança dos meios e, 152
    implicações clínicas, 27-30
    integrando com outros modelos conceituais de suicídio, 29-34
    persistência do risco de suicídio apesar do tratamento, 64-65
    pressupostos nucleares, 21, *22*
    risco de suicídio no, 21-22
    terapia cognitivo-comportamental e, 9-11
Teoria psicológica interpessoal, 29-34
Terapia cognitivo-comportamental breve (TCCB)
    abordando o uso de substância, 81-83
    abordando tentativas de suicídio e hospitalização durante o tratamento, 63-67
    avaliação do risco de suicídio e documentação, 49-56
    base teórica, 9-11. *Ver também* Modo suicida; Teoria da vulnerabilidade fluida
    checklists da fidelidade, 11-12
    competências fundamentais
        aliança terapêutica, 40-43
        autonomia do paciente, 42-44
        consentimento informado, 43-47

linguagem do suicídio, 37-40
conhecimento fundamental necessário aos clínicos, 86-87
contraindicações, 80-81
definindo a conclusão do tratamento, 77-81
descrevendo a estrutura da
   como fazer, 91-94
   dicas e conselhos para, 94
   justificativa para, 91-92
evolução e eficácia da, 7-11, 13-19
exemplos de caso. *Ver* Exemplos de caso
ingredientes, 10-14
modelo integrado motivacional-volitivo e, 32-34
monitoramento do progresso do tratamento, 57-67
não adesão e, 136-138
panorama das intervenções, 70
panorama e sequência da, 69-70.
   Ver também Sessões de TCCB
plano de resposta a crises e, 9-10.
   Ver também Plano de resposta a crises
teoria psicológica interpessoal e, 31-32
tratamento com tempo limitado, 9-11
Terapia cognitivo-comportamental para insônia (TCC-I), 169, 172-173
Terapia cognitivo-comportamental para prevenir tentativas de suicídio, 6-11
Terapia comportamental dialética (TCD), 7-13, 38, 41-42
Terapia de grupo, *versus* terapia individual, 12-13
Terapia de processamento cognitivo, 19-20, 197, 205, 213
Terapia individual, *versus* terapia de grupo, 12-13
Término. *Ver* Conclusão do tratamento
Teste de Identificação de Transtornos Devido ao Uso de Álcool (AUDIT), 59-61
Tolerância à dor, 31-32
Transtornos do humor, uso de substância e, 80-82
Transtornos do sono relacionados à respiração, 172-173

Tratamento com tempo limitado, 9-11
Tratamento do suicídio
   competências fundamentais
      aliança terapêutica, 40-43
      autonomia do paciente, 42-44
      consentimento informado, 43-47
      linguagem do suicídio, 37-40
   elementos comuns das terapias eficazes, 10-14
   fidelidade do clínico e, 10-12
Tratamento na comunidade por especialistas, 8-9
Tratamento usual, 7-8
Travas de cabos, 165
Travas de gatilho, 58
Treino de habilidades
   tarefa de prevenção de recaída e, 234-235
   tentativas de suicídio e, 64-65
   terapia cognitivo-comportamental breve e, 11-13, 76-78
Treino de relaxamento
   dicas e conselhos para, 181
   distinção de *mindfulness*, 175
   domínios do modo suicida focados, 70
   domínios do modo suicida focados pelo, 176-177
   eficácia do, 176-177
   exemplo de caso, 180-181
   passos na condução, 176-181
   relaxamento muscular progressivo, 175-176
   respiração diafragmática, 175

U

Uso de álcool, 58
Uso de substância, 58, 80-83

V

Validação emocional, 99
Valproato, 84
Viés atencional, 177-179
Vínculo, aliança terapêutica e, 41-42
Vínculo emocional
   aliança terapêutica e, 41-42
   sincronia afetiva, 96-98
Violência autodirigida, 8*n*2